教育部"一村一名大学生计划"教材

畜禽生产概论

（第 2 版）

魏国生　主编

国家开放大学出版社 · 北京

图书在版编目（CIP）数据

畜禽生产概论/魏国生主编. —2 版. —北京：
国家开放大学出版社，2021.1（2024.7 重印）
教育部"一村一名大学生计划"教材
ISBN 978 - 7 - 304 - 10621 - 8

Ⅰ.①畜… Ⅱ.①魏… Ⅲ.①畜禽 - 饲养管理 - 开放
教育 - 教材 Ⅳ.①S815

中国版本图书馆 CIP 数据核字（2021）第 009381 号

教育部"一村一名大学生计划"教材

畜禽生产概论（第 2 版）
CHUQIN SHENGCHAN GAILUN
魏国生　主编

出版·发行：国家开放大学出版社
电话：营销中心 010 - 68180820　　　　总编室 010 - 68182524
网址：http://www.crtvup.com.cn
地址：北京市海淀区西四环中路 45 号　**邮编**：100039
经销：新华书店北京发行所

策划编辑：王　普　　　　　　　**版式设计**：何智杰
责任编辑：白　娜　　　　　　　**责任校对**：张　娜
责任印制：武　鹏　马　严

印刷：河北鹏远艺兴科技有限公司
版本：2021 年 1 月第 2 版　　　　2024 年 7 月第 5 次印刷
开本：787mm×1092mm　1/16　　**印张**：17.5　**字数**：389 千字

书号：ISBN 978 - 7 - 304 - 10621 - 8
定价：38.00 元

序

"一村一名大学生计划"是由教育部组织、中央广播电视大学①实施的面向农业、面向农村、面向农民的远程高等教育试验。令人高兴的是计划已开始启动，围绕这一计划的系列教材也已编撰，其中的《种植业基础》等一批教材已付梓。这对整个计划具有标志性意义，我表示热烈的祝贺。

党的十六大报告提出全面建设小康社会的奋斗目标。其中，统筹城乡经济社会发展，建设现代农业，发展农村经济，增加农民收入，是全面建设小康社会的一项重大任务。而要完成这项重大任务，需要科学的发展观，需要坚持实施科教兴国战略和可持续发展战略。随着年初《中共中央国务院关于促进农民增加收入若干政策的意见》正式公布，昭示着我国农业经济和农村社会又处于一个新的发展阶段。在这种时机面前，如何把农村丰富的人力资源转化为雄厚的人才资源，以适应和加速农业经济和农村社会的新发展，是时代提出的要求，也是一切教育机构和各类学校责无旁贷的历史使命。

中央广播电视大学长期以来坚持面向地方、面向基层、面向农村、面向边远和民族地区，开展多层次、多规格、多功能、多形式办学，培养了大量实用人才，包括农村各类实用人才。现在又承担起教育部"一村一名大学生计划"的实施任务，探索利用现代远程开放教育手段将高等教育资源送到乡村的人才培养模式，为农民提供"学得到、用得好"的实用技术，为农村培养"用得上、留得住"的实用人才，使这些人才能成为农业科学技术应用、农村社会经济发展、农民发家致富创业的带头人。如果这一预期目标能得以逐步实现，就为把高等教育引入农业、农村和农民之中开辟了新途径，展示了新前景，作出了新贡献。

"一村一名大学生计划"系列教材，紧随着《种植业基础》等一批教材出版之后，将会有诸如政策法规、行政管理、经济管理、环境保护、土地规划、小城镇建设、动物生产等门类的三十种教材于九月一日开学前陆续出齐。由于自己学习的专业所限，对农业生产知之甚少，对手头的《种植业基础》等教材，无法在短时间内精心研读，自然不敢妄加评论。但翻阅之余，发现这几种教材文字阐述条理清晰，专业理论深入浅出。此外，这套教材以学习包的形式，配置了精心编制的课程

---

① 编辑注：2012 年中央广播电视大学更名为国家开放大学。

学习指南、课程作业、复习提纲，配备了精致的音像光盘，足见老师和编辑人员的认真态度、巧妙匠心和创新精神。

在"一村一名大学生计划"的第一批教材付梓和系列教材将陆续出版之际，我十分高兴应中央广播电视大学之约，写了上述几段文字，表示对具体实施计划的学校、老师、编辑人员的衷心感谢，也寄托我对实施计划成功的期望。

教育部副部长　吴启迪

2004 年 6 月 30 日

第2版前言

本书是国家开放大学为教育部"一村一名大学生计划"管理类开设的畜禽生产概论课程的主要教材,主要阐述了猪、鸡、牛、羊、兔生产的基本理论与基本技术。

本书的编写是在学科专家和教学设计专家的指导下,按照高等教育培养目标以及教学大纲的要求完成的,力求达到符合远程开放教育特点、方便学习者自学、编排形式新颖、适应养殖业发展需求的目的。在内容安排上,注意把握"必需、够用"的原则,减少了理论性过强的内容,强化了生产知识和实用技术的内容,注重吸收和采用了近年来畜禽生产有关的新技术和新成果,力求体现教材的科学性、先进性和实用性,与畜禽生产相关学科的发展相适应。每章前有本章提要、学习目标、学习建议,便于学习者自学。每章后有小结、习题,便于学习者对自己的学习情况进行检查。

参加本书编写工作的有黑龙江八一农垦大学魏国生(主编,第一章)、黑龙江八一农垦大学王秋菊(第二章)、东北农业大学李洋(第三章)、东北农业大学谢小来(第四章)、黑龙江八一农垦大学韩欢胜(第五章)。

参加审稿工作的专家有东北农业大学张永根教授、黑龙江八一农垦大学黄大鹏教授。他们对书稿提出了许多宝贵意见,给编者很大帮助。

本书的编写与出版工作得到国家开放大学领导与有关部门的大力协助,在此对所有支持和帮助本书编写与出版工作的同志一并致以诚挚的谢意。

由于编者的水平有限,书中难免有不尽如人意之处,敬请广大读者提出宝贵意见。

编　者

2020 年 9 月

第1版前言

　　本书是中央广播电视大学为教育部"一村一名大学生计划"管理类开设的畜禽生产概论课程的主要教材。畜禽生产概论的主要内容包括动物生产中的猪的生产、家禽生产、牛的生产、羊的生产、兔的生产等内容。

　　本书的编写是在学科专家和教学设计专家的指导下，按照管理类高等职业教育培养目标的要求，以及教学大纲中规定的教学内容的要求下完成的，力求达到符合远距离开放教育特点的、方便学习者自学的、编排形式新颖的、适应动物养殖业发展的目的。

　　在内容安排上，注意把握"必需、够用"的原则，减少了理论性过强的内容，增加了结合生产实际的内容，为使学习者适应我国畜牧业的产业化发展打下一个良好的基础。每章后均有小结、自测题，以便于学习者对自己的学习情况进行复习检查。

　　在版面设计上，结合学习者心理特征和阅读习惯，合理编排并加强导学和助学内容，以便于自学。

　　为进一步方便广大学习者学习，除文字主教材外，畜禽生产概论课程还提供其他帮助学习的课程资料，主要有课程学习指南、录像教材、形成性考核册（作业）、考核说明、参考录像教材和多媒体课件。各种课程资料既可相互配合使用，也可根据情况单独使用。

　　本书也能用于同层次远程教育和地方行业管理人员以及动物养殖业从业人员的培训。

　　参加本书编写工作的有东北农业大学魏国生（主编，绪论、第一章）、东北农业大学张宏伟（第二章）、东北农业大学张永根（第三章），黑龙江广播电视大学李萍萍（第四、五章）。

　　参加审稿工作的专家有东北农业大学韩友文教授（主审）、中央广播电视大学孙天正教授、东北农业大学陈润生教授和东北农业大学潘玉春教授。他们对书稿提出了许多宝贵意见，给编者以很大帮助。

　　在本书的编写与出版过程中，受到中央广播电视大学领导与有关部门的热情关心和大力协助，在此对所有支持和帮助本书编写与出版工作的同志一并致以诚挚的谢意。

　　由于编者的水平有限，书中难免有不尽如人意之处，敬请广大读者提出宝贵意见。

编　者

2004 年 5 月

目 录

第一章 猪的生产

猪肉是我国人民喜食的肉类，占畜禽肉类消费总量的 60% 以上，猪的生产在动物生产中占有极其重要的地位。

我国具有悠久的养猪历史和丰富的养猪经验，发展了种类繁多的地方猪种，粮猪结合的生态农业模式在实施农业可持续发展战略的今天仍具有重要意义。我国为世界第一养猪大国，猪的存栏数约占全世界猪存栏总量的 50%，但养猪水平与世界先进水平相比，还有一定的差距，具体表现为母猪年生产力水平低、肥育猪生长速度慢、饲料转化效率低。因此，中国未来养猪业应发展适度规模、家庭农场等经营模式，推广科学的养猪技术，不断提高养猪的生产水平和经济效益。

本章提要

本章介绍了提高母猪年生产力、仔猪和生长肥育猪生产性能的有关理论知识和技术措施。主要包括以下内容：

- 我国猪种资源的类型、种质特性及利用途径。
- 后备母猪的培育技术。
- 提高母猪受胎率及产仔数的技术措施。
- 妊娠母猪的饲养管理技术。
- 哺乳母猪的饲养管理技术。
- 后备公猪的培育及繁殖用公猪的饲养管理技术。
- 仔猪的培育技术。
- 生长肥育猪的饲养管理技术。

学习目标

通过本章的学习，应能够：

- 了解我国现有猪种资源的类型、特点及利用途径。
- 掌握后备母猪的培育技术。
- 掌握保证母猪正常发情排卵并适时配种的技术措施。
- 掌握妊娠母猪的不同饲养方式及其适用情况。
- 了解母猪的泌乳规律。

- 了解哺乳仔猪的生长发育和生理特点。
- 掌握后备公猪的培育及繁殖用公猪的饲养管理技术。
- 掌握提高哺乳仔猪育成率和断乳重的综合技术措施。
- 掌握断乳仔猪的饲养管理技术。
- 认识生长肥育猪的生长发育规律。
- 掌握生长肥育猪的饲养管理技术。

学习建议

- 紧密联系生产实际，可到养猪场参加相应生产环节的工作并与技术人员、饲养管理人员进行讨论。
- 认真做好本章后所附习题。

第一节　猪种资源及其利用

影响养猪生产水平和经济效益的因素有很多，如猪的遗传潜力、饲养管理水平、市场状况等，而猪种自身的遗传潜力是基础，其决定了猪生产水平的上限。我国是世界猪种资源最丰富的国家，中国猪种资源概括起来可分为三类：地方猪种、引入猪种和培育猪种。

一、中国地方猪种

（一）中国地方猪种的类型

我国地域辽阔，不同地区自然条件、社会经济条件以及人民的生活习惯等均有很大差异，猪的选育方法和饲养管理方式也不尽相同，因此，在长期的养猪历史中就形成各具特色的地方猪种，有的猪种具有独特的优良特性，如太湖猪的高繁殖力、民猪的高抗寒能力等。根据猪种的体形外貌、生产性能等特点，结合产地条件，可将我国的地方猪种分为6种类型。

1. 华北型

华北型猪分布在淮河、秦岭以北的广大地区。这些地区属北温带、中温带和南温带，气候寒冷，空气干燥，植物生长期短，饲料资源不如华南、华中地区丰足，饲养较粗放，多采用放牧和放牧与舍饲相结合的饲养方式，饲料中农副产品和粗饲料的比例较高。

华北型猪体躯较大，四肢粗壮，背腰窄而较平，后躯不够丰满。头较平直，嘴筒长，耳较大，皮肤多皱褶，毛粗密，鬃毛发达，性成熟较早，繁殖性能较高，产仔数一般为12头以上，母性强，泌乳性能好，仔猪育成率较高。耐粗饲，饲料消化能力强。增重速度较慢，肥育后期沉积脂肪能力较强。

民猪、河套大耳猪、八眉猪、深县猪、马身猪、莱芜猪、淮猪等，均属华北型地方猪种。

2. 华南型

华南型猪分布在云南省的西南部和南部边缘地区、广西壮族自治区和广东省偏南的大部分地区，以及福建省的东南部和台湾地区。华南型猪分布地区属亚热带，雨量充沛，气温虽不是最高，但热季较长，作物四季生长，饲料资源丰富，青绿多汁饲料尤为充足。精料多为米糠、碎米、玉米、甘薯等。

华南型猪体躯较短、矮、宽、圆、肥，骨骼细小，背腰宽阔下陷，腹大下垂，臀较丰满，四肢开阔粗短。头较短小，面凹，耳小上竖或向两侧平伸，毛稀，多为黑白斑块，也有全黑被毛。性成熟较早，但繁殖力较低，早期生长发育快，肥育时脂化早，因而早熟易肥。

两广小花猪、滇南小耳猪、陆川猪、槐猪、桃园猪等，均属华南型地方猪种。

3. 华中型

华中型猪分布在长江中下游和珠江之间的广大地区。华中型猪分布地区属亚热带，气候温暖且雨量充沛，农作物以水稻为主，冬作物主要为麦类，青绿多汁饲料也很丰富，但不及华南地区。

华中型猪体躯较华南型猪大，体形与华南型猪相似，体质较疏松，骨骼细致，背较宽而背腰多下凹，腹大下垂，四肢较短，头较小，耳较华南型猪大且下垂，被毛稀疏，大多为黑白花，也有少量黑色的。性成熟早，生产性能一般介于华北型猪和华南型猪之间。生长较快，成熟较早。

金华猪、大花白猪、大围子猪、宁乡猪、监利猪等，均属华中型地方猪种。

4. 江海型

江海型猪分布于华北型猪和华中型猪两大类型分布区之间，地处汉水和长江中下游平原，这一地区属自然交错地带，处于亚热带和暖温带的过渡地区，气候温和，雨量充沛，土壤肥沃，稻麦一年两熟或三熟，玉米、甘薯、豆类也有种植，养猪饲料丰富。

江海型猪属过渡类型，外形和生产性能因类别不同而差异较大，体格大小不一，毛黑色或有少量白斑，外形特征也介于南北之间。其共同特点是头大小适中，额较宽，耳大下垂，背腰稍宽，较平直或微凹，腹较大，骨骼粗壮，皮厚而松且多皱褶。性成熟早，繁殖力高，太湖猪尤为突出，体成熟亦较早。

太湖猪、姜曲海猪、虹桥猪等，均属江海型地方猪种。

5. 西南型

西南型猪主要分布在云贵高原和四川盆地。西南区地形中以山地为主，其次是丘陵，海拔一般在1 000 m以上，四川盆地的底部则是区内平均高度最低的地方，但一般仍在400～700 m。亚热带山地气候特征显著，阴雨多雾，湿度大，日照少，农作物以水稻、小麦、甘薯、玉米为主，青饲料也很丰富。

西南型猪的特点为头大，腿较粗短，额部多有旋毛或纵行皱纹，毛色全黑或"六白"

（包括不完全"六白"）较多，但也有黑白花和红毛猪，产仔数一般为 8~10 头。

内江猪、荣昌猪、乌金猪等，均属西南型地方猪种。

6. 高原型

高原型猪主要分布在青藏高原。青藏高原气候干燥寒冷，冬长夏短，多风少雨，日照时间长，日温差大，植被零星稀疏，饲料较缺乏，故养猪以放牧为主，舍饲为辅。无论放牧或舍饲，都以青粗饲料为主，搭配少量精料，饲养管理粗放。由于所处的自然条件和社会经济条件特殊，因而高原型猪与国内其他类型的猪种有很大差别。

高原型猪体形较小，四肢发达，粗短有力，蹄小结实，被毛大多为全黑色，少数为不全的"六白"特征，还有少数呈棕色的火毛猪。嘴筒直尖，额较窄，耳小，微竖或向两侧平伸，体形紧凑，颈肩窄略长，胸较窄，背腰平直，腹紧凑不下垂，臀较倾斜，欠丰满，体躯前低后高，四肢坚实，皮肤较厚，背毛粗长，绒毛密生，一般 4~5 月龄性成熟，产仔数 5~6 头。

高原型猪的数量和品种较少，以藏猪为典型代表。

2020 年 5 月，国家畜禽遗传资源委员会办公室发布的《国家畜禽遗传资源品种名录》中收录了 83 个地方猪种（表 1-1）。

表 1-1 《国家畜禽遗传资源品种名录》——地方猪种

01 安庆六白猪	15 二花脸猪	29 河套大耳猪	43 里岔黑猪	57 黔北黑猪	71 莆田猪
02 八眉猪	16 碧湖猪	30 湖川山地猪	44 两广小花猪	58 荣昌猪	72 清平猪
03 巴马香猪	17 大蒲莲猪	31 华中两头乌猪	45 隆林猪	59 桃园猪	73 深县猪
04 白洗猪	18 枫泾猪	32 淮猪	46 马身猪	60 五莲黑猪	74 圩猪
05 保山猪	19 阳新猪	33 槐猪	47 梅山猪	61 内江猪	75 仙居花猪
06 滨湖黑猪	20 枣庄黑盖猪	34 嘉兴黑猪	48 米猪	62 黔东花猪	76 香猪
07 藏猪	21 赣中南花猪	35 江口萝卜猪	49 民猪	63 撒坝猪	77 沂蒙黑猪
08 岔路黑猪	22 高黎贡山猪	36 姜曲海猪	50 闽北花猪	64 皖南黑猪	78 雅南猪
09 成华猪	23 关岭猪	37 金华猪	51 明光小耳猪	65 五指山猪	79 粤东黑猪
10 大花白猪	24 官庄花猪	38 莱芜猪	52 浦东白猪	66 宁乡猪	80 丽江猪
11 大围子猪	25 桂中花猪	39 兰溪花猪	53 确山黑猪	67 黔邵花猪	81 湘西黑猪
12 德保猪	26 海南猪	40 兰屿小耳猪	54 嵊县花猪	68 沙乌头猪	82 玉江猪
13 滇南小耳猪	27 汉江黑猪	41 蓝塘猪	55 乌金猪	69 皖浙花猪	83 烟台黑猪
14 东串猪	28 杭猪	42 乐平猪	56 南阳黑猪	70 武夷黑猪	

（二）中国地方猪种的特性

1. 性成熟早，繁殖力高

我国地方猪种大多具有性熟早、产仔数多、母性强的特点，母猪一般 3~4 月龄开始发情，4~5月龄就可配种。以繁殖力高而著称的梅山猪，初产母猪平均产仔数可达14头，经产母猪平均产仔数可达16头以上。多数地方猪种平均产仔数都在11~13头，高于或相当于国外培育猪种中繁殖力最高的大白猪和长白猪。母猪母性好，哺育成活率高。

2. 抗逆性强

我国地方猪种抗逆性强，主要表现在抗寒、耐热、耐粗饲和在低营养条件下的良好生产表现。分布于东北地区的民猪可耐受 -30 ℃ ~ -20 ℃ 的寒冷气候，在 -15 ℃ 的条件下还能产仔和哺乳。高原型猪在气候寒冷、空气干燥、气压低、日温差大、海拔高度 3 000 m 以上的恶劣环境条件下，仍能放牧采食。华南型猪在高温季节表现出良好的耐热能力。

我国地方猪种的耐粗饲能力主要表现在能大量利用青粗饲料和农副产品，能适应长期以青粗饲料为主的饲养方式，在饲料低营养条件下仍能获得一定的增重速度，甚至优于国外培育猪种。

3. 肉质优良

我国地方猪种肉质优良，主要表现在肉色鲜红，肌肉pH高，系水力强，肌纤维细，肌束内肌纤维数量较多，大理石纹分布适中。肌内脂肪含量较高，一般为3%左右，嫩而多汁，适口性好，香味浓郁。无 PSE 肉（pale soft exudative meat，苍白松软渗水肉）和 DFD 肉（dark firm dry meat，黑硬干肉）。

4. 生长速度慢，饲料利用率低

我国地方猪种生长速度缓慢，饲料利用率低，即使在全价饲养的条件下，其性能水平仍显著低于国外培育猪种和我国培育猪种。

5. 胴体瘦肉率低，脂肪率高

我国地方猪种的胴体瘦肉率低，大多在40%左右，大大低于国外培育猪种（60%以上），其眼肌面积和腿臀比也不如国外培育猪种。相应地，我国地方猪种沉积脂肪的能力较强，特别是早期沉积脂肪的能力较强，主要表现在肾周脂肪和肠系脂肪的量较多，皮下脂肪较厚，胴体脂肪率在35%左右。

（三）我国地方猪种的利用

1. 作为经济杂交的母本

现代养猪生产中广泛利用各种杂交方式生产杂交商品猪以利用杂种优势。在利用杂种优势时，要求杂交母本应具有良好的繁殖性能以降低商品用仔猪的生产成本，我国地方猪种具有性成熟早、产仔数多、母性强等优良特性，因此可作为经济杂交的母本。但由于我国地方猪种生长速度慢、饲料利用率低、胴体瘦肉率低，因此不宜作为杂交用父本。

2. 作为育种素材

在以往培育新品种时，大多利用我国地方品种对当地环境条件具有良好适应性及繁殖力高的特点，与国外培育品种进行适当的杂交并在此基础上培育新品种，如三江白猪就是用民猪和长白猪杂交，用含75%长白猪血统和25%民猪血统的后代进行自群繁育而成的。在现代猪的生产中，可利用我国地方猪种繁殖力高的特点，与优良的培育品种杂交后，选育合成母系。

二、中国引入猪种

（一）主要的引入猪种

引入猪种是指从外国引入我国的猪种。历史上对我国猪种遗传改良影响较大的有巴克夏、约克夏、苏联大白猪、克米洛夫猪、长白猪等。自20世纪80年代起，我国又大量引进了杜洛克、汉普夏、皮特兰等品种，一些国际著名育种公司的配套系也先后被引入或进入我国市场，如斯格、PIC配套系等。2020年5月，国家畜禽遗传资源委员会办公室发布的《国家畜禽遗传资源品种名录》中收录引入品种及配套系6个。

1. 大白猪

大白猪（Large White）原产于英国，由于产于英国的约克郡，故又称大约克夏（Large Yorkshire）。1780—1830年开始品种改良，是以当地猪为母本，引入中国广东猪种与当地猪杂交育成，1852年确定为新品种——约克夏。约克夏有大、中、小型，最为普遍的是大约克夏，因其体形大、全身被毛白色，故又称大白猪。许多国家从英国引进大白猪后，进行进一步的选育，形成加系、美系、法系、德系等且各有特点。

（1）体形外貌。大白猪体形较大，耳大直立，颜面微凹，背腰平直或微弓，四肢较高，被毛全白色，少数个体额角有暗斑。乳头7~8对。

（2）生产性能。性成熟较晚，母猪6月龄左右出现初情期，8月龄左右体重达130~140 kg时可配种。繁殖力高是大白猪的突出特点，窝产仔数在12头以上。在良好的饲养条件下，平均日增重应达800 g以上，耗料增重比在2.6以下，110 kg体重屠宰胴体瘦肉率在62%以上。

在国内猪的生产中，可用大白猪作父本，与地方猪种、培育猪种杂交生产二元杂交商品猪或二元杂交母猪。与长白猪正交或反交生产二元母猪，再与杜洛克进行杂交生产三元杂交商品猪。

2. 长白猪

长白猪（Landrace）原产于丹麦，因其体躯特长、全身被毛白色，故在中国被称为长白猪。长白猪的培育始于1887年，之前为脂肪型，1887年11月，为适应英国腌肉市场的需求，丹麦开始引进大约克夏与当地猪杂交，经长期选育，育成了瘦肉型的兰德瑞斯猪，兰德瑞斯猪是目前世界上分布较广的瘦肉型品种之一。各国引进丹麦长白猪，进行进一步的选育，形成适应本国的长白猪，如美系、法系、加系等。

（1）体形外貌。全身被毛白色，体躯呈流线型，头小而清秀，嘴尖，耳大下垂，背腰长而平直，四肢纤细，后躯丰满，被毛稀疏，乳头7对以上。

（2）性能特点。性成熟较晚，一般6月龄左右开始出现性行为，8月龄左右体重达130~140 kg时可配种，产仔数12头以上。在良好的饲养条件下，长白猪的生长肥育期平均日增重 800 g 以上,耗料增重比在 2.6 以下,110 kg 体重屠宰胴体瘦肉率在 62% 以上。从不同国家或育种公司引进的长白猪在繁殖性能、生长速度、胴体瘦肉率等方面有一定的差异。

在国内猪的生产中,可用长白猪作父本,与地方猪种、培育猪种杂交生产二元杂交商品猪或二元杂交母猪。与大白猪正交或反交生产二元母猪,再与杜洛克进行杂交生产三元杂交商品猪。

3. 杜洛克

杜洛克(Duroc)原产于美国东部,其主要亲本是纽约州的杜洛克、新泽西州的泽西红、康涅狄克州的红色巴克夏和佛蒙特州的 Red Rock 猪。1872 年品种标准建立,1883 年育种学会成立,将其统称为杜洛克 – 泽西,后简称为杜洛克。早期杜洛克为脂肪型品种,20世纪 50 年代向瘦肉型方向选育,形成了目前的品种,是目前世界上分布较广的肉用型猪种之一。

(1)体形外貌。体躯较长,背腰微弓,头较小而清秀,脸部微凹,耳中等大小,略向前倾,耳尖稍下垂,后躯丰满,四肢粗壮。全身被毛可由金黄到暗棕色,蹄呈黑色。

(2)生产性能。性成熟较晚,6 月龄左右初次发情,8 月龄左右体重为 130 ~ 140 kg 时可配种。繁殖性能较低,不及长白猪和大白猪。在良好的饲养条件下,生长肥育期平均日增重可达 850 g 以上,耗料增重比在 2.5 以下,胴体瘦肉率可达 63% 以上,肉质较好。从不同国家或育种公司引进的长白猪在繁殖性能、生长速度、胴体瘦肉率等方面有一定的差异。

杜洛克常作为终端杂交父本。利用杜洛克与有色地方猪种或培育猪种杂交时,要考虑杂交后代毛色的问题。

4. 汉普夏

汉普夏(Hampshire)原产于美国肯塔基州布奥尼地区,1893 年成立品种协会,1904 年定名。汉普夏原为脂肪型品种,20 世纪 50 年代向瘦肉型发现选育,形成了目前的瘦肉型品种。

(1)体形外貌。被毛黑色,但前肢和肩部有一条白带围绕,故有“银带猪”之称。头中等大小,耳中等大小直立,嘴较长而直,体躯较大,后躯丰满,肌肉发达。

(2)生产性能。性成熟晚,母猪一般 6 ~ 7 月龄开始发情,繁殖性能较低,产仔数 9 ~ 10 头。汉普夏增重速度略慢,饲料利用率也不及长白猪、大白猪、杜洛克,但其背膘薄,眼肌面积大,瘦肉率很高,可达 65%,但肉质欠佳。

杂交利用中,汉普夏常用作终端父本。

5. 皮特兰

皮特兰(Pietrain)原产于比利时布拉邦特地区的皮特兰村,1920 年开始培育,1950 年选育而成。在选育过程中,用本地猪与法国的贝衣猪杂交改良后,又导入英国的泰姆沃斯猪的血液。皮特兰以其非常突出的高瘦肉率闻名于世。

（1）体形外貌。毛色呈大片黑白花，从灰白到栗色或间有红色，头清秀，耳中等大小稍向下倾斜，体躯宽短，背中幅宽，中间有一深沟，后躯丰满，肌肉发达，肌肉线条明显，四肢较粗壮。

（2）生产性能。繁殖力中等偏低，窝产仔数10头左右，泌乳早期乳质好，泌乳量高，中后期泌乳差。皮特兰采食量少，皮特兰比杜洛克、长白猪、大白猪的生长速度慢，尤其后期增重慢。背膘薄、眼肌面积大，瘦肉率可达67% 左右。肌纤维粗，肉质较差。

皮特兰可直接用作终端杂交父本或杜洛克杂交生产的杂交公猪用作终端杂交父本。有些育种公司的配套系中，专门化父本往往吸收了皮特兰的血液。

6. 巴克夏

巴克夏（Berkshire）原产于英国巴克郡，故以其郡名命名。1770 年前后英国引进中国猪种、暹罗猪与当地猪杂交，1830 年开始培育，1860 年基本育成，形成了稳定的遗传特点，以黑毛六白作为品种外貌标示，并于 1884 年在原产地成立品种登记协会，为脂肪型品种。第二次世界大战后，改育为瘦肉型。

（1）体形外貌。黑身六白毛色为巴克夏的基本毛色，即嘴筒、四肢（前肢不超过腕关节、后肢不超过飞节）、尾尖毛色为白色，其余部分是黑色。传统巴克夏头较短，面凹，嘴上翘，现代美系巴克夏头较长，嘴筒较平直而前伸。宽肩厚颈，筒状前胸，后躯圆润，四肢短粗健壮。乳头7 对。

（2）生产性能。巴克夏的繁殖性能较低，窝产仔数平均9 头左右，生长速度优良但不及杜洛克、长白猪、大白猪，背膘厚略高，肉质优异，是引入猪种中肉质最好的。

杂交利用中，用作终端父本，尤其适于用作生产优质猪肉杂交体系中的父本。

（二）引入猪种的特性

1. 生长速度快，饲料利用率高

在优良的生产条件下，引入猪种的生长速度和饲料利用率明显优于我国地方猪种和培育猪种，尤其是近年来引入的国外猪种，肥育期间平均日增重可达900 g 以上，耗料增重比在2.5 以下。

2. 胴体瘦肉率高

引入猪种肌肉发达，背膘薄，眼肌面积大，胴体瘦肉率较高，一般均在60% 以上，有的可达65% 以上。

3. 肉质较差

引入猪种的肉质欠佳，主要表现在肉色较浅、系水力差、肌纤维较粗、肌束内肌纤维数量较少、肌内脂肪含量较低，一些品种 PSE 肉的出现率较高。

（三）引入猪种的利用

1. 杂交利用

引入品种的杂交利用可分为以下两种情况：一是以地方品种或培育品种为母本与之进行

杂交。在这种情况下，如果进行二元杂交，引入品种均可作为父本利用；如果进行三元杂交，一般以长白猪或大白猪作为第一父本，杜洛克或汉普夏作为终端父本，当然也可用长白猪或大白猪作第一父本，大白猪或长白猪作终端父本。但无论进行二元杂交或三元杂交，如果地方品种或培育品种是有色猪种，最好用长白猪、大白猪与之进行杂交，以求商品猪毛色为白色。二是引入品种之间的杂交，在这种情况下，通常采用三元杂交，以长白猪和大白猪正交或反交生产二元杂种母猪，再与终端父本杜洛克进行终端杂交生产商品猪。

2. 作为育种素材

在以往培育新品种（系）的过程中，为提高培育品种（系）的生长速度、饲料利用率和胴体瘦肉率，大多将引入品种作为育种素材加以利用。选育配套系时，也将引入品种作为育种素材培育专门化品系。

三、中国培育猪种

培育猪种是指中华人民共和国成立以来育成的品种。20 世纪 50 ~ 60 年代，新品种的培育工作进入起步阶段；1972—1982 年，经相应主管部门鉴定验收的新品种有 12 个；1982—1990 年又相继育成新品种 16 个、新品系 7 个；1990 年以来，专门化品系的培育成为中国猪种选育的主要趋势，同时也开展了新品种的培育工作。这些新品种（系）的培育方式大体上可分为三种：一是利用原有血统混杂的杂种猪群，经整理选育而成，这一类培育品种在选育前已受到外来品种的影响，如北京黑猪、新金猪等；二是以原有的杂种群为基础，再用一个或两个外来品种与之进行杂交后经自群繁育、横交固定而成，如哈尔滨白猪、上海白猪等；三是在严格育种计划和方案指导下培育而成，如三江白猪、湖北白猪、苏太猪等。

这些培育品种由于培育时间、育种素材、杂交方式及选育方法等的不同，表现出不同的特点。但总体来说，培育品种既保留了我国地方猪种的优良特性，又吸收了国外优良猪种的优点。与地方品种比，体形外貌上表现为体重、体尺有所增加，背腰宽平，后躯较为丰满，改变了地方品种凹背、垂腹、后躯发育差的缺陷；继承了地方品种繁殖力高的特性；生长速度、屠宰率、胴体瘦肉率有了很大提高。与国外品种相比，具有发情症候明显、配种受胎率高、繁殖性能优良、肉质好等特性，但体躯结构尚不及引入品种，后躯欠丰满，生长速度、饲料利用率、胴体瘦肉率均不及引入品种。

培育猪种在中国养猪历史上发挥了积极作用，曾在许多地区成为猪的当家品种。但其存在群体较小、遗传性不够稳定、外形外貌整齐度差、后躯欠丰满等缺点，生长速度、饲料转化效率、胴体瘦肉率等不及引入品种。因此在当今中国猪种的生产中，培育猪种的占比较小，有些培育品种（系）已不存在。

2020 年 5 月，国家畜禽遗传资源委员会办公室发布的《国家畜禽遗传资源品种名录》中收录培育品种及配套系 38 个（表 1 –2）。

表1-2 《国家畜禽遗传资源品种名录》——培育品种及配套系

01 新淮猪	11 北京黑猪	21 汉中白猪	31 苏淮猪
02 山西黑猪	12 湖北白猪	22 南昌白猪	32 川藏黑猪
03 光明猪配套系	13 军牧1号白猪	23 冀合白猪配套系	33 苏山猪
04 大河乌猪	14 华农温氏Ⅰ号猪配套系	24 滇撒猪	34 龙宝1号猪
05 鲁烟白猪	15 渝荣Ⅰ号猪配套系	25 滇陆猪	35 温氏 WS501 猪配套系
06 上海白猪	16 伊犁白猪	26 松辽黑猪	36 天府肉猪
07 三江白猪	17 浙江中白猪	27 苏姜猪	37 晋汾白猪
08 深农猪配套系	18 苏太猪	28 吉神黑猪	38 宣和猪
09 中育猪配套系	19 鲁莱黑猪	29 湘村黑猪	
10 鲁农Ⅰ号猪配套系	20 豫南黑猪	30 江泉白猪配套系	

第二节　繁殖猪群的饲养管理

　　繁殖猪群包括用作繁殖仔猪的成熟公、母猪和后备公、母猪。母猪的一个繁殖周期须经历发情—配种—妊娠—分娩—哺乳—断奶，断奶后可再次进入下一个繁殖周期，也可能因繁殖性能的丧失或降低、疾病等在任一繁殖周期的任一时间点被淘汰出繁殖群，其中淘汰的时间点主要集中在母猪断奶时（图1-1）。

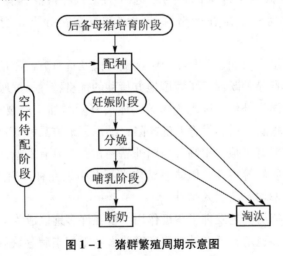

图1-1　猪群繁殖周期示意图

一、后备母猪的培育

　　仔猪育成结束至初次配种前是后备母猪的培育阶段。要获得优良的繁殖母猪，需从后备母猪的培育开始。为使繁殖母猪群持续保持较高的生产水平，每年都要淘汰部分繁殖性能低、年老体弱以及有其他机能障碍的母猪，从而可以保证繁殖母猪群的规模并形成以青壮龄为主体的理想胎次结构，头胎母猪约占母猪群的20%。后备母猪培育不仅关乎母猪第一胎的繁殖成绩，也对以后各胎次的繁殖性能以及母猪的繁殖利用年限产生影响。因此后备母猪的选择和培育是提高猪群生产水平的重要环节和基础。

后备母猪的培育目标是使年龄、体重、体况、发情表现同时达到初配的要求（表1-3）。这样不仅可以减少后备母猪的培育费用，而且因其体重适宜，可以降低经产母猪的维持需要费用。

表1-3 引入猪种后备母猪培育目标

指标	数值
初情期日龄/d	170～180
初配日龄/d	230～250
初配体重/kg	135～145
初配时 P_2 点背膘厚/mm	16～20
初配时发情状态	第3次及以上正常的发情
一生利用胎次/胎	5

（一）后备母猪的培育计划

现代生产条件下，母猪群的年更新率为30%～50%，每批的更新率为15%～25%，如因天气炎热、公猪精液质量差、疾病等引发的配种问题多发的配种批，后备母猪的更新率会更高。例如，一个规模为1 000头基础母猪群的年更新率为35%、分娩率为85%、实施3周批次生产计划的猪场，则正常情况下每批需要有24头适于配种的后备母猪编入待配母猪群，淘汰率高的批次需要补充的后备母猪更多。因此应制订一个连续的后备母猪培育的组群和培育计划，以满足猪场全年不同批次的母猪群更新需要。

（二）后备母猪培育的选择

1. 后备母猪的选择标准

母猪不仅对后代仔猪有一半的遗传影响，而且对后代仔猪胚胎期和哺乳期的生长发育有重要影响，还影响后代仔猪的生产成本（在其他性能相同的情况下，产仔数、育成率高的母猪，其仔猪的生产成本相对较低）。后备母猪的选择应考虑以下要点：

（1）生长发育快。应选择本身和同胞生长速度快、饲料利用率高的个体。

（2）体质外形好。后备母猪应体质健壮，无遗传疾患，并应审查确定其祖先或同胞亦无遗传疾患。体形外貌具有相应种性的典型特征，如毛色、头型、耳型等，特别应强调的是应有足够的乳头，且乳头排列整齐，无瞎乳头和副乳头。

（3）繁殖性能高。繁殖性能是后备母猪非常重要的性状。后备母猪应选自产仔数多、哺育率高、断乳体重大的高产母猪的后代。同时应具有良好的外生殖器官，如阴户发育较好，配种前有正常的发情周期，而且发情症候明显。

2. 后备母猪的选择阶段

后备母猪的选择大多是分阶段进行的。其选择阶段一般为：

（1）断奶时。断奶时是窝选，即在双亲性能优良、母猪无难产且产仔数多、哺育率高、断乳体重大而均匀、同窝仔猪无遗传疾患的一窝仔猪中选择。断奶时由于猪的体重小，容易选择错误，所以选留数目较多，一般为需要量的 2～2.5 倍。

（2）保育期结束。淘汰部分生长发育不良、体形外貌有缺陷的个体。这一阶段淘汰的比例较小。

（3）测定结束。首先用独立标准法淘汰有遗传缺陷、生殖器官发育缺陷、外形缺陷等个体，然后在育种群按育种值 + 体形外貌评分排名确定选留个体；在商品群按生长速度 + 体形外貌评分排名确定选留个体。这一阶段选留的比例约为最终需要量的 1.3 倍。

（4）培育期结束。淘汰存在发育问题、经公猪诱情处理仍无正常发情表现的个体。这一阶段选留的比例为最终需要量的 1.1～1.2 倍。

（5）初配。此阶段为后备母猪的最后一次选择。淘汰那些发情周期不规律、发情症候不明显以及非技术原因造成的 2～3 个发情期配种但不孕的个体。

后备母猪的选留阶段、标准及比例见表 1-4。

表 1-4 后备母猪的选留阶段、标准及比例

阶段	比例	标　　准
断奶时	≥230%	1. 根据母猪最新产仔成绩 + 已完成的后备测定成绩计算育种值，按育种值综合指数排序，排序后 25% 的窝不留种。 2. 同窝无畸形仔猪。 3. 母猪无难产。 4. 母猪肢蹄乳头发育正常。 5. 初产母猪窝活仔高于品种（系）最低标准
保育期结束	≥180%	1. 至少剔除 10% 生长慢的弱仔。 2. 肢蹄：初选，淘汰明显发育畸形、外伤者。 3. 乳头：发育正常的乳头 7～8 对。 4. 外貌：无疝气
测定结束	≥130%	1. 60 kg 左右集中淘汰眼观评估不达标的个体。 2. 肢蹄、乳头、外貌：终选，独立淘汰标准，眼观评估。 3. 根据测定结果 + 种猪群记录重新计算育种值，育种值排名靠前者。商品场按平均日增重（average daily gain，ADG）排序

阶段	比例	标　准
培育期结束	≥110%	1. 使用公猪诱情后，出现了 1 次明显发情。 2. 淘汰 7 月龄仍未发情或体重不达标的个体
初配	100%	第 2 或 3 次正常发情并成功配种

（三）后备母猪的饲养管理

1. 生长发育控制

猪的生长发育有其固有的特点和规律，从外部形态以至各种组织器官的机能，都有一定的变化规律和彼此制约的关系。如果在猪的生长发育过程中进行人为控制和干预，即可定向改变猪的生长发育过程，满足生产中的不同需求。商品肉猪生产与后备猪培育的目的和途径皆不同，商品肉猪生产是利用猪生后早期骨骼和肌肉生长发育迅速的特性，充分满足其生长发育所需的饲养管理条件，使其能够具有较快的生长速度和发达的肌肉组织，实现提高猪瘦肉产量、品质及生产效率的目的；后备猪培育则是利用猪各种组织器官的生长发育规律，控制其生长发育所需的饲养管理条件，如饲粮营养水平、饲粮类型、饲喂量等，以改变其正常的生长发育过程，保证或抑制某些组织器官的生长发育，从而实现培育出发育良好、体质健壮、消化、繁殖等机能完善的后备猪的目的。

后备猪生长发育控制的实质是控制各组织器官的生长发育，外部反映在体重、体形上，因为体重、体形是各种组织器官生长发育的综合结果。构成猪体的骨骼、肌肉、皮肤、脂肪 4 种组织的生长发育是不平衡的，骨骼最先发育最先停止，生后有一个相对稳定的生长发育阶段；肌肉居中，出生至 4～5 月龄相对生长速度逐渐加快，以后下降；脂肪前期沉积很少，6 月龄前后开始增加，8～9 月龄开始大幅度增加，直至成年。不同种性有各自的特点，但总的规律都是一致的。后备猪生长发育控制的目标是使其骨骼得到较充分的发育，肌肉组织生长发育良好，脂肪组织的生长发育适度，同时保证各器官尤其是繁殖器官的充分发育。

2. 后备母猪的饲养

（1）饲粮。按后备母猪不同的生长发育阶段合理地配制专用饲粮。应注意饲粮中能量浓度和蛋白质水平，否则易导致后备猪过瘦或过肥；保证饲粮中含有足够的矿物质元素，添加与繁殖性能有关的氨基酸、微量元素、维生素等，以保证骨髓及生殖系统的充分发育，有助于提高第一胎的繁殖成绩，同时可延长母猪的繁殖利用年限。

（2）饲养方式。引入猪种在 50 kg 体重以前自由采食，50～100 kg 适当限饲，控制平均日增重 700～750 g，在 100 kg 体重以后进行限饲，控制采食量为自由采食的 85%，控制平均日增重 600～650 g，以确保后备母猪不至于过肥，调控后备母猪配种时的 P_2 点背膘厚为 16～20 mm。在配种前 2 周结束限制饲喂并实施短期优饲，以提高排卵数（图 1-2）。母猪培育时通常采用这种饲养方式。后期限制饲养的较好办法是增喂优质的青粗饲料，这样既能达到控制营养摄入量、控制后备母猪生长速度和脂肪沉积的目的，又有利于增大后备母猪的消化道容积，利于泌乳期提高采食量。

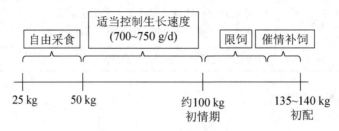

图 1 - 2　后备母猪饲养方案

3. 后备母猪的管理

（1）合理分群。后备母猪应小栏群养，每栏 6 ~ 10 头，也可在其 60 kg 前每栏 10 ~ 20 头，60 kg 后再分为小群，每栏 6 ~ 10 头。同时饲养密度要适当，60 kg 前占栏面积为 1 ~ 1.5 m²/头，60 kg 后占栏面积为 1.5 ~ 2.5 m²/头。后备母猪配种前不应限位饲养，饲养密度也不能过大，否则易导致不发情或初情期年龄差异较大，还会降低受胎率和产仔数。

（2）光照制度。后备母猪应采取合理的光照制度，150 ~ 200 lx（勒克斯）的光照强度、10L + 14D（即明期 10 小时，暗期 14 小时）的光照制度对后备母猪的发育和初情期表现等是有利的，可以利用自然光照辅以人工光照的方式来实现。

（3）定期测量体重、体尺和背膘厚。应在后备母猪选择的相应时间节点测量体重、体尺，测定结束时、短期优饲前应测定背膘厚，将其作为后备母猪发育状况评定和进一步做出后备母猪选留决定、饲养方案调整的依据。

（4）调教。为满足繁殖母猪饲养管理上的方便，后备母猪培育时就应进行调教。一要严禁粗暴对待猪只，建立人与猪的亲和关系，从而便于以后的配种、接产、产后护理等管理工作。二要训练猪只养成良好的生活规律，如定时饲喂、定点排泄等。

（5）环境驯化。对后备母猪要进行环境驯化以保证其适应猪场的环境。可将拟淘汰且健康的老母猪放入后备猪舍，用成年公猪通过诱情等方式进行后备猪的环境驯化。

（四）后备母猪的初配利用

后备母猪生长发育到一定年龄和体重，便有了性行为和性功能，称为性成熟。后备母猪到达性成熟后虽具备了繁殖力，但猪体各组织器官还远未发育完善，如过早配种，不仅影响第一胎的繁殖成绩，还将影响猪体自身的生长发育，进而影响以后各胎次的繁殖成绩，缩短繁殖利用年限。但也不宜配种过晚，配种过晚，体重过大，会增加后备母猪发生肥胖的概率，影响繁殖成绩，同时也会增加后备母猪的培育费用。

不同种性的后备母猪适宜的初配标准不同。一般来说，早熟的地方品种生后 5 ~ 6 月龄、体重为 50 ~ 60 kg、在第 2 或 3 次正常发情时即可配种，引入品种应在 7.5 ~ 8.5 月龄、体重为 135 ~ 145 kg、P_2 点背膘厚为 16 ~ 20 mm、在第 3 或 4 次正常发情时进行配种。

二、配种

提高母猪的受胎率和产仔数是实现母猪群高产的重要环节,因此,配种阶段的目标是根据母猪的发情排卵规律,掌握适宜的配种时间,采用正确的配种技术和方法,提高母猪的一次配种受胎率,缩短母猪的非生产天数,为提高母猪的产仔数奠定基础。

(一)促进母猪的发情与排卵

1. 适宜的繁殖体况

体况即膘情,是评判肥瘦程度的指标。具有适宜繁殖体况的母猪一般都能正常发情、排卵和受孕。在母猪体况异常时,常常导致母猪流产、出现死胎或宫内发育迟缓(intrauterine growth retardation,IUGR),断奶至再发情间隔延长。因为猪的体脂大约70%储存在皮下脂肪组织中,所以通过外形可以相对容易判定母猪的肥度。母猪的体况(body condition score,BCS)可利用视觉和手触母猪身体部位的方法进行评估(表1-5、图1-3)。在5分制体况评分时,要求母猪配种时体况评分不低于2.5分。过肥的母猪往往发情不正常,排卵少且不规则,不易受孕,即使受孕,也常常是产仔少、弱仔多。过瘦的母猪(体况评分2.5分以下)往往内分泌失调,卵泡不能正常发育,有的由于抵抗力低而易患病,甚至不得不过早被淘汰,缩短了利用年限。

表1-5 母猪体况5分制评分标准

评分值	体况	P_2点背膘厚/mm	外 观
1	很瘦	<13	髋骨和脊柱清晰可见
2	偏瘦	13~15	无须手掌按压即可感觉到髋骨与脊柱
3	理想	15~19	用手掌使劲按压才能感觉到髋骨与脊柱
4	偏肥	19~23	感觉不到髋骨和脊柱
5	过肥	>23	髋部和背部的脂肪较厚,外形浑圆

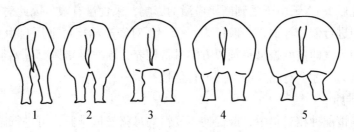

图1-3 母猪体况评分图

体况评分无疑是评定母猪膘情的简易方法,便于在现场应用,但其自身依然存在一定的缺点,一是母猪骨架大小、形态的差异会导致同样外形母猪的肥度并不相同;二是体况评分员的主观因素会导致评分偏差。

P_2 点背膘厚与猪的体脂率显著相关，可用测定 P_2 点背膘厚（倒数第 1、2 肋骨距背中线 5 cm 处的背膘厚）的方法判定母猪的体况。引入猪种后备母猪配种时 P_2 点背膘厚应为 16~20 mm（表 1-6），经产母猪配种时 P_2 点背膘厚应为 14~18 mm。后备母猪配种时过肥或过瘦都是由于其培育期培育方式不当造成的；经产母猪断奶后过肥或过瘦多是由于妊娠母猪、哺乳母猪的饲养管理不当或对哺乳母猪实行"掠夺式"利用造成的。

表 1-6　初配体重和 P_2 点背膘厚与母猪的繁殖性能

初配体重/kg	初配 P_2 点背膘厚/mm	窝产仔数/头	
		第 1 胎	第 1~5 胎
117	14.6	7.1	51.0
126	15.8	9.8	57.3
136	17.7	10.3	56.9
146	20.0	10.5	59.8
157	22.4	10.5	51.7
166	25.3	9.9	51.3

2. 短期优饲

短期优饲或称催情补饲，即对后备母猪或膘情较差的经产母猪，在母猪配种准备期（配种前 14 天以内）加强饲养（提高能量摄入量 50%~100%）。具体方法是，在原饲粮日饲喂量的基础上每日增加饲喂量 1.5~2 kg，配种后立即降到原来水平，确认妊娠后按妊娠母猪要求进行饲养。

催情补饲能够增加排卵数。催情补饲对后备母猪更有效，后备母猪在配种准备期实行短期优饲，能增加排卵数 2 枚左右，对经产母猪尤其是体况良好的经产母猪进行催情补饲的效果不如后备母猪。对经产母猪进行优饲并不是常用的措施，因为断乳后 1 周左右，母猪又会发情，母猪断乳后 1~2 天由于受到断奶应激的影响，采食量有限，因此对于经产母猪来说，没有充足的时间进行催情补饲，一般仅为 4~5 d。对经产母猪可采用自由采食的饲喂方式，直至配种，配种后立即按妊娠母猪饲喂方案进行饲养，除非母猪体况过差须用时间恢复其再次发情配种的能力，才会有相应的时间进行催情补饲。

3. 催情促排卵

为使母猪发情配种相对集中，或促使不发情的母猪发情排卵，可进行诱导发情或药物催情等方法促进母猪的发情排卵。具体方法有：

（1）公猪诱情。母猪对公猪的求偶声、气味、鼻的触弄及追逐爬跨等刺激的反应，以听觉和嗅觉最为敏感。因此，可将试情公猪放入母猪栏，使其接触、追逐爬跨母猪，或使公猪与母猪隔栏饲养，使其相互能闻到气味。这样公猪的异性刺激就能通过神经反射作用，引起母猪脑下垂体前叶分泌促卵泡激素，促使母猪发情排卵（表 1-7）。具体方法是：自 160

日龄开始，直接用结扎公猪接触，每日上、下午各 1 次，每次 15 ~ 20 min，避免将公猪、母猪长时间同栏混养。公猪诱情的开始时间不能过早，如果接触过早，母猪可能将接触视为习惯，从而不能刺激发情；如果与一头公猪接触后的 10 天内，母猪仍不发情，宜更换公猪进行诱情。

表 1 - 7　公猪接触对小母猪初情期的影响

指　　标	对照组	上午 1 次	下午 1 次	上、下午各 1 次
接触开始日龄	160.0	160.3	160.3	160.4
接触开始体重/kg	89.5	90.6	90.5	89.2
至初情期天数*/d	45.0	32.4[a]	28.9[a]	16.0[b]

* 仅计算接触公猪开始后 60 d 内达到初情期的小母猪，不同上标字母表示差异显著（$p < 0.05$）。
（引自 Hughes，P 等，1999）

（2）药物催情。断奶后体况正常的母猪，断奶后 2 d 注射 PG600，断奶后体况异常的母猪或发情不正常的后备母猪，可饲喂稀丙孕素，连续饲喂 15 ~ 18 d，可促使母猪发情。有些中草药方剂也有催情作用。

（二）提高精液品质

良好的精液品质可获得满意的受精率，某些公猪可能因遗传疾患（如携带致死基因）、精子质量差、精液中含有可致胚胎死亡的病原体等，其配种所产生的胚胎或胎儿的死亡率非常高。生产中评定猪精液品质的指标有精子活率、活力、密度和顶体完整率、畸形率等，应定期对公猪的精液品质进行检查，采用人工授精技术时，输精前还须检查精液品质，保证每剂量精液的精子数为 20 亿 ~ 30 亿个，精子活率、活力、密度和形态学等指标达到猪人工授精技术标准。

（三）适时配种

1. 母猪的适宜配种时间

母猪性成熟后，即会有周期性的发情表现。前一次发情开始至下一次发情开始的时间间隔称为发情周期。母猪的发情周期平均为 21 d，多为 19 ~ 23 d，品种间、个体间、年龄间差异不大。母猪发情如不配种或配种而未受孕，则会周期性地反复发情；如果配种受孕，则不再发情。母猪每次发情持续期一般为 3 ~ 5 d，品种间、年龄间、个体间均有差异，一个发情持续期可分为发情前期、发情期、发情后期、休情期共 4 个阶段。一般认为，母猪发情后 24 ~ 36 h 开始排卵，排卵持续时间为 10 ~ 15 h，排出的卵在 8 ~ 12 h 内保持有受精能力，而精子在母猪生殖道内 10 ~ 20 h 内保持有受精能力，交配后精子到达受精部位（母猪输卵管壶腹部）的时间需 2 ~ 3 h。据此推算，适宜的配种时间应为母猪发情后 20 ~ 30 h，若配种过早，当卵子排出时精子已失去受精能力；若交配过晚，当精子进入母猪生殖道内，卵子已失去受精能力，因此应适时配种，配种过早、过晚均不能获得好的配种效果［图 1 - 4（a）］。但由于母猪的排卵是在体内进行的，故很难用简单的方法准确判定母猪是否开始排卵，生产中最好的办法是根据发情母猪对压背或公猪爬跨的反应来确定适宜的配种时间，可每天早、晚对发情母猪进行压背试验或用试情公猪和母猪接触，当母猪对压背或试情公猪的爬跨表现为不动（安定）、两耳直立、精神集中时［图1－4（b）］，即为最适的配种时间。

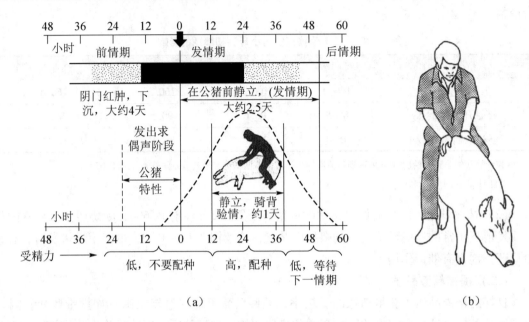

图1－4　母猪的适宜配种时间

2. 配种方式与配种次数

目前采用的配种方式有自然交配和人工授精两种：

（1）自然交配。自然交配即公母猪直接交配。自然交配时根据母猪一个发情期内与配公猪的数目及配种次数，可分为单次配种、重复配种、双重配种。单次配种即母猪在一个发情期内，只用一头公猪交配一次。重复配种即母猪在一个发情期内，用同一头公猪先后配种两次，两次间隔时间为8~12 h。双重配种即母猪在一个发情期内，用两头公猪各配一次，两次间隔时间为8~12 h。生产肥育用仔猪时可采用双重配种，即在母猪发情期内用两头公猪各配种1次。

自然交配时，配种时间应安排在饲喂前1 h或饲喂后2 h，应避免饱腹时配种，也不应在配种的同时饲喂附近的猪。配种栏面积至少为10 m²，要求地面平坦、干燥、不光滑，并应消除其他可能对配种产生干扰的因素。配种时一般先将母猪赶入配种间，然后赶入公猪。公猪爬跨母猪后，可将母猪的尾巴拉向一侧，辅助公猪的阴茎插入母猪的阴道，有助于加快配种进程，防止公猪阴茎损伤。公母猪体重差异较大时，应设配种架。成功交配后，应先将公猪移出配种栏。

（2）人工授精。人工授精即配种员使用假阴茎给母猪输精，所使用的精液或是从猪场采集或是从公猪站购买。采用人工授精技术可提高优秀种公猪的利用率，以减少公猪的饲养头数和提高育种效率；提高商品猪质量及其整齐度；克服公母猪体格差异悬殊时造成的交配困难；避免疫病的传播；克服时间和区域的差异以适时配种；节省人力、物力、财力，提高经济效益等。为提高人工授精的效果，应注意以下技术操作要点：

① 保证精液品质。用于人工授精的精液，除颜色、气味、pH 正常外，精子活力不应低于 0.7，畸形率不超过 18% 。

② 避免精液污染。从采精到输精的全过程，都要注意用具和器械的消毒，输精时须清洗母猪的外阴部。

③ 适宜的输精量。要求每个输精剂量含有效精子数 30 亿以上，体积为 80～100 mL。母猪一个发情期输精两次，间隔 8～12 h。

④ 正确的输精操作。输精动作要求轻插、适深、慢注、缓出。输精前应将输精管前端涂抹少许润滑剂浸润阴门，将输精管轻轻插入阴道，沿阴道上壁向前滑进，进入子宫外口后，将输精管在子宫颈旋转滑动进入子宫，然后缓慢注入精液。如发现精液倒流，应暂停输精，活动输精管，再继续输入精液。对于不安静的母猪，可在输精过程中按压母猪腰腹部，或用手轻压母猪尾根凹陷处，使母猪安静接受输精。如果逆流严重，应重新输精。

（四）配种工作的组织

现代集约化养猪是采用现代的科学技术和设施设备，按照工业生产方式组织生产、经营的养猪生产方式，是以生产规模集中化、生产过程工厂化和经营管理企业化为特征的集约化生产方式。集约化养猪拥有能适应各类猪群生理和生产需要的与各类猪群数量相适应的、配套的各类猪舍和设备，实行"全进全出"的生产工艺，全年按照节律均衡组织生产。按生产过程专业化的要求把猪群分成若干生产群（或称工艺群），如待配母猪群、妊娠母猪群、分娩泌乳母猪群、后备母猪群、哺乳仔猪群、保育仔猪群、生长肥育猪群等，其中首要的是按一定的节律组建一定数量的分娩哺乳母猪群。

按照生产计划在一定时间内组织一定数量的待配母猪群（包括断奶后的空怀母猪、后备母猪、返情母猪）进行配种，组建起一定规模的妊娠母猪群，以保证在预定的时间内有确定规模的分娩哺育母猪群并获得相应数量的仔猪，我们把组建分娩哺育母猪群的时间间隔称为繁殖节律。严格的繁殖节律是保证"全进全出"的生产方式、全年均衡生产以及提高猪舍设施设备利用率和人员劳动生产率的基础。对于小规模母猪场来说，短期内集中配种可提高配种效率；集中分娩有利于哺乳仔猪的寄养、代养，同时可增加批次产量，集中生产大量日龄相近的断奶仔猪，提高断奶仔猪、生长肥育猪的饲养效率或利于肉猪、断奶仔猪的出售。因为母猪的妊娠期长短变异极小，故组建待配母猪群的时间间隔与组建分娩哺育母猪群的时间间隔是相同的。繁殖节律按时间间隔分为 3、5 日制和 1、2、3、4、5 周制。规模大的母猪群宜实行时间间隔较短的繁殖节律，规模小的母猪群宜实行时间间隔较长的繁殖节律。

将猪场的母猪群分为几个小群，每个小群又分别按繁殖节律集中进行配种、分娩、断奶管理的方法，即批次化管理（batch management）。批次化管理可依繁殖周期、繁殖节律的不同将母猪群划分为相应数目的小群，如繁殖周期为 149 d（约 21 周，其中妊娠期 114 d、哺乳期 28 d、断奶至再配种 7 d）、繁殖节律为 1 周，则母猪群应划分为 21 个小群；如繁殖周期为 149 d（约 21 周）、繁殖节律为 3 周，则母猪群应划分为 7 个小群（图 1-5）。

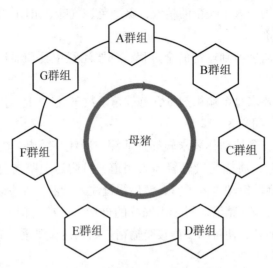

图 1-5　3 周繁殖节律批次管理示意图

（五）配种记录表

配种记录表是一种记录母猪配种日期、与配公猪编号、品种等信息的表格（表 1-8）。配种记录表的作用是：

（1）掌握母猪的配种受胎情况，对未孕母猪可采取相应的技术措施，提高猪群的繁殖效率。

（2）对已受孕母猪，按妊娠母猪的饲养管理方案进行饲养管理，并可根据配种日期推算出预产期，以利于做好母猪的转舍工作。

（3）记录母猪所生后代仔猪的种性及其相互间的亲缘关系，是育种场和种猪繁育场重要的技术档案。

表 1-8　配种记录表

母猪			第一次配种公猪			第二次配种公猪			预产期
编号	品种	胎次	编号	品种	配种日期	编号	品种	配种日期	

三、妊娠母猪的饲养管理

从精子与卵子结合、胚胎着床、胎儿发育直至分娩，这一时期对母体来说，称为妊娠期，对新形成的生命个体来说，称为胚胎期。妊娠母猪既是仔猪的生产者，又是营养物质的最大消费者，妊娠期约占母猪整个繁殖周期的2/3。因此，妊娠母猪饲养管理的目标是：①提高胚胎的存活率，保证胚胎正常的发育，尽可能提高母猪的分娩率和窝产仔数；②乳腺发育良好；③母猪在分娩时达到适合的体重和体况，为产后初期泌乳及断乳后正常发情打下基础；④在满足母猪、胎儿营养需要的前提下，努力降低成本；⑤防止流产。

（一）妊娠诊断

妊娠判定的目的在于对未妊娠母猪重新配种或及时淘汰，饲养空怀母猪不仅直接增加饲养投入，而且会降低母猪群的分娩率和母猪的利用率；对已妊娠的母猪按妊娠母猪要求饲养；揭示配种环节可能存在的问题。

1. 妊娠判定方法

妊娠判定方法较多，比较常用的有：

（1）观察法。配种前发情周期正常的母猪，交配后至下一次预定发情日不再发情，且有食欲增加、动作稳健、被毛渐有光泽、贪睡等表现，基本上可判定为妊娠。这种检测方法简单易行，有经验的人员判定准确率能够达到90%以上。

（2）超声波测定法。超声波在机体定向传播过程中遇到不同声阻抗、不同衰减特性的介质时能产生不同反射与衰减，这种不同的反射与衰减可构成不同的断面超声图像。超声波妊娠诊断技术成熟可靠、方便易行，早期妊娠诊断效果良好，妊娠25～28 d诊断准确率可达90%以上，妊娠40 d诊断准确率可达100%（图1-6）。

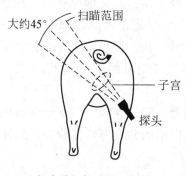

超声波妊娠诊断示意图

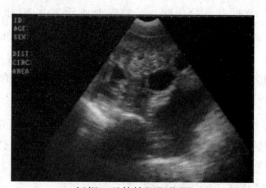

妊娠23天的检测影像图

图1-6 猪的妊娠诊断

2. 妊娠期及预产期

母猪的妊娠期平均为114～115 d，因品种、胎次等略有不同。母猪的预产期可根据母猪配种日及妊娠期进行推算，推算出预产期后，及时做好分娩的准备工作，防止漏产。

（二）胚胎的死亡

1. 胚胎死亡的时间

母猪一般排卵20~25枚，卵子的受精率高达95%以上，但产仔数只有12头左右，这说明最高有约30%的受精卵、胚胎或胎儿死亡（图1-7）。妊娠期胚胎死亡率规律如下：

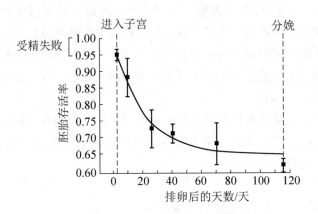

图1-7　妊娠期胚胎死亡率规律

（引自 Wiseman, J 等，1998）

（1）受精卵着床期。卵子在输卵管的壶腹部受精形成合子，合子在输卵管中呈游离状态，并不断向子宫游动，大约在4细胞阶段由输卵管进入子宫，胚胎在子宫角的顶部停留5~6天，然后向子宫体移动，第9天与来自对侧子宫角的胚胎混合，胚胎在两个子宫角腔中的移动，直到在受精卵形成后的第11~13 d附植在胎盘上，有些受精卵并未完成附植而死亡，这是胚胎死亡的第一个高峰期，占受精卵总数的20%~25%。

（2）胚胎器官分化期。受精卵形成后20~30 d，处于器官分化形成阶段，胚胎争夺胎盘分泌的营养物质，处于竞争弱势的死亡。此阶段死亡率占受精卵总数的10%~15%。

（3）妊娠中期。妊娠60~70 d后胚胎生长发育加快，由于胚胎在争夺胎盘分泌的某种有利于其发育的类蛋白质类物质而造成营养供应不均，一部分胚胎死亡或发育不良。这一时期的死亡比例为5%~10%。

（4）妊娠后期和临产前。此期胎盘停止生长，而胎儿迅速生长，或由于胎盘机能不健全，胎盘循环失常，影响营养物质通过胎盘，不足以供给胎儿发育所需营养，致使胚胎死亡。其死亡率为5%~10%。

2. 胚胎死亡的原因

胚胎存活率的高低表现为窝产仔数。影响胚胎存活率的因素很多，也很复杂。

（1）遗传因素。染色体畸变、排卵数与子宫内环境等遗传因素可导致胚胎的存活率不同。据报道，梅山猪在妊娠30日龄时胚胎存活率（85%~90%）高于大白猪（66%~70%），其原因是雌二醇是早期胚胎分泌的妊娠信号，发育较快的胚胎合成和分泌的雌二醇对发育较慢的胚胎是有害的，其改变了子宫内膜蛋白的分泌和成分，使发育较慢的胚胎着床失败。产仔数高的梅山猪，早期胚胎生长慢，分泌的雌二醇量少，有利于更多的胚胎着床。此外虽梅山猪的胎盘较小，但血管丰富。

（2）近交与杂交。繁殖性状是对近交反应敏感的性状之一，近交往往造成胚胎存活率降低，畸形胚胎比例增加。因此在商品生产群中要竭力避免近亲繁殖。杂交与近交的效应相反，繁殖性状是杂种优势表现最明显的性状，窝产仔数的杂种优势率在 15% 以上。因此在商品生产中应利用杂种母猪作母本。

（3）母猪年龄。在影响胚胎存活率的诸多因素中，母猪的年龄是一个影响较大、最稳定、最可预见的因素。一般规律是第 2 胎至第 5 胎保持较高的产仔数水平，以后开始下降。因此，要注意淘汰繁殖力低的老龄母猪，保持母猪群合理的胎龄结构。

（4）母猪体况。母猪的体况对繁殖性能有直接的影响。母体过肥、过瘦都会使排卵数减少，降低胚胎存活率。妊娠母猪过肥会导致卵巢、子宫周围过度沉积脂肪，使卵子和胚胎的发育失去正常的生理环境，造成产仔少、弱小仔猪比例上升。在通常情况下，妊娠前、中期容易造成母猪过肥，尤其是在饲粮缺少青饲料的情况下，危害更为严重。母体过瘦也会使卵子、受精卵的活力降低，进而降低胚胎的存活率。体况适宜的母猪，胚胎存活率较高。

（5）营养水平。妊娠早期摄入的能量水平过高会引起黄体酮水平下降，降低胚胎存活率。一些微量营养成分如维生素 E、维生素 A、叶酸、微量元素也对胚胎存活率有影响。

（6）公猪的精液品质。在公猪精液中，精子占 2%~5%，1 mL 精液中约有 1.5 亿个精子，正常精子占大多数。公猪精液中精子密度过低、死精子或畸形精子过多、pH 过高或过低、颜色气味异常等，均属异常精液，用产生异常精液的公猪进行配种或进行人工授精，会降低受精率，使胚胎存活率降低。

（7）温度。高温或低温都会降低胚胎存活率，尤以高温的影响较大。在 32 ℃左右的温度下饲养 25 d 的妊娠母猪，其活胚胎数要比在 15.5 ℃饲养的母猪约少 3 个。因此，猪舍应保持适宜的温度（16 ℃~22 ℃），相对湿度 70%~80% 为宜。

（8）机械刺激。鞭打、追赶母猪，母猪间互相拥挤、咬架，尤其是母猪配种后前 4 周的合群引起的母猪间战斗等，均可导致胚胎存活率降低。

（9）疾病。疾病尤其是繁殖障碍性疾病会导致胚胎存活率降低，甚至导致母猪的流产。

（三）胚胎的生长发育规律

1. 胚胎质量的变化

猪的受精卵只有约 0.4 mg，初生仔猪重为 1.2~1.5 kg，整个胚胎期的质量增加 200 多万倍，而生后期只增加几百倍，可见胚胎期的生长强度远远大于生后期。

进一步分析胚胎期的生长发育情况可以发现，胚胎期的前 1/3 时期中，胚胎质量的增加很缓慢，而胚胎期的后 2/3 时期，胚胎质量的增加很迅速。以民猪为例，妊娠 60 d 时，胚胎重仅占初生重的 8.73%，其个体重的 60% 以上是在妊娠的后一个月增长的（表 1-9）。所以加强母猪妊娠前、后两期的饲养管理是保证胚胎正常生长发育的关键。

表1-9　民猪胚胎质量的变化

胎龄/日	胚胎质量/g	占初生重比例
20	0.101	0.01%
25	0.552	0.05%
30	1.632	0.16%
60	87.73	8.73%
90	375.03	37.30%
出生	1005.50	100.00%

（引自许振英，中国地方猪种种质特性，1989）

2. 胚胎生长的组分

在整个胚胎期，除了胚胎质量的非匀速增长外，胚胎生长的组分也不是匀速的，如妊娠 70 d 前胚胎蛋白质的增加量是 0.25 g/d，妊娠 70 d 后胚胎蛋白质的增加量是 4.63 g/d（图1-8）。随着胎儿的快速生长，除了维持母体生长、子宫生长外，还要为胎儿的生长提供其所需要的氨基酸。若胎儿蛋白质中赖氨酸的比例为 6.1%，母猪怀 14 头胎儿时，则妊娠 70 d 后胎儿组织需要的赖氨酸为 4.0 g/d（McPherson 等，2004）。

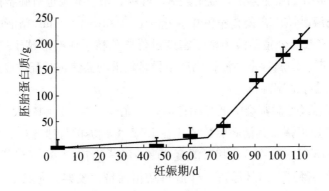

图1-8　胎儿蛋白质沉积

（引自 R. L. McPherson 等，2004）

（四）母猪乳腺的发育

从青春期开始，雌激素和黄体酮诱导乳腺发育，乳腺持续形成，青春期后乳腺发育迅速，形成十几个半发育状态的由脂肪细胞、未分化的细胞和一些结构胶原组成的乳腺。在这个时期，乳腺虽然发育不完全但血管和神经系统是完整的，乳导管等都具备功能。在妊娠的第一个月，在黄体酮和泌乳刺激素的作用下，导管增生进入未分化的组织块中；在妊娠中期，这些组织块开始分化成由乳分泌细胞构成的乳腺小叶，乳分泌细胞围绕着腺泡内部排列；到了妊娠的最后 1 个月，腺泡小叶清晰可辨，腺泡完全形成并充满了糖浆样的分泌液，妊娠后期随着更多的导管和分泌组织代替脂肪而使乳腺的质量和体积增大且变得坚实（图1-9、图1-10）。初乳是在妊娠的后1/4时期内合成的，并随乳腺组织的生长呈指数增长，在妊娠的最后1周里，乳腺的分泌速度加快，母猪分娩前24 h就可从乳头排出乳汁，在分娩后3天内，母猪的乳房充满乳汁，只有回乳才能阻止分泌细胞继续合成乳汁。乳腺组织的发育会一直持续到泌乳初期，泌乳期仔猪的吮乳刺激可以使乳腺组织继续发育，产后第3~4周泌乳高峰期后，分泌细胞总数会逐渐减少直至10~12周泌乳自然结束，其间如果吮乳刺激消失，可以导致腺泡中乳汁快速累积，细胞停止合成乳汁，腺泡上皮活跃的分泌层也停止分泌乳汁。

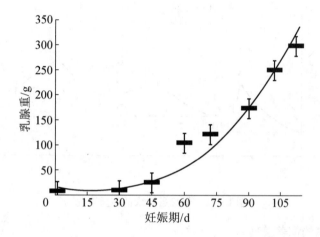

图1-9 妊娠母猪的乳腺发育

（引自 Ji 等，J Anim Sci.，2006）

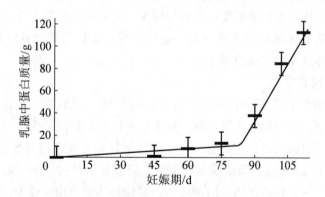

图1-10 妊娠期母猪乳腺蛋白含量的变化

（引自 R. L. McPherson 等，2004）

（五）妊娠母猪自身的变化

妊娠前期，母猪的代谢增强，其表现为在摄入相同营养的条件下，妊娠母猪比空怀母猪沉积的脂肪和蛋白质多。妊娠中后期，由于胎儿发育迅速，母猪自身的合成代谢效率降低。

在妊娠的最后四分之一阶段，如果出现营养负平衡，为了满足胎儿迅速发育的需要，母猪可能会发生脂肪组织的分解代谢。

母猪妊娠期体增重包括怀孕产物（胎儿、胎衣、子宫、羊水）的增长、母猪自身体重的增长和母猪的营养储备。头胎母猪妊娠全期增重为45~50 kg，其中怀孕产物约20 kg，母猪体增重为25~30 kg；成年母猪妊娠全期的增重为30~35 kg，其中怀孕产物约20 kg，弥补上一胎次泌乳期的体损失为10~15 kg。第2~4胎母猪的体增重中包括母猪自身体重的增长、弥补上一胎次泌乳期的体损失和母猪的营养储备，其总增重介于头胎母猪和成年母猪之间（图1-11）。

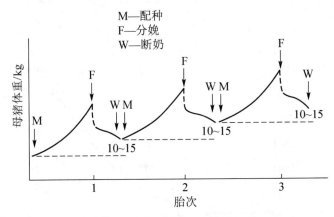

图1-11　母猪各胎次的体重变化

（六）妊娠母猪的饲养管理

1. 妊娠母猪的营养需要

母猪妊娠期的营养需要包括维持需要、胚胎等怀孕产物生长发育的需要和自身生长的需要。妊娠前期胚胎等怀孕产物生长发育的需要极少；妊娠中期胚胎发育的需要也不多，这期间不同的经产母猪调节体况的营养需要有一定的差异；妊娠后期胎儿的快速生长、子宫生长、乳腺发育的营养素需要量快速增加。

2. 妊娠母猪的饲养方式

近几十年来母猪营养需要研究表明，应对母猪采取"低妊娠，高泌乳"的饲养方式，即限量饲喂妊娠母猪，充分饲喂泌乳母猪。妊娠期采用前低后高的饲养方式，根据母猪及怀孕产物的变化来确定妊娠母猪饲养方案，将经产母猪妊娠全期总增重控制在30~35 kg、青年母猪总增重40~45 kg为宜，且增重在妊娠前、后期几乎各占一半，后期略高。前期以母体自身增重占绝大部分，怀孕产物的增加较少；后期母体增重相对较少，怀孕产物增加相对较多。妊娠全期可只提供一种饲粮，通过调整饲喂量满足不同妊娠阶段的营养需求；也可提供两种饲粮，不同妊娠阶段饲喂不同的饲粮。

妊娠前期（28天前）是受精卵着床期，营养素需要量虽不是很大，但需很完善，尤其是对维生素、矿物质要求很严格，如果妊娠前期采食的能量水平过高，会导致胚胎死亡率增高。妊娠中期主要任务是体况调节，通过营养摄入量的调控使母猪达到正常体况。妊娠70

天以后是乳腺发育的关键时期，过量摄入能量会导致乳腺脂肪细胞沉积多，从而减少乳腺分泌细胞的数量，并减少乳腺中脱氧核糖核酸（DNA）和核糖核酸（RNA）的量，结果导致泌乳期内泌乳量减少。妊娠后期（90天以后）胎儿的增长速度呈指数级，对营养的需求增加，应提高饲喂水平以保证胎儿的快速生长发育；母猪自身体重的增加及子宫、羊膜、乳腺等的发育，对营养物质的需求增加。此阶段黄体酮和雌激素在脂肪组织中高浓度蓄积，若营养供给不足，会促使两种激素的释放，从而对泌乳的生成产生影响。

对于后备母猪，妊娠前期（配种至妊娠4周龄）、中期（妊娠5~12周龄）、后期（妊娠13周龄至产前3天）采用逐渐增加喂料量的饲喂程序能带来更好的繁殖成绩。对于体况正常的经产母猪，妊娠前、中、后期也应采用逐渐增加喂料量的饲喂程序，其与头胎母猪饲喂量的差异主要在于维持需要的不同。对于体况偏瘦的经产母猪，妊娠前期就应给予较高的饲喂量，以快速恢复母猪在泌乳期的体况损失，使母猪在妊娠中期恢复到正常体况，有助于维持妊娠，改善子宫内环境，提高产仔数。如果妊娠中期母猪体况达正常标准，则在妊娠后期采用和配种时体况正常的母猪相同的饲喂水平；如果妊娠中期母猪体况尚未调整至正常标准，则在妊娠后期继续增量饲喂（图1-12、图1-13）。

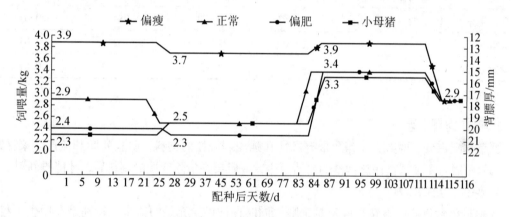

图1-12　丹麦的妊娠母猪饲喂方案

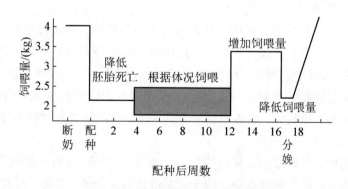

图1-13　美国的妊娠母猪饲喂方案

无论采用哪种方式，妊娠8～10周龄都要使母猪的体况评分达3分或P_2点背膘厚达16～18 mm，分娩前1周母猪的体况评分为3.5分或P_2点背膘厚达19～22 mm（表1–10）。

表1–10　母猪妊娠后期（109天）背膘厚对产仔性能的影响

项　　目	背膘厚/mm			p 值
	≤18	19～22	≥23	
样本数	192	265	389	
总产仔数/头	11.37	11.54	11.41	0.77
产活仔数/头	10.57	10.99	10.87	0.27
死胎数/头	0.84[a]	0.54[b]	0.45[b]	<0.01
木乃伊数/头	0.24	0.20	0.23	0.78
初生窝重/kg	16.38[b]	17.10[a]	16.52[ab]	0.04
初生头重/kg	1.52[b]	1.57[a]	1.52[b]	<0.01
每窝初生重≤0.9 kg的仔猪数/头	0.39[b]	0.40[b]	0.63[a]	<0.01
每窝初生重≤1.0 kg的仔猪数/头	0.76[b]	0.77[b]	1.08[a]	<0.01
胎盘重/g	331.60[b]	329.97[b]	345.32[a]	<0.01
胎盘效率	4.74[b]	4.93[a]	4.57[c]	<0.01

（引自彭健，2017）

3. 保证饲料卫生

严禁饲喂霉变、腐败、冰冻及带有毒性和强烈刺激性的饲料，防止死胎和流产。菜籽饼、棉籽饼等不脱毒不能喂。注意食槽的清洁卫生，一定要在清除变质的剩料后，才能投新料。

4. 保证充足的饮水

妊娠母猪食欲旺盛，精料应定量饲喂，同时保证供给充足的饮水，特别是在用生干料饲喂的情况下更应如此。

5. 妊娠母猪的管理

（1）合理分群。传统饲养方式中，妊娠母猪多小群饲养，应按母猪种性、体重、强弱、体况、配种时间等进行分群，以免大欺小、强欺弱。妊娠前期每栏可饲养4～6头，妊娠后期每栏可饲养2～3头或单栏饲养，临产前5～7天转入分娩舍。妊娠母猪小群饲养的优点是母猪有一定的活动空间和运动量，缺点是会因强夺弱食造成采食量不均而致母猪过瘦或过肥，因争斗而致外伤、跛足等。妊娠母猪群养的关键是控制母猪采食量不均造成同群内母猪出现过瘦或过肥问题。

现代养猪体系中，妊娠多采用限位栏饲养，近年来EFS、自由进出栏等也在推广应用。限位栏饲养的优点是消除了采食竞争，便于控制母猪的采食量，避免了母猪间的争斗，也利于饲养管理人员对母猪的健康和营养状态进行评估，缺点是限制了母猪的运动和行为自由。

群养大栏的优缺点与限位栏相反，而 EFS 综合了群养大栏和个体限位栏饲养的优点，缺点是投资大，管理要求高；自由进出栏在增加母猪和限位自由方面与 EFS 相近，且投资较少，管理要求不高，但饲喂量控制不如 EFS 精准，对同群母猪的一致性要求较高。

（2）减少和防止各种有害刺激。对妊娠母猪粗暴、强度驱赶以及母猪间的挤撞等刺激均容易造成母猪的机械性流产。如为群养，其间不可重新编群，以防止争斗、咬架等导致机械性流产。

（3）避免高温。高温不仅易引起部分母猪不孕，还易引起胚胎死亡和流产。母猪妊娠前期，尤其是第一周遭高温（32 ℃ ~ 39 ℃），即使只有 24 h 也可增高胚胎死亡率。因此在盛夏酷热季节应采取加大通风量、喷雾降温等防暑降温措施，以防止热应激造成胚胎死亡，提高产仔数。

（4）预防疾病性流产和死产。猪繁殖障碍性疾病、流行性感冒等疾病均可引起流产或死产，应按合理的免疫程序进行免疫注射，预防疾病发生。

四、分娩与围产期母猪的饲养管理

母猪分娩前后各 7 d 时间为母猪的围产期。围产期母猪会面临激素模式变化、营养负平衡、分娩疲劳等多方面应激因素的影响，是母猪繁殖周期中非常关键的时期。围产期也是仔猪损失最多的一个阶段，仔猪断奶前死亡有一半以上发生在仔猪出生后 3 d 内，特别是生后的 36 h 内。因此围产期母猪的饲养管理是繁殖猪群管理中最繁忙的一个环节，其目标是保证母猪安全分娩并顺利地过渡到泌乳旺期，仔猪多活全壮。

（一）母猪分娩前的准备

1. 分娩

分娩条件对母猪、仔猪的影响均较大，应做好相应的准备工作。根据母猪预产期，应在母猪分娩前 1 周准备好分娩舍（产房）。分娩舍要求：①清洁。母猪进入分娩舍前，要对分娩舍及其猪栏、地板、食槽等进行彻底的清洗、消毒、干燥。②温暖。舍内温度按母猪的适宜温度（20 ℃ ~ 22 ℃）设置，同时应配备仔猪的保温装置（保温箱、保温灯、保温板等），并将温度控制在 30 ℃ ~ 35 ℃。③干燥。舍内相对湿度最好控制在 65% ~ 75%。④空气清新。适度通风以确保舍内空气清新，但不能使进入舍内的空气直接吹向母猪、仔猪。此外，要求分娩舍安静，产栏舒适，光照充足，否则易使分娩推迟，分娩时间延长，造成仔猪死亡率增高。

2. 母猪进入分娩舍

为使母猪适应新的环境，应在产前 5 ~ 7 d 将母猪转入分娩舍，过晚进入分娩栏，母猪精神易紧张，影响正常分娩。在母猪进入分娩舍前，要完成驱除体内外寄生虫的工作，对母猪进行淋浴以清除猪体尤其是腹部、乳房、阴户周围的污物。进栏宜在早饲前空腹时进行，将母猪赶入产栏后立即进行饲喂，使其尽快适应新的环境。如为平面产栏，饲养员应训练母猪，使之养成在指定地点趴卧、排泄的习惯。

3. 准备分娩用具

应准备好接产用具和备品：毛巾、干洁粉、消毒液、剪牙钳、断尾钳、耳号钳或耳标及耳标钳、仔猪秤、凡士林油（难产助产时用）、分娩记录卡等。

（二）母猪的分娩与接产

母猪的产前征兆与分娩过程

（1）产前征兆。腹部膨大下垂，乳房膨胀有光泽，两侧乳头外张，从后面看，最后一对乳头呈"八字形"，用手挤压有乳汁排出（一般初乳在分娩前数小时或一昼夜就开始分泌，个别产后才分泌），但应注意营养较差的母猪，乳房的变化不十分明显，要依靠综合征兆做出判断。

母猪阴户松弛红肿，尾根两侧开始凹陷，母猪表现站卧不安，时起时卧，闹圈（如咬地板、猪栏、有衔草做窝行为等）。一般出现这种现象后6～12 h产仔。

母猪阴部流出稀薄黏液，母猪侧卧，四肢伸直，阵缩时间逐渐缩短，呼吸急促，表明即将分娩。

（2）分娩过程。分娩是借助子宫和腹肌的收缩，把胎儿及其附属膜（胎衣）排出来。分娩开始时，子宫纵肌和环肌向子宫颈方向产生节律性收缩运动，迫使胎液和胎膜推向子宫颈，子宫颈开张与阴道成为一个连续通道，使胎儿和尿囊绒毛膜被迫进入骨盆入口，尿囊绒毛膜在此破裂，尿囊液流出阴道。当胎儿和羊膜进入骨盆，引起腹肌的反射性及随意性收缩，使羊膜内的胎儿通过阴门。

猪的胎儿均匀分布在两侧子宫角中，胎儿排出是从近子宫颈处的胎儿开始，有顺序地进行。从产式上看，无论头位或臀位均属正常产式。

一般正常的分娩间隔时间为5～25 min，分娩持续时间依母猪及胎儿多少而有所不同，一般为1～4 h，在仔猪全部产出后10～30 min胎盘便排出。

（3）母猪的接产。母猪一般多在夜间分娩，安静的环境对临产母猪非常重要，对分娩中的母猪更为重要。因此在整个接产过程中，要求安静，动作迅速准确，以免刺激母猪引起母猪不安，影响正常分娩。①助产。胎儿娩出后，用毛巾迅速擦除仔猪鼻端和口腔内的黏液，防止仔猪窒息，然后用毛巾或干洁粉彻底擦干仔猪全身的黏液，以防止体热散失。②断脐。将连于胎盘和仔猪的脐带在距离仔猪腹部3～4 cm处用手指掐断或用剪刀剪断，在断处涂抹消毒液。若断脐出血多，可用手指掐住断头，直到不出血为止，然后涂抹消毒液。留在腹部的脐带3天左右即可自行脱落。③转移仔猪。将仔猪移至保温区内或母猪的乳区。

（4）救助假死仔猪。生产中常常遇到娩出的仔猪，全身松软、无呼吸，但心脏及脐带基部仍在跳动，这样的仔猪称为假死仔猪。假死原因有：脐带早断，在产道内即拉断；胎位不正，分娩时胎儿脐带受到压迫或扭转；仔猪在产道内停留时间过长（过肥母猪、产道狭窄的初产母猪发生较多）；仔猪被胎衣包裹；黏液堵塞气管等。一般来说，心脏、脐带跳动有力的假死仔猪经过救助大多可救活。用毛巾迅速将仔猪鼻端、口腔内的黏液擦除，对准仔猪鼻孔吹气，或往口中灌点水。如仍不能救活假死仔猪，则应进行人工呼吸，用力按摩仔猪两侧肋部，或倒提仔猪后腿，用手连续轻拍其胸部，促使呼吸道畅通，也可用手托住仔猪的头颈和臀部，使腹部向上，进行屈伸。救助过来的假死仔猪一般较弱，须进行人工辅助哺乳和特殊护理，直至仔猪恢复正常。

（5）难产处理及其预防。母猪在分娩过程中，胎儿无法顺利产出的称为难产。对于已经发育完善待产的胎儿来说，其生命的保障在于及时离开母体，发生难产时，若不及时采取措施，会造成仔猪的窒息死亡，严重时也可造成母猪死亡，因此，发现分娩异常的母猪应尽早处理。难产原因有：母猪骨盆发育不全，产道狭窄（初产母猪多见）；死胎多或分娩乏力，宫缩迟缓（老龄母猪、过肥母猪、营养不良母猪多见）；胎位异常，胎儿过大（寡产母猪多见）。具体救助方法取决于难产的原因及母猪本身的特点。对老龄体弱、娩力不足的母猪，在排除胎位异常、胎儿过大的前提下，可进行肌内注射催产素，促进子宫收缩，必要时可注射强心剂。在胎位异常、胎儿过大、可能存在死胎的情况下，须进行人工助产。人工助产时，助产人员应将指甲剪短、磨光（以防损伤产道），手及手臂先用肥皂水洗净，用消毒液消毒，然后在已消毒的手及手臂上涂抹清洁的润滑剂，同时将母猪外阴部用上述消毒液消毒，将手指尖合拢呈圆锥状，手心向上，在母猪努责间歇时将手及手臂慢慢伸入产道，握住胎儿的适当部位（眼窝、下颌、腿）后，随着母猪每次努责，缓慢将胎儿拉出。拉出仔猪后，如转为正常分娩，则不再助产。

（6）清理胎衣。母猪在产出最后一头仔猪半小时左右排出胎衣，母猪排出胎衣，表明分娩已结束，此时应立即清除胎衣，同时将母猪阴部、后躯等处血污清洗干净、擦干。

（7）仔猪的剪牙、编号、称重及填写分娩记录表。仔猪的犬齿（上、下颌的左右各两颗）容易咬伤母猪乳头，应在仔猪生后用剪牙钳将其剪掉，但要注意剪平且不能伤及牙龈。编号便于记载和辨认，对种猪具有更大意义，可以搞清猪的血统，便于后期对发育情况和生产性能的跟踪记录。编号方法很多，有耳牌法、电子耳标法、剪耳法、刺青法等。编号后应及时称重并按要求填写分娩记录表（表1-11）。

表1-11 分娩记录表

母猪号	公猪号			胎次			分娩日期			总产仔数			健活仔数			木乃伊数	死胎数
仔猪编号	1	2	3	4	5	6	7	8	9	10	11	12	13	14	15	总重	平均重
初生体重																	
21 d 体重																	
__d 断奶重																	
备注																记录人	

（三）围产期母猪的饲养管理

1. 合理饲养

母猪临产前肠道功能降低，食欲减退而致饲料摄入量逐渐减少，外源能量摄入减少，并动用体储备用于泌乳。饲喂不当可导致母猪产后食欲恢复慢，如果母猪产后食欲不能尽快恢复，则泌乳量降低，无法满足哺乳仔猪的正常营养需要，影响仔猪的发育；同时会导致母猪动用体储备而致体损失严重，影响以后的繁殖表现。

（1）围产前期不能大幅减少喂料量，可自产前2～3 d开始随母猪食欲的变化，减少日饲喂量10%～20%，分娩前24～36 h日饲喂量降至2.0～2.5 kg，分娩当日大多数母猪因受到分娩应激的影响较少采食，如采食则控制采食量为1.5～2.0 kg；不可通过提高饲粮能量浓度的方法增加母猪能量摄入量，因为这会减少纤维的摄入量，增加发生便秘的风险。为围产前期母猪额外提供快速供能的物质，如高血糖指数的糖类（葡萄糖、果糖、麦芽糖、蔗糖）、中链脂肪酸（MCT）等，可满足产前一周胎儿迅速生长的需要；促进母猪血浆游离脂肪酸和血浆尿素氮水平的提高，满足母猪泌乳的需要；可补充母猪体力，缓解低血糖，消除分娩疲劳。补充有机钙、电解质。有机钙可提高子宫收缩的协调性，增强子宫肌层的收缩力；电解质可补充母猪分娩流失和泌乳中损失的电解质。

（2）围产后期母猪的饲喂量应随着母猪食欲的逐渐恢复而逐日增加，产后初期应避免饲喂过量，产后5 d左右开始自由采食。

2. 预防便秘

母猪产前3～4 d肠蠕动异常，临产时会动用更多的能量以满足分娩的需要。因流向肠道的能量相对减少，肠道活性较弱，所以围产期母猪常发生便秘。便秘会通过挤压产道空间、减弱子宫收缩力量和干扰内分泌活动而使产程延长。粪便发酵产生的毒素会损害机体的器官，增加母猪发生乳房炎的概率。为防止母猪便秘、乳房炎等的发生，可在原饲粮的基础上，添加微生态制剂、低聚糖等调节消化道菌群，有效刺激肠蠕动，避免异常发酵；加喂青饲料或优质粗饲料，如临产前可饲喂麸皮粥等轻泻性饲料，刺激肠道蠕动，提高食糜通过胃肠道的速度；必要时可加喂无机盐调节肠道内容物渗透压，但应防止可能引起机体的脱水导致肠道黏膜肿胀，进而影响采食量。要保证母猪足够的饮水量。

3. 悉心管理

产前一周应停止大群驱赶运动，以免由于母猪间互相挤撞造成死胎或流产。饲养员应多接触母猪，以利于接产和对仔猪的护理。对母猪不能利用的乳头或伤乳头应在产前封好或治好，以防母猪产后因疼痛而拒绝哺乳。在仔猪哺乳前应挤出每个乳头的最初几滴乳汁。

五、泌乳母猪的饲养管理

母乳是仔猪生后3周内的主要营养物质来源，母猪的泌乳力决定哺乳仔猪的育成率和生长速度。因此，泌乳（高峰期）母猪饲养管理的目标是保证母猪能够分泌充足的乳汁，同时使母猪保持适当的体况，保证母猪在仔猪断乳后能正常发情与排卵，进入下一个繁殖周期。

（一）母猪的泌乳规律

1. 母猪的泌乳量

（1）乳腺结构。猪有十几个乳房，每个乳房由乳腺管和导管系统构成的 2~3 个乳腺团及由结缔组织和脂肪构成的间质组成。各乳头间相互独立，没有联系。母猪的乳房没有乳池，不能进行乳汁储存，不能随时挤出乳汁，因此仔猪也就不能随时都能吃到母乳。在分娩前 24 h 至产后的最初 2 d，可从母猪乳头中挤出初乳。随着产后哺乳的进行，吮乳刺激泌乳反射逐渐建立，每次都需仔猪用鼻吻突拱揉按摩后才能放乳，每次放乳时间很短。在泌乳的前 4 周内，两次放乳间隔时间约 1 h，随后吮乳频率降低。

（2）泌乳量。母猪个体间泌乳量差异很大。母猪 1 次泌乳量 250~500 g，平均每天泌乳 6~12 kg 或更多，整个泌乳期可产乳 250~500 kg。整个泌乳期泌乳量呈曲线变化，一般约在分娩后 5 d 开始上升，至第 3~4 d 达到泌乳高峰，之后逐渐下降直至第 10~12 周泌乳自然结束（图 1-14）。

母猪不同乳房的泌乳量不同。前面几对乳房的乳腺及乳管数量比后面几对多，泌乳量也多，尤以第 3~5 对乳房的泌乳量高。仔猪有固定乳头吸吮的习性，因此，可通过人工辅助将弱小仔猪放在前面的几对乳头上，从而使同窝仔猪发育均匀。

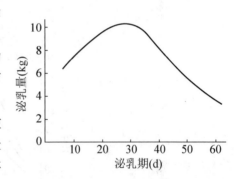

图 1-14　母猪泌乳曲线

（3）泌乳次数和泌乳间隔时间。母猪泌乳次数随着产后天数的增加而逐渐减少，一般在产后 10 天左右泌乳次数最多。在同一品种中，日泌乳次数多的，泌乳量也高。但在不同品种中，日泌乳次数和泌乳量没有必然的联系，往往泌乳次数较少，但每次泌乳量较高，如太湖猪、民猪，60 d 哺乳期内，平均日泌乳 25.4 次，共 6.2 kg，而大白猪和长白猪平均日泌乳 20.5 次，共 9.8 kg。

（4）乳的成分。母猪的乳汁可分为初乳和常乳。初乳通常指产后 3 d 内的乳，以后的乳为常乳。初乳中干物质、蛋白质含最较高，而脂肪含量较低（表 1-12）。初乳中含镁盐，具有轻泻作用，可促使仔猪排出胎粪，促进消化道蠕动，因而有助于消化活动。初乳中含有免疫球蛋白，能增强仔猪的抗病能力。因此，使仔猪生后及时吃到初乳非常必要。

表 1-12　母猪初乳和常乳的组成

成分	初乳	常乳
干物质	25.76%	19.89%
蛋白质	17.77%	5.79%
脂肪	4.43%	8.25%

续表

成分	初乳	常乳
乳糖	3.46%	4.81%
灰分	0.63%	0.94%
钙	0.05%	0.25%
磷	0.08%	0.17%

（引自张龙志等，养猪学，1982）

2. 影响母猪泌乳量的因素

影响母猪泌乳量的因素包括遗传和环境两大类。诸如品种（系）、年龄（胎次）、带仔数、体况及泌乳期营养摄入量等。

（1）品种（系）。品种（系）不同，泌乳力也不同，一般规律是大型肉用型猪种的泌乳力较高，小型脂肪型猪种的泌乳力较低（图1-15）。

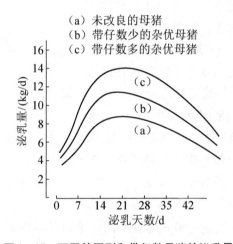

图1-15　不同基因型和带仔数母猪的泌乳量

（引自 Colin Whittemore，1993）

（2）胎次（年龄）。在一般情况下，初产母猪的泌乳量低于经产母猪，原因是初产母猪乳腺发育不完全，又缺乏哺育仔猪的经验，对于仔猪哺乳的刺激，经常处于兴奋或紧张状态，加之自身的发育还未完善，泌乳量必然受到影响，同时排乳速度慢。一般来说，母猪的2~3胎泌乳量上升，3~6胎保持高水平，6~7胎逐渐下降。我国繁殖力高的地方猪种，泌乳量下降较晚。

（3）带仔数。母猪一窝带仔数与其泌乳量关系密切，窝带仔数多的母猪，泌乳量也大，ARC（Agricultural Research Council，英国农业研究委员会）于1981年给出的相关公式为 $Y = 1.81 + 0.58X$（Y 为日泌乳量，X 为带仔数），但每头仔猪每日吃到的乳量相对减少（表1-13）。

表 1 - 13　哺乳仔猪数与母猪泌乳量的关系

哺乳仔猪数/头	母猪的泌乳量/kg·d^{-1}	仔猪摄取乳量/(kg·d^{-1}·头)
6	8.5	1.4
8	10.4	1.3
10	12	1.2
12	13.2	1.1

（4）饲喂量。母乳中的营养物质来源于饲料，若不能满足母猪泌乳所需要的营养物质，母猪的泌乳量就会受到影响，因此泌乳母猪营养摄入量是决定泌乳量的主要因素。泌乳期饲养水平过低，母猪会动用体储备用于合成乳汁，还会造成母猪泌乳期体损失过多，影响断乳后的正常发情配种（图 1 - 16）。推荐的泌乳（旺期）母猪饲喂量可用下述公式估测：

泌乳（旺期）母猪饲喂量 = 维持需要 + 泌乳需要

= 1.8 ~ 2.0 kg/d + 0.5 kg/d × 哺育仔猪头数

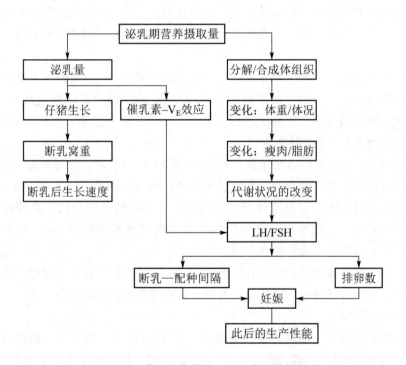

图 1 - 16　哺乳期营养摄入对生产性能的影响

（5）温度。高温会导致泌乳母猪的食欲下降、采食量减少，进而降低母猪的泌乳量（图 1 - 17）。

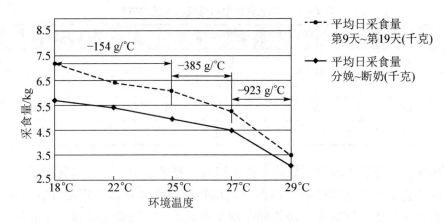

图 1－17　环境温度与泌乳母猪日采食量

（引自 Quiniou et al.，2000）

（二）泌乳母猪的饲养与管理

1. 泌乳母猪的营养素需要量

泌乳母猪的营养素需要量包括维持需要和泌乳需要。泌乳母猪的总营养素需要量受母猪胎次、体重、带仔数等的影响，可根据母猪体重、泌乳量或窝仔猪增重来计算。

2. 饲喂量

泌乳母猪的饲喂量并不等于营养量需要量，泌乳母猪在 3～4 周的泌乳期内，一直处于能量的负平衡状态，最终导致母猪泌乳期失重 10～20 kg，其中所含能量补充了泌乳需要，扣除母猪失重所提供的能量，才是实际的饲喂量。一个简单方法是，在维持需要的基础上，每哺育 1 头仔猪增加 0.5 kg 饲料。

母猪分娩后 5 天左右即应自由采食，并努力提高母猪的采食量以实现最大的泌乳量，同时防止泌乳期母猪失重过大而影响以后的繁殖性能，但当母猪带仔较多时，由于母猪的采食量有限，往往在充分饲喂的情况下体损失也会较大，补救的办法是调整其带仔数或早期断奶。对成年母猪来说，一般要求泌乳期的体损失不应超过其体重的 8%，对于青年泌乳母猪，泌乳期体损失也应少于成年泌乳母猪。

采用人工饲喂时，宜少量多次，日喂 6～8 次，每次要定时而又不能过于集中。饲喂潮拌料、使用干湿饲喂器或智能饲喂器等均有助于提高泌乳母猪的采食量。

3. 保证充足的饮水

母猪在非哺乳期每天饮水量通常为采食量（按风干重计）的 5 倍，而在哺乳期，由于泌乳的需要，需水量增加，可达 30 L/d。对于泌乳母猪，保证充足饮水更为重要。

4. 泌乳母猪的管理

分娩舍应采用全进全出制，前一批母猪、仔猪转出后下一批待产母猪转入前要将圈栏内的污物清除，并对过道、猪栏、地板、食槽、饮水器、粪水沟等进行彻底的清洗、消毒、干燥。

应保持猪舍内温度适宜，按母猪的适宜温度调控舍内温度，同时保证舍内空气清新，相对湿度保持在 65%~75%。

尽量减少噪声，避免大声喧哗，严禁鞭打或强行驱赶母猪，创造有利于母猪泌乳的舒适环境。

要注意保护母猪乳头，保持其清洁。对于初产母猪，因产仔数较少，在固定乳头时，应安排部分仔猪吸吮两个乳头，从而使每个乳头都有仔猪哺乳，避免有的乳头因无仔猪哺乳而致乳腺萎缩，影响以后的泌乳和仔猪哺育。

六、断奶与空怀待配母猪的饲养管理

哺乳仔猪停止哺乳、泌乳母猪进入待配状态或淘汰称为断乳。

(一) 适宜断奶日龄的确定

仔猪何时断奶为宜，一直是养猪生产者和研究者关注和关心的问题。在我国猪生产中，仔猪的断奶日龄从 20 世纪 80 年代前的 7~8 周龄，提早到目前的 3~5 周龄；国外目前多为 3 周龄左右。断奶日龄的逐渐提前与饲养设备的不断改进、饲养管理水平的不断提高及对仔猪消化生理、营养生理、免疫系统发育等认识的不断深入密切相关。

适宜的仔猪断奶时间受仔猪生理、母猪生理、猪场的饲养管理条件等诸多因素的影响，因此目前尚无法提供一个绝对的断奶日龄。仔猪适宜断奶日龄的确定须综合考虑以下因素。

1. 是否符合母猪的生理特点

早期断奶因缩短了母猪的泌乳期及断奶至再发情配种的间隔（早期断奶的母猪泌乳期失重少、体况好、易发情，因而缩短了断奶至再发情配种的间隔）而缩短了繁殖周期，从而增加母猪年产胎次（litters per sow per year, LSY），并进而提升母猪年提供断奶仔猪数。

从提高母猪利用率的角度考虑，泌乳期越短、断奶日龄越早，母猪利用强度越大。但由于母猪的生殖系统产后恢复的时间约为 21 d，在生殖系统未完全恢复时配种，受胎率低，胚胎死亡率高，母猪的年生产力可能反而降低，大多数母猪断奶后 5~7 d 会再次发情，因此，生产上不宜在仔猪 2 周龄内断奶。

泌乳期长短影响断奶至再发情的间隔，少于 10 d 和多于 40 d 的哺乳期将增加断奶至再发情的间隔，哺乳期为 21~35 d，断奶至再发情的间隔是最短的。

2. 能否充分利用母乳

母乳是最适合仔猪利用的营养物质，其中初乳提供的免疫球蛋白对于仔猪被动免疫的建立至关重要。母乳中的某些消化酶，可抑制仔猪胃肠道的炎症反应，多胺和多种生长因子（包括上皮生长因子和类胰岛素因子）可促进仔猪小肠细胞的分裂分化。若在妊娠后期给母猪接种疫苗，母猪产生的抗体会被分泌到母乳中，增强仔猪对相应疾病的抵抗能力。母猪在产后第 3 周进入泌乳高峰期，第 4 周以后泌乳量开始下降，从成分利用母乳的角度看，可在仔猪3~4周龄断奶。

3. 是否符合仔猪的生理特点

一般情况下，仔猪从出生到3~4周龄的平均日增重180~240 g。如果仔猪出生完全采用人工乳喂养，只要仔猪健康并自由采食，其生长速度比吃母乳的仔猪快（Lecce，1975，1979）。仔猪自由饮用人工乳时，10~30日龄和30~50日龄的平均日增重分别为575 g/d和832 g/d（Pluske 等，1995）。由于猪为商品动物，若生后即完全采用人工饲喂的方式并不经济，且没有发挥母乳的作用，而母猪即使不承担哺乳任务，也不宜在产后3周内配种。目前主要采取如下措施以最大限度发挥仔猪的生长潜力：

（1）给哺乳仔猪添加代乳液。

（2）断奶前补饲。

（3）猪适时断奶并采取阶段饲喂体系。

在任何日龄断奶，仔猪都会有应激反应，断奶日龄越早，应激反应就越大。仔猪断奶日龄应根据以下几个因素确定：

（1）猪消化系统的成熟程度。

（2）猪免疫系统的成熟程度。

（3）猪场设施设备质量。

一般认为体重在6 kg以下的仔猪由于消化机能、免疫功能、对环境的适应性等尚不足以抵抗断奶应激，因此不宜断奶。

4. 能否有效地防止母源疾病的传染

断奶日龄应根据对已知疾病对猪群的威胁程度来确定。研究表明，21日龄前断奶比靠使用大量药物和疫苗更能保证仔猪的健康。隔离早期断奶（segregated early weaning，SEW）就是在母猪分娩前按相应程序进行疫苗免疫，仔猪生后保证吃足初乳，在仔猪生后10~21日龄断奶，然后将断奶仔猪运到远离母猪场（>1 km）的保育场饲养到仔猪70日龄左右再转到育肥猪场饲养或直接将断奶仔猪运到远离母猪场（>1 km）的保育—育肥猪场饲养，从而防止母、仔猪疾病的交叉感染，改善断奶（保育）仔猪的健康状况。

隔离早期断奶要求母猪场（配种至断奶）、保育场（断奶至25~30 kg体重）、育肥场（25~30 kg体重至出栏）要保持一定的距离，且对环境、设施设备、SEW饲粮等的要求较高。

5. 猪场的设施设备条件及利用率

在具有良好设施设备的保育舍、能提供优质的早期断奶仔猪饲粮的前提下，配合高水平的管理，才可在仔猪3~4周龄断奶。盲目实施超早期断奶，会适得其反。

早期断奶可提高分娩舍及分娩架的利用率，每个分娩架每年提供的断奶仔猪数（piglets per cage per year，PCY）受断奶日龄的影响。

$$分娩架年利用次数 = 365/（待产时间 + 哺乳期 + 清洗消毒空栏时间）$$

（二）断奶方法

1. 一次断奶法

在仔猪达到预定的断奶日龄时，将母猪和仔猪分开，仔猪转至保育舍饲养，母猪转入空怀待配舍饲养。此方法简单，便于全进全出管理制度的实施，但断奶应激较大。

2. 分批断奶法

根据仔猪的发育情况或体重大小，将同窝仔猪分批先后断奶。由于弱小仔猪延长了哺乳时间且母猪所带仔猪数减少，利于弱小仔猪的发育，但母猪的哺乳期会拖长，也不利于全进全出管理制度的实施。

七、公猪的饲养管理

（一）后备公猪的选择

后备公猪是指断奶后至初次配种前留作种用的小公猪。一个正常生产的猪群，由于性欲减退、配种能力降低或其他功能障碍等，需要对配种或人工授精用公猪进行更新。

1. 品种（系）

在肥育用仔猪的生产中，应根据杂交方案选择公猪的品种（系）。

2. 生产性能

应测定公猪达 100 kg 体重日龄或在 100 kg 体重时的生长速度和饲料转化效率、背膘厚，选择育种值或选择指数高的个体。

3. 外形与体质

应经系谱审查确认其祖先或同胞亦无遗传疾患。应分别对头颈部、前躯、中躯、后躯、肢蹄、体质与体形结构等方面对后备公猪进行外形评定，要求后备公猪具有头颈、肩胸结合良好，背腰宽平，腹大小适中，肢蹄稳健等良好的特征的外形，体质结实紧凑。

4. 生殖系统机能

无隐睾、单睾、阴囊疝，睾丸发育良好、大小相同、整齐对称，摸起来感到结实但不坚硬，无包皮积尿。对公猪乳头的选择没有后备母猪那么严格，但乳头数应不低于后备母猪的标准，不应有内陷乳头。

5. 健康

如需外购后备公猪，则至少需要在配种前 45～60 d 从健康状况良好的猪场购买，至少隔离饲养 30 d 并进行环境驯化，可采用与拟淘汰且健康的老母猪接触的方式进行环境驯化，使用前进行健康检查。

（二）公猪的饲养管理

1. 营养需要

合理的营养有助于后备公猪的正常生长发育及繁殖利用，按饲养标准配制专用的饲粮，以保证公猪体质结实、配种能力强、精液品质优良、配种成绩高。猪精液中的大部分物质为蛋白质，所以在配制配种或采精公猪饲粮时应特别注意供给优质的蛋白质饲料，以保证氨基酸的平衡。饲粮的钙、磷不足，缺乏维生素 A、维生素 D、维生素 E 等也会导致精液品质下降。

2. 饲喂技术

后备公猪 100 kg 体重以前自由采食，100 kg 以后的饲喂水平应该能保证其生长速度适中，以确保其不至于过肥。配种或采精公猪应限量饲喂，防止饲喂水平过高导致公猪过肥，应根据体重、体况、配种或采精任务等确定饲喂量。

3. 管理

保证公猪舍温度、湿度、光照等环境条件适宜。后备公猪在性成熟前合群饲养，但应保证个体间采食均匀，达到性成熟时应单栏饲养，以防打斗、互相爬跨，造成肢蹄、阴茎等损伤。配种或采精公猪可大栏个体饲养或限位栏个体饲养，但应特别注意避免不同栏的公猪相遇。

4. 调教

后备公猪达到配种年龄和体重后，应开始进行配种调教或采精训练。配种调教宜在早晚饲喂前空腹进行。

（三）公猪的配种利用

1. 后备公猪的初配年龄和体重

后备公猪的初配年龄和体重因种性不同而有差异。地方猪种可在 5～6 月龄、体重为 70～80 kg 开始配种利用；大型引入猪种应在 8～9 月龄、体重为 130～150 kg 开始配种利用。利用过早，不但会降低繁殖成绩，而且会导致种公猪过早淘汰。

2. 公猪的利用强度

公猪的利用强度应根据种公猪的年龄、体况、配种方法（自然交配、人工授精）、分娩制度等确定，每月适用于所有情况的配种强度标准。8～12 月龄的青年公猪每日可配种 1～2 次，每周最多 4～6 次；1 岁以上青年公猪和成年公猪可每日配种 2 次，每周最多配种 6～8 次（表 1-14），过度使用将导致精液品质下降。

表 1-14 公猪的配种利用强度 单位：次

时间间隔	青年公猪（8～12 月龄）	成年公猪（大于 12 月龄）
每天	1～2	2
每周	4～6	6～8

3. 公猪的利用年限

育种群公猪根据遗传改良方案进行更新，用于生产肥育用仔猪的公猪利用年限稍长应及时淘汰更新，淘汰的原因有精液品质差、配种能力下降、体重过大等。有下列情况的公猪应立即淘汰：

（1）生殖器官疾患，无法治愈。

（2）精液品质不良，配种受胎率低，受胎母猪产仔数少。

（3）肢蹄疾患，不能正常配种。

（4）体重较大、体况过肥、性欲明显下降。

八、母猪年生产力的提高

（一）母猪年生产力的概念及其影响因素

饲养繁殖母猪的目标是在尽可能短的母猪繁殖周期内，高效率地生产更多健康的、合格的仔猪，即提高母猪年生产力。母猪年生产力是指每头母猪每年提供的断奶仔猪头数（piglets per sow per year，PSY）（图1-18）。PSY是考核繁殖猪群生产效率，评价一个国家、一个区域或一个养猪企业养猪生产水平最核心的指标。养猪发达国家的PSY为25～28头，优秀的猪场已超过30头。我国的PSY平均为15～17头，规模化养猪场可达20～25头。

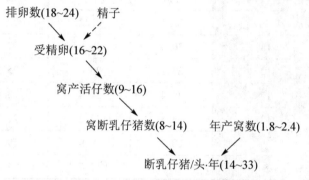

图1-18 母猪年生产力的构成

$$母猪年生产力 = 母猪年产窝数 \times 窝断乳仔猪数$$

其中，

$$母猪年产胎次（LSY）= 365/母猪的繁殖周期$$

$$（母猪的繁殖周期 = 妊娠期 + 泌乳期 + 断乳至再配种间隔）$$

C. Legault 等（1975）提出了度量母猪年生产力的公式如下：

$$P_n = L_s(1 - P_m)/(G + L + I_{wc}) \times 365$$

式中：L_s——窝产活仔数；

P_m——仔猪断奶前死亡率；

G——母猪妊娠期；

L——母猪泌乳期；

I_{wc}——母猪断奶至再配种的间隔时间。

Pinder Gill，（2008）提出了度量母猪年生产力的公式如下：

$$PSY = \{(365 - E)/(KI + L + W) \times N\} \times [(100 - M) \times 100]$$

式中：E——母猪空怀天数（母猪非正常非生产天数）；

N——窝产活仔数；

M——仔猪断奶前死亡率；

KI——母猪妊娠天数；

L——母猪泌乳天数；

W——母猪断奶至再怀孕天数（母猪正常非生产天数）。

增加母猪年产胎次（LSY）、提高窝断奶仔猪数可提高母提供的断奶仔猪数（表1-15）。增加母猪年产胎次的关键是减少母猪非生产天数（non-productive days，NPD）和缩短母猪泌乳期。提高母猪窝断奶仔猪数的关键是提高窝产健活仔猪数和降低仔猪断奶前死亡率（图1-19）。

表1-15 仔猪断奶日龄与母猪年供断奶仔猪数

断奶日龄/d		14	21	28	35
母猪繁殖周期/d*		158	165	172	179
母猪年产胎次/窝		2.31	2.22	2.13	2.04
窝断奶仔猪数	13	30.0	28.8	27.7	26.5
	12	27.7	26.6	25.5	24.5
	11	25.4	24.4	23.4	22.4
	10	23.1	22.2	21.3	20.4
	9	20.7	19.9	19.1	18.4
	8	18.4	17.7	17.0	16.3

* 母猪的繁殖周期 = 妊娠期（114 d）+ 哺乳期 + NPD（30 d）

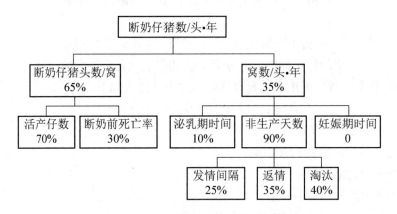

图1-19 影响母猪年生产力的因素

（引自 Anonymous, 2003）

（二）提高母猪年生产力的综合措施

1. 保持合理的母猪群胎龄结构

胎龄结构对母猪群生产力的影响很大。在商品生产群中，只要母猪繁殖性能正常，就应继续利用，但母猪繁殖力高峰期为第 3 ~ 5 胎，6 胎以上的母猪繁殖力下降，只有个别生产力较高的 6 胎以上母猪可留在群内（表 1 – 16）。

表 1 – 16　建议的母猪群胎龄结构

胎次	1	2	3	4	5	6	>6
比例	18% ~ 23%	15% ~ 21%	13% ~ 19%	10% ~ 15%	8% ~ 12%	5% ~ 8%	<3%

对母猪群进行及时的更新淘汰是保证猪群理想胎龄结构、提高母猪群生产力的关键措施。更新淘汰母猪的一般原则如下：

（1）连续 2 胎产仔数少的母猪。

（2）泌乳能力差的母猪。

（3）患有肢蹄病、腿病的母猪。

（4）过肥和过重的母猪。

（5）生产畸形后代仔猪的母猪。

（6）胎龄 6 胎以上的母猪。

（7）断乳后 28 天、经激素处理仍未发情的母猪。

（8）连续 2 个发情期配种不孕的母猪。

（9）流产 2 次及 2 次以上的母猪。

2. 提高母猪产仔数

（1）选用高产仔数母系并进行配套杂交生产杂交用母本。通过遗传改良已使猪的产仔数得到了大幅提升，生长性能、胴体性状优良的长白猪、大白猪的窝产仔数已经达到甚至超过了 16 头，通过配套杂交还可使杂交母本的产仔性能获得相应的杂种优势。利用杂优母猪与终端父本杂交生产肥育用仔猪已成为目前生产中的通用做法。

（2）提高母猪排卵数、受精率，降低胚胎和胎儿死亡率。

① 促进母猪发情排卵。对后备母猪进行短期优饲，通过对经产母猪上一个妊娠期采用合理的饲喂方式、提高泌乳期的采食量以减少母猪泌乳期的体损失、空怀待配种期进行短期优饲等方法均可提高母猪的排卵数和卵子质量。

采取公猪诱情、激素处理等方式，促进后备母猪和空怀待配母猪的发情排卵。

② 提高受精率。提高精液品质和适时配种是提高受精率的保证。与自然交配相比，人工授精更能够确保精液的品质，提高优秀公猪的利用率。正确的输精方法可以减少生殖道传播的疾病。准确地判断母猪的发情状况并确定最佳配种时间是提高受精率的又一保障。

③ 降低胚胎和胎儿死亡率。基于胚胎和胎儿的生长发育和死亡规律，做好妊娠母猪的饲养管理和健康管理，降低胚胎和胎儿死亡率。

3. 提高哺乳仔猪育成率

（1）采用"低妊娠、高泌乳"的母猪饲喂策略。母猪泌乳力的强弱直接影响哺育仔猪的生长发育和仔猪的成活率，采用正确的饲喂方法，提高母猪的泌乳力，同时做好哺乳仔猪的寄养、补水、补饲和环境管理等饲养管理工作，促进哺乳仔猪的生长发育。

（2）保持繁殖猪群的健康度。目前规模化猪场均不同程度受到疫病的威胁和困扰，一些繁殖障碍性疾病会使母猪受胎率降低、流产、产死胎、产弱仔，直接影响母猪的生产力。解决这一问题应从加强饲养管理、免疫预防和疫病净化等环节入手，增强繁殖猪群的免疫力，进而提高仔猪的育成率。

4. 缩短母猪繁殖周期、增加年产胎次

母猪的繁殖周期包括妊娠期、泌乳期、断奶至再配种的时间间隔。繁殖周期是影响母猪生产力的重要因素之一，其中母猪妊娠期是比较固定的，当前猪的生产中哺乳期可以缩短的时间有限，而母猪的非生产天数在不同的猪场差异极大，这也是影响母猪年产胎次的主要因素。

进入繁殖群内的任何一头生产母猪和超过适配年龄（一般设定 240 日龄）的后备母猪没有怀孕、没有哺乳的天数即为母猪的非生产天数（NPD）。其中将断奶后 5～7 d 至再发情的时间间隔称为正常非生产天数，将断奶后发情延迟、返情以及流产、死亡等所导致的时间间隔称为非正常非生产天数。缩短非正常非生产天数的措施有：

（1）后备母猪适时配种。适宜的初配年龄既能获得较高的受胎率、产仔率，又能延长种猪的利用年限。应根据基础母猪群的更新计划，做好后备母猪的培育工作，做到既能满足基础母猪群更新的需要，又能保证后备母猪适时配种。

（2）提高母猪配种受胎率、分娩率。发情期受胎率低不仅延长了母猪的非生产天数、降低母猪的年产胎次，还会造成饲料和人工的浪费以及设施设备利用率的降低。因此要做好母猪妊娠期、围产期、泌乳期的饲养，控制母猪体损失在 10～15 kg 以内、背膘损失 3 mm 以内，保证母猪断奶后 5～7 d 配种受胎率90% 以上。

分娩率是指分娩母猪占配种母猪的比例。在提高母猪配种受胎率的前提下，提高分娩率的另一个措施是降低母猪妊娠期间因流产、疾病、死亡等原因被迫淘汰，确保母猪妊娠期间因流产、疾病、死亡等原因造成淘汰率低于5% 。

（3）短哺乳期。早期断乳已成为提高母猪年生产力的一个重要途径。实行早期断奶，缩短哺乳期，以缩短母猪繁殖周期，可以提高母猪的年产胎次。但不能盲目地追求早期断奶来实现母猪年产仔窝数的增加，要以保证仔猪断奶后能够正常生长发育为原则，要结合本场的设施设备条件和技术管理水平确定适宜的断奶日龄，一般以 21～28 日龄断奶为宜。

第三节　仔猪的饲养管理

根据仔猪不同时期生长发育的特点及对饲养管理的要求，将仔猪分为哺乳仔猪（出生—断乳）和断乳（保育）仔猪（断乳—转群）。哺乳仔猪的培育是母猪生产中的关键环节，哺乳仔猪育成率的高低直接影响母猪的年生产力水平。断乳（保育）仔猪的培育质量不仅关乎断乳仔猪的培育水平，而且影响后期的生长发育。因此仔猪培育的任务是哺乳仔猪实现最高成活率、最大的断乳个体重；断奶仔猪克服由于断奶应激引起的仔猪采食量低、腹泻发病率增加、生长缓慢甚至负增长为特征的"断奶应激综合征"，实现最快生长速度和最高育成率。

一、哺乳仔猪的饲养管理

（一）哺乳仔猪的生长发育及生理特点

1. 生长发育快，物质代谢旺盛

与其他家畜相比，初生仔猪体重相对最小，不到成年体重的 1%，而出生后生长发育迅速，10 日龄时体重可达初生重的 2 倍以上，30 日龄时可达 5~6 倍，60 日龄时可达 10~15 倍或更多。如按月龄的生长强度计算，第一个月比初生时增加 5~6 倍，第二个月比第一个月增长 2~3 倍，以第一个月为最快。因此，仔猪第一个月的饲养管理尤为重要。

仔猪生后的迅速生长是以旺盛的物质代谢为基础的，一般生后 20 日龄的仔猪，1 kg 体重需要沉积蛋白质 9~14 g，相当于成年猪的 30~35 倍，1 kg 体重需要代谢净能 302 kJ，为成年母猪（95.4 kJ）的 3 倍，矿物质代谢也比成年猪高，1 kg 增重中含钙 7~9 g、含磷 4~5 g。由此可见，仔猪对营养物质的需要，不论在数量上还是质量上都相对很高，对营养缺乏的反应十分敏感。

2. 消化器官不发达，消化机能不完善

（1）消化器官的质量和容积相对较小。猪的消化器官在胚胎期内虽已形成，但生后初期其相对质量和容积较小，如出生时胃重仅 4~8 g，约为体重的 0.5%，仅可容乳汁 25~50 g，以后随日龄增长而增长，至 21 日龄胃重可达 35 g，容积也增大 3~4 倍，60 日龄时胃重达 150 g，容积增大到 19~20 倍。小肠在哺乳期内也强烈生长，长度约增长 5 倍，容积扩大 50~60 倍。消化器官的迅速生长保持到 6~8 月龄，以后开始降低。

（2）消化液分泌及消化机能不完善。消化器官的晚熟导致消化液分泌及消化机能的不完善。初生仔猪胃内仅有凝乳酶，而唾液和胃蛋白酶很少，同时由于胃底腺不发达，不能分泌盐酸，因此胃蛋白酶原无法激活，以无活性状态存在，不能消化蛋白质，尤其是植物性蛋白质。仔猪从生后 1 周开始，胃黏膜分泌较多的凝乳酶对消化乳蛋白具有重要意义。初生仔猪的肠腺和胰腺的发育比较完全，胰蛋白酶、胰淀粉酶和乳糖酶活性较高（图 1-20）。食物主要在小肠内消化，乳蛋白的吸收率可达 92%~95%，脂肪达 80%。

在胃液的分泌上，由于仔猪胃和神经系统之间的联系还没有完全建立，缺乏条件反射性的胃液分泌，随着年龄增长和食物对胃壁的刺激，盐酸的分泌不断增加，至 35~40 日龄，仔猪胃蛋白酶原在酸性条件下（pH < 5.4）被激活，方表现出较好的消化能力，仔猪可利用乳汁以外的多种饲料。因此一般把仔猪的 5 周龄当作仔猪对植物蛋白质消化利用的临界日

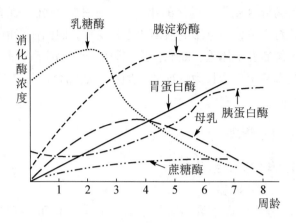

图 1-20 仔猪体内消化酶系统的发育

龄。但仔猪消化道内没有纤维分解酶，故仔猪不能消化植物性饲料中的粗纤维。

哺乳仔猪消化机能不完善的另一表现是食物通过消化道的速度较快。食物进入胃内后，完全排空（胃内食物通过幽门进入十二指肠的过程）的速度，15 日龄时约为 1.5 h，30 日龄为 3~5 h，60 日龄为 16~19 h。当然，饲料的形态也影响食物通过的速度。

哺乳仔猪消化器官机能的不完善，构成了它对饲料的质量、形态和饲喂方法、饲喂次数等饲养要求的特殊性。因此，在哺乳期内的训料非常必要，这样可尽早刺激胃壁分泌盐酸，激活胃蛋白酶，从而有利于断奶后有效地利用植物蛋白饲料或其他动物蛋白饲料。在早期断乳仔猪日粮中常加入脱脂乳、乳清粉等，以满足仔猪对营养物质的特殊需要而发挥其最大的生长发育潜力。

3. 体温调节机能发育不全，抗寒能力差

（1）神经调节机能不健全。对寒冷的刺激，动物体有在神经系统调节下，发生一系列反应的能力。初生仔猪的下丘脑、垂体前叶和肾上腺皮质等系统的机能虽已相当完善，但大脑皮质发育不全，垂体和下丘脑的反应能力以及为下丘脑所必需的传导结构的功能较低。因此，神经性调节体温适应环境的能力差。

（2）物理调节能力有限。猪对体温的物理调节主要是通过被毛、肌肉颤抖、竖毛运动和挤堆共暖等物理作用来实现的，但仔猪的被毛稀疏、皮下脂肪很少，保温隔热能力很差。

（3）化学调节不全，体内能源储备少。当环境温度低于临界温度下限时，靠物理调节已不能维持正常体温，就需要甲状腺及肾上腺分泌等促进物质代谢，增进脂肪、糖原氧化，增加产热量。若化学调节也不能维持正常体温，则会出现体温下降乃至冻僵。仔猪由于大脑皮质调节体温的机制发育不全，不能协调化学调节。

同时，初生仔猪体内的能源储备非常有限，脂肪仅占体重的 1% 左右，每 100 mL 血液中，血糖的含量仅 70~100 mg，如吃不到初乳，2 天血糖即降至 10 mg 以下，即使吃到初乳，得到脂肪和糖的补充，血糖含量可以上升，但这时脂肪还不能作为能源被直接利用，要到 24 h 以后氧化脂肪的能力才开始加强,到 6 日龄时化学调节能力仍然很差,到 20 日龄才接近完善。初生仔猪的体温比成年猪要高 1 ℃ ~ 2 ℃,其临界温度为 35 ℃,为保证其体温的恒定,必须保持较高(30 ℃ ~ 35 ℃)的局部环境温度,温度过低会引起仔猪体温下降,这同时也是初生仔猪被压死、饿死和病死等的诱因(图 1 - 21)。

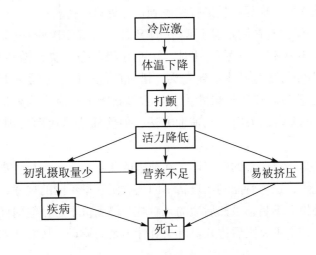

图 1 - 21 低温对初生仔猪的影响
(引自 English and Morrison,1984)

4. 缺乏先天免疫力,容易患病

猪属上皮绒毛膜胎盘,构造复杂,在母体血管与胎儿脐带血管之间有 6 ~ 7 层组织,而抗体是一种大分子的 γ 球蛋白。因此,母猪血液中的抗体不能通过血液进入胎儿体内,仔猪出生时没有先天免疫力。初生仔猪主要通过吸食初乳获得母源抗体来获得免疫力。

据测定,母猪分娩时每 100 mL 初乳中含有 4 ~ 8 的 γ - 球蛋白,1 天后下降 1/2,2 天后降低近 1/5。仔猪出生后 24 h 内,由于肠道上皮处于原始状态,对蛋白质可直接通过渗透吸收,36 ~ 72 h 后,肠壁的吸收能力随肠道的发育而迅速下降。考虑到乳汁中 γ - 球蛋白消长规律以及仔猪的消化吸收特点,应让出生的仔猪尽快吃到初乳,以获得免疫能力。

初乳中免疫球蛋白含量虽高,但下降很快,仔猪 10 日龄后才开始具有产生抗体的能力,30 ~ 35 日龄前含量还很低,直到 5 ~ 6 月龄才达到成年猪水平。因此,2 ~ 3 周龄是免疫球蛋白"青黄不接"的阶段,易患疾病。因此,应加强仔猪生后初期的饲养管理,并创造良好的环境卫生条件,以弥补仔猪免疫力低的缺陷。

(二)哺乳仔猪的饲养管理技术

1. 吃足初乳、固定乳头

(1)吃足初乳。吃足初乳是仔猪早期获得抗病力最重要的用途,初乳中含有镁盐,具有轻泻性。初乳的酸度高，有利于消化道活动，可促使胎粪排出。

仔猪刚出生后就有寻找乳头吮乳的本性，接产时可在擦干仔猪全身和断脐后，将仔猪放至母猪乳区由仔猪自由吮乳，这样做可以使仔猪尽快吃到初乳。也可在擦干仔猪全身和断脐后，将仔猪放入保温区，待全部仔猪产出后，立即人工辅助哺乳，这样可使全部仔猪都吃到足够的初乳。若母猪无乳，应尽早辅助仔猪吃到寄养母猪的初乳。

（2）固定乳头。仔猪有在固定乳头吸乳的习惯，开始几次吸食哪个乳头，一经认定即到断乳不变。但在初生仔猪开始吸乳时，往往互相争夺乳头，强壮的仔猪争先占领最前边的乳头，而弱小仔猪则迟迟找不到乳头，错过放乳时间、吃乳不足或根本吃不到乳。还可能由于仔猪争抢乳头而咬伤母猪乳头，导致母猪拒绝哺乳。为使同窝仔猪发育均匀，须在仔猪出生后2～3天内，采用人工辅助方法，促使仔猪尽快形成固定吸食某个乳头的习惯。

固定乳头的原则是，将弱小的仔猪固定在前边的几对乳头，将初生重较大、健壮的仔猪固定在后边的几对乳头，这样就能利用母猪不同乳头泌乳量不同的规律，使弱小仔猪能获得较大量的乳汁以弥补先天不足，虽然后边的几对乳头泌乳量不足，但因仔猪健壮、拱揉乳房和吸乳的动作较有力，仍可克服后边几对乳头乳汁不足的缺点，从而达到窝内仔猪生长发育快且均匀的目的。

固定乳头的方法是，当窝内仔猪较均匀，有效乳头足够时，生后2～3天内绝大多数能自行固定乳头，不必过多干涉。但如果个体间竞争激烈，应加以管理。若窝内仔猪间的差异较大，则应重点控制体大和体小的仔猪，中等大小的可自由选择。每次辅助体小的个体到前边的乳头吸乳，而把体大的个体固定在后边的乳头。对个别争抢严重、乱窜乱拱的个体须进行人工控制，可先不让其拱乳，只是在放乳前的一刹那放到其固定的位置，或干脆停止其吸乳1～2次，以纠正其抢乳行为。如此，经过两天基本上可使全窝仔猪固定乳头吮乳。固定好乳头的标志是母猪哺乳时，仔猪能迅速地固定在某个乳头上拱揉乳房，无强欺弱、大欺小、争夺乳头的现象发生，母猪放乳时，仔猪全部安静地吸乳。

2. 保温、防压

（1）保温。由于初生仔猪调节体温适应环境的能力差，同时其保温性能差（皮薄毛稀），需热多（体温较成年猪高1℃）、产热少（体内能贮少），故仔猪对环境温度的要求较高，有"小猪怕冷"之说。初生仔猪需要的适宜环境温度为35℃～37℃，3～7日龄仔猪需要的适宜环境温度为33℃～35℃，以后每周降1℃（表1–17）。

保温的措施是单独为仔猪创造温暖的小气候环境，因"小猪怕冷"而"大猪怕热"，母猪的最适环境温度为18℃，因此生产中常控制产房温度在15℃～20℃，而单独为仔猪设置保温区。生产中常用的保温设施有保温灯、保温垫等。保温灯是最常用的加温设备，其使用的关键在于选择适宜的功率，以保证灯下地板的温度符合仔猪的需求。使用保温垫的关键在于其温度适宜且均匀。

表1-17　哺乳母猪与哺乳仔猪对温度的要求

体重或年龄	温度/℃		相对湿度	风速/(m/s)
	最适	范围		
初生仔猪	32	30 ~ 35		0.15 ~ 0.4
3周龄仔猪	28	26 ~ 30	50% ~ 80%	
哺乳母猪	18	14 ~ 20		0.3 ~ 1.0

（2）防压。哺乳仔猪被压死一般占哺乳仔猪死亡总数的10% ~ 30%，有时甚至高达50%左右，多数发生在生后一周内。压死仔猪的原因，一是母猪的原因，如母猪的母性差、体弱或肥胖、初产母猪缺乏护仔经验等；二是仔猪的原因，如仔猪体弱、活力差等；三是管理上的原因，如不同类型的分娩栏因在对母猪的限制、护仔设施、仔猪保温方式、栏内卫生状况等方面不同，仔猪压死率、挤死率、饿死率、病死率等存在很大差异，在未对母猪施以任何限制的平面产仔栏内，仔猪被母猪压、踩致死率很高。生产中，应针对上述情况采取以下防压措施：

① 加强产后护理。加强生后1 ~ 3日龄内仔猪的护理，可在吃乳后将仔猪捉回保温箱，下次吃乳时放出，至仔猪行动灵活、稳健后，再让其自由出入护仔栏。若听到仔猪异常叫声，应及时救护，一旦发现母猪压住仔猪，应立即拍打其耳根，令其站起，救出仔猪。

② 设母猪限位栏和仔猪防压杆。母猪限位栏和仔猪防压杆可限定母猪的站立及趴卧体位、减缓母猪趴卧的速度，从而使仔猪有相应的逃避空间和时间，减少仔猪被踩、压致死的情况发生。

3. 寄养、并窝

在生产中，会遇到一些问题，例如，有些母猪产仔数较多，超过母猪的乳头数；也有些母猪产仔数过少（寡产），若让母猪哺育少数几头仔猪，经济上不合算；更有些母猪因产后无乳或产后死亡，其初生仔猪若不妥善处置就会死亡。解决这些问题的方法就是寄养与并窝。

所谓寄养，就是将仔猪过继给另一头母猪哺育；并窝则是指把两窝或几窝仔猪，合并起来由一头母猪哺育。寄养和并窝以及调窝是生产中常用的方法，为使其获得成功，应注意以下几个问题：

① 寄养的仔猪，寄出前须吃到足够的初乳，或寄入后能吃到足够的初乳，否则会因被动免疫力低易发病。

② 寄养的仔猪与原窝仔猪的日龄要尽量接近，最好不要超过3天，超过3天以上，往往会出现大欺小、强辱弱的现象，使体小仔猪的生长发育受到影响。

③ 承担寄养任务的母猪，须泌乳量高，且有空闲乳头。

④ 母猪主要通过嗅觉来辨认自己的仔猪，为避免母猪因寄养仔猪气味不同而拒绝哺乳或咬伤寄养仔猪，应采用干扰母猪嗅觉的方法来解决。因寄养而致仔猪不吸吮寄母的乳汁的

问题，可采用饥饿的方法来解决。

4. 补充铁、硒

（1）补铁。初生仔猪普遍存在缺铁性贫血的问题，仔猪初生时体内铁元素的储存量为 40~50 mg，大部分存在于血液的血红素和储存在肝脏中，正常生长的仔猪，每日约需铁 7 mg，到 3 周龄开始吃料前共需铁约 200 mg，而仔猪每天从母乳中只能获得 1 mg，即使给母猪补饲铁也不能提高乳中铁的含量。显然，如果没有铁的补充，仔猪体内的铁储存量仅够维持 6~7 天，一般 10 日龄左右即出现因缺铁而导致的食欲减退、被毛粗乱、皮肤苍白、生长停滞等现象，因此要求仔猪生后必须及时补铁。仔猪补铁的方法很多，目前普遍采用的是在仔猪生后 2~3 天，肌内注射右旋糖酐铁等铁剂 1~2 mL（视铁的浓度而定），即可保证哺乳期仔猪不患贫血症。

（2）补硒。缺硒易引起硒缺乏症，严重时会导致仔猪突然死亡。目前多在仔猪生后 3~5 天，采用肌内注射 0.1% 亚硒酸钠维生素 E 合剂 0.5 mL，2~3 周龄时再注射 1 mL。硒是剧毒元素，过量极易引起中毒，用时应谨慎。若将其加入饲料中饲喂，应充分拌匀，否则会因个别仔猪过量食入而引起中毒。

5. 补水

水是消化、吸收、运输养分和排除代谢物的溶剂，哺乳仔猪生长迅速，新陈代谢旺盛，仅靠母乳中的水不能满足仔猪对水的需求，若饮水供应不足，将致使其生长缓慢或喝脏水而引起下痢。生后 3 天内应给仔猪提供清洁的饮水，最好的方法是在栏内安装仔猪专用饮水碗并保证水压，且流速适宜。

6. 训料开食

母猪泌乳高峰期是在产后第 3 周，以后逐渐减少，而仔猪的生长速度却越来越快，存在着仔猪营养素需要量大与母乳供给不足的问题。母乳对仔猪营养需要的满足程度是，3 周龄为 92%，4 周龄为 84%，5 周龄为 65%，到 8 周龄时降至 20%。可见 3 周龄以前母乳可基本满足仔猪的营养，仔猪无须采食饲料，但为了保证仔猪断奶后能迅速大量采食饲料以弥补母乳营养供给的不足，必须在 3 周龄以前提早训练仔猪开食。

训练仔猪从吃母乳过渡到吃饲料，称为训料、开食或教槽。它是仔猪补料中的首要工作，其意义有两个方面：一是锻炼消化道，提高消化能力，为大量采食饲料做准备。仔猪胃内胃蛋白酶以无活性的酶原形式存在，只是到 20 日龄以后，由于盐酸分泌量的积累，胃内 pH 降至 5.4 以下，从而激活酶原，表现出消化能力。二是提早开食，使仔猪较早地采食饲料，可促进胃肠道的发育，同时刺激胃壁，使之分泌盐酸，使酶原提前激活具有消化功能，从而使仔猪在断奶前就可以采食一定量的饲料，更能够为仔猪断奶后采食饲料奠定基础。目前，一般要求在仔猪生后 10 日左右开始训料，在训料时，应根据仔猪的生理习性进行，在仔猪 10 日龄左右时，每日少量多次地在补饲槽内放入开食料（多为颗粒料），诱导仔猪采食，也可给予液料、粥料，并随仔猪食量调整每日饲喂量和饲喂次数。一般经过 2 周左右仔猪即能正常采食，随后采食量快速增加。

7. 适时去势

肥育用仔猪是否去势及去势时间取决于仔猪的种性和猪场的设备条件。我国地方猪种性成熟早，肥育用仔猪如不去势，公母猪在性成熟后所表现出的性活动就会影响采食和生长速度。无论是地方猪种还是引入猪种，公猪若不去势，其肉具有较浓厚的腥臭味而影响食用质量。因此地方品种仔猪无论公母必须去势后进行肥育，引入猪种母猪可不去势直接进行肥育，但公猪仍须去势后肥育。

目前生产中多用手术去势的方法，确定仔猪去势时间需要考虑的因素有去势手术对仔猪的影响、手术操作的难易。仔猪日龄越大或体重越大，去势时操作越费力，而且创口愈合缓慢，对仔猪的影响越大。可在仔猪生后1周龄左右进行仔猪的去势，仔猪去势后，应防止失血过多和创口感染。

8. 预防下痢

下痢是哺乳仔猪常发的疾病之一，临床上常见黄痢和白痢，严重威胁仔猪的生长及其成活率。引起发病的原因很多，一般多由受凉、消化不良和细菌感染引起，日常管理工作中应把好这三关。在确定和控制发病原因的基础上，有针对性地采取综合措施，才能取得较好的效果。一旦发生仔猪下痢，应同时改进母猪饲养，搞好圈舍卫生，消毒并及时治疗仔猪，不能单纯给仔猪治疗，更重要的是消除感染源。

二、断乳（保育）仔猪的饲养管理

哺乳仔猪停止哺乳、泌乳母猪进入待配状态或淘汰称为断乳。断乳标志着哺乳期的结束，一般将断乳至70日龄（转群）定为断乳（保育）仔猪培育阶段。断乳是仔猪面临的又一次大的转变，无论何时断奶，仔猪都须经受心理、营养和环境应激的影响。仔猪断奶初期（断奶后7~10 d）会表现出以采食量、饮水量降低，腹泻，生长停滞或负增长为特征的"断奶应激综合征"。因此，断乳仔猪培育的任务是，顺利渡过断奶应激期，保证仔猪正常的生长发育，为肥育或后备猪培育打下基础。

（一）断乳与断奶应激

断奶应激是猪生长过程中受到的最大应激，断奶使仔猪离开了母猪，由从母乳获取营养转换为由饲料获取营养，同窝仔猪单独或与其他仔猪混群生活在另一个环境里。为减少仔猪应激，须根据猪场的生产条件和管理水平、母猪的生理特点和状态、仔猪的日龄和体重等因素，确定适宜的断乳时间和断乳方法。

1. 仔猪的断乳日龄和断奶体重

仔猪的断乳时间应根据母猪的生理特点、仔猪的生理特点以及猪场的饲养管理条件和管理水平而定。从母猪的生理特点及提高母猪利用强度的角度考虑，仔猪的断乳日龄越小，母猪的利用强度越大。但一般母猪产后子宫复原大约需3周，在子宫未完全复原时配种，受胎率低、胚胎发育受阻、胚胎死亡增加。从仔猪的生理特点的角度考虑，当体重大于6 kg或日龄达3周龄时，母猪的泌乳量开始下降，仔猪已能通过饲料获得满足自身需要的营养。从饲养管理的角度考虑，仔猪的断乳日龄越早或断乳体重越小，要求的饲养管理条件越高。适宜的仔猪断奶时间受仔猪生理、母猪生理、猪场的饲养管理条件等诸多因素的影响，因此无法提供一个绝对统一的断奶日龄。根据我国目前养猪科技水平，根据猪场的具体条件，可在仔猪3~4周龄时断乳，最迟不宜超过5周龄。盲目追求早期断乳，往往得不偿失。

2. 仔猪的断乳方法

仔猪断乳方法有多种，不同方法各有优缺点，宜根据具体情况，灵活运用。

（1）一次断乳法。又称果然断乳法。当仔猪达到预定断乳日龄时，一次将母猪与仔猪分开、停止哺乳。由于断乳突然，仔猪易因断奶应激的影响而引起起居不安、采食饮水不正常等，生长会受到一定程度的影响。但此方法便于全进全出管理制度的实施，工作相对简单。

（2）分批断乳法。根据仔猪发育情况分批先后断奶，通常将发育好、采食量大的仔猪先断奶，而发育差的仔猪继续哺乳一段时间后再断奶。此法的优点是可促进后断奶仔猪的发育，缺点是会延长哺乳期，且不利于全进全出管理制度的实施。

（3）隔离早期断奶（segregated early weaning，SEW）法。母猪在分娩前按相应程序进行免疫注射，保证仔猪吃足初乳并按相应程序进行疫苗接种，根据已知的疾病对猪群的威胁，在仔猪10~21日龄时断奶，然后把仔猪饲养在远离（>1 km）母猪的保育舍饲养，从而防止疾病母、仔间垂直传染，改善保育仔猪健康状况。SEW法的特点是母猪在妊娠期免疫后，初乳中会含有特定的抗体，初生仔猪通过采食初乳，可获得必要的被动免疫力，在仔猪体内特定抗体尚未消失、仔猪主动免疫力尚未建立之前，就将仔猪断乳并移到洁净且具备良好隔离条件的保育舍进行饲养，使仔猪免受来自母猪的病原体侵袭，从而降低了感染疾病的概率。同时配制适合早期断乳仔猪营养生理的饲粮，保证饲粮适口性好、营养全面并利于仔猪的消化和吸收，保证仔猪的生长发育。

3. 断奶应激

无论何时断奶，对仔猪来说都存在应激（心理应激、营养应激、环境应激），断奶日龄越早，体重越小，应激越大。因此仔猪断奶初期（断奶后7~10 d）都会表现出以采食量和饮水量降低、腹泻、生长停止或负增长为特征的"断奶应激综合征"。

断奶初期，仔猪胃内容物的pH会上升。胃内pH的升高，一是降低了蛋白质的消化率，二是易造成致病性大肠杆菌的大量繁殖。致病性大肠杆菌伴随富含蛋白质的未消化的饲料一同进入小肠，此时肠黏膜由于固体饲料的摩擦而损伤，且肠道的免疫功能低下，因此很容易发生分泌性腹泻。未消化的固体饲料经过小肠，在后段肠道内发酵，可能会导致仔猪发生渗透性的断奶后腹泻。直到胰腺和消化道壁分泌的酶适应了从乳汁到谷物饲料的转变，pH和消化率才会趋于正常。因此断奶应激会使仔猪采食量、饮水量降低，可能出现不同程度的腹泻，生长速度下降，生长停滞甚至减重（图1-22）。

（二）断奶仔猪的饲养管理技术

为了养好断乳仔猪，应采用阶段饲喂体系（phase feeding system）。阶段饲喂体系就是在

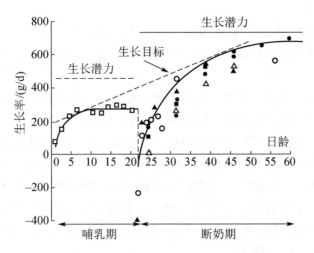

图1-22 哺乳期和早期断奶仔猪的生长模式

（引自 A. Feuchter，2004）

早期断奶仔猪消化道发育未健全，消化能力较差，免疫能力较低，且受到断奶应激的条件下，根据断奶仔猪的营养需要因年龄和体重而变化等特点，配制既经济又符合仔猪不同生长阶段消化生理和营养需要特点的阶段日粮，从而使仔猪能较好地度过应激期，逐渐适应饲粮的变化，同时充分发挥断奶仔猪的生长潜力，获得最佳的生长性能。阶段饲喂体系下的饲粮使用了具有高营养浓度、高消化率、低日粮抗原性、低系酸力、适口性好等特点的高质量原料和功能性原料，很好地保护了断奶后7~10 d仔猪的肠道形态结构，加快了受损伤肠绒毛的修复与生长，从而提高了此阶段仔猪的饲料采食量，促进了其对营养物质的消化吸收，较好地抑制腹泻，缩短了断奶后仔猪的生长停滞或负增长期，因而提高了仔猪的生长速度，使仔猪有较佳的生长表现，并进而影响其后期的生长，缩短上市日龄。在实现仔猪最佳生长性能的同时，最大限度地降低了饲料成本。断奶的日龄越小，断奶仔猪的日粮就越复杂，可根据不同的仔猪断奶日龄选用相应的阶段饲喂技术。

1. 两阶段饲喂技术

从仔猪断奶到保育结束，饲喂两种饲粮。通常在断奶后14 d内饲喂阶段Ⅰ饲粮，从断奶后14 d起经3~5 d过渡到饲喂阶段Ⅱ饲粮，直至保育期结束。也可自断奶至仔猪15 kg体重阶段饲喂阶段Ⅰ饲粮，仔猪体重达15 kg后经3~5 d过渡到饲喂阶段Ⅱ饲粮，直至保育期结束。

2. 三阶段饲喂技术

从仔猪断奶到保育结束，饲喂三种饲粮。通常在断奶后7~10 d内饲喂阶段Ⅰ饲粮，断奶后7~10 d至仔猪50日龄饲喂阶段Ⅱ饲粮，仔猪50日龄至保育期结束饲喂阶段Ⅲ饲粮。在进行不同阶段的饲粮转换时，均须经过3 d左右的过渡期。规模化生产中应用较多的是三阶段饲喂技术。

3. 断奶仔猪的管理

断奶仔猪对环境非常敏感，必须为断奶仔猪提供适宜的环境。

（1）仔猪保育舍应采用全进全出管理制度，上一批仔猪转出后下一批仔猪转入前要进行彻底的清洗、消毒、干燥。

（2）保持舍内温度适宜。仔猪转入前，应使保育舍内温度保持在 28 ℃ ~ 30 ℃，以后每周降 1 ℃，同时保证舍内空气清新，相对湿度保持在 65% ~ 75%。

（3）合理组群。断奶仔猪可以原窝转群，不重新组群，原窝转入保育栏，这样可以避免因重新组群引发争斗，但不同栏的饲养密度会有差异，栏舍的有效利用率低。也可以将 2 窝断奶仔猪合并转入一个保育栏，这样可相对减少混群造成的争斗。还可以把同批断奶仔猪按体重、性别等进行重新组群，每栏 20 ~ 50 头，这样由于同群仔猪性别相同、体重相近，更利于提高同栏猪的整齐度，弱小仔猪合在一起便于实施特殊的饲养管理。但合群后的最初几天会发生争斗，之后逐渐稳定。

饲养密度合理，保育仔猪合理的饲养密度为 0.3 ~ 0.4 m²/头。根据保育栏的类型，确保仔猪的饲养密度适宜。

（4）仔猪适于使用碗式饮水器，最好采用和分娩哺育栏相同的饮水方式，如果采用与分娩哺育栏不同的饮水器，则仔猪要重新学习使用新的饮水器。但无论如何，都要确保水压、水流速等符合仔猪的需求。

第四节　生长肥育猪的饲养管理

20 ~ 30 kg 体重至屠宰阶段的猪称为生长肥育猪。在生长肥育阶段，猪的生长速度快、死亡率低（死亡率为 3% 甚至更低），对猪舍设施设备、管理技术要求也不如母猪、仔猪复杂，因此生长肥育阶段的管理和劳动力成本是猪的生产全程中最低的，但生长肥育猪占栏面积大、消耗的饲料量多、饲养期也较长。生长肥育猪生产的目的不仅在于把猪养活养大，而且在于其在生长肥育期内获得最快的增重速度、最高的饲料利用率和最优的胴体品质，即以最少的投入，生产量多质优的猪肉，并获取最高的利润。

一、生长肥育猪的生长发育规律

从猪的角度来说，生长即达到成熟的需求。从生产者角度出发，即以最短的时间和最经济的方式创造出可出售的产品。猪与其他动物一样，无论是其整体还是其各组织器官的生长发育都有其自身的规律性，揭示猪的生长发育规律，是制定生长肥育猪不同阶段适宜营养水平和预算管理技术措施的依据，对提高生长肥育猪生产性能和猪场经济效益具有重要的意义。

（一）体重的增长

在生长不受限制的情况下，猪的体重随年龄的增长而表现为 S 形曲线（图 1 - 23）。即在生命的早期，有一个加速生长期，到达某一点（为成年体重的30%～40%）后，其生长速度开始下降，人们称该点为生长拐点。生长拐点在实践中具有重要的意义，因为在生长拐点前后，猪的生长成分开始从瘦肉组织占优势转变为脂肪组织占优势，且饲料利用率也开始降低。在生长拐点前后，猪的绝对生长速度（一般用平均日增重表示）达到最高峰，在短暂稳定后开始下降。因此在生产上，应抓好生长肥育前期的饲养管理，充分发挥瘦肉的生长优势，从而提高增重速度和饲料利用率。

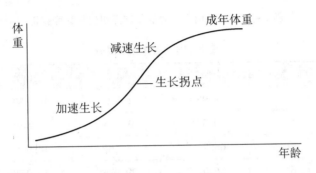

图1-23　猪的生长曲线

（二）体组织的生长

体重的生长是猪体各组织器官生长的累计。与整体生长一样，随着年龄的增长，其体躯各组织的生长也呈规律性变化，一般的顺序为骨骼、皮肤、肌肉、脂肪，即骨骼、皮肤发育较早，肌肉次之，而脂肪在较晚时才会大量沉积。虽然因猪的品种、饲养管理方式等不同，各组织生长强度会有一些差异，但基本表现上述规律变化（图1-24）。现代优良肉用型猪的肌肉组织保持强度生长的时间更长些（图1-25）。

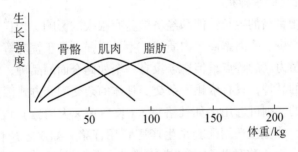

图1-24　猪骨骼、肌肉、脂肪生长强度的规律变化

根据这一规律，在肌肉生长强度大的阶段应充分饲喂，充分发挥其肌肉组织的生长潜力，以提高其生长速度和饲料利用率，从而降低生产成本，提高胴体瘦肉率。

（三）猪体化学成分的变化

随着年龄和体重的增长，猪体的化学成分也呈一定规律的变化，水分、蛋白质和矿物质的相对含量逐渐降低，脂肪的相对含量则逐渐增高（表1-18）。

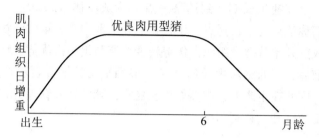

图1-25　优良肉用型猪的肌肉组织生长强度变化

表1-18　猪体化学成分

日龄或体重	猪数	水分	脂肪	蛋白质	矿物质
初生	3	79.95%	2.45%	16.25%	4.06%
25 kg	5	70.67%	9.74%	16.56%	3.06%
45 kg	60	66.76%	16.16%	14.94%	3.12%
68 kg	6	56.07%	29.08%	14.03%	2.85%
90 kg	12	53.09%	28.54%	14.48%	2.66%
114 kg	40	51.28%	32.14%	13.37%	2.75%
136 kg	10	42.48%	42.64%	11.63%	2.06%

（引自《养猪学》，农业出版社，1982）

二、提高生长肥育猪生产力的技术措施

（一）选择性能优良的杂种猪

仔猪质量对生长肥育猪的生长性能和经济效益有很大的影响。现代养猪生产要求生长肥育猪具有生长快、耗料少、瘦肉率高、肉质好、生活力强、易于饲养等特点，生产肥育用仔猪的母本还要具有繁殖力高的特点，但迄今没有一个如此全面的品种，实际上也不可能塑造出一个如此十全十美的品种，只有依赖于杂交。具体的杂交配套方式因生产目的而不同，如以生产普通猪肉为目的，则可选用诸如杜洛克×（长白猪×大白猪）或杜洛克×（大白猪×长白猪）的杂交模式，或直接选用配套系生产肥育用仔猪。如以生产优质猪肉为目的，则可以地方品种为母本、引入猪种为父本的杂交模式，如巴克夏（杜洛克）×民猪的杂交模式。我国各地区通过多年来的试验研究和生产应用，已筛选出很多适合不同生产目的、适应各地条件的优良二元和三元杂交组合，生产中应根据条件选用。

选择性能优异的杂交亲本种群是获得性能优良杂交仔猪的又一个重要环节，其道理很简单，杂种必须能从亲本获得优良的、显性和上位效应大的基因，才能产生显著的杂种优势。通过选择，使亲本种群原有的高产基因的频率尽可能增大，同时使得亲本种群在主要性状上纯合子的基因型频率尽可能增加，个体间的差异尽可能减小。不以亲本的选优、提纯为基础而只注重杂交模式选择甚至盲目杂交的做法不可能获得高遗传潜力的杂交仔猪。

选择高质量的杂交仔猪，对于自繁自养的养猪生产者来说比较容易办到，在进行商品仔猪生产时只要选择好杂交用亲本，然后按相应的杂交方式进行杂交就可以获得相应的杂种仔猪。对于合同制肥育场来说，只要同相应的仔猪繁育场签订购销合同，就可获得合格的仔猪。但对于从交易市场购买仔猪的生产者来说，选择性能优良杂交仔猪的难度就大一些，风险也较高。

（二）适宜的生长肥育起始体重和均匀度

生长肥育猪的起始体重以 20~30 kg 为宜。肥育起始体重与肥育期的增重呈一定程度的正相关，且起始体重越小，要求的饲养管理条件越高，但起始体重过大也没有必要，如系外购仔猪，还会增大购猪成本。

肉猪是群饲，肥育开始时群内均匀度越好，越有利于饲养管理，肥育效果越好。

（三）多阶段饲喂技术

在猪的生长发育过程中，每日的营养素需要量是逐日增加的，但随着消化系统的不断发育和消化机能的不断完善，对饲料原料的消化利用特性、饲粮的营养水平等的要求是逐渐降低的。如果随着猪消化功能的不断完善、按照猪每日营养素需要量、选用性价比高的饲料原料，每日为猪配制饲粮，可提高猪的生产性能，提高饲料利用率，降低饲料成本，但这样会增大饲粮配制、储存和管理的难度，也会增加饲养的管理成本，得不偿失。因此在生长肥育猪的生产中，通常采用多阶段饲喂技术（multiphase feeding），即将猪的生长肥育期划分为若干阶段，不同阶段饲喂不同的饲粮，保持一定的饲喂量，尽可能地满足猪的营养需要，提高饲料利用率，同时尽可能地降低饲料成本和饲养管理难度，提高经济效益（图 1-26）。

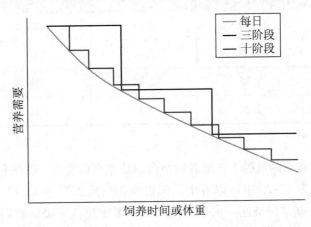

图 1-26 用于每日、三阶段和十阶段饲养体系的饲粮营养浓度

1. 适宜的饲粮营养水平

饲粮质量是影响生长肥育猪生产性能和增重成本的重要因素之一，使用能量、蛋白质、维生素和矿物质等营养素平衡的、满足猪营养需要的饲粮，是获得生长肥育猪最佳生产性能和增重成本的保障。适宜的营养水平是指饲粮中含有猪必需的所有营养物质，包括能量、蛋白质、脂肪、矿物质、维生素等，同时日粮中各种营养成分的数量和比例应是平衡的。营养水平过低或不平衡则无法保证猪遗传潜力的发挥，降低其生产性能，但最大的经济效益也不一定来自最高的生产水平和生产率，营养水平过高，也不一定能够获得最大的经济效益。不同体重阶段生长肥育猪营养需要标准可参见 NRC[①]2012 年提供的参数。

在保证提供高质量饲粮的前提下，采食量是影响生长肥育猪生长率、饲料利用率和胴体质量等生产性能和增重成本的另一个因素。生长肥育猪食入的营养 = 维持需要 + 生长，一头采食了仅够维持自身需要营养的猪是没有生产效率的，因其只维持生命活动，并不生长。当摄入的饲料营养多于维持需要量时，用于维持需要的饲料营养在食入的总饲料营养中所占的比例逐渐降低，饲料转化效率就逐渐增高。但是，当饲料营养摄入量太多时，饲料转化效率可能反而降低。所以，生长肥育猪应采用不限量采食的饲喂方式，最大限度自由采食可促进生长肥育猪实现最快的生长速度。

营养素需要量在不限量饲养的条件下，肉猪有自动调节采食而保持进食能量守恒的能力，因而饲粮能量浓度在一定范围内变化对肉猪的生长速度、饲料利用率和胴体肥瘦度并没有显著影响。但如果饲粮浓度过低，猪摄入的能量不足以充分发挥其生长潜力；如果饲粮浓度过高，则会导致其采食量下降，但日采食消化能提高，日增重增加，背膘加厚（表 1 – 19）。

表 1 – 19　能量浓度与肉猪的生产表现

能量浓度/（MJ/kg）	日采食量/头	饲料/增重	日增重/g	背膘厚/cm
11. 00	2. 50	2. 91	860	2. 48
12. 30	2. 40	2. 67	900	2. 65
13. 68	2. 35	2. 48	949	2. 98
15. 02	2. 24	2. 37	944	3. 02

（引自许振英，养猪，1991）

在满足猪的能量需求的前提下，随着饲粮蛋白质水平的变化，其增重速度、饲料转化率和胴体组成不同。从表 1 – 20 中可以看出，饲粮粗蛋白质水平在 17.4% 时已获得较高的日增重，至 22.3% 时，基本保持这一水平，再高则日增重反而下降，有利于胴体瘦肉率的提高。但通过提高蛋白质水平来改善胴体品质并不经济。在生产实际中，应根据不同类型生长肥育猪瘦肉生长的规律和对胴体肥瘦要求的不同来确定饲粮粗蛋白质水平。

---

①　NRC：United States National Research Council，美国国家科学研究委员会。

表1-20 饲粮粗蛋白质水平与生产表现

饲粮粗蛋白质水平	15.0%	17.4%	20.2%	22.3%	25.3%	27.3%
平均日增重/g	651	721	723	733	699	689
饲料/增重	2.48	2.26	2.24	2.19	2.26	2.35
瘦肉率	44.7%	46.6%	46.8%	47.7%	49.0%	50.0%
背膘厚/cm	2.16	2.05	1.97	1.81	1.72	1.50

（引自许振英，养猪，1991）

除蛋白质水平外，蛋白质品质也是一个重要的影响因素，各种氨基酸的水平以及它们之间的比例，特别是几种限制性氨基酸的水平及其相互间的比例会对肥育性能产生很大的影响。在饲粮中添加氨基酸可使饲粮中的氨基酸达到平衡。

粗纤维含量是影响饲粮适口性和消化率的主要因素。饲粮粗纤维含量过高，则适口性差，严重降低饲粮养分的消化率。同时由于采食的能量减少，猪的增重速度减缓，降低了饲料利用率，也降低了猪的膘厚，但通过提高饲粮纤维水平调节胴体肥瘦度是不经济的。为保证饲粮有较好的适口性和较高的消化率，生长肥育猪饲粮的粗纤维水平应控制在5%~8%。

2. 饲粮类型与饲喂方法

饲料的加工调制和饲喂方法影响饲粮的适口性、猪的采食量和饲料转化效率。

（1）粉碎饲喂。粉碎可减小饲料颗粒度，增加饲料颗粒与消化酶接触的表面积，从而提高饲料利用率，并可降低干物质、氮和磷的排出量。带种皮的谷物饲料（玉米、高粱等）经加工处理，其消化率可大幅度提高。推荐生长肥育猪小猪阶段饲料粉碎粒度为500~1 000 μm、中猪1 000~1 500 μm、大猪1 500~2 000 μm。若再进一步减小粒度，虽可增加日粮消化率，但会增加猪只胃溃疡发生的概率，同时增加了粉碎能耗，得不偿失。

谷物原料的其他加工处理形式有挤压、膨化等。膨化虽然对猪生长性能的提高非常有限，但可提高饲料的可消化性和转化率。

（2）生喂与熟喂。玉米、高粱、大麦、小麦、稻谷等谷物饲料及其加工副产品如糠麸类，可粉碎、配合后直接生喂，煮熟并不能提高其利用率。相反，饲料经加热，蛋白质变性，生物学效价降低，不仅破坏饲料中的维生素，还浪费能源和人工。因此，谷实类饲料及其加工副产物应生喂。

青绿多汁饲料，打浆或切碎饲喂即可，煮熟会破坏其维生素，处理不当还会造成亚硝酸盐中毒。

（3）干喂与湿喂。配制好的干粉料，其干物质含量为85%~88%，可直接用于饲喂，即干喂。只要保证充足饮水，干喂可以获得较好的饲喂效果，而且省工省时，且便于应用自动饲槽进行饲喂。

将干粉料和水按一定比例混合后再饲喂即湿喂。湿喂可提高饲料的适口性进而提高采食量，又可避免产生饲料粉尘，但加水量不宜过多，一般按料水比例为1:（0.5~1.0），调制成潮拌料或湿拌料，在加水后手握成团，松手散开即可。在夏季饲喂潮拌料或湿拌料时，应注意防止饲料酸败。

干湿料饲喂器既提供干饲料，也提供水，猪通过触碰设置在食槽内的放料装置和食槽上方的饮水器，使流入食槽中的饲料和水混合。干湿料饲喂器允许猪选择其喜好的料水比例来采食，使猪在一个地点完成采食和饮水，省去了人工混合料水后再投喂的过程。

采用湿喂法或使用干湿饲喂器饲喂比干喂法采食量增加5%~8%，体增重提高4%~6%。

（4）颗粒料饲喂。颗粒料饲喂生长肥育猪优于干粉料，与干粉料相比，可提高日增重和饲料利用率8%~10%。颗粒料较干粉料适口性好，可提高采食量；产生的粉尘少，可减少饲料浪费。但加工颗粒料的成本高于粉状料，制粒温度不能过高以免导致饲料中营养素被破坏。

（5）稀料饲喂。饲粮配制时利用食品工业副产品（如乳清）或干粉料与水混合，使用专门的加工、储存设备、输送管线和食槽即稀料饲喂（流体饲喂）。稀料饲喂利用了食品工业副产物，降低了饲料成本；提高猪的采食量和增重速度；减少饲料在处置和饲喂过程中的粉尘损失，提高猪舍空气质量，从而改善猪舍环境和猪的健康；发酵液体饲料对猪的肠道健康有正向作用，提高了猪的健康度；现代的稀料饲喂系统可实现计算机控制，可节省人力。使用稀料饲喂时，干物质的含量应控制在20%~35%；需要可靠的、高效的加工、输送和饲喂设备。仅使用干粉料与水进行稀料饲喂的方法并无饲料成本优势。

3. 供给充足洁净的饮水

生长肥育猪的饮水量随体重、环境温度、采食量、饲粮类型和饲喂方法等有所不同。适宜温度下，猪的饮水量应为采食风干饲料量的4倍或体重的16%。饮水不足会引起其食欲减退、采食量减少、日增重和饲料利用率的降低、膘厚增加，严重缺水时将引发疾病。

（四）管理技术

1. 圈舍的清洁、消毒

生长肥育猪舍应采用全进全出的管理制度，上一批猪出栏后下一批猪转入前要进行彻底的清洗、消毒、干燥。要彻底清扫猪舍走道、猪栏内的粪便等污物，用水洗刷干净后再按消毒药物使用说明进行消毒，然后用清水冲洗、晾干。墙壁、吊顶等可进行喷雾消毒，也可进行整舍熏蒸消毒。饲养器械经清洗消毒后使用。

2. 温度和湿度

在诸多环境因素中，温度对生长肥育猪的生长性能影响最大。生长肥育猪的适宜温度见表1-21。在适宜温度下，猪的增重快，饲料利用率高。当环境温度低于下限临界温度时，猪的采食量增加，生长速度减慢，饲料利用率降低。如舍内温度在4℃以下，会使增重下降50%，而单位增重的耗料量是最适温度时的2倍。温度过高时，为增强散热，猪的呼吸频率增高，食欲降低，采食量下降，增重速度减慢，如果再加之通风不良、饮水不足，还会引起中暑死亡。温度对胴体的组成也有影响，温度过高或过低均明显地影响脂肪的沉积。但如果有意识地利用这种环境来生产较瘦的胴体则不合算，因其所得不足以补偿增重慢和耗料多以及由于延长出栏时间而造成的圈舍设备利用率低等损失。

表 1-21　生长肥育猪的适宜温度

体重/kg	适宜温度/℃
20 ~ 40	24 ~ 27
40 ~ 60	21 ~ 24
60 ~ 90	18 ~ 21
90 ~ 出栏	15 ~ 18

生长肥育猪舍的空气相对湿度以 40% ~ 75% 为宜。湿度的影响远远小于温度，如果温度适宜，则空气相对湿度的高低对猪的增重和饲料利用率影响很小。实践证明，当温度适宜时，相对湿度从 45% 上升到 90% 都不会影响猪的采食量、增重和饲料利用率。对猪影响较大的是低温高湿有风和高温高湿无风的环境，前一种环境会加剧体热的散失，加重低温对猪的不利影响；后一种环境会影响猪的体表蒸发散热，阻碍猪的体热平衡调节，加剧高温所造成的危害。同时，当空气湿度过大时，还会促进微生物的繁殖，容易引起饲料、垫草的霉变。但空气相对湿度低于 40% 也不利，容易引起皮肤和外露黏膜干裂，降低其防卫能力，会增加呼吸道和皮肤疾患。

应保持舍内空气新鲜。若出现如通风换气不足、饲养密度过大、卫生状况不好等情况，就会造成舍内空气潮湿、污浊，从而降低猪的食欲、影响猪的增重速度和饲料利用率，并可引起猪的眼病、呼吸系统和消化系统疾病。

许多试验表明，光照对肉猪增重、饲料利用和胴体品质及健康状况的影响不大。从猪的生物学特性看，猪对光也是不敏感的。适宜的光照能促进机体的代谢，进而促进猪的生长发育，提高抗病能力。过强的光照会引起猪的兴奋，减少休息时间，提高代谢率，影响增重速度和饲料转化效率。生长肥育猪舍的光照只要满足猪的采食和饲养员的管理要求即可。

3. 合理组群及适宜的饲养密度

（1）组群。生长肥育猪都是群养，合理组群是十分必要的。不同杂交组合的仔猪有不同的营养需要和生产潜力，合在一起饲养会使各自的遗传潜力难以得到充分的发挥。因此生长肥育猪组群时首先应按杂交组合编群，以便于饲养管理，发挥其遗传潜力。

应注意按性别、体重大小进行组群，因为性别不同其生长性能、营养需要也存在差异，如去势公猪具有较高的采食量和增重速度，但沉积脂肪的能力略强；而小母猪则生长略慢，但饲料利用率高，胴体瘦肉率高；如果猪群规模足够大，可分性别饲养。同群生长肥育猪差异不能过大，前期体重差异不宜超过 5 kg，中期体重差异不超过 10 kg。

（2）养密度与群的大小。猪的饲养密度是根据猪的体重、猪舍地板类型等确定的。若饲养密度过高，则个体间冲突增加，炎热季节还会使栏内局部气温过高而降低猪的食欲和采食，可能引发呼吸道疾病、咬尾咬耳等异常行为的发生，最终降低猪的生长性能。若群体密度过低，则会降低猪舍的建筑利用率。兼顾提高栏舍利用率和生长肥育猪的饲养效果，应根据猪的体重、猪栏地板类型等提供相应的占栏面积（表1-22），每10 kg体重至少应该有0.1 m² 的占栏面积。

表1-22　生长肥育猪适宜的占栏面积

体重阶段/kg	每栏头数	每头猪最小占栏面积/m²		
		实体地面	部分漏缝地板	全漏缝地板
18 ~ 45	20 ~ 30	0.74	0.37	0.37
45 ~ 68	10 ~ 15	0.92	0.55	0.55
68 ~ 95	10 ~ 15	1.10	0.74	0.74

（引自 Pond，W. G. Swine Production and Nutrition，1984）

当饲养密度满足需要时，但如果群体大小不能满足需求，则同样不会达到理想的饲养效果。当群体过大时，猪与猪个体之间的位次关系容易削弱或混乱，使个体之间争斗频繁，互相干扰，影响采食和休息。从生产性能方面考虑，每栏20 ~ 30头生长猪和10 ~ 20头肥育猪比较适宜。但小群体小猪栏会相应地降低猪舍建筑及设备利用率。

4. 防疫、驱虫

为预防生长肥育猪传染病的发生，应根据流行病特点及本场的实际，制定合理的免疫程序，做好免疫预防工作。按照寄生虫驱除程序进行驱虫。

5. 建立合理的管理制度

良好的管理技能和管理制度是提高养猪效益的重要因素。每天检查饲喂器，保证猪能够随时采食到新鲜的饲料。每天检查饮水器的流速、流量，保证猪能够饮到足量清洁的水。每天观察猪的食欲、精神状态、粪便有无异常等，发现问题及时处理。建立记录系统，对猪群变动、饲料消耗、接种疫苗的种类和时间、发病及治疗或死亡等进行准确完整的记录。善待猪只，粗暴对待（击打、脚踢、强行驱赶等）会影响猪的行为和生产性能。

（五）适时出栏

养猪的目的就是满足消费者的猪肉需求，为投资者和经营者创造利润。确定肉猪适宜出栏体重的依据应该是养猪生产者能获得最大的收益，同时出售的肉猪通过屠宰加工后能为消费者提供高品质的猪肉产品。

1. 影响肉猪出栏体重的因素

（1）在不同的猪肉供求关系下，生产者收益的最大化。生产者的收益与肉猪的销售价格、出栏体重有密切关系。猪肉供求关系决定猪肉价格，进而影响肉猪销售价格。同时猪肉供求状况也影响出栏体重，当供不应求时，提高出栏体重、增加养猪效益是常用的措施，因为随着出栏体重的增加，单位出栏体重分摊的仔猪生产成本或仔猪购入成本会降低；当供过于求时，消费者的要求必然提高，生产者须按标准体重出售甚至提前出售。

（2）消费者对猪肉质量的需求。消费者对猪肉质量的需求一直处于变化之中，收入水平、消费习惯等都会影响消费者对猪肉质量的需求。消费者对猪肉质量的需求变化集中表现在胴体肥瘦度和肉脂品质上，概括来说，目前对猪肉质量的需求主要有两大类，即瘦肉率较高的猪肉和风味、口感俱佳的优质猪肉，前者的市场份额占95%以上。

（3）生长肥育猪的生长和胴体特性。随着生长肥育猪体重的增加，日增重先逐渐增加，达到高峰后逐渐下降。随着体重的增加，维持需要所占比例相对增多，胴体中脂肪比例也逐渐增多，而瘦肉率下降，且饲料转化为脂肪的效率远远低于转化为瘦肉的效率，故使饲料利用率逐渐下降。不同类型的猪肌肉生长和脂肪沉积能力不同，如高瘦肉生长潜力的猪肌肉生长能力较强且保持强度生长的持续期较长，因而出栏体重较大。

根据生长肥育猪体组织的生长发育特点，在肥育后期适当降低饲粮的能量和蛋白质水平，从而限制其每天的能量摄入量，进而减少脂肪的沉积量，降低了脂肪率，从而提高了瘦肉率，同时可适当兼顾增重速度和饲料转化效率。

出栏体重直接影响肉猪的胴体组成、生长肥育期平均日增重和饲料利用率。随着出栏体重的增大，因胴体脂肪率的提高会导致售价的变化，因饲料转化效率的降低会导致单位增重的成本会增加，生产者须权衡与利润相关的肉猪出栏体重、收入、成本等因素，确定适宜的出栏体重。

2. 确定适宜的出栏体重

从猪的胴体组成特性和实现最低增重成本方面考虑，我国早熟易肥的地方猪种适宜出栏体重为70 kg左右，其他地方猪种为80 kg左右。以我国地方猪种和培育猪种为母本、引入猪种为父本的二元杂种猪，适宜出栏体重约为90 kg。利用引入猪种杂交的三元杂种猪，适宜出栏体重为130 kg左右。

我国的猪肉生产量和消费量巨大，影响猪肉生产和消费的因素复杂，须对猪的经济周期、当前售价、生产成本、猪肉质量等影响养猪收益的因素进行综合分析后，确定肉猪的适宜出栏体重。

（六）提高猪肉品质

安全、营养、美味、价格合理、食用便利是消费者对猪肉及其制品的期望和需求。丹麦学者安德森（Anderson）于2000年将现代肉质的概念归纳为5种属性：①食用质量，包括色泽、风味、嫩度、多汁性；②营养质量，包括蛋白质含量及氨基酸组分、脂肪含量及脂肪酸组分、维生素含量、矿物质含量；③技术质量，包括系水力、pH水平、蛋白质变性程度、脂肪饱和程度、结缔组织含量、抗氧化能力；④卫生质量，包括微生物指标、肉的腐败与酸败程度、各种抗生素及农药残留量、重金属离子浓度；⑤人文质量，即猪的饲养模式，如动物福利式养猪或囚禁式养猪、屠宰的安乐程度。对猪肉品质的理解因人而异，消费者关心的是食用安全性、营养价值、风味和便利性等；鲜肉零售商关心的是瘦肉、脂肪和骨骼的含量以及肉色、系水力等；猪肉加工者则关心肌肉、脂肪的功能特性和颜色。消费者以及猪肉生产链不同环节，如屠宰商、鲜肉零售商和肉制品加工者的需求均影响猪肉生产和加工的过程。

1. 保证猪肉生产安全

为了满足人类对肉、蛋、奶的需求，畜牧生产中纷纷采取"大规模、高密度、高产出、短周期"的生产模式。为了促进生长、预防和治疗疾病而使用抗菌药物（抗生素），前者被列为饲料添加剂，成为养殖业的必需品。抗生素的不合理、不科学使用会带来药物残留和耐药性的问题，引起了广泛的社会关注，人们担心在食用有抗生素残留的食品后，是否会引起如过敏、中毒、致癌等急性或慢性有害反应；细菌的抗药性是否会传到人体，影响人用抗生素的疗效。因此，我国政府主管部门对抗生素等在养殖业中的应用先后做出了若干限制性规定，2019 年 7 月 9 日，中华人民共和国农业农村部发布了第 194 号公告，自 2020 年 7 月 1 日起，饲料生产企业停止生产含有促生长类药物饲料添加剂（中药类除外）的商品饲料；2020 年 1 月 1 日前，组织完成既有促生长又有防治用途品种的质量标准修订工作，删除促生长用途，仅保留防治用途；改变抗球虫和中药类药物饲料添加剂管理方式，不再核发"兽药添字"批准文号，改为"兽药字"批准文号，可在商品饲料和养殖过程中使用。2020 年 1 月 1 日前，组织完成抗球虫和中药类药物饲料添加剂品种质量标准和标签说明书修订工作。

为生产安全猪肉，生产过程中须严格执行国家及行业主管部门颁布实施的有关法律、法规和标准，严禁在饲料中添加违禁药物及其他不允许添加的物质，如高铜、高锌、砷制剂等，安全猪肉生产要基于优质的饲料、良好的饲养环境和科学的疫病防控来实现，疫病治疗要使用正确的抗生素及正确地使用抗生素。

2. 提高猪肉品质的措施

我国的猪肉生产在过去相当长的时期内是以供给不足为前提的，该时期主要追求产量的增长，而猪肉产品质量被放到了次要的位置。至 20 世纪 90 年代，猪肉产量已基本满足了消费需求，消费者迫切需要提高猪肉的品质，无论是以鲜肉上市或为食品加工业提供原料，均要求具有优良的肉质。猪肉质量与品种、性别、年龄、饲养方式等有关，可通过遗传育种、营养调控等措施提高猪肉品质。

（1）遗传育种。遗传因素是影响猪肉品质的决定性因素，不同品种（系）或杂交组合的猪在肉的品质上有很大差异。中国地方猪种、培育猪种虽具有优良的肉质，但在生长速度、饲料效率和胴体瘦肉率等主要经济性状上不如引入猪种，导致中国地方猪种虽然有优良的肉质而在现代猪肉生产中却无用武之地。而引入猪种以其在生长速度、饲料效率、瘦肉率方面的优势成为我国养猪业的主要品种，但其猪肉品质远不及中国地方猪种和培育猪种，甚至会出现异常猪肉，如颜色苍白（pale）、质地松软（soft）和有汁液渗出（exudative）的猪肉，即 PSE 肉；颜色暗红（dark）、质地坚硬（firm）和表面干燥（dry）的猪肉，即 DFD 肉。

不同猪种的肉质可通过育种途径得到改变，但育种目标是由市场和消费需求共同决定的，如以生长速度、饲料转化效率和胴体瘦肉率为主要目标性状，过高的胴体瘦肉率可能会导致肉的品质下降。肌内脂肪（intramuscular fat，IMF）含量是重要的肉质指标，适度丰富的肌内脂肪对良好的口感、风味、多汁性、嫩度、系水力等都有一定的作用，一般认为2%~3%的肌内脂肪含量是鲜肉的理想水平。目前饲养的长白猪、大白猪的肌内脂肪仅为1%~1.5%，杜洛克的肌内脂肪为2%~2.5%。我国地方猪种具有肉色鲜红、系水力强、肌纤维直径细、肌内脂肪含量高的特性，充分利用我国地方猪种肉质优良和引入猪种生长速度快、胴体瘦肉率高的特性，采用杂交配套的方式生产相应的商品肉猪，以同时满足养猪业者和消费者的诉求，无疑是备选路径之一。

（2）营养调控。猪肉品质可通过营养调控措施得到改善或提高。控制营养水平可改变猪的生长速度、胴体组成和肉质。适宜的饲粮能量和蛋白质水平除影响猪的生长性能、饲料利用率和胴体组成外，还对肉的嫩度、多汁性、风味等品质特性产生影响。猪脂肪的沉积与日粮的能值直接相关，能量过高可能导致过肥，能量过低虽可获得较瘦的胴体，但会降低生长速度和饲料利用率。猪肉的嫩度、多汁性和风味等品质都与脂肪有关，猪肉的呈味物质源于脂肪组织中的脂肪酸和肌苷酸、谷氨酸以及鲜味肽，控制猪肉的适宜肥度，是提高猪肉品质营养调控的重点之一。猪摄入的能量值取决于日粮能量浓度、转化率及其采食量，当瘦肉组织生长平台期过后，限制饲喂可减少脂肪的沉积。

提高饲粮蛋白质水平，可提高瘦肉率，但肉的嫩度下降、肌内脂肪含量减少。生长肥育后期减少日粮中的蛋白质或赖氨酸的含量，同时增加能量浓度能够刺激肌肉中脂肪细胞的生长，进而提高肌内脂肪含量（大理石纹评分）。日粮中补充氨基酸，如精氨酸可差异调控肥育猪肌肉和脂肪组织脂肪代谢相关酶活性及基因表达，从而降低机体脂肪率、提高肌内脂肪含量。生产中要根据猪的品种或杂交组合，考虑目标市场对猪肉品质的需求，精准确定饲粮中的能量水平和饲喂量，以实现最佳生产效能与猪肉品质的平衡。

在出栏前7天适度补加镁，如延胡索酸镁或天冬氨酸镁可减轻宰前应激，有机铬可减轻因运输等造成的应激，从而减少PSE肉和DFD肉的产生。饲料中添加的无机微量元素与油脂类接触后，会产生氧化反应，降低猪肉品质。添加稳定或有机化的微量元素有助于改善肉质，如添加酵母硒可降低滴水损失、提高猪肉的抗氧化能力。

饲粮中添加高水平的维生素E，可维持屠宰后细胞膜的完整性，减少脂类氧化速度，从而使猪肉能较长时间地保持新鲜外观和色泽，也使滴水损失减少。维生素C通过有效清除氧自由基，保护生物膜免遭氧化的损伤，饲粮中添加维生素C可防止脂肪的氧化，提高猪肉品质。维生素C能降低宰前应激，降低PSE肉的产生。适当额外添加维生素D，有助于改善肉色和系水力。

日粮中的脂肪构成，即脂肪酸含量和比例主要影响猪体脂肪的性状。若饲粮中含有不饱和脂肪酸多的饲料原料，如玉米、米糠等，可致猪的脂肪组织变得松软、色泽不佳且口感不好，降低猪肉的储存期，也不利于肉品的加工。而麦类、棕榈油等饲料原料可使猪沉积质地硬实、色泽洁白的脂肪。

采用其他的调控技术体系也可以改善猪肉品质，如寡糖、益生菌、植物提取物等，这些成分可能影响肠道微生物构成或与肠道内的臭味物质相结合，从而降低胴体中粪臭素含量进而减少猪肉的异味。

虽然猪肉生产者的终极目标是能够生产出令消费者满意的猪肉，消费者的需求对猪肉生产有着重要的影响，但猪肉生产者不仅要考虑消费者对肉质的需求，而且要考虑猪的繁殖性能、生长性能等生产指标，降低猪肉生产成本。

本章小结

　　猪和其他肉用家畜相比，具有多胎高产、生长发育快、世代间隔短、利用饲料效能高等经济有益特性，但这些优异的经济特性，只有在为猪提供了营养丰富的全价饲料、创造了舒适的环境条件下，才能表现出来。在生产实践中，应充分利用这些特性，以提高养猪生产的经济收益。

　　我国具有丰富的猪种资源，不同的猪种类型具有不同的种质特性，在生产中应根据市场需求予以合理地利用。

　　繁殖是养猪生产中要解决的一个重要问题。猪的繁殖问题关键在于提高母猪的生产效率，即提高母猪年生产力水平。提高母猪年生产力的主要途径是提高母猪窝产健活仔猪数、仔猪的育成率和断乳体重及母猪的年产胎次。配种、妊娠、分娩、哺乳和断乳是繁殖过程中的 5 个关键环节。配种的基本任务是使预期配种的母猪（含断乳母猪和后备母猪）全部受孕；妊娠的基本任务是保证胎儿在母猪体内得到正常的生长发育，分娩数量多、质量好的仔猪；分娩和哺乳的基本任务是保证母猪正常的分娩，哺乳母猪有足够的泌乳力，仔猪育成率90%以上，发育正常；断乳的基本任务是尽量减少断乳应激对仔猪的影响，保证断乳仔猪正常的生长发育，保证母猪有一个适宜的体况，能在下一个配种期正常发情、排卵、受孕。

　　断奶仔猪、生长肥育猪的高效快速生长是养猪生产中要解决的另一个问题。其基本目的是在尽可能短的时间内、用最少的饲料，获得量多质优的猪肉产品。为此，应选择适应一定饲养管理条件并满足市场需求的杂种仔猪，以充分利用杂种优势，同时应提供适宜的环境条件，科学地配制饲粮，采用适宜的饲养方式，确定适宜的出栏体重，提高肥育效果。

本章习题

一、名词解释

1. 地方品种　　　2. 引入品种　　　3. 培育品种　　　4. 后备母猪

5. 经产母猪　　　6. 妊娠母猪　　　7. 泌乳母猪　　　8. 空怀母猪

9. 哺乳仔猪　　　10. 断乳（保育）仔猪　　11. 生长肥育猪　　12. 短期优饲

13. 公猪诱情　　　14. 繁殖节律　　　15. 批次化生产　　　16. 繁殖周期

17. 母猪年生产力　18. 体况　　　　　19. 重复配种　　　20. 人工授精

21. 超声波妊娠诊断　22. 受胎率　　　23. 分娩率　　　　24. 总产仔数

25. 活产仔数　　　26. 母猪泌乳力　　27. 初乳　　　　　28. 寄养

29. 补饲　　　　　30. 隔离早期断奶　31. 阶段饲喂体系　32. 全进全出

33. PSY　　　　　34. NPD　　　　　35. PSE 肉　　　　36. DFD 肉

二、填空题

1. 我国现有的猪种资源可分为_____、_____、_____。

2. 按猪的体形外貌、生产性能特点以及地理分布和饲养管理条件等，可将我国地方猪种分为_____、_____、_____、_____、_____、_____ 6 种类型。

3. 中国地方猪种的适宜初配年龄为_____ ~ _____月龄，适宜初配体重为_____ ~ _____ kg。

4. 引入猪种的适宜初配年龄为_____ ~ _____月龄，适宜初配体重为_____ ~ _____ kg，适宜初配体况为_____。

5. 母猪的发情周期平均为_____天。

6. 母猪的妊娠期平均为_____天。

7. 规模化猪场基础母猪群的年更新率为_____ ~ _____。

8. 后备母猪配种前短期优饲的目的是_____。

9. 重复配种是指母猪出现静立反射后进行第 1 次配种，间隔_____ ~ _____小时再进行第 2 次配种。

10. 利用 B 超对母猪妊娠诊断时，常用的检测时间是配种后第_____ ~ _____天。

11. 围产期通常为母猪分娩前_____天至分娩_____天。

12. 母猪分娩时，胎儿平均出生间隔为_____ ~ _____分钟。

13. 初乳是指母猪分娩后_____天内分泌的乳汁。

14. 母猪分娩后第_____周是其泌乳高峰期。

15. 初生仔猪的适宜环境温度为_____ ℃ ~ _____ ℃。

16. 对哺乳仔猪具有促进造血和预防营养性贫血的矿物质元素是_____、_____、_____。

17. 仔猪去势的适宜时间为_____。

18. 仔猪生后_____日龄前主要靠母乳供给营养。

19. 哺乳仔猪适宜的训料开始时间为仔猪生后_____ ~ _____日龄。

20. 在目前我国集约化养猪生产条件下，仔猪适宜的断奶日龄为_____ ~ _____日龄。

21. 某猪场实行仔猪 25 日龄断奶，该场繁殖母猪实际年产胎次为 2.2 胎，则该场繁殖母猪的年非生产天数为_____。

22. 断乳使仔猪受到_____、_____、_____三个方面的应激。

23. 猪体躯各组织生长发育的次序是_____、_____、_____、_____。

24. 生长肥育猪适宜的起始体重为_____ ~_____ kg。

25. 生长肥育猪适宜的群体大小为_____ ~_____头。

26. 确定生长肥育猪出栏体重应考虑的因素包括_____、_____、_____。

三、简答题

1. 中国地方猪种有哪些种质特性？如何利用这些种质特性？

2. 中国引入猪种有哪些种质特性？如何利用这些种质特性？

3. 中国培育猪种有哪些种质特性？如何利用这些种质特性？

4. 长白猪、大白猪、杜洛克各有哪些特点？基于上述三个品种设计一个三元杂交利用模式。

5. 中国引入猪种的后备母猪初次配种应达到哪些标准？

6. 配种前采取哪些饲养管理措施可提高后备母猪的排卵数和配种受胎率？

7. 如何根据母猪的排卵规律进行适时配种？

8. 如何提高母猪的配种受胎率？

9. 简述提高公猪精液品质的主要技术措施。

10. 妊娠母猪饲养管理的目标是什么？

11. 简述猪胚胎期生长发育的规律。

12. 猪胚胎死亡的原因有哪些？如何减少胚胎的死亡率？

13. 为什么要对妊娠期母猪实行限制饲养？

14. 写出两种妊娠母猪饲喂方案并说明其各自适用的条件。

15. 简述妊娠母猪个体限位栏和群养两种饲养方式的优缺点。

16. 简述围产期母猪的饲养管理要点。

17. 影响母猪泌乳力的因素有哪些？

18. 简述母猪的泌乳规律。在生产中如何利用这一规律对哺乳母猪进行合理的饲养？

19. 如何提高泌乳母猪的采食量？

20. 简述哺乳仔猪的生长发育和生理特点。

21. 哺乳仔猪死亡的原因有哪些？如何预防？

22. 初乳和常乳有什么不同？为什么必须使仔猪吃足初乳？

23. 仔猪为什么需要寄养、并窝？寄养、并窝的原则是什么？

24. 为什么必须单独为仔猪提供保温区？初生仔猪的适宜温度是多少？

25. 初生仔猪为什么需要补铁？

26. 哺乳仔猪为什么需要适时训料？

27. 早期断乳有何优点？

28. 如何确定适宜的断乳时间?

29. 影响母猪年生产力的因素有哪些?

30. 简述生长肥育猪体重的增长规律。

31. 简述生长肥育猪体组织的发育规律。

32. 阐述影响肉猪出栏体重的因素。

四、论述题

1. 试述提高母猪年生产力的综合技术措施。

2. 阐述确定妊娠母猪饲喂方案的依据。

3. 试述哺乳仔猪培育的综合技术措施。

4. 阐述断奶仔猪三阶段饲养技术的原理和具体方案。

5. 试述提高生长肥育猪生产力水平的综合技术措施。

第二章 鸡 的 生 产

1978 年以来，在国民经济迅速发展的 40 多年里，我国畜牧业是显著增长的行业之一，而在畜牧业中以家禽业的成绩最令人瞩目，蛋产量占世界首位，禽肉产量居世界第二位。在这些禽产品中，鸡肉和鸡蛋产量占很大的比例。

目前我国肉鸡生产的主要组织形式是大型龙头企业带动千家万户饲养，即公司加农户的发展模式，公司集种鸡、饲料生产、肉鸡屠宰加工及产品销售于一体。随着我国经济的迅速发展和人民生活水平的不断提高，国内经营肉鸡经济效益相对较高，潜力比国外更大，所以鸡的生产发展前景良好。

本章提要

本章主要介绍了鸡的品种与杂交利用、鸡的孵化、雏鸡的饲养管理、产蛋鸡的饲养和管理、肉种鸡的饲养管理以及肉仔鸡饲养管理的有关理论知识和技术措施。主要包括以下内容：

- 标准品种和现代商品杂交鸡的类型。
- 种蛋的来源、收集、选择、消毒、保存、运输。
- 鸡胚胎的发育及胎膜功能以及鸡孵化条件。
- 雏鸡的生理特点及适宜的环境条件，雏鸡的饲养和管理技术。
- 产蛋期母鸡的环境控制和饲养管理，不同季节的管理要点。
- 育雏期、育成期、产蛋期种鸡的饲养管理。
- 肉种鸡的笼养管理和强制换羽技术。
- 肉仔鸡饲养的一般原则、管理及饲养管理规程，优质黄羽肉鸡的饲养管理技术。

学习目标

通过本章的学习，应能够：

- 了解现代养鸡业的发展状况。
- 了解鸡的品种。
- 掌握现代商品杂交鸡的类型。
- 了解禽蛋选择及孵化影响因素。
- 掌握种蛋选择、保存及运输。

- 掌握孵化条件。
- 了解雏鸡饲养管理。
- 掌握雏鸡生理状况，饲养条件。
- 了解产蛋鸡的饲养管理。
- 掌握产蛋期母鸡的生理变化。
- 掌握产蛋期的饲养管理。
- 了解肉种鸡的饲养管理。
- 掌握育雏期肉种鸡饲养管理原则。
- 掌握育成期肉种鸡饲养管理原则。
- 掌握肉仔鸡饲养管理选择。

学习建议

- 仔细阅读教材，并与老师探讨。
- 认真做好本章习题。
- 密切联系生产实际，将基础理论应用到养殖场，与技术人员等进行讨论。

第一节　鸡的品种

现代商品杂交鸡是运用数量遗传学原理，适应现代化养鸡生产的需要而培育和发展起来的配套品系杂交鸡。20 世纪 40 ~ 50 年代初期，美国蛋用型鸡主要是纯种来航鸡，到 1956 年商品杂交鸡已占 73.4%。日本从 1961 年开始从国外引进商品杂交鸡，到 1965 年已达 76%。现在世界各地的商品鸡场全部饲养商品杂交鸡。

现代商品杂交鸡不同于以往简单的品种间杂交，其首先利用基因的加性效应，培育性能优良的品系，然后利用基因非加性效应进行二元、三元或四元杂交，产生强大的杂种优势，并使各种性能完善化。所产生的商品杂交鸡，蛋鸡产蛋量高、蛋大、生活力强、性能整齐一致，适于大规模集约化饲养；肉鸡生长快、饲料效率高、生活力强、性能整齐一致，适于高密度大群饲养。

一、育成现代商品杂交鸡的标准品种

鸡起源于红色野鸡，鸡的标准品种按美国家禽标准图谱列有近 200 个，但有重要经济价值的不过十几种。与育成现代商品杂交鸡有关的鸡主要有以下类型。

1. 来航鸡

来航鸡原产于意大利，19 世纪中叶由意大利来航港输往国外，因而得名来航鸡。

此鸡 1835 年输入美国，1874 年被引进美国西部以及世界其他一些国家进行了长期的改良，现已普及世界各地，成为蛋用型鸡唯一的高产品种。20 世纪 20～30 年代初期，广州、上海、山东和东北地区从国外引进来航鸡，经几十年的繁育，该鸡种已遍布全国各地。

2. 洛岛红鸡

洛岛红鸡原产于美国洛岛，由红色马来斗鸡、褐色来航鸡和鹧鸪色九斤鸡杂交而成。1904 年被列为美国标准品种。有单冠、玫瑰冠两个品变种，羽毛深红色，尾羽黑色带有光泽。此鸡外形体躯中等，背长而平。洛岛红鸡产蛋和产肉性能均好。近年来加强了产蛋性能的选育，在现代化养鸡业中，多用洛岛红鸡作父系与洛岛白鸡、浅花苏赛斯鸡或与来航鸡和其他兼用型鸡血液的杂交种作母系育成高产的褐壳蛋商品杂交鸡。

3. 新汉夏鸡

新汉夏鸡原产于美国新汉夏，后期为了提高产蛋量、早熟性和蛋重等，由洛岛红鸡改良而成，是育成较晚的兼用型品种。新汉夏鸡羽毛颜色比洛岛红鸡浅，羽面带有黑点。雏鸡比洛岛红鸡生长快，新汉夏鸡在美国饲养最多，在我国少数地方也有分布。在现代肉鸡发展初期，主要用其与重型肉鸡杂交，利用一代杂种生产肉用仔鸡。

4. 白洛克鸡

白洛克鸡原产于美国，1888 年被列为美国标准家禽品种，白洛克鸡按羽毛颜色分为横斑（芦花）、白色、黄色、鹧鸪色等 7 个品变种，其中以芦花和白色最为普遍。白洛克鸡单冠、耳垂红色，喙、脚、皮肤黄色，体大丰满。白洛克鸡原属兼用型，美国于 1937 年着手将其向肉用型方向改良，1940 年完成改良。20 世纪 50 年代后期与科尼什鸡杂交，表现出极好的肉用性能，风靡美国各地，而后又经不断改良，其体形、外貌与生产性能均有很大变化。白洛克鸡的主要特点是，早期生长快，胸腿肌肉发达，羽色洁白，屠体美观，并保留一定的产蛋水平。现代肉用仔鸡业多用白洛克鸡作母系同白科尼什鸡杂交生产肉用仔鸡。

5. 白科尼什鸡

白科尼什鸡原产于英国，由红色阿希尔鸡、英国黑胸红色斗鸡和马来鸡杂交而成。科尼什鸡为豆冠，羽毛颜色有褐色、白色和红色之分。1893 年美国利用英国科尼什鸡胸肉发达的特点，最初育成肉用的褐色科尼什鸡，后又引入其他品种的白色显性基因，育成了现在胸肉丰满，且生长速度超群的白科尼什鸡。现今白科尼什鸡的体形、外貌与生产性能均有别于以往的科尼什鸡。白科尼什鸡的主要特点是，豆冠或单冠，羽毛短而紧密，全身白色，体躯坚实，肩胸很宽，脚粗壮；体大，早期生长快，胸肉特别发达。白科尼什型鸡主要作父系与白洛克型鸡杂交生产肉仔鸡。

用于育成现代商品杂交鸡的标准品种还有美国的横斑洛克（带有芦花伴性基因 B）、英国的苏赛克斯（带有银色伴性基因 S）等，利用这些品种的羽色伴性基因，育成褐壳蛋羽色自别雌雄的商品杂交鸡。

6. 中国黄羽肉鸡

中国黄羽肉鸡也称三黄鸡，毛黄、皮黄、胫黄，素以早熟、易肥、肉质特佳而著称，深受我国南方及港澳地区活鸡市场的欢迎，如广东的惠阳鸡、杏花鸡、清远鸡，广西的霞烟鸡等。这些黄羽鸡除满足我国内地需要外，大量推向香港市场，占香港市场需求的60%左右。

上述中国品种的黄羽肉鸡，肉质嫩滑，有一层皮下脂肪，味道鲜美，但这些鸡一般生长慢、耗料多、产蛋少，故而生产成本较高。近年来，不少地方尝试引进部分国外鸡生长快的基因，而保留本地鸡的原有味道，育成所谓优质肉鸡。广东、北京、江苏等地都做了不少工作，取得了一定的成效。香港地区也用改良的石岐杂鸡公鸡与国外引进的生长快的黄羽母鸡或隐性白羽母鸡杂交生产杂交肉鸡，也取得了较好的效果。随着人们生活水平的提高，今后黄羽肉鸡的发展将很有前途。

二、现代商品杂交鸡的类型

现代商品杂交鸡的标准品种多按地区分类，如亚洲类品种、美洲类品种、英国类品种、地中海类品种等；生产上则按用途分类，如肉用、蛋用、兼用、观赏用、斗鸡用等。现代商品杂交鸡则只分蛋用和肉用或轻型和重型两大类，也有分轻型、中型和重型三类的，矮小型则又被分为一类。每类按其来源分成不同的品系或系。

（1）现代商品蛋用型鸡有白壳蛋鸡和褐壳蛋鸡两种。白壳蛋鸡是白来航鸡配套系的杂交鸡，体小、性成熟早、产蛋多、饲料效率高。在标准的饲养管理条件下，20 周龄产蛋率为 5%，22～23 周龄产蛋率为 50%，26～27 周龄进入产蛋高峰，产蛋率 90% 以上，72 周龄产蛋量为 280～290 个，蛋重 60 g 以上，母鸡成年体重为 1.5～1.8 kg，料蛋比为 2.2～2.4。白壳蛋鸡因其体小，占地面积少，所有单位面积饲养量多。褐壳蛋鸡多为洛岛红鸡、洛岛白鸡、苏赛斯鸡等兼用型鸡或合成系之间的配套品系杂交鸡。与白壳蛋鸡相比，褐壳蛋鸡体形较大，耗料较多。某些地区的消费者偏爱褐壳蛋。褐壳蛋鸡产蛋量与白壳蛋鸡相仿，蛋大，平均蛋重 62 g 以上，母鸡成年体重为 2.0～2.2 kg，料蛋比为 2.5～2.6。褐壳蛋鸡母系均带有银色显性伴性基因，父系带有金色隐性伴性基因，两者杂交后商品代公鸡为银白色，母鸡为金黄色，初生即可据羽毛颜色鉴别雌雄。

（2）现代商品肉用型鸡有白羽及有色羽两种，前者生长更快些。现代白羽（快大型）商品肉鸡的父本和母本是两个品种，父本多用生长快、胸腿发育良好的科尼什型鸡，母本则用产蛋量较高且肉用性能也好的白洛克型鸡。杂交后的商品鸡生长快、成活率高、饲料效率高。一般 7 周龄体重达 2.0 kg 以上，耗料比为 2.0 以下。

现代商品杂交鸡无论是蛋用型还是肉用型，其发育均匀度、生产性能整齐一致，生活力强。一般育成期成活率和产蛋期存活率均达 94%～96%，鸡群健康无病。

我国从 20 世纪 70 年代开始引进现代商品杂交鸡，并进行育种工作。我国自己培育的蛋用型商品杂交鸡有京白 823、京白 934、京白 938、滨白 42、滨白 584，均通过验收，并在生产中大量推广使用。20 余年来，我国先后从国外引进了一些曾祖代鸡投入生产。白壳蛋鸡有加拿大的星杂 288 和美国的巴布考克；褐壳蛋鸡有英国的罗斯褐、加拿大的星杂 579、德国的罗曼；肉鸡有加拿大的星布罗和宝星、法国的明星和美国的艾维茵。我国引进的祖代、父母代鸡几乎来自世界各地，应有尽有。这些鸡种的引进对提高我国鸡的生产水平起了很重要的作用，但耗资巨大。我们在引进国外优良鸡种的同时，更应注意消化吸收，育成我们自己的现代鸡种，从而全面提高我国养鸡业的生产水平，保证养鸡业持续稳定发展。

第二节 鸡 的 孵 化

一、种蛋的来源、收集和选择

（一）种蛋的来源

种蛋应来源于正确制种、遗传性稳定、生产性能高、经过系统免疫、无蛋传疾病、饲养管理良好、饲喂全价饲料、受精率高的种鸡群，蛋用种鸡的受精率应在 90% 以上，肉种鸡的受精率应在 85% 以上。若受精率在 80% 以下，患有严重传染病或慢性疾病或患病初愈的种鸡所下的蛋，均不宜作种蛋。如果须从外地或外场购入种蛋，须先做调查，了解该场的疾病情况，饲料营养水平及鸡群的管理水平，并签订包括受精率、蛋重、破损率、储存日期以及能够证明种鸡群健康无病的有关证明等主要技术指标的供蛋合同。

（二）种蛋的收集

收集的种蛋要求清洁，不受粪便及其他微生物的污染，并要求尽量减少破损。因此，产蛋箱里的垫料要清洁、干燥、柔软，有一定厚度。吸湿性较好的垫料有麦秸、刨花、稻壳、花生壳、稻草或干草，尤以压破铡成寸长的麦秸效果最好，未经压破切短麦秸和稻草吸湿性能差、硬度大，不好利用。笼养种鸡的种蛋清洁度较好，但要选择笼底坡度合理的笼具，若底网坡度过大，种蛋滚动的速度快，碰着先下的种蛋时容易破裂；若底网坡度太小，又会使产出的种蛋滞留在底网上，造成污染与破损。

产出的种蛋要及时收集，因种蛋在鸡舍里停留的时间越长，被污染的程度越大。刚产出的种蛋蛋壳上即可被检测出细菌 100 ~ 300 个，15 分钟后可达 500 ~ 600 个，半小时后可达 2 000 ~ 3 000 个，1 h 后可达 2 万 ~ 3 万个，因此最少应每小时收集种蛋一次，每日收集 4 ~ 5 次，每收一次，立即进行熏蒸消毒，然后将收集的种蛋送入蛋库保存。勤集蛋还可以降低破损率，减少污染，以及避免不合理舍温对种蛋的影响，有利于保持种蛋的质量。应用刷洗和清毒过的蛋托收集、运送和保存种蛋。

（三）种蛋的选择

种蛋的选择对提高孵化效果、育雏育成效果以及孵化场的经济效益均具重要意义，应按种蛋的要求给予严格选择。

1. 种蛋的蛋形

用于孵化的种蛋要选择接近标准蛋形的合格种蛋。图 2 - 1 为标准蛋形示意图。

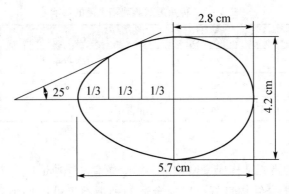

图 2 - 1 标准蛋形示意图

（1）顺着种蛋长轴最长点画一条纵轴直线，顺着种蛋的横轴最宽点画一条横轴直线。

（2）在纵轴线的延伸线上，画一条与纵轴线呈 25° 的直线切在种蛋表面上，其切入点与切出点把种蛋横轴以右的小半个三等分。

（3）种蛋长为 5.7 cm，宽为 4.2 cm，横轴至蛋的大头顶端为 2.8 cm。

如果符合上述三个条件，则种蛋的蛋形是标准的。

合格种蛋的蛋形指数（蛋的短径/蛋的长径）在 0.72 ~ 0.76。若蛋形指数小于 0.72，则蛋形过圆；若大于 0.76 则蛋形过长，不仅受精率和孵化率低，而且容易破损（表 2 - 1）。凡过圆、过长及蛋形歪扭、扁形的种蛋一律淘汰作食用处理。

表 2 - 1 蛋形指数与破损率的关系

蛋形指数	0.69 以下	0.70 ~ 0.72	0.73 ~ 0.75	0.76 ~ 0.78	0.79 以上
破蛋和裂纹	15%	9.2%	8.8%	11.9%	21.1%

2. 蛋重

蛋的质量随母鸡年龄的增长而增重，不同品种的蛋重标准也不尽相同，应按品种或品系的要求来选择，一般褐壳蛋鸡的初产蛋重多在 43 ~ 47 g，到了产蛋高峰期（28 周龄前后），蛋重多在 55 ~ 60 g，产蛋后期的种蛋多在 65 g 左右，用于孵化的种蛋应在 50 ~ 65 g，最佳蛋重为 55 ~ 60 g，蛋黄与蛋白的比例最合适。此外，产 55 ~ 60 g 蛋重的母鸡群多处在产蛋高峰期，母鸡的生理功能处于极佳状态，所产种蛋品质好，不仅孵化率高，而且孵出来的雏鸡健壮，成活率高。

凡小于 49 g 的前期蛋和大于 65 g 的后期蛋，孵化效果均不佳，一般不用于孵化，因为若种蛋过大，蛋白含量过多，孵化后期胚胎利用不完，易分解产生过多的氨及尿酸盐等有害物质，常导致胚胎中毒；若种蛋过小则蛋内蛋白含量少，胚胎发育过程中营养不足，水代谢也受影响，种蛋孵化率低。

此外，蛋重对出壳雏鸡的初生重及今后的增重均有影响（表2-2）。

表2-2　种蛋重对雏鸡初生重的影响

种蛋重/(g/枚)	初生雏重/(g/只)	种蛋重/(g/枚)	初生雏重/(g/只)
45~49	29.3	60~64	37.32
50~54	32.3	65~69	41.1
55~59	34.6		

3. 蛋壳结构与厚度

用于孵化的种蛋的蛋壳结构应紧密均匀，细致光滑，厚薄适中，为0.25~0.35 mm，又以0.33 mm为最佳。蛋壳结构良好、厚薄合适的种蛋不仅可保持蛋内水分正常的蒸发量，而且不易破损，细菌不易侵入蛋内，孵化率与健雏率都高。因此，应把薄壳蛋、"沙壳"蛋、厚壳蛋、厚薄不均及钙粒沉积过多的种蛋剔除，不用于孵化。

蛋壳厚度可用游标卡尺测量，测量时，取蛋的大端、小端及中间三个部位的蛋壳，先除去内外壳膜，然后再测量，取三处壳厚的平均值。

4. 新鲜度

孵化种蛋越新鲜越好，一般夏季在常温下保存最长不能超过5天，冬季不能超过7天。检验种蛋新鲜与否，通常采用外观检验法、透视检验法和抽检剖视法三种。

（1）外观检验法。刚产出的种蛋，蛋壳表面覆盖着一层胶护膜，显得光亮滑润，由于蛋壳上的气孔被胶护膜覆盖，微生物不易侵入种蛋内。随着保存时间延长，胶护膜逐渐消失，光泽度越来越差，显得粗糙灰暗。存放时间过长的种蛋，还可在蛋壳表面看到霉斑。

用指头轻击种蛋大端的气室处，鲜蛋发出充实的响声，气室过大的陈蛋，发出空洞的声音。

（2）透视检验法。透视检验法即利用灯光透视种蛋的内容物及气室大小，可用照蛋器直接照检，种蛋越新鲜，气室越小。此外，透视时，如果见到蛋的内容物颜色较深，蛋黄转动较慢，说明种蛋新鲜，而且品质好，孵化率高；如果蛋的内容物颜色较淡，蛋黄转动快，说明品质差而且存放时间长，浓蛋白液化的程度大，这样的种蛋不能用于孵化。如果存放环境温度偏高，存放时间过长，可见到蛋的内容物全为淡黄色的"散黄蛋"情况。

还可借用透视检验法检出粘壳蛋、霉斑蛋、双黄蛋、裂纹蛋、气泡蛋、血斑蛋及偏气室的种蛋。

（3）抽检剖视法。在一批种蛋中随机抽样5~10枚进行剖视，测定其哈夫单位、蛋壳厚度、蛋黄指数（蛋黄指数=蛋黄高度/蛋黄直径，新鲜种蛋的蛋黄指数应在0.401~0.442），以进一步判断种蛋的内部品质。新鲜种蛋的蛋白浓厚、蛋黄高度高，陈蛋的蛋白稀薄、蛋黄扁平以致散黄。

5. 蛋面清洁

种蛋蛋壳表面要求清洁，若被粪便、饲料、蛋黄或蛋清污染，不仅蛋壳气孔被堵塞，影响正常的通透性，妨碍胚胎的气体交换，造成死胎增多，而且因细菌入侵蛋内，并在蛋内繁殖而使胚胎致病死亡，因此，蛋壳表面不清洁的种蛋不能入孵。

6. 蛋壳颜色

不同品种种蛋的蛋壳的颜色也有区别，但同一品种（品系）的壳色应该一致，符合本品种（品系）的要求，白壳蛋鸡所产鸡蛋的壳色必须为纯白色，褐壳蛋鸡所产鸡蛋的壳色必须是红褐色，尤其作为育种场必须严加选择，以便选育出具有品种（品系）特点的蛋壳颜色。即使是商品孵化厂也应该认真注意壳色的选择，因为壳色不整齐的商品蛋在市场上销售会遇到困难。

二、种蛋的消毒、保存、包装和运输

（一）种蛋的消毒

蛋刚产出就与带菌的舍内空气、粪便等传播疾病的媒体接触，种蛋虽有胶护膜、蛋壳及内外壳膜几道自然屏障，但它们都不具抗菌性能，细菌仍可进入蛋内，影响孵化率和雏鸡质量，尤其像白痢、支原体、马立克氏病等可垂直传播，后代鸡群难以净化。还有些细菌能使蛋的内容物发生化学变化，从而使蛋内营养物质不易被胚胎所利用，因此，种蛋收集后应及时在鸡舍里进行消毒，然后再送蛋库。

1. 消毒时间

从母鸡产出鸡蛋到雏鸡出壳至少要进行 4 次消毒。第一次消毒在母鸡产蛋后半小时内进行，因此每天应分次集蛋，分次消毒。第二次消毒是在入孵时进行，可在孵化机内连同机子一起消毒，也可在特设的熏蒸室或熏蒸柜内消毒后立即入孵。第三次消毒是在 18 天落盘后在出雏机内进行。最后一次消毒是在雏鸡出壳完毕，把出雏机清洗干净后消毒待用。除此之外，在孵化过程中其他时间的进行频繁消毒，对胚胎的发育及雏鸡的健康有损无益。

值得一提的是，目前一些孵化场（点）在有 50% 左右的雏鸡出壳时用甲醛熏蒸雏鸡，据说这样做主要是达到消毒雏鸡体表的目的。但这种做法欠妥，且不说此法对已出壳雏鸡和未出壳雏鸡的消毒杀菌效果如何，其对雏鸡呼吸道黏膜造成损坏则是显而易见的，影响通过黏膜吸收的疫苗的吸收效率，从而影响免疫效果，甚至造成免疫失败。因此，甲醛熏蒸雏鸡的做法应该淘汰。

2. 消毒方法

消毒种蛋的方法有熏蒸消毒法、药液喷雾消毒法、药液浸泡消毒法、紫外线消毒法及臭氧发生器消毒法。

（1）熏蒸消毒法。

① 甲醛熏蒸消毒。一般在选蛋码盘后即把蛋车推入熏蒸室或孵化机内进行熏蒸，按每立方米空间甲醛 28 mL，高锰酸钾 14 g 密闭熏蒸 30 min，熏蒸室内的温度要求在 25 ℃ ~

27 ℃，相对湿度在75%~80%效果最佳。为了节约消毒药品，可用塑料布封罩蛋架车进行熏蒸。也可把固体甲醛（或液体甲醛）置于瓷盘内，加热使其挥发进行熏蒸。

因甲醛气体对早期胚胎发育不利，故应避免在入孵后的24~96 h内进行熏蒸。

② 过氧乙酸熏蒸消毒。每立方米用含16%的过氧乙酸溶液40~60 mL，加高锰酸钾4~6 g熏蒸15 min。稀释液现用现配，过氧乙酸应在低温下保存。

（2）药液喷雾消毒法。

① 新洁尔灭药液喷雾。新洁尔灭原浓度为5%，加水50倍配成0.1%的溶液，用喷雾器喷洒在种蛋的表面（注意上下蛋面均要喷到），经3~5 min，药液干后即可入孵。

② 过氧乙酸溶液喷雾消毒。用10%的过氧乙酸原液，加水稀释200倍，用喷雾器喷于种蛋表面。过氧乙酸对金属及皮肤均有损害，用时应注意避免用金属容器盛药和勿与皮肤接触。

③ 二氧化氯溶液喷雾消毒。用浓度为80 μg/mL的微温二氧化氯溶液对蛋面进行喷雾消毒。

（3）药液浸泡消毒法。

① 碘液浸洗。把种蛋置于0.1%的碘溶液中浸洗0.5~1 min，药液温度保持在37 ℃~40 ℃，取出晾干即可装盘入孵。碘液的配制：20 mL水中加碘片1 g、碘化钾2 g，研碎溶解后再加热水980 mL，即成为0.1%的碘液。经数次浸泡种蛋的碘液，其浓度逐渐降低，适当延长浸泡时间（1.5 min），浸洗10次更换新液，才能达到良好的消毒效果。

② 高锰酸钾溶液浸洗。将种蛋浸泡在0.5%的高锰酸钾溶液中1~2 min，然后取出晾干入孵。

采用药液浸泡消毒法，要注意水温和擦洗方法，切勿使劲擦拭蛋面，以免破坏蛋面胶护膜的完整性。浸洗时间不能超过规定时间，以免影响孵化效果。

药液浸泡消毒法费劲且易导致破蛋率增高，只适宜小规模孵化采用。

（4）紫外线消毒法及臭氧发生器消毒法。

① 紫外线消毒法是安装40 W紫外线灯管，距离蛋面40 cm，照射1 min，翻过种蛋的背面再照射一次即可。

② 臭氧发生器消毒是把臭氧发生器装在消毒柜或小房内，放入种蛋后关团所有气孔，使室内的氧气（O_2）变成臭氧（O_3），以达到消毒的目的。

（二）种蛋的保存

受精的种蛋，在母鸡输卵管内蛋的形成过程中已开始发育即存在生命，因此从母鸡产出至入孵这段时间，必须注意种蛋保存的环境条件，包括合适的温度、湿度、时间和其他的保存技术。否则，即使来自优良种鸡群及经过严格选择的种蛋，也不会获得理想的孵化效果。

1. 储蛋室（库）的要求

储蛋库要求保温和隔热性能良好，通风便利，清洁卫生，防止太阳直晒和穿堂风，并能杜绝苍蝇、老鼠等的危害。若有条件，最好建成无窗、四壁有隔热层（可用保温砖砌成）

并备有空调的储蛋库，这样在一年四季都能有效地控制储蛋库的温度、湿度。储蛋库的高度（天花板至地面）不能低于 2 m，并在顶部安装抽气简。内墙抹灰、刷白。

2. 保存种蛋的适宜温度

在种蛋产出母体后，胚胎发育暂时停止，若再遇到合适的温湿度环境又会开始发育。据研究，鸡胚胎发育的临界温度（也称生理零度）是 23.9 ℃，即当环境温度低于 23.9 ℃时，鸡胚胎发育处于静止休眠状态。环境温度偏高，会给蛋中各种酶的活动以及残余细菌的繁殖创造有利条件，不利于以后胚胎的发育，容易导致胚胎早期死亡。若温度长期偏低（0 ℃ ~ 3 ℃），虽胚胎发育处于静止状态，但是胚胎活力严重下降，甚至死亡。种蛋保存的适宜温度为 10 ℃ ~15 ℃。还应注意的是，刚产出的种蛋应该逐渐降至保存温度，避免骤然降温，危及胚胎的活力。一般降温过程以半天至一天为宜。种蛋应装在蛋托里然后装箱保存。箱子上方开一排直径为 1.5 cm 的圆孔。最好采用纸蛋托装蛋，因纸蛋托无毒，通透性好。

3. 种蛋保存的适宜湿度

种蛋在保存期间，蛋内水分通过蛋壳气孔不断蒸发，其蒸发速度与储存室的湿度成反比，为了尽量减少蛋内水分的蒸发，必须提高储存室内的湿度，一般相对湿度保持在75% ~ 80% 即可。湿度过大又会促使霉菌的滋长。

4. 种蛋保存时间

即使把种蛋保存在适宜环境下，其孵化率也会随着保存时间的延长而逐步下降，因为随着时间的延长，不仅蛋白杀菌的特性降低，而且蛋内水分流失多，改变了蛋内氢离子浓度（pH），易引起系带和蛋黄膜变脆，并因蛋内各种酶的活动，易导致胚胎衰弱及营养物质变性，使胚胎活力降低，残余细菌的繁殖也对胚胎造成危害。有空调设备的储蛋室，种蛋保存两周，孵化率下降幅度小；保存 2 周以上，孵化率明显下降；保存 3 周以上，孵化率急剧下降。种蛋保存时间以不超过 1 周为宜。当温度在 25 ℃ 以上时，种蛋保存时间最多不能超过 5 天；当温度超过 30 ℃时，种蛋应在 3 天内入孵。

保存期间内翻蛋（转蛋）的目的是防止胚盘与壳膜粘连，以免造成胚胎早期死亡。一般认为，保存时间在一周以内不用翻蛋；超过 1 周，应每天翻蛋一次；超过 2 周，每天应翻蛋两次以上。但也有研究认为，种蛋积存在 2 周以内，翻蛋与否对孵化率并无影响。

5. 种蛋充氮保存方法

把种蛋装在充满氮气的密封塑料袋里（0.3 mm 厚度），可以提高孵化率。由于种蛋蒸发的水分仍在塑料袋里，塑料袋里的湿度增加，从而降低了蛋内水分继续蒸发的速度。具体操作：先将种蛋按常规消毒处理，然后降至储存温度，再将种蛋装入蛋箱中充满氮气的塑料袋里密封保存。

（三）种蛋的包装和运输

种蛋运输要尽量减少途中的颠震，避免种蛋破损、系带和卵黄膜松弛及气室破裂等而导致孵化率下降，因此包装和运输技术很重要。

待运种蛋应采用规格化的种蛋箱包装，箱子要结实，能承受一定的压力，最好用纸质蛋托，不用塑料蛋托，每个蛋托装蛋30枚，每10托装一箱，最上层应覆盖一个不装蛋的蛋托以保护种蛋。也可用瓦楞纸板条和隔板代替蛋托（缓冲性能好）。用瓦楞纸条做成小方格，每格摆放1枚种蛋，层与层之间用瓦楞纸板隔开，采用这种方法包装，最好把种蛋横放，因横放的种蛋压强最高，可降低破损率。箱子最上面用草压紧，避免种蛋上下颠动。种蛋箱外面应注明"种蛋""防震""切勿倒置""易碎""防雨淋"等字样或标记，印上种禽场名称及许可证编号，开具检疫合格证明。

运输时要求快速平稳，日夜兼程，路上不停留，尽快运到目的地。最好采用空运或火车运输。若是采用汽车运输，夏天要防晒防雨淋，冬季要注意防冻，有条件的单位最好用空调车，保持车内温度在15℃左右，相对湿度保持在70%左右则更为理想。种蛋运到后，应放到孵化室预热，并进行选择、消毒。

三、鸡胚胎的发育及胎膜的功能

（一）胚胎发育的阶段和主要形态特征

与其他家禽一样，鸡的胚胎发育过程分为两个阶段。

1. 蛋形成过程中的胚胎发育

从卵巢上排出的卵子被输卵管漏斗部接纳，后与精子相遇受精。由于母鸡体温高达41.5℃，卵子受精不久即开始发育。到蛋产出体外为止，受精卵约经24 h的不断分裂而形成一个多细胞的胚胎。随着卵黄的累积，生殖细胞渐渐升到卵黄的表面恰好在卵黄膜的下面。未受精的蛋，生殖细胞在蛋形成过程中一般不再分裂，破裂卵黄表面有一白点，称为胚珠。受精后的蛋，生殖细胞在输卵管过程中，经过分裂，形成中央透明、周围暗的盘状原肠胚，叫作胚盘。胚胎在胚盘的明区部分开始发育并形成两个不同的细胞层，外层的叫作外胚层，内层的叫作内胚层。在蛋产出体外后，由于外界气温低于胚胎发育所需的临界温度，胚胎发育随之停止。

2. 孵化期的胚胎发育

在适宜的孵化条件下，胚胎继续发育，直至长成雏鸡破壳而出。在孵化期中发育的早期（孵化第1～4 d）为内部器官发育阶段；中期（孵化率第5～15 d）为外部器官发育阶段；后期（孵化第16～19 d）为鸡胚的生长阶段。鸡胚胎发育各日龄的主要形态特征见表2-3。鸡胚发育形态图见图2-2和图2-3。

表2-3　鸡胚胎发育各日龄的主要形态特征

胎龄/d	胚胎发育特征	照蛋时的特征
1	血岛形成	入孵24 h照蛋可见绿豆大的血岛
2	出现血管，心脏开始跳动	"樱桃"形的血管
3	眼睛开始会出现黑色素，胚体向前弯曲90°，出现四肢原基	"蚊子"形的胚胎和血管

续表

胎龄/d	胚胎发育特征	照蛋时的特征
4	可明显见到尿素和脑泡（头突）身体向前弯曲小于90°	"蜘蛛"形的胚胎和血管。转动蛋，卵黄不易跟着转动
5		除血管外，可明显看到黑色的眼点，俗称"单珠"
6		可看到两个圆团（一是头部，二是夸曲增大的躯干），俗称"双珠"
7	出现口腔，具有鸟类特征，翅、喙明显	半个蛋面布满血管，胚胎不易看清
8		易看到胚胎。从背面看，蛋转动时两边卵黄不易晃动
9	背部出现绒毛，食道、胃、肝、肾形成	从背面看，蛋转动时两边卵黄容易晃动
10	尿囊在蛋的背面合拢	整个蛋除气室外都布满了血管
11		从背面看，血管加粗
12		从背面看，血管粗、颜色深，两边卵黄在蛋的大头连接
13	头部被绒毛覆盖	从背面看，蛋的大头暗而小头亮：蛋内黑影部分随着胚龄的增长而逐日加大，小头发亮的部分随着胚龄的增长而逐日缩小
14	全身被绒毛覆盖，胫部鳞片明显	
15	眼睑闭合	
16		
17	蛋白基本被胚胎吞食完毕	以蛋的小头对准光源，再看不到发亮的部分
18		气室向一方倾斜
19	卵黄全部纳入腹腔，眼睛开始睁开，颈部压迫气室 头部进入气室，开始啄壳	气室边红色区域已很少，黑色区域突出进入室，并可见黑影闪动
20	脐部愈合，开始出壳	
21	出壳完毕	

在孵化过程中，可根据上述胚胎发育特征，照蛋检查胚胎发育是否正常，及时调整孵化条件，保证胚胎的正常发育，以获得优良的孵化效果。

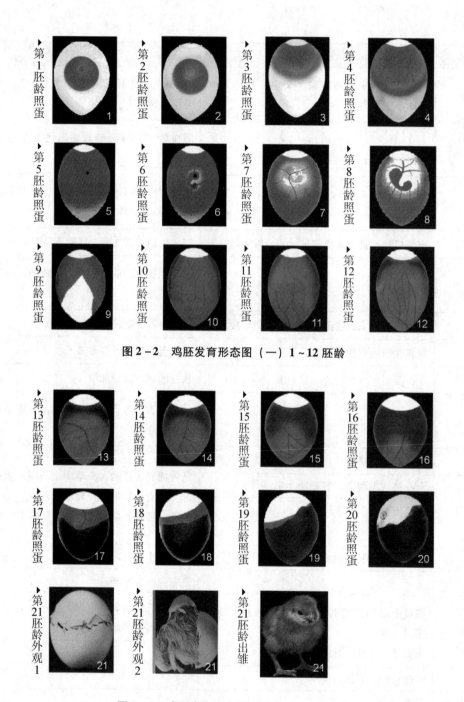

第1胚龄照蛋 1
第2胚龄照蛋 2
第3胚龄照蛋 3
第4胚龄照蛋 4
第5胚龄照蛋 5
第6胚龄照蛋 6
第7胚龄照蛋 7
第8胚龄照蛋 8
第9胚龄照蛋 9
第10胚龄照蛋 10
第11胚龄照蛋 11
第12胚龄照蛋 12

图2-2　鸡胚发育形态图（一）1~12胚龄

第13胚龄照蛋 13
第14胚龄照蛋 14
第15胚龄照蛋 15
第16胚龄照蛋 16
第17胚龄照蛋 17
第18胚龄照蛋 18
第19胚龄照蛋 19
第20胚龄照蛋 20
第21胚龄外观1 21
第21胚龄外观2 21
第21胚龄出雏 21

图2-3　鸡胚发育形态图（二）13~21胚龄

（二）胚膜的发育及其生理功能

胚膜相当于家畜的胎盘，是胚胎吸取营养和进行代谢的场所与重要工具。胚膜包括羊膜、浆膜、卵黄囊、尿囊膜等。

1. 羊膜和浆膜

羊膜和浆膜在孵化后的 30 h 后从胚胎的脐部生出，以后逐渐扩大，4 天后包围整个胚胎。羊膜在内层，浆膜在外层，两层膜紧贴在一起，因此一般简称为羊膜。羊膜包围胚胎后形成的囊腔称为羊膜腔。羊膜腔内有羊水，羊水中有蛋白质和分解了的各种氨基酸，因此，羊水有三种作用：①供给胚胎营养；②起缓冲作用，保护胚胎免受机械撞击；③避免胚胎和蛋壳粘连。

2. 卵黄囊

卵黄囊于入孵后的第 2 天形成，第 9 天包围整个卵黄。卵黄囊上布满血管，血管末梢深入卵黄中间深层，吸取卵黄中的营养（与树根的根须吸取泥土中的营养相似）。卵黄囊有一柄称卵黄囊柄，与脐部肠道连接，出壳前与卵黄一道被纳入腹腔内，作为雏鸡出壳后初期（1 周内）的营养补充物质，因此雏鸡出壳后 3～4 天不喂料仍能存活。这一生理特点对雏鸡出壳后的运输极为有利。

3. 尿囊膜

尿囊膜在孵化后的第 2 天从胚胎的脐部长出，第 10 天包围整个胚蛋的内容物，并在蛋的小端合拢。尿囊膜上布满血管，胚胎通过血管吸取营养（吸取蛋白质和蛋壳中的钙质）和交换氧气（通过气室及蛋壳细孔吸取外界氧气，排出二氧化碳），因此，尿囊既是胚胎的营养吸收和排泄器官，又是胚胎出壳前的呼吸及交换氧气的器官。

4. 羊膜道

在孵化的第 10 天，尿囊在蛋的锐端将所有的蛋白包围，形成蛋白囊，并在折叠的过程中形成了一个从蛋白囊通向羊膜腔的通道，称之为"羊膜道"，从此，蛋白囊的蛋白即源源不断地通过羊膜道流入羊膜腔，鸡胚胎即可直接吞食蛋白，直至第 18 天把蛋白用完为止。钟元伦教授等在研究中还发现，鸡胚胎对蛋白的吸收可通过两个途径：①消化道吸收。消化道的吸收主要在小肠，通过简单扩散过程；②呼吸道吸收。呼吸道吸收主要是通过气管、支气管及肺泡等组织以胞饮方式吸取营养。至第 18 天末尾，呼吸道中的蛋白已全部被吸收利用完毕，为第 19 天鸡胚胎顺利转入肺呼吸扫清了道路。

（三）鸡胚胎发育过程中的三个危险时期

1. 孵化前期的危险期

孵化后的第 2～5 天，由于此时胚胎各个器官的分化、形成剧烈地进行，如心脏开始搏动、血液循环的建立及各胎膜的形成均处于初级阶段，胎膜的功能不够健全，胚胎的生命力比较脆弱，孵化条件稍有不当，如温度过高或过低，或此时进行喷洒或熏蒸消毒，均会造成胚胎死亡。这是胚胎发育过程中的第一个危险时期。

2. 孵化中期的危险期

孵化后的第 12～13 天，是羊膜道与羊膜腔连通，蛋白开始流进羊膜腔直接被胚胎吞食，胚胎开始出壳前的肠管营养时期，这是一个关键的转折阶段，如果此时温度、湿度异常，将影响羊膜道与羊膜腔的连通，蛋白无法进入羊膜腔被胚胎利用或蛋白代谢受阻，常会造成中胚大批死亡。这是鸡胚胎发育的第二个危险时期。

3. 孵化后期的危险期

孵化后的第19~20天，尿囊萎缩，尿囊血管的呼吸功能消失，鸡胚胎由尿囊呼吸转变为肺呼吸，需要大量氧气。此时如果通风不良，气体代谢发生障碍，如肺部或气管中尚有蛋白堵塞，或胎位不正，喙部不能进入气室利用气室中的氧气，胚胎即会死亡。此时如果温度过高，胚胎呼吸加快，而氧气量不够，亦会造成胚胎死亡。这是鸡胚胎发育的第三个危险时期。

四、孵化条件

胚胎在母体外的发育阶段，完全依靠外界条件，即温度、湿度、通风、翻蛋等。创造最适宜的孵化条件，才能获得优良的孵化效果。

（一）温度

温度是孵化成败的关键条件，只有在适宜的温度条件下，才能获得高孵化率。

1. 胚胎发育的适温范围及孵化最适温度

胚胎发育需要一个与鸡体接近的温度，由于长期自然选择的结果，鸡胚胎对环境温度也有一定的适应能力，其胚胎发育的温度范围是37 ℃~39.5 ℃，在此温度范围内均可孵出雏鸡，但孵化效果差距较大。若采用电力孵化器孵化，环境温度控制在24 ℃~26 ℃，则最适孵化温度是37.8 ℃，出雏期间温度为37 ℃~37.5 ℃。

2. 高温、低温对胚胎发育的影响

（1）高温的影响。在温度偏高的情况下，胚胎发育迅速，孵化期短，胚胎死亡率增加，出壳的雏鸡软弱、干瘦、育雏率低，孵化温度超过42 ℃，胚胎2~3 h死亡。孵化5天的胚蛋，如果温度达47 ℃，在2 h内将全部死亡。孵化16天的胚蛋，在43.3 ℃，经9 h孵化率大幅度下降；在46.1 ℃，经3 h胚胎全部死亡，在孵化后期停电，如不采取应急措施，往往因胚胎自温过高而得不到散发，使机内特别是上层的温度超过45 ℃~50 ℃，而造成胚胎大量死亡。

（2）低温的影响。在孵化温度偏低时，胚胎发育迟缓，孵化期延长，死胎率增加。当孵化温度降至35.6 ℃时，胚胎大多数死于壳内。

3. 变温孵化与恒温孵化

胚胎在发育的过程中不断产生热量和散发热量（表2-4），所产生的热量与胚龄成正比，特别是后期的产热量大幅度增加，因此，孵化用温也应该逐步降低才符合胚胎发育的生理规律，于是在生产上采取了变温孵化法，获得了优良的孵化成绩。变温孵化施温方案见表2-5。

采用变温孵化制时，要注意确定适合本场机型的变温方案，具体做法是，入孵第一批时，先参照上表的施温方案执行，然后根据看胎施温技术调整孵化温度，约每隔3天抽检20枚胚蛋，检查胚胎发育情况，调整孵化温度，经1~2批试孵，即可确定适合本机型的孵化温度。

表 2 – 4 胚胎在发育过程中的产生热量与散发热量情况

胚龄/天	每天产生的热量 /(kJ·蛋$^{-1}$)	每天散发的热量 /(kJ·蛋$^{-1}$)	蛋温/℃
5	12.55	62.76	37.9
8	37.66	62.76	37.9
11	96.23	62.76	38.0
14	255.22	62.76	28.8
19	707.1	129.7	40.1
已破壳	723.83	150.62	40.1

表 2 – 5 变温孵化施温方案

鸡胚龄/天	室温/℃	
	15 ~ 20	22 ~ 28
1 ~ 6	38.5	38
7 ~ 12	38.2	37.8
13 ~ 18	37.8	37.5
19 ~ 21	37.5	37.2

变温孵化制要求管理水平较高，调整温度也较麻烦，所以目前多采用恒温孵化制度，即1 ~ 18 天温度要求 37.8 ℃，19 ~ 21 天温度要求 37.3 ℃ ~ 37.5 ℃。

孵化温度，通常是指孵化器给温的温度，实际上，在孵化作业中存在着 3 种温度，即孵化给温、胚胎发育温度和"门表"温度。孵化给温是指固定在孵化器里的感温仪表所控制的温度，由人工调整确定，当孵化器温度超过确定的温度时，它能切断电热电源停止供温。当温度低时，它又接通电热电源恢复供温。胚胎发育温度是指胚胎发育过程中自身产生的热量，因难以测定，实践常以蛋温代替，它是随着胚龄的增长而递增的。"门表"温度是指挂在孵化机观察窗里的温度计所示的温度。如果孵化机设计合理，工艺精良，孵化机各位点温差不大（±0.2 ℃），可将"门表"温度视为孵化给温。否则不能代表，因为门表温度与孵化给温往往差距较大。

（二）相对湿度

相对湿度对保持胚胎的正常物质代谢有密切关系，若湿度不足，则蛋内水分往外蒸发过速，导致入孵蛋失水过多，孵出的雏禽瘦小，绒毛稀短；若湿度过大，又会减慢蛋内水分的蒸发而妨碍正常的气体交换，甚至引起胚胎的酸中毒，导致孵出的雏鸡腹大，卵黄吸收不良。因此，合理的湿度对禽胚发育有以下作用：①促进代谢。合理的湿度可促进蛋黄、蛋白和蛋壳的正常代谢。②调节体热。适宜的湿度能使胚蛋受热均匀，孵化后期通过蛋内水分蒸发，有利于胚胎散热。③便于破壳出雏。啄壳前提高湿度，在空气中二氧化碳的作用下，使蛋壳的碳酸钙转变为碳酸氢钙，蛋壳变脆，雏鸡易于破壳。

在孵化管理中对相对湿度的掌握，应是孵化前期和孵化后期高些，孵化中期湿度可低些。孵化前期（1~7天）胚胎要形成羊水和尿囊液，湿度应为60%~65%；孵化中期（10~18天）胚胎要排羊水和尿囊液，湿度应为50%~55%；啄壳出雏期间（孵化后期）（19~21天）为防止雏禽绒毛与蛋壳粘连，便于啄壳，湿度应为65%~70%。

（三）通风换气

1. 通风换气与胚胎的气体交换

胚胎发育从第3天开始，即须不断地与外界进行气体交换，而且随着胚龄的增加而加强，特别到了第19天，胚胎由尿囊呼吸转为肺呼吸，其耗氧量更大。据测定，每一个胚蛋耗氧，孵化初期为0.51 cm^3/h，第17天达17.34 cm^3/h，第20~21天达到0.1~0.15 m^3/d，整个孵化期总耗氧为4~4.5 L，排出二氧化碳为3~5 L。

2. 孵化机内二氧化碳和氧气含量对孵化率的影响

（1）二氧化碳（CO_2）含量对孵化率的影响。随着CO_2含量的增加，孵化率逐步下降，CO_2含量不能超过0.5%。若CO_2含量超过1%，则每增加1%，孵化率下降15%。但是胚胎发育也不可缺少CO_2，因为CO_2对蛋白质和钙质的代谢有促进作用，在孵化后期，胚胎也需要CO_2来维持适当的肌肉紧张度，以增加雏鸡壳时挣扎的力度。孵化机内CO_2含量一般为0.3%~0.6%。据报道，当孵化机内CO_2含量在0.5%时，雏鸡发育最好。

（2）氧气含量对孵化率的影响。空气中正常的氧气含量是21%，这也是胚胎发育的最佳需要量，若氧气含量低于21%，每减少1%，孵化率下降5%。但过高的氧气含量对胚胎的发育也是有害的，当氧气含量在30%~50%范围内，每增加1%，孵化率下降1%左右。

3. 通风与温度、湿度的关系

通风与温度、湿度之间的联系非常密切。通风良好，散热就快，湿度就小；通风不良，空气流动不畅，湿度大；通风过度，温度、湿度都难以保持。通常通风量以1.8~2.0 m^3/h为宜，并可根据孵化季节和胚龄大小调节进出气孔，以保证孵化机内空气新鲜和温度、湿度适宜。

值得注意的是除了注意孵化机内的通风换气之外，还要十分注意孵化室内的通风换气，孵化室要有合理的有效空间，孵化机顶与天花板的距离不能少于1 m，孵化室应安装排风设备，保证孵化室内有充足的氧气，从孵化机及出雏机排出的污浊气体能及时排出室外。如果孵化室内的有害气体排放不出去，被反复利用，会严重影响孵化效果。

（四）翻蛋（转蛋）

翻蛋操作实际上是模仿母鸡本能抱蛋的一种行为。据观察，母鸡在抱蛋时，一昼夜24 h要用嘴和翅膀转蛋96次之多。蛋黄含脂率较高，相对密度较轻，发育的胚胎浮于蛋黄的上面贴近壳膜。如果长时间不翻蛋，胚胎容易黏附在壳膜上，造成死亡。因此，翻蛋有以下作用：①避免胚胎与壳膜粘连；②使胚蛋上下感温均匀；③促使胚胎与胎膜活动，促进血液循环和对营养物质的吸收。翻蛋对提高种蛋孵化率与雏鸡质量均有好处。翻蛋角度的大小对种蛋的孵化率影响较大。昼夜 24 h 应翻蛋 8 ~ 12 次，但不应少于 6 次，特别在孵化初期和孵化中期影响较大，应 2 h 翻蛋一次。到孵化后期，如在第 16 天以后，鸡胚胎各器官的发育基本健全，初具调节体温的能力，不存在感温不均及与壳膜粘连的现象。因此，第 16 天以后不翻蛋不会影响孵化效果。

第三节 雏鸡的饲养管理

一、雏鸡的生理特点及育雏的适宜环境条件

（一）雏鸡的生理特点

1. 雏鸡的体温调节

幼雏体温调节机能不完善，要经过一个逐步完善的过程才能达到成年鸡的水平。据测定，初生雏鸡的体温为 40.1 ℃ ~ 40.21 ℃，比成年鸡低 1.0 ℃ ~ 1.5 ℃，当其生长到 6 周龄时，体温才和成年鸡的体温一致。4 周龄前，幼雏体温调节功能根本不完善，需要保持一定的环境温度才能维持幼雏鸡正常的体温。有实验表明，将雏鸡放置在 26 ℃ 的温度环境中，不久其体温就下降到 31 ℃，随着时间的加长，体温进一步下降，并出现肢体麻痹、昏迷等现象，最终死亡。1 ~ 10 日龄的幼雏鸡保持正常体温所需要的环境温度范围也很窄，为 28 ℃ ~ 37 ℃。但随着日龄的增长，11 ~ 30 日龄的雏鸡能适应较大范围的环境温度变化，在 22 ℃ ~ 35 ℃ 的环境温度范围内，都可以维持正常的体温。31 ~ 42 日龄的雏鸡体温调节功能才基本完善，能适应的环境温度范围扩大到 18 ℃ ~ 35 ℃，在这个环境温度里，雏鸡靠物理调节的方法就可以维持自身正常的体温。俗话说的"雏鸡越小就越怕冷"就是如此。

2. 雏鸡对湿度的要求

幼雏鸡体内含水量高，要求育雏舍有一定的环境湿度。1 日龄的幼雏鸡体内含水量为 75% 左右。育雏的前期如果环境相对湿度低，幼雏鸡的身体水分的蒸发量便会增大，易感到干渴，导致频频饮水，从而增加饮水量来满足对湿度需求。饮水量的大量增加，会使雏鸡的采食量下降，导致雏鸡的营养不足，影响生长。若饮水量不足，则会导致幼雏鸡失水，皮肤及其衍生物干燥，绒毛容易折断。同时因湿度低，舍内粉尘量增加，极易诱发呼吸道疾病。这两方面的因素都对雏鸡健康有不良影响。

3. 雏鸡对饲料的要求

雏鸡生长发育快，相对增重量大；消化道容积小，消化功能尚不健全。雏鸡阶段是鸡一生中生长速度最快的时期。体重是生长发育的综合性指标，从初生到 6 周龄，雏鸡体重增长 10 倍以上，但雏鸡的消化道容积很小，42 日龄内日平均采食量只有 25 g 左右，而且消化功能还不完善，需要喂全价料、易消化吸收的饲料，才可满足其快速生长的营养需求。

4. 雏鸡对外界环境变化的适应力及抗病力

雏鸡比较弱小，其对外界环境变化的适应力也比较弱。例如，在育雏舍内的各种异常声响，各种新奇的颜色，生人或鸟雀、鼠类等其他动物进入鸡舍，或饲养管理程序的变更等应激因素都会引起雏鸡的骚动，严重时将受惊而挤压造成雏鸡的死亡。

另外，幼雏鸡的抗病力也相对较弱，很容易受到各种病原微生物的侵袭而感染疾病，所以必须特别注意控制好育雏舍内各种环境因素，严格执行兽医防疫制度。

（二）育雏的适宜环境条件

1. 温度和湿度

根据雏鸡的生理特点，需要为雏鸡提供适宜的温度及相对湿度条件。育雏期各阶段环境温度及相对湿度建议值见表2－6。

表2－6　育雏期各阶段环境温度及相对湿度建议值

日龄	温度/℃		相对湿度
	舍内	育雏器内	
0 ~ 3	28 ~ 30	33 ~ 35	70%
4 ~ 7	27 ~ 29	31 ~ 32	70%
8 ~ 14	26 ~ 28	29 ~ 30	60%
15 ~ 21	24 ~ 26	27 ~ 28	60%
22 ~ 28	22 ~ 24	25 ~ 27	55% ~ 60%
29 ~ 35	20 ~ 22	22 ~ 23	55% ~ 60%
36 ~ 42	18 ~ 20	18 ~ 20	55% ~ 60%

2. 空气质量及雏鸡的换气量

（1）空气质量。雏鸡生长发育快，代谢旺盛，需要清新洁净的空气环境。育雏舍内空气中含氧量应达到29%左右；二氧化碳含量应少于1 500 mg/L；使用煤炉、火墙等为育雏舍供热时，应特别注意空气中一氧化碳的含量，以免引起雏鸡煤气中毒，一氧化碳含量应少于24 mg/L，氨和硫化氢含量应控制在20 mg/L和6 mg/L以下。另外，舍内空气中粉尘对鸡的皮肤、眼结膜、呼吸道黏膜都有损害，而且常携带有大量病原微生物，可导致疾病的传播，危害雏鸡的健康，影响生长，甚至造成雏鸡死亡。

（2）雏鸡的换气量。保持雏鸡舍内良好空气环境的主要手段是组织好鸡舍的通风换气。了解合理的通风换气量是做好通风换气的基础。

3. 饲养密度

雏鸡要有一定的生存空间。若饲养密度过小，会降低笼位和鸡舍的利用率，也不利于温度的保持。若饲养密度过大，则容易发生叨毛、采食不均匀等问题。此外，采食量和饮水位置也有同等的重要性。饲养密度与使用的饲养工艺设备有关。使用多层笼方式养雏鸡时，每只雏鸡应占有底网面积：0~2 周龄时为 130 cm²（每平方米底网饲养 75 只左右）；3~4 周龄时为 190 cm²（每平方米底网饲养 50 只左右）；5~6 周龄时为 260 cm²（每平方米底网饲养 38 只）。

4. 光照强度及光照时间

对幼雏鸡光照主要是影响其对食物的摄取和休息。初生雏鸡的视力弱，光照强度要大一些。幼雏鸡的消化道容积较小，食物在其中停留的时间为 3 h 左右，需要多次采食才能满足其营养需求。因此必须有较长的光照时间，才能保证幼雏鸡足够的采食量。通常 7 日龄以内的幼雏鸡需要 20~40 lx 的光照强度，0~2 日龄每天 23 h 的光照时数，从 3 日龄起可逐日减少光照时数。密闭式育雏舍里的雏鸡，在 14 日龄以后至少也要维持不少于 8 h 的光照时数，光照强度应保持 20 lx 左右，不低于 10 lx。

二、雏鸡的饲养

幼雏鸡的生长强度非常大，机体的各种功能都在逐步发育完善过程之中，其新陈代谢活动非常旺盛，需要特别仔细的照料，因此，高度的责任心是做好雏鸡饲养工作的前提。

（一）雏鸡到达时的安置

雏鸡运到后，在雏鸡舍里要合理安置。具体措施如下：

1. 静置雏鸡

先将雏鸡盒数个一摞（十盒以内）放在雏鸡舍地上（最下层要垫一个空盒或是其他东西，不能直接挨地）静置半小时左右，让雏鸡从运输的应激状态中缓解过来，同时逐渐适应新鸡舍的温度环境。

2. 分群分笼

按计划容量分装放置雏鸡，最好能根据雏鸡的强弱、大小分别放置。弱雏鸡要放置在离热源最近、温度较高的笼层进行饲养。少数俯卧不起的弱雏鸡，则需要创造 35 ℃ 温热环境单独饲养。在这种环境下，弱雏鸡将会很快缓过来，待其行动较稳定时再饮水喂食。经过 3~5 天的单独饲养管理，康复后的雏鸡即可放入大群内，不再需要单独饲养了。

3. 初饮

雏鸡到达后的第一次饮水称为"初饮"。

（1）初饮的时间。在雏鸡到达并安置完 1 h 之内，就应该给雏鸡饮水，以补充长途运输过程中雏鸡的失水。雏鸡自出壳，经运输至鸡舍一般都经历 30 h 以上，此时最需要给雏鸡补充的营养物质就是水，所以要及时让幼雏鸡饮水。

（2）饮水的配制。初生雏鸡及 3 日龄以内的雏鸡饮水中需要添加糖以及抗菌药物、多种维生素。糖可用葡萄糖，其浓度为 5%；也可以用蔗糖，其浓度为 8%；抗菌药物、多种维生素可按药物使用说明要求添加。

（3）饮水的调教。许多初生雏鸡不知道喝水。要让雏鸡尽快学会喝水就需要调教。调教方法是：轻握住雏鸡，手心对着雏鸡背部，拇指和中指轻轻扣住颈部，食指轻按头部，将其喙部按入水盘，注意别让水没入鼻孔，然后迅速让鸡头抬起，雏鸡就会吞咽进入嘴内的水。如此连做三四次，雏鸡就知道自己喝水了。一个笼内只要有几只雏鸡喝水后，其余的雏鸡就会跟着迅速学会喝水。

（4）饮水的温度。雏鸡的饮用水应是18 ℃～20 ℃的温开水。切莫用低温凉水，因为低温凉水会诱发雏鸡拉稀。

（5）水盘的摆放。水盆要摆放在光线明亮之处，并和料盘交错摆放。平面育雏时水盘和料盘的距离不要超过1 m。

4. 开食

雏鸡到达后的第一次喂料称为"开食"。

（1）开食时间。雏鸡开食应该在初饮之后2～3 h，开食太早不利于卵黄的吸收；若开食晚于48 h，则明显影响雏鸡的增重。

（2）开食饲料。开食饲料最好用新鲜的小米、玉米渣、碎大米等饲料，切不可应用过细的粉料，以防引起糊肛。第三天再使用全价饲料。开食饲料既可以采用干料，也可采用湿料。湿料中料与水的比例为5∶1。

（3）开食方法。用浅平的料盘、塑料布或报纸等放在光纤明亮处，将料反复抛洒几次，引诱雏鸡啄食，鸡群中只要有少量的鸡开始啄食饲料，其余雏鸡很快就可以学会。

（二）饲喂和饮水

1. 饲喂次数

一般育雏阶段的光照管理是采取渐进式减少的，因此要根据光照情况调整喂料次数。

育雏头3天可采用每天23 h或24 h连续光照，人员作业分为2～3班进行。此时每天喂料次数不应该低于6次，每3 h左右喂料1次。若光照时间在12～18 h，每天应喂料5次。若光照时间减少到每天8～10 h，则每天喂料次数可减低至4次。

每次喂料量是通过计划每天喂料量除以喂料次数来确定的。

2. 饲喂注意事项

（1）在每两次喂料间隔中要匀一次料，并根据鸡采食情况调整给料量，尽量做到每次喂料时盘内或槽内饲料基本上吃干净。这样可以减少饲料的浪费。

（2）用湿拌料喂雏鸡时，每天最后一次喂料要用干粉料，以免有湿拌料残存过夜而引起饲料发酸变质，导致雏鸡腹泻。

（3）用料盘喂料时，每次喂料前要把料盘里剩余饲料清除干净。

三、雏鸡群的管理

雏鸡群管理的主要内容有：对鸡的精神、采食、饮水、粪便等情况的观察；对温度、湿度、光照、通风换气等环境条件的合理控制；饲养密度的调节；环境卫生的维护和日常防疫工作；生长发育的观察和称重；生产记录的填写等。日常管理工作的好坏，是育雏成败的关键环节之一。

（一）观察鸡群

观察鸡群是日常管理工作中重要的一环。观察鸡群的认真、细致程度，是检验饲养员责任心强弱的重要标准。只有认真观察鸡群，才能准确掌握鸡群的动态，熟悉鸡群的情况，不断采取针对性强的措施，保证鸡只健康生长。

1. 观察鸡群的主要内容

（1）观察采食情况。主要观察鸡群在采食时的动作是否正常、采食的速度、采食量，以及是否有不采食的个体等。

（2）观察精神状态。主要观察鸡是否活泼好动，精神是否饱满，眼睛是否明亮有神，有无呆立一旁离群独卧、低头垂翅的个体。

（3）听鸡鸣。雏鸡鸣叫的声音多种多样，不同的鸣叫声反映了雏鸡不同的状态。例如，鸡群在适宜的温度环境下休息睡眠时可以听到"啾——啾——"的带颤音的轻短叫声。"吱——吱——"的长声尖叫，往往是雏鸡被笼具卡住了。"卿——卿——"短促高声鸣叫，常常是离群雏鸡寻找伙伴的信号。"吱——吱——"长声低音的鸣叫多是病、弱雏鸡发出的。通常听声可以帮助判断鸡群中是否有异常情况，以及异常情况所发生的方位和地点。

（4）粪便检查。通过检查雏鸡粪便的形状、颜色，可以帮助判断鸡群的健康状况。正常的雏鸡粪便是细短条状，呈黑绿色，末端带些白色尿酸盐，有少部分由盲肠排除的酱褐色粪便也属于正常。

（5）观察外形外貌。主要观察鸡绒毛的色泽，翅、尾羽生长和绒毛脱换的情况；眼、鼻、嘴角及泄殖腔周围是否干净；嗉囊是否爆满，冠、胫、趾是否干燥、是否粗糙等。

（6）观察呼吸状况。主要观察鸡有无张嘴呼吸、咳嗽、甩鼻现象。呼吸有啰音等。

（7）观察有无叨伤及异食现象。脚趾、尾部是雏鸡喜欢掐叨的部位，要注意观察。叨食其他鸡身上或者脱落的羽毛或者纸张等异物是异食癖的表现。

2. 观察鸡群的时机

不同观察内容适宜的观察时机也不尽相同。

（1）观察鸡的采食情况。对鸡采食情况的观察应该选择在每次添料的时候进行。健康的鸡食欲旺盛，添料时立即抢食，占据槽位后便不抬头地快速啄食，未抢到槽位的健康鸡会拼命往食槽处挤。而有病的鸡往往呆立一旁，不往前去采食，即便是上前采食，也只是啄几下就离槽而去。

（2）观察鸡粪便的情况。观察鸡粪便的情况，则应该选择清粪不久鸡刚排出的新粪便，还应该观察雏鸡肛门周围的绒毛是否干净，有无糊肛现象。

（3）观察鸡呼吸道健康状况。观察鸡呼吸道健康状况，最好是在夜间关灯之后，鸡都熟睡时进行。进入鸡舍时不要开灯，动作要轻，缓缓地从走道中间走过，边走边听。如听到有啰声、咳嗽声时再走进笼边，用深色布蒙住灯头的手电照亮，辨认是哪一只鸡。

3. 观察鸡群发现了病、伤鸡只的处理

观察鸡群发现的病、伤鸡只要及时捉出，在隔离栏里进一步观察。如果发现相同或相似的病症在鸡群蔓延扩展迅速，就要快速请兽医诊治，以免贻误病情。

（二）温度、湿度环境的控制

1. 温度的控制

雏鸡在3～4周龄绒毛脱换成青年羽之前，体温调节技能不完善，需要28℃以上的环境温度。规模化生产的鸡场或养鸡，由于育雏舍面积大，要在全舍维持幼雏鸡所需的温度环境难度很大。因此，通常采取只在雏鸡生活的局部范围内控制其所需温度的方法来育雏。例如，用电热育雏伞、重叠式电热育雏笼等供热方法来控制环境温度，也有用暖气或者热风炉将全部育雏舍内温度都控制在雏鸡要求的适宜温度范围内。中小规模鸡场的育雏舍面积小，常用煤炉、火墙、火炕等供热方式来维持幼雏所需要的温度环境。

温度的测定：用保温伞育雏时，应测定伞的半径1/2处离地（底网）面5 cm高处的温度。用重叠式电热育雏笼时，测定给温笼和保温笼交界处距底网5 cm高处的温度。在室内，测定离地1 m高走道处的温度。

注意：测定温度用的温度表要精准。

育雏温度掌握得当与否，温度表所示的温度只是一个方面参照，更重要的是"看鸡施温"，即通过观察雏鸡的行为表现正确地掌握和控制育雏温度。不同温度条件下的鸡群状态如下：

（1）在适宜的温度环境中，雏鸡精力旺盛，活泼好动，叫声轻快，食欲良好，饮水适中，羽毛光洁。吃饱休息时均匀分布在保温伞周围或者育雏笼底网上，头颈伸展，熟睡不动。

（2）当育雏温度过低时，雏鸡拥挤到热源下面，不敢外出采食；雏鸡的羽毛蓬乱，行动缓慢，不时发出尖锐、短促的鸣叫，不能安静休息。

（3）当育雏温度过高时，雏鸡远离热源，精神不振，张口呼吸，饮水量增加，采食量显著减少。所以饲养员不仅仅是看温度表的温度，更要根据雏鸡的表现情况来调节环境的温度，这样才能确实为雏鸡创造一个适宜的温度环境。

2. 湿度的控制

湿度对雏鸡的生长发育以及健康都有很大的影响。在实际生产工作中，湿度问题常常容易被忽视，许多育雏舍里不设干湿球温度表，或者虽然有表，但湿球上的纱布又黑又硬、结满水垢，或者是盛水盒里面有水等，在生产现场随处可见这种注重温度、忽视湿度的现象。

湿度常用干湿球温度表检测。加入湿球水盒的水最好是蒸馏水，如果没有蒸馏水，也可以用凉白开。

调节湿度的合理方法：在鸡舍内摆放一定数量的水盘，或者在火炉等热源上放置水壶、水盆，这样就可以持续不断地向舍内蒸发水分，保持舍内比较稳定的相对湿度；也可以在走道上和四周墙壁上拉铁丝或绳子，将湿麻袋搭在铁丝上，依靠布上水分的不断蒸发，保持舍内湿度的相对稳定。最好不要采用通过向地面和墙面洒水的方法来调节湿度，这种方法易造成舍内温度和湿度忽高忽低，而且接近地面40～50 cm处易形成一个长期低温的状态，使垂直温差较大，不利于下层育雏。

（三）光照的控制

合理的光照制度可以加强雏鸡的代谢活动，增进食欲，帮助消化吸收，有助于钙、磷的吸收，促进雏鸡骨骼的发育，提高机体免疫力，有利于雏鸡的生长发育。合理光照制度要根据雏鸡的生长发育阶段来制定。

开放式鸡舍在育雏期头 3 天仍需 23 h 连续光照时间。4 日龄至 18 周龄，根据所在地的温度调节光照，19 周龄后则根据所在月份进行光照调节。4 日龄至 18 周龄的光照时数，可以由长变短至此时数，也可恒定于此时数。

（四）饲养密度与分群管理

在鸡的群体里面，由一定数量比较稳定的个体组成若干个亚群。在亚群里，每只鸡处于不同的等级地位，这个等级地位是该鸡在群里经过争斗而形成的，这种群体中各只鸡地位有序排列的现象称为优胜序列，也称群序。当外来的鸡加入某个亚群中，便会引发战争，争斗的结果是排列出新的群序。群序等级地位高的鸡往往在采食、饮水、交配、栖息等方面有优先权。如果群序等级地位低的鸡企图抢先采食，或抢占舒适的栖息场所，便会受到群序地位比其高的鸡的惩罚。

鸡能认识并记住的其他个体数目为 60～90 只。因此在组成鸡群时，数量不宜过多，这样有利于鸡群快速群序的形成和巩固，减少争斗。

地面平养或者网上平养时，要用金属网、塑料网，或者是其他材料把育雏舍分割成几个区域，每个小区饲养 100～300 只雏鸡比较适宜。

当饲养密度太大时，雏鸡活动场所小，采食时拥挤踩踏，群序等级地位低的鸡吃不上，群序等级地位高的鸡则霸槽抢食，造成饥饱不均匀，生长速度差异过大，鸡群均匀度不好。另外，饲养密度太大的鸡舍往往空气污浊，有害气体浓度超标，环境卫生差，容易诱发疾病和啄癖。

饲养密度的确定，还应该根据鸡种、季节适当地增减。中型鸡种，每平方米要比轻型鸡种少养 3～5 只。冬季、早春、深秋季节，天气寒冷每平方米可以多养 3～5 只。夏季炎热，气温过高，湿度大，每平方米饲养量减少 3～5 只。

因此，对于笼养雏鸡，为了方便温度的控制，一般前两周在鸡笼的上面两层或者中间两层饲养幼雏鸡。随后要进行两次分群，分群的时间一般在第 2 周龄末和第 4 周龄末进行。分群时将体重大的、强壮的雏鸡放于底层，体重小的、体质弱的放置顶层。通过加强对弱小的雏鸡的管理，提高鸡群的均匀度，日常管理工作中还要经常性地调整鸡群。在平常观察鸡群时，将发现的病、伤和弱小的雏鸡调出来，相对集中管理或及时淘汰。

（五）断喙

1. 断喙的意义

鸡喜食颗粒状的食物，鸡在寻找食物时，还用喙来挑剔食物。故此，鸡在采食时总是用喙将不喜欢吃的东西剔除一旁，啄食喜爱的食物，采食分装饲料的蛋用鸡这种现象更加严重。以至于一部分饲料被啄出槽外撒到地上，造成了饲料的浪费。此外，若日粮中的蛋白质、某些矿物质不足或者条件不良，如温度太高、通风不良、光线强，都会引发啄羽、啄肛、啄趾等恶癖。为了有效防止上述情况的发生，就需要将鸡的喙部切短，即断喙。

2. 断喙时间

断喙俗称"切嘴"，一般需要进行两次。第一次在 7～12 日龄时。第一次断喙总会有一部分鸡断喙太轻，经过一段时间便可以明显看出，另外还有一部分体质较弱的雏鸡不宜在这时断喙，对这两部分鸡需要另外进行补断。第二次断喙在 8～12 周龄进行，也有安排在 18～20 周龄转群前进行的。但 18～20 周龄喙已经很坚硬，切时费劲，易出血，可能会对开产或者达到产蛋高峰有不利影响，所以尽可能安排在 8～12 周龄进行断喙。

3. 断喙应注意的事项

（1）断喙前 1 天和断喙后 2 天，应该在每千克饲料中额外添加 4 mg 维生素 K_3，以利于切口血液的凝固，防止术后出血。另外，在每千克饲料中添加 150 mg 维生素 C，对抗应激有重要帮助。

（2）要准确地从鼻孔前缘至喙尖端上喙 1/2 处，下喙 1/3 处切除喙的前部。

（3）断喙刀片的温度要适宜。断喙刀片适宜温度在 600 ℃～800 ℃，此时刀片外观呈暗红色至红色（但不发亮，如发亮则温度太高了）。

（4）断喙时要组织好人力，保证断喙工作在最短的时间完成。断喙的速度以每分钟 15 只左右为宜。

（5）断喙后 3 天内料槽与水槽要加得多一些，以利于雏鸡采食，并且避免采食时手术部位碰触槽底，导致切口出血。

（6）雏鸡免疫接种前后两天，或鸡群健康状况不良时，不宜断喙。

（六）啄癖的防治

1. 引发鸡只啄癖的原因

（1）鸡有嗜红色的本能。当有的鸡因为外伤流血或脱肛时，其他鸡便会去追逐其他被血染红的呈红色的泄殖腔。

（2）环境因素不良，如高温、空气污浊、饲养密度大等，会诱发鸡掐架现象的发生。

（3）饲料中蛋白质水平低，某些矿物质不足，也会引起鸡互相掐啄。

（4）光照强度过强，会引发鸡互相掐啄。

（5）管理不当，如密度太大、过于拥挤、投料不均导致有的地方控槽时间太长等。

（6）体表寄生虫侵袭等也可能诱发鸡掐架。

2. 防治啄癖的措施

防治啄癖主要针对病因采取相应的措施才能见效。当鸡群中存在已经形成啄癖的鸡只时，防治难度就更大了。具体措施如下：

（1）在发生掐啄现象的初始阶段，就应该认真查找原因，并将啄鸡抓出隔离饲养或是淘汰掉，免得其他鸡只效仿其恶习。

（2）断喙是比较有效的防治啄癖的方法，至少可以减轻其危害程度。

（3）其他一般性措施，如加强巡视鸡群、降低光照强度、将窗户或灯泡涂成红色等，也有一定效果。

第四节　产蛋鸡的饲养管理

蛋用鸡育成阶段结束后，便转入产蛋阶段。饲养产蛋鸡的唯一目的是获得尽可能多的鸡蛋，产蛋阶段是蛋鸡的经济收益时期，蛋鸡的经济效益好坏，与这段时间的饲养管理工作有直接关系。

一、产蛋期母鸡的生理变化

从育成阶段转入产蛋阶段的母鸡生理机能、体形外貌会发生一系列的变化，以适应将要到来的产蛋需要。这时，应当适时地调整饲料营养水平和饲养管理措施，以保证鸡群达到较高的产蛋量和较低的死淘率，进而获得较高的经济效益。

（一）生理功能发生变化

鸡生理功能成熟的主要标志是"性成熟"，产蛋母鸡性成熟期一般在 18～20 周龄。其特点是卵巢发育，其中的初级卵泡开始生长发育，少数卵泡生长特别快，逐渐发育成成熟卵泡（蛋黄部分），发育成熟的卵泡开始排卵。与此同时鸡的输卵管也同样快速发育，由卵巢排出的成熟卵子被输卵管的伞部接纳，并在输卵管中包裹上蛋白、形成有壳的鸡蛋排出体外。到 24 周左右与生殖有关的激素分泌最旺盛，表现是产蛋率近于直线上升，整个鸡群开始进入产蛋高峰期。

（二）体形外貌发生变化

1. 鸡的冠、髯逐渐变大且较红润

冠、髯的长度和颜色的变化不仅与生殖系统发育密切相关，而且与体重的增长也存在很高的相关性（相关系数 $r=0.518$）。故此，新母鸡冠、髯的发育程度，可用于产蛋鸡上笼时的分群参考。与此同时，母鸡的皮肤黄色素也逐渐顺序消退，其顺序是：眼周围→耳周围→喙尖至喙根→胫爪。高产母鸡的色素消退速度快于寡产母鸡，停产后母鸡色素会逐渐再沉积。故黄色消退情况，可作为判断母鸡产蛋与否的依据之一。

2. 悦耳叫声

将要开产和开产不久的母鸡，经常发出"咯——咯——"的悦耳长叫声，如果新鸡群中叫声不断，此起彼伏，说明鸡群的产蛋高峰将很快到来。

3. 体重变化

开产时期，体重应达到本鸡种相应的体重范围，20 周龄体重应达到 72 周龄体重的75%～80%，根据体重变化，饲养者应及时调整饲养管理措施，以保证鸡只体况良好，避免过肥、过瘦，使鸡群保持稳产高产。

4. 腹部变大

开产时母鸡的腹部变大，其耻骨间距逐渐拉开，俗称"开档"，开产鸡耻骨间距大于两指（大于 4 cm），产蛋高峰期可达四指（约 8 cm）以上。停产后，耻骨重又闭合，其间距不足一指（小于 2 cm）。

（三）母鸡产蛋情况变化规律

产蛋是母鸡生理变化的产物。衡量母鸡产蛋情况的指标有以下几项。

1. 开产日龄

开产日龄指母鸡产第一个蛋的日龄。由于在一个群体中，每只个体产第一个蛋的日龄参差不齐，故在生产中，蛋用鸡种用新母鸡群产蛋率达到 50% 的日龄来表示；不同鸡种的开产日龄有所不同，但过早或过晚都对总产蛋量不利，现代商品蛋鸡都在 150 日龄左右，一些新的配套系略有提前的趋势。

2. 产蛋量

衡量鸡群产蛋量的指标有产蛋数量和产蛋总重两类。产蛋数量即在统计期内产蛋的总数量，有年产蛋量、月产蛋量。产蛋总重即统计期内产蛋的重量之和。

二、转群

把将要开产的青年鸡由后备鸡舍转移到产蛋鸡舍的工作称为转群。

（一）转群的方法和劳动组织

1. 转群的方法

近距离时，可由人工倒提鸡的双腿转至产蛋鸡舍，每次每人可提 6~8 只鸡。抓鸡时，严禁强捉硬拉鸡的脖颈、翅膀、尾巴。路远时，应将鸡放在专用倒笼中，用汽车、拖拉机或人力车等方式运输。

2. 转群人员的劳动组织

转群时进行明确的分工，可保证转群工作的迅速和有序。转群人员的劳动组织如下：当产蛋鸡舍离育成鸡舍较近时，一部分人捉鸡，一部分人将鸡提到产蛋鸡舍，一部分人将鸡装入产蛋鸡笼内。若产蛋鸡舍离育成鸡舍较远时，一部分人捉鸡，一部分人将鸡装入倒鸡笼中用车辆运输到产蛋鸡舍，一部分人将鸡从鸡笼中抓出装入产蛋鸡笼内。

（二）转群时的注意事项

转群时的注意事项如下：

（1）轻拿轻放。转群过程中应尽量轻拿、轻放，以减少对鸡的损伤。

（2）转群时间。夏季转群应选择在早、晚转群，以避开中午的炎热天气，同时也应避开下雨天；冬天则不应在早、晚或雪天、大风天转群，以尽量减少各种应激因素对鸡的影响。

（3）装笼时应按生长发育状况（体重或冠、髯发育程度）分群。将体重相近或冠、髯发育水平相似的鸡放在同一笼中，组成一行或半架笼的同类鸡群，以便管理。

（4）蛋鸡笼装鸡数量。396 型蛋鸡笼装白壳或粉壳类型时，每笼应装 4 只鸡，每架笼装 96 只鸡；装红（褐）壳类型时，每笼可装 3 只鸡，也可按 3 - 4 - 3 - 4 - 3 只的组合排列装鸡，这样每架笼可装 72 ~ 84 只鸡。390 型蛋鸡笼装红（褐）壳类型时，每笼应装 3 只鸡。

三、产蛋期的环境控制

（一）温度、湿度和通风换气

产蛋鸡最适宜的环境温度为 15 ℃ ~ 23 ℃，当温度偏离最适宜的温度范围时，产蛋将会受到影响。冬季在做好保温工作的同时，应充分注意通风换气，以防止诱发呼吸系统疾病。夏季温度过高时则应加强通风，必要时安装机械通风装置（风扇、风机等），以提高炎热季节的产蛋量和降低死亡率。舍内最理想的湿度为 60% ~ 70%，夏季湿度过大时，可通过加强通风的方法降低湿度。另外，应尽量避免水槽、水杯或乳头等饮水器漏水，增加舍内湿度。

（二）光照

封闭式鸡舍光照时间可参见表 2 - 7。有窗式鸡舍光照时间应根据当地日照长短再补充人工光照，最后恒定在 16 h/d。总原则是产蛋期光照时间只能增加，不能减少。

表 2 - 7　某鸡场京白蛋鸡封闭式鸡舍光照时间表

周龄	光照时间/h	周龄	光照时间/h
18	9	20	11
19	10	21	12
22	12.5	27	15
23	13	28	15.5
24	13.5	29 ~ 44	16
25	14	45 ~ 54	16.5
26	14.5	55 以上	17

四、产蛋期的一般饲养管理

刚转群的新母鸡正处于生理状态剧烈变化和外界环境完全改变的时期。在这个阶段，保证充足的营养和良好的饲养环境，尽可能减少不利因素引起的应激反应是至关重要的。这个阶段的饲养管理工作好坏，将直接影响鸡群的产蛋率能否正常上升，产蛋高峰期的长短以及峰值的高低，蛋种能否正常增加等指标。

（一）产蛋阶段的划分

蛋用鸡种第一个产蛋周期大约为 1 年，这个过程可分为产蛋前期（预产期）、产蛋高峰期和产蛋后期（峰后期）。

1. 产蛋前期

产蛋前期（预产期），是指新母鸡开始产蛋到产蛋率达到 80% 的这段时间（通常是从 21 周龄初到 28 周龄末）。随着育种工作的进展，鸡只性成熟提前和开产日龄及产蛋高峰都逐渐前移，现在不少蛋鸡种的产蛋前期也前移为 19 周龄至 25 周龄。这个时期产蛋性状的特点如下：

（1）产蛋率增长很快。每周以 20% 左右的幅度上升。

（2）体重和蛋重都在增加。体重平均每周仍可增长 30 ~ 40 g，蛋重每周增加 1.2 g 左右。

2. 产蛋高峰期

当鸡群的产蛋率上升到 80% 时，即进入产蛋高峰期。进入高峰期到最高峰值时，这期间产蛋率上升得很快，通常 3 ~ 6 周便可升到 92% ~ 95%，最高峰值通常在 32 周龄前后。90% 以上的产蛋率一般可以维持 4 ~ 6 周，然后缓慢下降。当产蛋率降到不足 80% 之前，产蛋高峰结束。现代蛋用品种高峰期通常可以维持 6 个月或更长时间。期间产蛋率下降幅度平均每周 0.5% 以内。

3. 产蛋后期

从周平均产蛋率降到不足 80% 起，至鸡群淘汰下笼，即第一个产蛋周期结束，这段产蛋期称为产蛋后期（峰后期），通常是到 72 周龄或 78 周龄。在产蛋后期周平均产蛋率下降幅度要比高峰期下降幅度大一些，正常情况下应在 1% 左右。

4. 产蛋指标

不同鸡种都有其相应的推荐产蛋指标，包括不同周龄的产蛋数量、平均产蛋质量、日产蛋量和累计总产蛋重。蛋鸡饲养者在养鸡前，要认真研读相应饲养手册中的指标。因为在日常工作中，可以用这些指标曲线为标准，检查自己鸡群的饲养管理工作是否合适。进而采取相应措施，调整自己鸡群的饲养管理工作，以保证鸡群的高产稳产。

（二）产蛋鸡的一般饲养管理

1. 饲喂

（1）喂料量。每个鸡种都有其相应的采食标准，随环境温度不同，产蛋鸡一般日采食量在 105 ~ 120 g。但是，这个指标只是在严格控制的实验条件下测得的，实际情况要大于这个数值。其原因是，可能在存放过程中被鼠类偷食，存放过程中自然失水损耗，喂料过程中工人的抛洒浪费以及料槽中被鸡挑食甩出槽外的饲料都包括在喂料量中，即

喂料量 = 鸡实际采食量 + 鼠类偷食量 + 自然失水损耗 + 抛洒浪费量

不同鸡场的浪费数量和浪费项目的比例有所不同，但趋势是大同小异的。饲料浪费是不可避免的，但可以尽量减少。

浪费饲料不仅夸大了鸡的进食量，导致鸡实际采食量不足；而且增大了饲料成本，进而增大了整个养鸡成本。

（2）饲喂方法。建议在产蛋率达 5% 以后再换用产蛋期的饲料。喂料时，料槽中饲料应

分布均匀。料槽要经常清扫，特别是在梅雨季节和夏天，若料槽中有湿或脏的陈料，在喂料时必须去除，料槽不得有霉变饲料。每次喂料量不得多于料槽的 1/3，以防被鸡挑食甩出槽外。

要保证鸡群采食足够的饲料。特别是在非常炎热的气候条件下，鸡群在产蛋期内，可能采食量低于标准，同时饲料的能量进食量也可能下降到需要量以下，此时可以做适当的调整，提高饲料能量和粗蛋白质水平，以保证鸡群产蛋量的持续。

2. 饮水

产蛋鸡建议采用不间断供水，尤其是在夏季，同时还可以用乳头饮水器。如果育雏育成阶段使用水槽的鸡群，转入产蛋舍后若用乳头饮水器，则应注意尽早教会鸡群饮水，鸡的饮水量一般是采食量的 2 倍。鸡群缺水，必然造成产蛋下降，如果采用水槽，则清洗工作相对容易些，但也必须用消毒液消毒，夏季最好每天消毒，以防止各种疾病的发生。

3. 控制蛋的大小

蛋重在很大程度上取决于遗传因素。蛋重的变化，可以通过管理和营养调节来适当控制。在 5% 产蛋率后的 10 周内，应该记录每周的蛋重和体重，蛋重一般可能为每周增重1 g，同时体重也在增加，如果一周内鸡的体重不能增加，则其蛋重的增加低于预期指标，继而使产蛋数量也低。蛋重和体重增加得很慢，通常是营养素进食量偏低的表现，这时就必须检查实际的营养素进食量是否等于需要量，必要时更换饲料，以提高采食量。早期的蛋重除了受上述饲料中的蛋氨酸、亚油酸和饲料中粗蛋白质含量的影响之外，主要取决于新母鸡的体重（表 2 - 8），为了保证新母鸡的体重，后备鸡的饲养管理不可忽视。

表 2 - 8　18 周龄体重与早期蛋重的关系

体重/g			开产日龄/d	开产蛋重/g
18 周龄	开产时	体重变化		
1 100	1 360	+260	153	40.7
1 200	1 440	+240	150	42.0
1 280	1 500	+220	149	43.7
1 380	1 590	+210	148	42.5

4. 鸡的日常管理

在清晨鸡舍内开灯后，观察鸡群精神状态和粪便情况，若发现病弱鸡和异常鸡，应及时挑出隔离或淘汰。

夜间关灯后，倾听鸡有无呼吸道疾病的异常声音，特别是在冬天，若通风不良，易造成呼吸道疾病。因此，应及时调控通风，如发现有呼噜、咳嗽等，有必要及时隔离、淘汰，以防止扩大蔓延。

平时观察舍温的变化幅度，尤其是冬、夏季节，要经常查看温度计并做好记录，还要查看通风、光照及饮水系统等，发现问题及时解决。

在喂料给水时，要注意观察料槽、水槽是否适应鸡的采食和饮水。

观察有无被啄伤的鸡，若发现应及时挑出，用紫药水将血色涂掉或及时淘汰。

5. 做好生产记录

要管理好鸡群，就必须做好鸡群的生产记录，因为生产记录反映了鸡群的实际生产动态和日常活动的各种情况，通过它可以尽快了解鸡群的生产状况、及时指导生产和考核经营管理效果的重要证据。日常管理中对某些项目如入舍鸡数、圈存数、死亡数、生产量、生产率、耗材、体重、蛋重、舍温、防疫等都须认真记录。

6. 卫生消毒工作

在产蛋阶段，正常的免疫工作已基本结束，如果有条件，应进行定期的抗体水平监测。

在整个产蛋阶段，必须时刻注意卫生消毒工作。工作人员进入鸡舍之前，必须穿清洁消毒过的工作服，脚踩消毒池，手也要清洗消毒，有条件的要洗澡更换衣、帽、鞋。要经常洗涮水槽、料槽、饲喂工具，保持鸡舍内整齐、清洁，鸡舍内的走道、墙壁及鸡舍空气必须定期消毒。

7. 体重的监测

产蛋前期鸡的体成熟还未结束，体重还在增加，其前几周平均增长 40～50 g，后几周也还有 10～20 g。由于此时产蛋率上升的速度非常快，若饲养不当，将来产蛋高峰期持续的时间可能很短，最高峰值也会较低。

通过定期抽样称重，监测鸡群体重增长情况是检查饲养，特别是营养方面是否恰当的重要手段之一。若发现体重低于鸡种推荐标准的下限或超过推荐标准上限 10%，就要及时采取相应措施，以维持鸡只良好的体况。称重次数以每 4 周一次为宜，称重抽样数量以群体的 2%～5% 为宜。

8. 调笼与分群

产蛋前期应经常调笼与分群。调笼时，尽量将体重较小的、冠髯发育不充分的鸡挑出来，集中安置在鸡笼上、中层近光源处饲养，必要时可单独增加其日粮中的蛋白质水平，促使这部分鸡生长发育快些，同时促进这部分鸡卵泡的发育，提早产蛋，以利于全群产蛋率的上升。

9. 蛋重的测定

开产后蛋重增加是有规律的，以海兰灰蛋鸡为例，商品代逐周平均日产蛋重规律见图 2-4。平均蛋重达不到品种标准，往往是营养不足的表现。必须及时调查其产生的原因，并及时加以纠正。

10. 防止啄癖

产蛋前期是脱肛、啄肛，进而发展成啄癖的易发时期。一旦啄癖在鸡群中形成，很难加以控制。所以在产蛋前期必须重视鸡群中的啄癖现象，尽早控制其发生率。一旦鸡群中发生严重的啄癖，即使实施补救措施，也无法弥补对鸡群产生的负面影响。

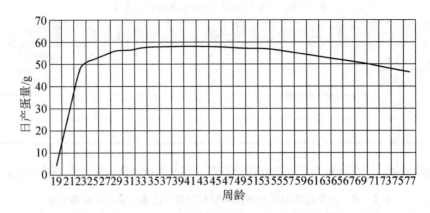

图 2 - 4　海兰灰商品代逐周平均日产蛋重规律

为防止啄癖，产蛋前期应注意如下主要事项：

（1）控制营养，避免蛋重过大，使蛋重能够顺利产出，避免输卵管出血，泄殖腔收缩迟缓。

（2）保证鸡的饲料和饮水，不要长时间的空槽和断水。

（3）保持鸡舍的环境安宁，使鸡能够安静地产蛋。

（4）保持适宜的光照强度。

（5）注意适当通风，保持鸡舍空气清新。

（6）合理进鸡，保证适宜的饲养密度。

（三）产蛋高峰期的饲养管理

现代蛋用品种鸡产蛋高峰期很长，一般可达 6 个月或更长一些。第一产蛋周期的高峰期产蛋量占全期产蛋的 65% 以上，产蛋重量占总蛋量的 63% 以上。

在实际生产工作中，不同鸡群的产蛋高峰期的差别很大，后备鸡群培育不好可能高峰期都不会出现，而且死淘率很高。后备鸡培育得好，但产蛋阶段管理不善，产蛋高峰期也不会很长，特别是高峰期的最高峰值不会太高。所以，既要重视后备鸡的培育，也要重视产蛋期，特别是产蛋高峰期的饲养管理工作。

1. 产蛋高峰期的营养管理及日粮配方举例

（1）产蛋高峰期的营养管理。这个阶段绝大多数鸡连产期很长，即使是按平均值计算，也是连产 12 ~ 15 个蛋才停产 1 天。其中相当一部分鸡是连产几十个蛋才停产 1 天。因此，鸡只的营养消耗特别大，只有保证鸡只每天都能摄入足够的营养物质，高产才有物质基础（表 2 - 9）。

表 2 - 10 是按饲料氨基酸比例合理，粗蛋白质利用最高 61%，而且没有其他应激反应的营养消耗情况下产蛋高峰期的营养需要。若氨基酸比例不恰当或受其他导致营养利用率下降因素的影响，饲料中蛋白质利用率下降，那么由饲料供给的粗蛋白质就要大大增加，至少在 18.5 g 以上。

表2-9　产1枚蛋重为56 g蛋的营养需要

用途	需要量/g	备注
形成蛋	12.2	轻型鸡
维持需要	3.0	轻型鸡
体增重及羽毛生长	1.8	轻型鸡
合计	17.0	

根据经验数据，产蛋高峰期蛋鸡在温和季节里，每天能量和蛋白质的需要量见表2-10。

表2-10　产蛋高峰期蛋鸡在温和季节里每天能量和蛋白质的需要量

鸡种类型	代谢能/kJ	粗蛋白质/g
轻型蛋鸡	1 255	17~18
中型蛋鸡	1 380	19~20

除此之外，产蛋高峰期日粮中的钙及多种维生素的供应也要充分予以注意。

（2）产蛋高峰期日粮配方举例。产蛋高峰期蛋鸡的日粮配方应根据本地原料来源选择。

2. 饲料的品质

产蛋高峰期饲料的品质必须是良好的。仓储时间过长、虫蛀、变质、发霉及受污染不清洁的原料不宜使用。棉籽饼（粕）、菜籽饼（粕），葵花籽粕的用量要适当减少。

用于配制高峰期饲料的原料种类应尽量稳定：

（1）使用的原料种类要尽量稳定。随意变更饲料原料种类，会因适口性不同引起鸡只的应激反应。例如，用的是以玉米—豆粕—鱼粉为主的饲料，在此期间不要随便改换成玉米—杂饼—鱼粉的饲料。

（2）同类原料的来源不要随便改变。因为不同地区、不同收获季节的原料，其营养组分都会有一定的差别。如果没有经过化验就使用，虽然饲料成分配比没变，但实际的营养组成会有一定的差别。这种差别既会导致营养物质摄入不同，又会引起鸡只的应激反应。例如，不要这几天用东北豆粕，那几天用本地豆粕；今天用的是春玉米，明天又换成夏玉米。

3. 光照管理

密闭式鸡舍光照强度保持在20 lx左右，不可太强。

当有窗式鸡舍采用自然光照辅助人工光照的方式时，其具体补光时间要按照不同纬度及19周龄鸡只所在的月份确定。

4. 饲养员管理的操作程序和饲养员不要轻易变更

产蛋期间，每天何时喂料、何时捡蛋、何时清粪等作业程序，要按照进鸡开始确立的制度按时进行，不可忽早忽晚，也不要随意颠倒顺序。随意变更饲养制度，会引起鸡群产生不良应激。

鸡能够认识饲养员。因此，饲养员要相对稳定，不要轻易更换，以免对鸡群产生不良应激。

5. 应激反应的预防

蛋鸡高峰期产蛋率有一定规律，在高峰期里一旦发生产蛋率大幅度下降，就很难再恢复到原来的产蛋率。因此，在日常管理中应特别注意防止鸡只产生严重的应激反应。饲料、疾病、天气的突变、严重的惊吓等，都是造成鸡群产生严重应激反应的原因，一定要避免发生。对不可预料的应激因素，应在发生之前就按照应激期维生素需要量标准，给鸡群提前补充维生素。例如，在气象部门预报的寒潮、台风、炎热等天气出现前就应预先补充维生素，以减轻应激造成的不良影响。

（四）产蛋后期的饲养管理

当鸡群产蛋率下降到80%以下时，就应逐渐转入产蛋后期的饲养管理。

产蛋后期的鸡通常都超过50周龄了，脂肪沉积能力大大增强是其生理特点之一。由于产蛋性能逐渐下降，产蛋的营养需要量也逐渐减少，多余的营养物质便被转化成脂肪，储存于体内，鸡很容易体重超标。所以，要及时适当地降低饲料中的能量和蛋白质水平。降低饲料能量和蛋白质水平还是降低饲料成本的手段之一。具体方法如下：

（1）降低日粮能量、蛋白质水平。这阶段饲料能量控制在11.08 MJ/kg，粗粮蛋白质含量不超过16%即可。

（2）增加日粮中钙和粗纤维的含量。由于经过长时间的产蛋，钙的消耗很大，而且此时鸡对钙的吸收利用能力也有所降低。因此，要将日粮中钙的水平提高到3.7%以上，但不要超过4.0%。饲料中的粗纤维含量也可适量提高一些，但不要超过7%。

（3）限制饲养。为了防止鸡只过肥，可以采取限制饲养的措施。限制饲养相当于比自由采食时少6%~7%即可，切记不可超过10%。

（4）不要骤然换料。为了防止产蛋率下降过快，高峰料向后期料的转换要有7~10天的过渡期。

（5）增加光照时间。产蛋后期可以将光照时数逐渐增加到每天16.5~17 h，切记不可超过17 h。

（6）适当增加日粮中硫元素和维生素 B_{12}。笼养鸡到产蛋后期会出现很多裸毛鸡。这除了因为笼具摩擦和小笼内鸡只拥挤外，还可能与饲料中硫、维生素 B_{12} 不足有一定的关系。鸡体表裸区增多后，散热量会大量增加，在非炎热季节，会导致鸡只采食量大量增加，造成饲料无意义的消耗。为防止鸡只裸毛区的扩大，可以在饲料中添加一些石膏，用量为每只鸡每天0.3 g。为了促进硫的吸收，可将饲料中维生素 B_{12} 的水平由原来的0.1 mg/kg，提高为0.3 mg/kg。也可以加喂1 g/只的羽毛粉，连续饲喂20~30天，以促进裸毛区长出新羽毛。

五、不同季节饲养管理要点

不同季节的环境因素有很大的差别，为了减轻环境变化对鸡产蛋的不良影响，蛋鸡饲养管理方面要采取相应的措施。

（一）春季

春季气候逐渐变暖，日照时间逐渐变长，是鸡只产蛋回升的时期。重点要抓好以下几方面的工作。

根据产蛋率变化的情况，及时调节日粮的营养水平，使之适合产蛋变化时鸡只的营养需要。初春气温变化比较大，常常会出现刮大风、倒春寒的现象。此时要注意防止室温发生剧烈变化和舍内气流速度过急引起的冷应激。在初春时节应对场区进行一次大扫除，进行一次彻底的环境消毒工作，灭除越冬残存下来的蚊蝇；清除鸡舍周围、鸡场内还在苗期的杂草，搞好环境卫生。春季是种植林木花草的好季节，要在场区种植树木花草，在鸡舍周边种植攀缘植物，为日后的防暑工作打下基础。

（二）夏季

炎热季节是蛋鸡饲养难度最大的时期。饲养管理工作的核心是防暑降温，促进采食。

产蛋鸡适宜的环境温度的上限为28 ℃。当环境温度超过28 ℃时，鸡仅靠物理调节已不能维持其热平衡了。当气温达到32 ℃时，鸡群就会表现出强烈的热应激反应：张嘴喘气，大量饮水，采食量显著下降，甚至停食。产蛋率会大幅度下降，小蛋、破蛋显著增加。长时间持久的热应激，还会造成鸡只的死亡，所以必须做好防暑降温工作。具体做法如下：

用白色涂料将屋顶、外墙四周刷成白色，反射一部分阳光，减少热量的吸收。种好遮阳树木、攀缘植物，搭架遮阳篷。在每天最炎热的中午12点至下午3点常向屋顶、外墙及附近地面喷洒凉水，以吸收一部分热量。加强通风，提高舍内风速，使舍内平均气流速度达到1 m/s以上，加速舍内热量的排出，使鸡只获得较低的体感温度。安装湿帘通风装置，湿帘通风比一般风机通风可降低舍温3 ℃~5 ℃。给鸡群供应充足的清凉饮水，有条件的可打深井水供鸡饮用。密闭鸡舍可以从上午10点到下午5点关灯停饲，让鸡只休息。推迟夜间关灯时间，进行夜间饲喂。饲料按每千克添加200 mg维生素C，也可在日粮中添加0.3%~1%的碳酸氢钠、0.1%氯化钾或0.05%的阿司匹林等，以减轻热应激的影响。当热应激引起鸡犬采食量严重下降，以致能量摄入不足时，可以在日粮中添加3%~5%的油脂，保持必要的能量摄入，对提高产蛋率有良好的作用。适当提高饲料中蛋白质水平，特别是蛋氨酸和赖氨酸水平。

（三）秋季

秋季日照逐渐变短，天气逐渐凉爽，饲养管理方面要做好以下工作：

产蛋后期的鸡开始换羽，此时应对鸡群进行一次选择，一般换羽和停产早的鸡多为低产鸡和病鸡，应尽早予以淘汰，这样可以保持较好的产蛋率，节约一部分饲料。晚秋季节早晚温差很大，要注意在保持舍内空气卫生的前提下，适当降低通风换气量，避免冷空气侵袭鸡群而诱发呼吸道疾病。同时还要着手准备越冬的工作。入冬前还要进行一次大扫除和大消毒，搞好环境卫生，灭除蚊、蝇等有害昆虫，并清理鸡群越冬的栖息场所。

（四）寒冷季节饲养管理要点

鸡适宜温度的下限为13 ℃，当舍温低于此温度时，鸡就需要采取增加产热量的化学调节方法来维持热平衡，所以应尽可能维持舍温不低于13 ℃。在北方地区必须另外供热，才能达到鸡群生长适宜温度，但供热在经济效益方面又不合算。因此，重点应放在做好防寒保暖工作上。鸡舍的保温要做好如下工作：修缮好鸡舍，保持鸡舍的密闭性能，以利防寒；在屋顶覆盖草帘；在室内用塑料布加吊顶棚；淘汰过于瘦弱的鸡只。尽量将其余鸡只调到上、中层集中饲养。适当增加鸡群的喂料量。增加量相当于温和季节日喂料量的10% 左右。

第五节　肉种鸡的饲养管理

一、育雏期饲养管理

养好种鸡应从雏鸡开始，雏鸡阶段是鸡一生中生长发育最旺盛的阶段，也是其最娇嫩的时期，任何饲养管理不当都会使其生长发育受阻。

二、育成期饲养管理

种雏鸡养到6 周龄后，通过第一次选种，已完成了生长期的一个阶段，将转入育成期（7 ~ 24 周龄）的饲养。肉种鸡育成期生长发育的主要特点是消化功能已经健全，采食量逐渐增加；骨骼、肌肉生长发育迅速，自身对钙质有一定的沉积能力；性器官开始发育，而且日渐加快，尤其在育成后期极为明显，沉积脂肪能力强。种鸡的育成期对终生的产蛋性能及种用价值影响很大。因此，生长期如果饲养管理不当，种雏鸡就容易过肥超重，这些鸡成年后必然会有产蛋少、性功能减退、腿部疾病多、受精率低等问题。要利用肉种鸡自身的特点，解决其与生产者要它能多产蛋之间的矛盾，只有通过提高饲养管理技术，最终建立一个好的育成鸡群：①鸡群健康，育成率高。②体重均匀，适时开产，群体整齐。

从育雏转为育成鸡阶段，饲养管理应有一个比较连续的，逐渐改变的过程。育成鸡的密度从10 只/m² 左右逐渐疏散到开产前的5 只/m²。育成鸡阶段除按鸡的强弱、大小分群外，公母鸡也要分群管理，每群300 ~ 400 只。种用的公鸡按每6 ~ 8 只母鸡留一只公鸡为宜，配种时选留后备公母鸡比例保持1∶8。

（一）光照控制

对鸡群在某个时期或整个生长期间系统进行人工光照或补充照明的具体规定称为光照制度。实行人工控制或补充照明是现代养鸡生产中不可缺少的重大技术措施之一，必须高度重视和严格执行。

1. 光照制度的作用

光照制度是控制鸡的生长，促进其性成熟和产蛋的重要措施。通过光照控制而推迟开产，不但能增加性成熟的日龄，还能影响其他生产性能。

（1）逐日缩短育成期内的每天光照时长，可增加鸡从1 日龄达到性成熟所需要的时间。

（2）逐日缩短育成期内的每天光照时长，可增加产蛋期前半期的产蛋数，但整个产蛋期的总产蛋数不会有明显增加。

（3）逐日缩短育成期的每天光照时数，可明显地增加初产蛋重，同时，最初四五个月内产蛋的大小也普遍有所增加。

（4）通过逐日缩短每天光照时长的方法，最多可使性成熟推迟三周。

2. 光照制度的原则

各鸡种间实施的现代肉鸡光照制度虽稍有差异，但原则上都是育成期控制光照，产蛋期增加光照。育成期的光照制度应是促进鸡健康生长，提高其成活率，但要防止母雏过早达到性成熟。母鸡长到 10 周龄后，光照时间长会刺激其性器官加速发育，造成过早的性成熟，对产蛋不利。因此，这个阶段的光照时间应缩短，光照强度宜弱。

种鸡育成期的光照在 10～18 周龄是关键时期，光照时间可以恒定或缩短，而不宜延长，一般每天光照 8～10 h，约到 18 周龄后根据不同品种鸡的情况，开始逐渐增加光照。光照强度在育成期以 5～10 lx 为宜，相当于平均每平方米地面 1.3～2.5 W 白炽灯，不可过强。

应注意的是，肉用鸡对光照刺激不如蛋用鸡敏感。肉用鸡在增加光刺激 4 周左右才开始产蛋，而且增加光刺激的强度应大些。

（1）密闭鸡舍的光照控制。密闭鸡舍光照控制的最简单的方法是前 2 天每天光照 23 h，第 3 天至 17 周龄每天光照 10 h，从 18 周龄起，每周增加 1 h 的光照时间，直至达到每天光照 14～16 h。

（2）有窗鸡舍的光照控制。在有窗鸡舍中，雏鸡出壳头 2 天强光照 23 h，以便开食整齐，熟悉环境。第 3 天起至 16 周龄，可采用渐短的自然光照或通过补充光照，使光照时间数保持不变，19～21 周龄则视需要，可在每周一加 1～2 h 的光照，以通过较强的刺激加快母鸡的性发育。以后大约每隔两周增加 1 h 光照，直至 28 周龄前后达到总光照每天 16～17 h。

（二）限制饲养

限制饲养是提高肉种鸡生产性能，保证肉种鸡种用价值的关键措施，也是准确控制育成鸡体重的核心技术。肉用种母鸡的体重特别重要，因为肉用品系的培育目标是要求肉仔鸡能迅速生长，肉用种母鸡如果在育成期自由采食，会导致其性成熟时体重过大，影响在产蛋期的产蛋量。在维持各品系的每周推荐体重方面，并无一定的规则可循，但必须限制采食量。在 3 周龄时就应对鸡群抽样称重。鸡群的平均体重应该每周有所增长，不可使鸡的生长停滞不前。

1. 限制饲养的目的和作用

（1）控制生长速度，使种鸡的体重符合品种标准。肉种鸡具有易沉积体脂的本能、采食量大、生长速度快的特点。如果任其自由采食，20 周龄鸡的体重可达 3.6 kg（标准体重为 2 kg），不仅饲料消耗量大，而且鸡体过肥，超重过多，必然使母鸡产蛋量减少，种蛋合格率降低。公鸡超重则会使腿疾增多，配种困难，受精率下降。

（2）防止性成熟过早、过晚，提高种用价值。性成熟过早、过晚对肉种鸡都不利。要想使种鸡适时开产，除了遗传因素外，控制光照和限制饲喂也是有效的措施。

（3）减少腹部内脂肪含量，降低产蛋期死亡淘汰率。在不影响鸡体和生殖系统正常发育的前提下，强行限制饲养，应控制母鸡体重，使其在最适应的年龄和最适当的体重开产，以达到最佳的生产水平和经济效益。资料表明，限制饲养可将鸡腹部内的脂肪减少20%~30%；能控制性成熟，一般可使成熟延迟5~10天，节省饲料11%左右。生产实践证明，腹部内脂肪少的鸡，在产蛋期发生脱肛、难产、死亡的情况减少，因而死亡淘汰率大大降低。

（4）使开产蛋重增大，减少产蛋初期小蛋的数量，提高产蛋量和种蛋质量。

（5）使鸡体不过肥，提高鸡群整齐度。

（6）节省饲料。限制饲养一般可节约10%~15%的饲料。

（7）提高产蛋的饲料效率。

2. 限制饲养的方法

（1）质上的限制饲养。采用高纤维、低能量、低蛋白质及低赖氨酸的饲料进行饲喂。这种方法不如量上的饲喂法容易实施，而且难以调节预定的某种营养素的摄取量。由于破坏了营养平衡，饲料耗用量也高，效果就不太稳定，故实践中不常采用。

（2）量上的限制饲养。这种方法适用良好的平衡日粮即配合饲料，固定饲养限量，或用每天饲喂方式或用隔日饲喂方式，但是必须做到开始饲喂的周龄要早一些（从3周龄开始），提供的饲料数量要少，实行限饲的方法，因品种不同而有所差异，一般按各同龄的标准体重进行限饲。

3. 限制饲养的方式

限制饲养一般从6周龄开始，如体重超过标准，从4周龄开始也可以。

限饲的方法有限质法与限量法两种。目前多采用限量法，即通过限制喂料量以达到控制体重的目标，限量法喂料方式有以下几种：

（1）每天喂同法：每天喂料，将一天规定的饲料量在上午一次投给。这种方法对鸡应激小，但饲喂量较少，采食时间短，要求饲料分配均匀，投料迅速。采食槽应足够，喂料时鸡都能同时吃到料。

（2）隔日饲喂法：将两天的规定料量合在一天投喂，喂料一天后停料一天。断料日一般不断水，但有时间限制，每天供水3~5次，每次20~30 min，但在特别炎热的天气条件下或鸡群受到应激作用时，则不要限制饮水。这种饲喂方式在育成期一般不单独使用，一般只在增重过度，较难控制的7~11周龄使用。

（3）五·二限饲法：一周内5天喂料，2天停料。每个喂料日喂一周料量的1/5，为每天喂饲的1.4倍，一般在周三和周日停料。

（4）二·一限饲料：将3天的饲料量放在2天喂给，停料1天。这种方法是介于隔日饲喂法与每日喂同法之间的一个折中办法。

（5）四·三限饲法：一周内4天喂料、3天不喂的方法，适宜7~14周龄的雏鸡采用。

（6）六·一限饲法：将一周的饲料分在6天喂给，只有1天停料。这种方法是目前应用较多的一种方法。

（7）综合限饲法：依肉种鸡生长期的不同，分别采取上述方式制定一个限饲程序，以达到更好的限饲效果。

4. 限制饲养技术及注意事项

（1）公母鸡分开采食。实行肉种鸡公母同舍分开采食。根据鸡种大小，将公鸡料桶吊至43～46 cm高，使母鸡吃不到公鸡料；母鸡料槽上面安装上铁丝格网，格网间距4.4 cm左右，使公鸡头伸不进去。日粮能量水平相同，公鸡日粮蛋白质12%，母鸡15%～16%，公鸡日粮中钙占1%。这种方式有利于准确分辨公母鸡，控制鸡的体重，并使性成熟同步化，还可有效地防止公鸡腿病，提高受精率。

（2）限制饲养前称重分群。分大、中、小三群。限饲的基本依据是体重，每次称重后计算出平均数及鸡群整齐度，作为限饲依据。当鸡体重高于标准体重时，可暂停增料，但不能减料，直到与标准体重一致后，再加料量，切不可把饲料量增加到超过产蛋高峰时的饲喂量。无论鸡的体重高于或低于标准，饲料量的增加或减少都不应该变化过大，一般按每百只鸡不超过0.5 kg的比率增减。

（3）明确育成期各群鸡喂料量的依据。确定喂料量的原则是，4周龄至开产期的主要根据是体重，同时在考虑饲料的营养水平及舍内温度等基础上进行适当调整。

（4）定期称重，及时调群。

（5）料位、水位要足够。只有按要求备足料位、水位，做到给料后，所有个体都能同时采食。要有合理的密度，每舍的鸡不宜过多，一般以300～500只为宜。

（6）采用一次性快速投料法，即将全天或两天的料短时间内一次性在整个鸡舍全部投完。

（7）限制饲养鸡群的整齐度。一般育成期要求整齐度在75%以上，这样的鸡群开产整齐，产蛋高峰来得快，平稳且高峰时间长。生产实践证明，整齐度每增减3%，鸡群种鸡全年每只的平均产蛋量相应增减4个。对欠重群应采取增加给料量、提高饲料中的营养水平、加大料位和水位、降低饲养密度等措施；对超重群则应缓慢增料甚至停止增料，直到与标准体重一致。

（8）8周龄开始喂砂砾。每千只鸡用45 kg砂砾撒在垫料或沙槽中，让鸡自由采食，每周饲喂一次。

（9）遇到应激，停止限饲。出现不利于限饲的情况，如发病、投药等应激因素时，要暂时停止限饲，改为随意采食，待恢复正常时再继续限饲。

（10）限饲前应断喙。防止因饥饿而发生啄癖，注意观察鸡群的健康状况。

（11）限饲与控制光照相结合。肉种鸡于适宜体重时开产是限制饲养的目的，限制饲养和控制光照结合得好，才能收到好的效果。

（三）留种选择

育成鸡要选留外貌合乎要求、身体健康、生长发育健全的个体，淘汰发育不全、眼瞎、跛脚、伤残和消瘦的个体。在进入 20 周龄后，最迟在 22 周龄时可进行育成期的选留。有些鸡因在饲养过程中达不到要求，可在 23 周龄开产时进行选留，对生长较一致的鸡群可在 18～20 周龄进行选留。选留数量应根据入舍母鸡的数量决定。按 4.2～4.3 只/m² 的选留数，先留足入舍母鸡数，再根据入舍母鸡数选留应配的公鸡数。选留公母鸡的比例为 12.5:100，公鸡数不能超过 13%。在选留过程中还要注意鸡舍中的面积、喂料器、饮水器、产蛋箱等设备的配比。

1. 根据身体结构和外貌特征进行选择

（1）种公鸡的选择。要选择灵活、健壮、无病、无损伤，体重达标或接近标准的个体。挑选胫、腿和趾粗壮挺直，胫色有光泽，应符合该品种特征。公鸡具有良好的平衡度，行动要敏捷。选留背平直、修长和宽阔，龙骨直而长，没有胸囊肿，羽毛覆盖良好、有光泽，早期生长快，头和喙强壮，肉垂和头的大小匀称，眼大、明亮和正常的公鸡。

（2）种母鸡的选择。选择身体健康，发育正常，性情温驯，活泼好动，采食能力强，头部相对清秀，冠、肉垂颜色鲜红发达，额骨宽，头顶呈正方形，喙短宽而弯曲，耳叶丰满，眼大且圆而有神的母鸡。另外，选择胸宽深而向前突出，体躯长、宽而深，并且肛门丰满、湿润，呈椭圆形，两胫长短适中，距离宽的种母鸡。

2. 配种前选种

种公鸡长到 18～20 周龄，进行第三次选种。一般选择体重中等、体格健壮、胸平腿长、行动时龙骨与地面成 45°、体重比母鸡重 30%～35%、冠髯鲜红且较大、精液品质优良的公鸡留作种用。淘汰那些体重过大、鸡冠发育过大、胸骨弯曲、胸部有囊肿、腿短或有缺陷的公鸡，此时的公母比例以 1:（10～15）为宜。

三、预产期和产蛋期的饲养管理

（一）预产期的饲养管理

预产期是指 18～23 周龄，虽然时间较短，却是肉种鸡从发育到成熟的一个生理转折的重要时期。该时期的管理首先要对体成熟和性成熟进行正确的估测，然后制订一个合理的增重、增料、增光计划，使之与产蛋期的管理相衔接。

1. 体成熟和性成熟的估测

种母鸡进入预产期后，体增重和性腺发育处于最旺盛的阶段，为即将开产做机体上的准备，此时体征和性征都迅速发生变化，利用这些变化可正确估测开产时间，以便实施光照和增料计划。体成熟程度由体重、胸肌发育和主翼羽脱换三方面综合评定。

（1）体重。体重是体成熟程度的重要标志，育成期体重应符合要求，如果前期体重超出标准，开产体重也应比标准体重高一些。另外考虑生长期所处的季节不同，顺季鸡群开产体重轻一些，而逆季鸡则重一些。

（2）胸肌发育。肌肉发育状况以胸肌为代表，19 周龄时用手触摸鸡的胸部，胸肌由育成期的 V 形发育成 U 形。

（3）主翼羽脱换。有关换羽研究表明，20周龄左右的鸡主翼羽停止脱换，此时有1.5～2.5根尚未更换，因受性激素分泌量的增加而终止。如果主翼羽脱换根数少，说明鸡的体成熟和性成熟时间将会延迟。

母鸡产下第一枚蛋表明其生殖系统发育成熟，开产前特征为冠和肉垂开始红润、耻骨开张，此时只要群体体征和特征表现明显集中，就表明鸡群已处于临产状态。

2. 预产期饲养管理要点

在饲养过程中受饲料、季节和疾病等因素的影响，每个鸡群性成熟期并不同，所以应根据以上所述正确估测体成熟和性成熟，制订合理的饲养计划。

（1）增重计划。20～24周龄鸡的体重增量最大。试验表明，在16～23周龄期间得到充分发育的鸡对光刺激反应敏感，并且在体成熟过程中也达到了相应的性成熟。而该时期发育不良的个体对光刺激敏感，因分泌性激素不足而使性成熟推迟。所以在预产期要根据实际情况调节鸡体增重，将发育正常或超重鸡群每周增重控制在160 g之内，发育不良的调至160 g以上。

（2）增料计划。该时期应将育成鸡料换成预产鸡料，预产鸡料的营养水平要高于产蛋期，这样能改进青年母鸡的营养状况，增加必要的营养储备，每天喂料量也应随之增加。此时应改用五·二或六·一限饲法或每天限饲方式，保持体内代谢的稳定性，减轻限料造成的应激。

（3）增光计划。肉种鸡增加光照刺激一般提早到产蛋前一个月进行，于19周龄或20周龄转入增光刺激阶段。增光刺激与成熟体重的一致性，是实施增光措施的基本要求。过早进行增光刺激会使鸡体失去对光照刺激的敏感性，导致迟产。如果鸡群出现体成熟推迟或性成熟提前时，应推迟1～2周进行增光刺激，而在性成熟和体成熟同步提前的鸡群，则应提前增加光照刺激。另外，开放式鸡舍饲养的肉种鸡，一般逆季生长鸡群提早增光刺激，防正开产过迟；顺季生长鸡群则应推迟1～2周，以控制开产过程。

（二）产蛋期的饲养管理

1. 产蛋鸡的饲养

肉种鸡的产蛋期通常可分为三个阶段，即产蛋上升期、产蛋高峰期、产蛋下降期。不同时期产蛋鸡对营养的要求有所不同。因此，在饲养上也应该有所不同。

（1）产蛋上升期。肉用种母鸡产蛋上升期指从产蛋率5%到产蛋高峰前这一阶段。随着鸡群产蛋率逐渐上升，对营养的需要量也不断增加。所以此阶段饲养的主要措施，是以产蛋率变化调整鸡群的饲料供给量。料量以产蛋率的递增速度增加供给，增料过快或过慢都会影响产蛋性能，增料是决定能否按时达到产蛋高峰的关键措施。

由于各鸡群产蛋率上升幅度不同，增料方法一般按下述方案处理：

① 每天产蛋率增幅在3%以上，高峰期的最大喂料量应在35%的产蛋率时给予，即产蛋率每增加1%，每只鸡日饲喂量增加0.93 g，产蛋率达35%时的日饲喂量为168 g。

② 每天产蛋率增加2%～3%，高峰期最大喂料量应在产蛋率达50%时给予，产蛋率每

增加 1%，每只鸡日饲喂量增加 0.62 g。

③ 每天产蛋率增加 1%～2%，高峰期最大喂料量应在产蛋率 60% 时给予，产蛋率每增加 1%，每只鸡日饲喂量增加 0.51 g。

④ 每天产蛋率增幅在 1% 以下，高峰期最大喂料量应在产蛋率升至 70% 时给予，每增加 1% 的产蛋率，每只鸡日饲喂量增加 0.43 g。

（2）产蛋高峰期。产蛋高峰期是指鸡群产蛋率在 80% 以上的这段时期。产蛋高峰期饲料给量根据上升阶段的饲喂量确定后，要尽量保持恒定，通常要保持到 38 周龄左右，以防止产蛋率的急剧下降，并把下降速度降到最低，从而维持产蛋高峰期的产蛋率和持续时间。

（3）产蛋下降期。产蛋下降期是指产蛋高峰期过后至淘汰这段时期。这段时期鸡的体重增长非常缓慢，维持代谢也基本稳定，随着产蛋率下降，营养素需要量减少。为防止鸡体脂肪过量沉积和超重，应酌情减料。具体实施要考虑减料对鸡体造成的应激反应，避免导致产蛋率迅速下降，所以不同鸡群减料量和开始时间也不一样。一般在环境因素不变的前提下，当鸡群产蛋率停止上升后一周左右开始。减料方法有试探减料法和常规减料法。试探减料法是指每 100 只鸡每天减少喂料量 227 g，连续 3～4 天，观察产蛋率变化，如果产蛋率略有回升或按正常规律下降，则维持减料量，如减料后产蛋率有不正常下降，则马上恢复喂料量之后采用分次常规减料法，即当产蛋率下降 5% 时每只鸡日饲喂量减少 2 g，以后产蛋率每下降 2% 减料 1 g，每次减料不超过 2 g，直至减料量为高峰期的 10%～12%。实施减料后出现体重下降说明减料过多。同样，若鸡的增重过多则应增加减料量。

产蛋期有一种"引导饲喂法"，即"增加饲料的刺激喂饲法"。开产后的母鸡如连续若干天产蛋量不再增加或停留在同一产蛋水平上，有时会因喂给较多饲料"刺激"而产生良好反应，使产蛋量又有所增加。通常是将每 100 只鸡每天饲料量额外增加 900 g 来刺激鸡群，以增加产蛋率。例如，假设某鸡群每天需要 14.5 kg 饲料，在 3～4 天内，每天的给料量增加 900 g，即喂 15.4 kg，实行 3～4 天，若鸡在第 4 天还没有反应，即产蛋量未能增加，则将料量恢复到原来的水平（每 100 只鸡每天 14.5 kg）。通过此法一般可促进产蛋，使鸡发挥高生产潜力。由于天数很短，鸡不会增加对额外加料量的依赖性。使用引导饲喂法的鸡群的供料量增加，应注意抽测检查体重，若体重明显地高于标准，应减少增料量或缩短增料时间。

2. 产蛋期的管理

（1）管理方式。肉种鸡以"两高外低，板条、垫料混合"的管理方式较为普遍，即沿种鸡舍长轴靠墙的两侧 2/3 的地面架设漏缝板条（或由竹条钉成），1/3 地面铺垫料，板条床距地面 60 cm，肉种鸡可在板条上栖息、采食和饮水，粪便掉落在板条下面，每个产蛋期清理一次，管理方便省工。有 1/3 铺垫料的地面又便于种鸡配种，保证较高的受精率。肉种鸡不宜网养，因肉鸡体大，网养既不便于配种，也易压伤胸部。为降低设备成本，肉种鸡也可用全地面铺垫料平养，但采用这种方式，应注意垫料的管理，防止潮湿板结，应及时加厚或更换。

（2）收容密度。育成鸡和产蛋鸡分开饲养时，应于 20 ~ 21 周龄时及时转群，以便鸡在开产前有充足的时间熟悉新环境，减少应激反应，保证适时开产。全地面垫料平养，每平方米容纳 4 ~ 5 只鸡；板条床面与地面垫料混合平养，每平方米可容纳 5 ~ 6 只鸡。收容过密，影响垫料质量和舍内空气，影响鸡的健康和产蛋。另外要注意，天气炎热时饲养密度要降低 10% ~ 20% 。

（3）环境控制。种鸡舍环境控制的基本要求是温度适宜、地面干燥、空气新鲜，以保证肉种鸡的健康和高产。

产蛋鸡舍的适宜温度为 13 ℃ ~ 23 ℃，冬季尽可能保持在 13 ℃ 以上，夏季采取通风或蒸发冷却措施，尽可能降低舍温。产蛋鸡舍空气成分、通风量、风速等基本要求与育成鸡舍相同。

（4）槽位。根据鸡数配备充足的槽位，将一天的喂料量一次性于早晨喂给。采用链式食槽每只鸡采食位置 2.5 cm，采用圆形料桶时每 12 只母鸡一个，喂料器要在整个鸡群内分布均匀。

（5）光照。产蛋期要求每天给予 16 ~ 17 h 的连续光照，光照保证不低于 32 lx，并且照度均匀。开关灯时间要固定不变，最好安装定时时钟控制。

（6）配种和种蛋的管理。公鸡在育成期经第二次选种（20 周龄时），之后按 1∶(8 ~ 10) 的比例配种，采集种蛋。

种蛋应保持清洁，尽可能减少破碎。鸡舍内每 4 ~ 5 只鸡就应有一个产蛋箱，产蛋箱底部应高出地面 60 cm，开产前周打开产蛋箱门，并铺以足够的垫料，傍晚关上产蛋箱门，次日清晨或当晚开灯时再打开箱门，防止鸡进入弄脏垫料。要防止鸡在地面产蛋，每天可捡蛋 4 次。每栋鸡舍的工作间应设熏蒸柜，捡蛋后立即放入柜内熏蒸消毒，然后放入蛋库，收集种蛋和装盘时应经常洗手。

（7）卫生消毒。保持舍内清洁卫生，经常带鸡消毒，杀灭病原微生物。

（8）观察鸡群。在每次喂料时观察鸡群的精神状态、采食及饮水情况，水槽或乳头饮水系统有无漏水现象等，若发现异常，应及时采取相应的措施。

（9）准确记录。记录产蛋数、喂料量、温度、湿度、死亡淘汰数、有无异常情况等。如采食量减少，要查找原因及时解决，避免产蛋率大幅度波动。

（三）提高种蛋受精率

种蛋受精率的高低对于种蛋的实用价值影响极大，直接影响孵化率的高低、孵化的经济效益。受精率的高低是衡量一批种蛋、一个鸡群生产性能好坏的重要的经济技术指标。但如果就其中一些主要因素采取有效的技术措施加以控制，就能提高种鸡的受精率，保持一个满意的受精水平。

1. 影响肉种鸡受精率的因素

（1）公母鸡分食。公母鸡同食产蛋期饲料，种公鸡会因能量过多、脂肪沉积、体重超过规定的标准，最终因肥胖、笨重、体重差异大、交配困难，导致受精率下降。

种公鸡性成熟后，体重增加缓慢或停止生长。一般认为交配时的营养在育成期的基础上再增加一部分蛋白质和维生素 A、维生素 E 即可。种母鸡对饲料中维生素 A 和维生素 E 含量要求分别为每千克日粮 11 000 IU 和 15 IU，种公鸡的饲料稍许增加即可，但不可过多，太多会造成脂溶性维生素的吸收障碍，影响维生素的吸收利用。过多的维生素 A、维生素 E 也会发生不良作用，如皮肤发炎易损、骨强度显著降低和其他骨畸形，甚至死亡。饲料中维生素 A、维生素 E 不足同样会影响受精率。维生素 A 不足，易导致蛋中血斑率显著增加。若长时期维生素 E 不足，成年鸡虽不表现明显的症状，但蛋的孵化率会下降，公鸡会发生睾丸变性。

（2）公母鸡比例。配备适当的公母鸡比例，能极大地提高种蛋受精率。配备公鸡太多，会引起公鸡之间争斗，影响交配，受精率上不去。配备公鸡太少，公鸡配种任务繁重，受精率提不高。一般要求公母鸡比例为 1：（8~10）。一般认为在种公鸡第二次选择，即 18~20 周龄时，公母鸡比例应为 1：8，一般不得低于此比例。到产蛋后期，公母鸡比例为 1：10 较为有利。虽然实际工作中常将种母鸡的管理放在首位，但应随时了解公鸡的变动状况，并及时做出淘汰补充的决定，以保证满意的受精率水平。

（3）精液品质检查。优良的精液品质是保证高水平受精率的基础。评价精液品质通常用密度和活力这两个指标，精子的密度和受精能力之间有直接的正相关（+0.3~0.4）。活力在 0.8 以上受精率为 92.3%。活力为 0.7 时只有 67.4%。在自然交配中，由于公母鸡之间的差异，其精液品质也不相同，所以有必要进行精液品质的检验，从根本上保证参与配种的公鸡具有优良的精液品质。

当鸡群的产蛋率达 30% 时，应采集种蛋进行受精率测定。若受精率低于 80%，应对该鸡群进行仔细鉴别，调换配种不强、受精率低的公鸡；正常情况下，若无任何不良因素的影响，其受精率突然降低，应着重检查公鸡是否患病或损伤；若不明显，一定要做精液品质检查，发现不良应予淘汰。

（4）种公鸡修喙。种公鸡一般都在 7~9 日龄进行断喙，由于断喙技术，不可能保证每只断喙都是良好的，应在 16~18 周时进行修喙。纠正上短下长或下短上长，以保持喙啄羽有力，保持交配中的平衡。有人进行试验，不良断喙公鸡进行修整后，其受精率可上升 10%~15% 或更多。

2. 人工授精用种公鸡在使用期间的饲养要点

20 周龄后公鸡转舍上笼时，应将与标准体重相差超过 ±10% 的公鸡淘汰，体重太轻或太重的公鸡对人工授精都不利。公鸡太瘦，发育迟缓，在使用初期采不到精液，即使以后采到精液，衰退也早，使用期短；公鸡太肥，耻骨周围的脂肪多，造成采精困难，采精量也较少。一般在标准体重范围内采精量较多。公鸡种用期的营养需要与育成期基本相似，粗蛋白质为 10%~13%，代谢能为 11.30~11.72 MJ/kg，总钙为 1%~1.2%，有效磷为 0.4%~0.6%，但多种维生素比育成期要提高 30%，或比母鸡提高 15%。为防止公鸡超重增肥，定量饲喂很重要。

人工授精种公鸡在配种使用期间的供水十分重要，每天不少于 4～6 h 的饮水时间，分上午和下午两次供给，每次 2～3 h，炎热的夏季白天不限水。

从 17～18 周龄时开始增加光照，到 20 周龄时要每天达 14 h 连续光照，以后可持续使用这一光照时间，一直到使用结束，与鸡养在同一栋鸡舍的公鸡光照时间可与母鸡光照时间相同。

3. 鸡的人工授精

对鸡进行人工授精，是提高种蛋受精率的有效措施。

（1）授精计划。根据公鸡的采精量和母鸡的输精量，确定一只公鸡可配的母鸡数。一般公鸡的射精量为 0.6～1 mL（随品种、季节、饲养、操作等有所变化）。母鸡的输精量，新鲜精液为 0.025～0.035 mL／只；1∶1～3 倍的稀释液为 0.03～0.05 mL／只（可根据精液稀释比例做适当调整）。根据输精速度确定一天的输精时间，一般每天从下午 3 点开始。

（2）采精方法。

① 训练采精：对从未采精的公鸡进行采精训练。选择良好的适宜种用的公鸡，在采精前 7 天每天在其背部按摩 3～4 次，直到公鸡对操作无惊恐为止。

② 采精方法：待公鸡保定后，操作者以左手自公鸡背部至尾部轻快按摩数次，以减低公鸡惊恐，并引起性感。此时顺势将公鸡尾部翻于背部，并将左手的拇指和食指跨捏于泄殖腔两上侧，由里向外轻轻挤压而射精，另一人用手持集精杯接精。

（3）精液处理。采集的精液是乳白色并有一定黏稠的液体，若混有血、粪、尿等，一律不能使用。将采集的精液立即置于 25 ℃～35 ℃的保温瓶或保温器内，尽快用稀释液稀释，保证精子的活力不受影响。

（4）输精操作。

① 保定母鸡：一手四指抓住母鸡两腿的根部，将鸡倒提于鸡笼门口，拇指在腹部柔软处施以一定的压力，泄殖腔即可翻出，阴道口即可暴露，若肛门没有翻出，可用另一手指轻压泄殖腔柔软部分，使其翻出两个开口。

② 输精操作：使鸡翻肛后，顺势将已吸好精液的输精器插入泄殖腔的左上开口，即阴道口，深度 2.5～3 cm，将精液慢慢注入。

（5）注意事项。

① 精液为乳白色、牛乳状黏稠的液体，若混有血、粪、尿，一律不能使用。

② 人工授精用的工具每次用前必须消毒。

③ 公鸡隔天采精一次，或每周连续采精 5 天，休息 2 天。

④ 采精时，手法要迅速，动作要轻稳，配合要默契。保定母鸡动作要正确熟练，否则不宜翻肛，影响输精速度，动作要轻稳，不要太大、太猛，以免造成伤亡。输精时要松手减轻腹部压力，以防精液逆流。吸取精液量要准确，过多会影响当天的授精任务，过少会影响受精率。绝不允许打空枪或输入气泡，否则均会影响受精率。输精部位要准确，一般输精器插入阴道时手感松弛柔软。要随时检查输精胶管的吸帽是否完整、严实，吸管前端是否完

整、严实、光滑。

⑤ 采精人员必须相对固定，因为不同采精人员的采精手势、用手轻重均不同，对公鸡的刺激、引起其性反射的兴奋程度也不一样，采精量差异较大。另外引起公鸡性反应的时间不一样，有的公鸡反应快，背部一按摩立即排精，如果人员不固定，不熟悉每只公鸡的性反应特征，容易造成反应快的这部分公鸡的精液流失。

四、肉种鸡笼养管理

众所周知，肉用种鸡传统的饲养方式是垫料平养。近年来，2/3 的棚架饲养方式已被大部分种鸡场所接受，在生产中取得了较为满意的成绩。肉种鸡能否笼养，目前国内外看法还不一致。肉种鸡的笼养方式有以下几种工艺：育雏期、育成期、产蛋鸡全程笼养；育雏期垫料平养，育成期和产蛋期笼养；育雏期和育成期垫料平养，产蛋期笼养。大量试验证明，三种工艺各有优点，均能取得一定成效。这也表明，在我国肉种鸡笼养是可行的，特别是在垫料紧缺、价格昂贵的地区，肉种鸡笼养是值得推广的一种饲养方式。同时，国外也有大量资料证明肉种鸡的笼养是可行的。

（一）肉种鸡笼养的优点

1. 提高了育成率和鸡群整齐度

试验表明，育雏期至育成期，育成率可提高 2%～4%，整齐度可提高 8%～10%。实行笼养，每笼鸡数相对较少，便于观察和调整鸡群，以精确掌握喂料量，达到更好地限制饲养的目的。

2. 提高了产蛋期生产性能，减少了死淘率

由于肉种鸡笼养便于掌握鸡群喂料量，针对不同群体投喂不同料量，可使其采食均匀，产蛋稳定，产蛋率高，死淘率降低。实践证明，笼养鸡破蛋率高于平养鸡，脏蛋率显著低于平养鸡，但各资料有关数据有出入。

3. 节省饲料

笼养肉种鸡密度大，活动量小，减少了能量消耗，可以节省饲料；另外笼养种鸡公鸡配比低，种公鸡的饲养量可减少 60%，大大降低饲料成本。

4. 节省垫料

笼养种鸡不用垫料，每套种鸡比平养节省垫料 8～9 kg，不但降低了成本，而且减少了环境污染。同时鸡粪比较纯净、杂质少，便于加工、利用，这对提高鸡粪利用价值具有十分重要的意义。

5. 便于管理，有利于防疫

笼养肉种鸡喂水、喂食、收蛋、清粪都很方便，实现了离地饲养，鸡不直接与粪便、垫料接触，可以有效地防止通过土壤、粪便等途径传染疾病；饮水、饲料也不易被污染，空气较清洁。因此，养鸡生产中较易发生的球虫、白痢等疾病大大减少。同时，环境卫生条件好，便于打扫、消毒，而且种蛋不沾土、不沾草、不沾类，一般都比较清洁、干净，孵出的

雏鸡质量好，商品鸡的成活率较高。

6. 种蛋受精率、孵化率提高

平养自然交配时，种蛋受精率低，一是因为肉种鸡体重较大，交配时笨拙；二是因为公母鸡体重相差悬殊，配种能力差；三是种公鸡在半地面半棚架上饲养，腿病发病率很高；四是公鸡夏季不爱活动等。笼养鸡采用人工授精技术，可以克服以上缺点，提高受精率。自然交配时，肉鸡种蛋的孵化率也低，主要由于粪便对种蛋的污染所致，而笼养鸡蛋较干净，孵化率也高。

7. 节省房舍投资，充分利用鸡舍的有效使用面积

笼养肉种鸡，提高了饲养密度，每平方米鸡舍饲养的只数可提高50%～60%，降低了每只种鸡鸡舍和设备的投资，便于精细管理，提高均匀度，明显节约成本、建设投资和土地使用面积。

（二）肉种鸡笼养管理要点

1. 笼具的选择

笼养过程中，育雏和育成笼出现问题较少，关键在产蛋种鸡笼上。笼具的好坏对蛋的破损率起着决定性的影响，即使最好的饲料配方或管理，也不能较好地弥补这一缺陷。笼具设计的要点如下：

（1）笼具设计规格要适宜。由于肉种鸡体重较大，采用笼养后饲养密度增加40%～60%，利用一般鸡舍及其环境控制设备，易造成通风不良、湿度过大，夏天温度过高，热死鸡现象严重，故可将笼具长度设计为1 800 mm。成年鸡笼以两层笼最适宜，育成笼以三层笼较经济。全阶梯优于半阶梯。

（2）底网弹性与角度是影响蛋破损率的因素。底网钢丝不能过粗，最好直径为2.5 mm，滚蛋角为9°。生产实践证明，底网涂塑对肉种鸡腿病、蛋破损率及其生产性能影响不大。

（3）合理的密度。种母鸡两鸡一笼、种公鸡一鸡一笼最好。

2. 饲养方式

大量研究与实践表明，育雏、育成及产蛋全程笼养优于由平养转为笼养或由笼养转为平养。从平养育雏、育成转为笼养产蛋，鸡运动量突然减少。若不准确掌握笼养喂料量，仍按平养标准进行加料，就会导致开产前鸡体过肥，脱缸现象严重，产蛋递增幅度较小。有些技术人员发现转入产蛋笼的鸡体超重，便采取长时间不增料量或降低喂料量的方式，抑制了生殖系统发育，导致种鸡迟迟不开产，甚至终生不产蛋。而笼养育雏、育成转为平养产蛋，或不及时增料，种鸡就会出现体重偏低和开产晚的现象，公鸡腿部力量不足，受精率降低。全程笼养，由于育雏、育成和产蛋各个生产环节的独立性，有利于整场全进全出和疾病防治。

3. 性成熟、体成熟同步控制

笼养肉种鸡能否适时开产，是饲养成败的关键，且适当早开产要优于晚开产。在生产实践中，掌握好由平养转为笼养产蛋的规律具有一定的难度。但应切记，在第15周龄至产蛋高峰，不管育成期体重是大还是小，每周喂料量必须呈梯度增加，不能减少或恒定不变，以

促进生殖系统的发育。在育成期向产蛋期过渡中可采取以下措施：

（1）若进鸡时间是 3~6 月，育成阶段自然光照时间逐渐缩短。要求体重最好在上限，13 周龄以后须人工补充光照，总光照时间不能少于 13 h，18~19 周龄光照增加到 15 h，22 周龄达 16 h，产蛋率达 5% 时可增加到 17 h，并且，人工补充光照强度可提高到 30~40 lx。

（2）若因平养育成转为笼养产蛋，造成 18~22 周龄鸡群超重 150 g 以上，而在此以前符合标准体重，调整方法是计算实际体重比标准体重快多少天，从 25 周中减去这些天数，重画体重曲线。此种情况不可采用限制喂料量来降低体重的方法。

（3）18~24 周龄，采用含 18% 粗蛋白质的开产前日粮，对鸡生殖系统发育具有促进作用。

4. 限饲

笼养肉种鸡限饲多采用综合法，即 0~2 周龄自由采食，3~6 周龄逐日限饲，7~11 周龄隔日限饲，12~19 周龄喂两天停一天，20~22 周龄喂 5 天停两天，23 周龄以后逐日限饲。但无论采用何种限饲方法，23 周龄以后必须恢复每天喂料。

5. 限制饮水

饮水过多，尿液增加，粪便稀薄，给清粪带来较大困难，鸡舍环境也变差，故应限水。具体方法是，育成期饲喂日上午喂料期间持续供水 3 h，午前、下午 1~2 点和傍晚各供水一次，每次 20 分钟。育成期停喂日早晨、午前、下午 1~2 点及傍晚分别供水 20 分钟。产蛋期常温限水程序为：上午采食期间持续供水到 10~11 点；下午 1~2 点和傍晚各供水 30 分钟，当气温高于 27 ℃ 时，下午适当增加 1~2 次饮水；当天气极炎热时，对鸡饮水不限制。

6. 捡蛋次数

笼养肉种鸡正常蛋破损率为 1.5%~3%，若超过此指标，除寻找笼具和营养原因外，还应考虑实际拣蛋次数。若从上午 8 点钟开始，每天拣蛋 8~9 次，则蛋破损率可明显降低。

7. 预防中暑

在 7~8 月，刚开产至 40 周龄鸡中暑现象最多，而育成及老龄鸡则少。因此，在安排鸡群周转计划时，尽量避免在高温季节开产。夏季每天喂料时间应提前到早晨 4~5 点。此外，还应通过采取通风、湿帘降温等方法来降低热应激。

8. 营养标准

试验证明，笼养肉种母鸡日粮主要营养指标适宜水平应为：代谢能 11.72~11.97 MJ/kg；蛋白质 16.5%~17.0%；钙 3.3%~3.5%；有效磷 0.40%~0.45%。维生素添加量是平养的 1.5~2.0 倍，微量元素增加 1 倍。另外维生素 A、维生素 E 及锰元素等成分应适当增加。公鸡日粮中蛋白质水平不应低于 16%，钙需要量为 1.25%~1.50%，维生素比平养增加 3 倍。

总之，肉种鸡笼养是一门新兴饲养技术，它受人为及环境因素影响较大，有待进一步研究。

五、强制换羽

换羽是各种鸟类都会发生的一种自然过程，目的是在日照较短的寒冷季节到来之前进行迁飞而更新羽毛。野鸡产蛋很少，通常每年换羽一次，但换羽与产蛋周期并无联系。家鸡经过培育已具有很高的产蛋量，并且在一般情况下，在长而高产的产蛋期结束时进行彻底换羽。如果不采取任何措施以改变正常换羽周期，约花 4 个月时间才能脱尽旧羽，长全新羽，这会使生产效益降低。然而，可以采取措施加速换羽过程，即强制母鸡迅速换羽并长全新羽，再刺激其开始产蛋。整个人工换羽过程应不超过 10 周。

强制换羽的目的是让母鸡在经过一个长而高产的产蛋期后仍能休息一段时间，以便在下一产蛋期中继续产蛋。

尽管多数养鸡人都提前制定好强制换羽方案，但常出于一些经济原因使其突然决定对一群鸡实施强制换羽。常见的经济原因有预计鸡蛋价格会提高，或由于蛋价下跌而缺少现金收入等。

（一）强制换羽的方法

母鸡换羽必然会造成应激反应，所以优良的换羽方案应能做到产生应激最小，换羽过程最快。有许多方案可收到良好效果，大部分换羽方案都包括如下 3 个要素。

1. 限制饮水

大部分换羽方案都要求限制饮水，以此作为产生应激而导致换羽的一种手段。当决定换羽时，可停水 1~2 天。有些方案要求停水 2 天，然后恢复，此后再停水 2 天。但天气炎热时，采用停水法不好，因为鸡会因此而降低散发体热的能力，喘气加重，可能发生脱水和严重死亡。

2. 限制饲料

事实上大部分换羽方案都要求停饲，有些要求停饲数天。有的方案采用营养限制法，如在数天之内仅供应整粒禾谷类饲料，实质是通过提供不平衡日粮而产生应激。许多方案一开始时停饲一段时间，然后喂给整粒禾谷类饲料而完成换羽。

3. 限制光照

所有的换羽方案都要求减少光照时数。采用这种方法时，每天光照时数须降低到低于 11~12 h 的阈值。在密闭鸡舍中很容易做到这一点；但在有窗或开放式鸡舍中，在自然光照时间较长的日子里，则不能做到；而在使用人工光照补充自然光照的情况下，停止人工光照，有助于诱发换羽。为了克服开放式鸡舍中的困难，可先给鸡连续 7 天 24 h 光照，然后减少光照时数。

对肉用型种母鸡实施换羽时，需停食 10~14 天，使体重减轻 25%。若减重不到 25%，繁殖系统中的脂肪就不会充分减少，应充分注意。

（二）强制换羽应注意的问题

1. 鸡群的选择与淘汰

强制换羽前应对鸡群进行认真挑选，淘汰弱、病、残和脱肛鸡。试验证明，凡患过疾病

[如传染性支气管炎（IB）、鸡新城疫（ND）、白痢等]的鸡，不但第一年生产性能低，换羽后生产性能仍低于健康鸡群。病弱鸡在换羽过程中死亡多、损失大。另外因某种原因自然换羽的鸡，在新毛再生过程中或刚刚完成新羽毛恢复，这部分鸡就不要再行换羽了，可按已换过羽的鸡进行饲养。对 ND 效价低的鸡要进行免疫，必要时可注射 IBD 疫苗。地面散养鸡，因饥饿应激而相互啄斗，造成死亡率上升。脱落的羽毛应及时清理，防止鸡啄食。

2. 设备利用

换羽鸡群的设备利用率有时很低，若要将换过羽的鸡群留在其第一产蛋期中生活的原鸡舍中，舍内会显得很空，因为第一产蛋期中有死亡，换羽过程中也有死亡，另外还有必要数量的淘汰。通常第二产蛋期开始时群内鸡数仅为第一产蛋期开始时的 2/3 ~ 3/4。因此，常对换羽鸡进行重新组群，即在换羽后将几个群并入较少的几个舍内，补空鸡位，以比较充分地利用房舍和鸡笼。要特别注意，如换羽绝食前补鸡位，由于鸡群变动，鸡只啄斗严重，死淘率增高。

3. 体重减轻率

绝食、停水、光照这三方面应激，是诱发鸡群换羽休产的主要因素，而饥饿和断水时间、光照程度和强度往往决定鸡的失重率。当失重率统一规定 30% 为标准时，体重减低30% 所需时间长短，除与上述三项措施有关外，也与季节、鸡的品种、鸡群体质状况有关。

据报道，换羽鸡体重降低范围与其后产蛋性能的试验结果显示，体重减少 27% ~ 32%，换羽效果较好，有人用小群鸡试验，当体重降到 35% 以下时，其产蛋率较高，其死淘率也不同，取得此结果是在舍温 24 ℃ 的密闭式难舍内进行的。

夏季体重降低 30% ~ 35% 需要 15 天以上，而冬季只需 7 ~ 8 天，但从绝食开始到再开始产蛋和产蛋率达 50% 的总共天数差别不大。

4. 死亡率

整个强制换羽期间死亡率不应超过 3% ~ 5%。如果换羽方案比较严厉，那么减重也比较大，死亡率也比较高，一般减重不会造成什么问题。

5. 羽毛脱落速度

强制换羽 7 ~ 10 天后，小羽毛应大部分脱落，10 ~ 20 天，主翼羽开始脱落。

6. 产蛋率

强制换羽后，如果鸡群是健康的，而且第一个产蛋期产蛋水平也较高，一般经 7 ~ 9 周后，全群产蛋率应达 50% 以上。

第六节 肉仔鸡的饲养管理

一、肉仔鸡饲养的一般原则

（一）生产方式

肉仔鸡性情温驯，飞翔能力差，生长快，体重大，骨骼易折，胸骶弯曲，胸囊肿发生率高，而蛋用雏鸡则活泼好动，喜啄斗，生长较慢，体重较轻，骨骼强壮。故在饲养方式上，肉仔鸡虽与蛋用仔鸡有不少共同点，但有许多特殊性。应根据其特殊性，在饲养方式上采取相应的措施，提高肉仔鸡的生产速度、产品合格率，以获得理想的经济效益。肉仔鸡的生产方式主要有下列5种。

1. 厚垫料地面平养

厚垫料地面平养肉仔鸡是目前国内外最普遍采用的一种饲养方式。它具有设备投资少、简单易行、能降低胸囊肿发生率等主要优点，也是农家养鸡最常采用的方法。但易发生球虫病，且难以控制，药品和垫料费用较高。

厚垫料地面平养是在舍内水泥或砖头地面上铺以 10 cm 左右厚的垫料，垫料要求松软、吸水性强、新鲜、干燥、未霉变、长短适宜，一般为 5 cm 左右。常使用的垫料有玉米秸、稻草、刨花、锯屑等，也可混合使用。

在厚垫料饲养过程中，首先要求垫料平整，厚度大体一致，其次要求保持垫料干燥、松软，及时将水槽、食槽周围潮湿的垫料取出更换，以防止垫料表面粪便结块，对结块者适当地用耙齿等将垫料抖一抖，使鸡粪落于下层。最后，肉仔鸡出场后将粪便和垫料一次清除。垫料常换常晒，或将鸡粪抖掉，晒干再垫入鸡舍。

此种饲养方式大多采用保姆伞育雏。伞的边缘离地面高度为鸡背高的 2 倍，使鸡能在保姆伞下自由出入，以选择适宜温度。在离开保姆伞边缘 60～159 cm 处，用 46 cm 高的纤维板或铝丝网围成，将保姆伞围在中央，并在保姆伞和围篱中间均匀地按顺序将饮水器和饲槽盆或槽排好。随着鸡的日龄增大，保姆伞升高，拆去围篱。一般直径为 2 m 的保姆伞可育肉仔鸡 500 只。

2. 网上平养

网上平养是将鸡养在特别的网架网床上面。目前，网上平养的设备一般由竹板或竹竿制成，竹竿或竹板的间距为 2 cm 左右，也有由铁丝网架制成的。为减少胸趾疾病的发生，可在网上面铺一层塑料网，在塑料网的上面再放上喂料和饮水设备，鸡群在其上面活动，根据日龄的大小，更换网眼不同大小的塑料网片。生长后期，为减少粪便在网片上污染鸡的羽毛等，可提前撤去塑料网片。采用此种方式饲养的肉仔鸡不直接接触粪便，粪便从网眼漏下，可减少球虫病的发生；节省垫料，管理方便，劳动程度小。该饲养方式的缺点是鸡舍空间利用减少，人工操作方式方便。

3. 塑料大棚法

棚长 10～20 m，宽 5 m，高 2 m。可用直径 2 cm 以上、长 4.5 m 左右的竹竿两根，弯成弧形，在连接处用塑料绳绑紧。两拱间隔 70 cm，制成拱形大棚，底角为 45°，天角在 20°以上。棚东西走向，两侧打墙，墙中间留门，门上留通风孔。冬季和早春背阴面全部盖 10～15 cm 的稻草或麦秸，里面衬薄膜。一般夜间或阴雪天生炉火，严冬可仿"地瓜回龙火炕"加温育雏。冬季为防止湿度大，棚顶设可关闭的天窗，另外棚内地面常铺干砂。夏季棚亦盖 10 cm 以上的稻草或麦秸，棚底敞开 80 cm，拉上拦网防鸡逃出。夏季严防中暑。塑料大棚冬季起到"温室效应",提高室温;夏季四处通风,起到"凉亭效应"。棚内设网片或垫草。塑料大棚养肉鸡,经济实用。

4. 笼养

笼养就是肉仔鸡从出壳到出栏一直在笼内饲养。近年来,笼底结构和材料得到了改进,应用弹性塑料笼底,大大降低了肉仔鸡胸囊肿发生率,笼养方式才得以广泛应用。其优点较多:一是笼养密度比平养密度多1倍以上;二是鸡的活动范围小,能量消耗少,容易育肥,故可节约饲料5%~10%;三是鸡不直接接触粪便,控制了球虫病的发生和白痢病的感染,提高了成活率,节省了药费;四是便于机械化管理,提高劳动效率;五是不需要垫料,节省垫料开支;六是便于公母鸡分群饲养,减少饲料浪费。其缺点是一次性投资费用高,易发生胸囊肿和胸骨弯曲,商品合格率较低,对环境和营养要求高,较难推广。但从长远来看,肉仔鸡笼养是发展的必然趋势。

5. 笼养和散养相结合

笼养和散养相结合的饲养方式一般是在育雏期,即3~4周龄以前采用笼养,育肥期转群改为地面厚垫料散养。

这种饲养方式前期育雏阶段鸡小体轻,对笼底压力不大,不致发生胸部和腿部疾病。转到地面散养以后,虽然鸡的体重增长迅速,但有松软的垫料铺在地面,也不会发生胸部和腿部疾病。所以,笼养与散养相结合的方式兼备了这两种饲养方式的优点。

总之,肉仔鸡的饲养方式有很多种,饲养者要根据当地和个人的实际情况,选择最适当的肉鸡饲养方式,以收到最好经济效益。

(二) 生长规律

1. 相对增重规律

相对增重 =(末重 - 始重)÷ 始重 ×100% 。相对增重反映某段时间生长速度的快慢。因为肉仔鸡早期生长速度非常快,认识到这个规律就应采取措施加强早期饲养管理。如果出现营养不良、管理不当或发生疾病等情况,就很难补救了。因为肉仔鸡整个周期很短,起初忽略了就很难取得好成绩,饲养者务必引起重视。

2. 绝对增重规律

绝对增重 = 末重 - 始重。绝对增重反映直接增重结果。商品肉鸡绝对增重的高峰期出现在7周龄,高峰以前逐渐增加。认识这个肉鸡绝对增重规律,在高峰期前,满足充分采食和适当的营养水平,控制饲养密度和保持垫草干燥,就能在短期内取得良好的效果。如果错失良机,延长饲养期,会造成明显的经济损失。

3. 饲料转化规律

养殖业中,肉仔鸡是饲料转化率最高的一种。由于饲料占总成本的70%左右,充分认识肉鸡的饲料转化规律也是很重要的。

每单位体重所消耗的饲料,随肉鸡周龄的增长而增加,特别是8周龄以后,绝对增重降低,耗料量继续增加,饲料效率显著下降。根据这个规律,肉鸡饲养者在鸡8周龄以前采取科学饲养管理措施，使肉鸡达到上市体重要求，及时出场，即使能提前一天也会产生显著的经济效益。

掌握以上三个规律，并在生产中结合市场行情、雏鸡占成本的比例及饲料价格等，确定最佳出栏时间。

（三）最佳出栏时间的确定

对肉仔鸡利润影响最大的因素是肉鸡的出场体重，基本上可以说达到肉鸡最适出场体重的时间，就是肉鸡最佳上市时间。确定肉鸡最适出场体重的时间，主要是根据肉鸡的生长规律和饲料报酬的变化规律，其次要考虑肉鸡售价和饲料成本，还需适当兼顾苗鸡购价、屠宰率及鸡群状况等。

生产实践中，每批肉鸡的出场时间通常根据年度生产计划中的鸡群周转和鸡舍利用计划来安排。在正常情况下，养到一定周龄（如 7~8 周龄），平均体重大致符合要求时，就按计划销售。只要能盈利，一般不再做太细的核算，不过如能经过研究总结，找出肉鸡出场最佳时期，使每批鸡都能获取更多的利润，那么肉鸡场的全年总利润就会更为理想。

（四）全进全出的饲养制度

最实用的肉仔鸡饲养方案是采用"全进全出"制，即在一栋鸡舍饲养同一批、同一日龄的肉仔鸡，全部雏鸡都在同一天开食饲养，同一天出栏或出售。这种饲养制度简便易行。其优点如下：

（1）在一定时间内全场无鸡，并进行全面消毒，既可消灭病原体，又可杜绝新老鸡互相传染疫病的途径。

（2）便于鸡群的管理和统一实施技术措施。由于鸡群是同一品种、同一日龄，雏鸡可同时供温、同时撤温、同时断喙，可以采用同一光照制度和同一免疫接种方案。鸡群需要日粮时可以同时更换，这样管理方便，实施技术措施集中。

"全进全出"制与过去连续式生产制度相比，肉鸡生长速度快，饲料报酬高，成活率高。

实行"全进全出"制时，要注意鸡群生长的一致性，要提高全价饲粮，并要配给充足的食槽和饮水器，加强日常管理，随时注意鸡群生长状况，对于弱雏、病雏更要特别照顾，加以隔离饲养，要求有较高的生长一致性。

二、肉仔鸡的管理

肉仔鸡的管理分前、中、后三个时期，要想做好肉仔鸡的管理，须了解并掌握雏鸡的生理特点，提供适宜的环境及卫生条件等。

（一）育雏条件

1. 做好进雏前的准备工作

进雏前的准备工作包括人员的安排，饲料及常用药品的准备，房舍及用具的准备与消毒，鸡舍及用具的消毒、预温。

2. 雏鸡的选择与运输

要挑选外貌符合品种特点、活泼、健壮、体重正常、脐环闭合良好、腹部大小适中并柔软、羽毛光泽好的雏鸡。若不注意选择，就会出现第一周鸡死亡较多的现象。

可用竹筐、木箱或硬纸箱运输雏鸡，箱的四周要有通气孔，箱底垫上切碎的谷物草秆或刨花。装雏前容器要消毒，每个容器内装雏鸡数量不宜过多。一个长 1 m、宽 0.6 m 的箱子可装雏鸡 100 只左右，天凉时宜多装几只，天热时应少装几只，装车、船时箱子要放平。在寒冷季节运雏时，箱外用棉被遮盖保暖。用汽车运输时，车速不宜太快，行车要平稳，上下坡要检查，以防挤压。要注意防雨，夏天避免阳光直射。途中要经常检查雏鸡状态，一般每隔 1 h 左右要用手翻动雏鸡一次。如雏鸡张嘴吸气、绒毛潮湿，说明温度过高；如雏鸡拥挤在一起发出"叽叽"叫声，则说明温度偏低。无论出现哪一种情况，都要及时采取相应的措施对温度进行调节。

3. 提供适宜的环境卫生条件

雏鸡成活率的高低、生长发育的快慢、体质是否强壮，关键都在于管理。因此，在育雏阶段，饲养管理上要根据雏鸡的生理特点，人为地满足雏鸡所需要的温度、湿度、空气、光照、营养及卫生等环境条件。

（1）温度。适宜的温度是育雏成功的首要条件，它对于提高成活率和生长速度及饲料利用率十分重要。根据气候条件、雏鸡体质强弱等对温度进行相应调整。冬季或体弱的温度要求偏高些，可升高 1 ℃ 左右，温度要求均匀、恒定，切忌忽高忽低。为了保持舍温恒定，首先要求 2 ~ 3 天预温，夏季要求提前一天预温，以便达到雏鸡要求的温度。

肉鸡对温度的要求，第一周以 30 ℃ ~ 32 ℃ 为好，其中第一二天可以达到 33 ℃。第二周为 27 ℃ ~ 29 ℃，第三周为 24 ℃ ~ 26 ℃，第四周为 21 ℃ ~ 23 ℃，以后以 20 ℃ ~ 21 ℃ 为宜。温度高时影响肉鸡采食量，食欲不高、饮水增加，增重受限制；温度低时肉鸡的采食量增加，舍温低 1 ℃ 时，鸡多吃料约 1%，影响生长和饲料转化率，这样用饲料去代替热能维持体温会造成浪费。

（2）湿度。湿度对雏鸡的健康和生长影响也较大。如果高湿低温，雏鸡很容易受凉感冒，有利于病原微生物的生长繁殖，易发球虫病等。若湿度过低，则雏鸡体内水分随着呼吸而大量散发，影响雏鸡体内卵黄的吸收，反过来会导致饮水增加，易拉稀，脚趾干瘪而无光泽。第一周相对湿度应以 65% ~ 70% 为宜，其中入舍第一二天应保持在 70%，第二周至第八周以 50% ~ 65% 为宜。

（3）通风。保持舍内空气新鲜和适当流通，是养鸡的重要条件。通风的目的是减少舍内有害气体，增加氧气，使鸡体处于健康的正常代谢之中；同时通风又能降低舍内湿度，保持垫料干集，减少病原繁殖，而且雏鸡对氨较为敏感，氨能刺激鸡的上呼吸道黏膜，削弱机体抵抗力，使鸡发生呼吸道疾病。

值得注意的是，不少鸡场或专业户，为了保持室内育雏温度而忽视通风，结果造成雏鸡体弱多病，死亡增加。严重的个别鸡场，将炉盖打开，企图提高室温，结果造成一氧化碳中毒。为了既保持室温，又使室内空气新鲜，可以先提高温度，再适当打开门窗进行通风换气。通风效果取决于鸡舍内外温度之差。

（4）光照。光照时间的长短及光照对肉仔鸡的生长发育影响较大。强光照会刺激鸡的兴奋性，影响鸡群休息和睡眠，引起相互啄羽、啄趾或啄肛等恶癖，而弱光照可降低鸡的兴奋性，使鸡保持安静状态，这对肉鸡的增重有益，所以采用弱光照制度是肉仔鸡饲养管理的一大特点。肉仔鸡的光照制度与蛋用雏鸡完全不同。蛋用雏鸡光照要求的目的主要是控制其性成熟时间，而肉仔鸡则是延长其采食时间，促进生长。育雏的最初3天内给予较强的光照，以后应逐渐降低，从第四周开始必须采用弱光照，只要能看见采食、饮水即已达到光照条件。

光照时间一般为23 h光照、1 h黑暗，有的采用1~2 h光照、2~4 h黑暗，还有一种方法是第二周以后实行晚上间断照明，即喂料时开灯，采食后熄灯。此种方法的优点在于使鸡有足够的时间休息，否则会影响其采食量并导致生长不整齐。在光照制度中，黑暗的目的在于让鸡能够适应和习惯这种环境，以防在光照出现故障如停电等情况时发生惊群。

（5）控制适当的饲养密度。肉仔鸡适合于高密度饲养，但究竟密度多大为好，也要根据具体条件而定。譬如，在垫料上饲养，密度可以适当低一些，在竹竿网上饲养密度可以高一些。通风条件好密度可高一些，通风条件差密度应低一些。若密度过大，鸡的活动受到限制，空气污浊，湿度增加，垫料问题增多，导致鸡生长缓慢，群体整齐度差，易感染疾病，死亡率升高，且易发生雏鸡相互残杀；若密度过小，则浪费空间，饲养定额少，导致成本增加。因此，要根据鸡舍结构、通风条件等确定合理的饲养密度。

（6）饮水。肉仔鸡的饮水质量要求与人食用水标准相同，良好的饮水是鸡群健康的必要保证。

① 营养液配制：用20 ℃左右的凉开水添加其他补品制成营养液，有利于雏鸡健康扶壮，提高鸡群成活率。使用营养液前要搅拌均匀，使之充分溶解，各种营养液要现用现配。具体配方如下：

配方一：8 kg水，0.5 kg葡萄糖粉，20 g蛋氨酸，10 g水可弥散型维生素，100万单位庆大霉素针剂。

配方二：8 kg水，0.5 kg奶粉，20 g蛋氨酸，10 g水可弥散型维生素，160万单位青霉素，100万单位链霉素。

② 饮水方法：在小雏期，每2 kg容量的塑料饮水器可供50只雏鸡饮水，上述每份营养液每次供1 000只雏鸡使用，前三日饮四次，以后根据雏鸡的精神状况，决定是否继续饮用营养液。如果停饮营养液，要供给充足的清水。

③ 饮水量：肉仔鸡的饮水与环境温度、鸡龄和采食量有关。

（7）开食。开食是指第一次喂饲，应在饮水后进行。雏鸡开食得当，能及时获得饲料，对促进雏鸡的生长发育、提高成活率有良好的作用。反之，若开食不得当，在2天内雏鸡还没有全部学会吃食，将会严重影响雏鸡发育，直接影响饲养周期。所以，开食的正确与否是养好肉仔鸡的重要环节。由于雏鸡消化机能不够完善，胃肠容积比较小，故对饲料营养要求高，且易消化。因此，开食应有专用的开食饲料。一般以小米或碎玉米（八分熟）诱导开食。有条件的可在饲料中加煮熟的鸡蛋黄，每15只雏鸡加一个，拌匀。当鸡群有1/3雏鸡有行走寻食表现时即可开食，开食时可把预先洗净消毒过的深色塑料布铺好，将饲料均匀地撒在塑料布上。在撒料时可用声音呼唤雏鸡前来觅食，雏鸡随人的声音和撒料寻找饲料，并很快地建立条件反射，学会吃食。开食后1~2天，可喂全价配合饲料。

（8）断喙。

① 断喙的目的：鸡有雏啄的习性，特别是饲养在开放式鸡舍的鸡更为严重。雏啄包括啄羽、啄肛、啄翅、啄趾等，轻者至伤残，重者可造成死亡。因此，一般饲养在开放式鸡舍的雏鸡都要进行断喙。断喙还有节省饲料的效果，降低不必要的死亡率。

② 鸡雏啄的原因：鸡雏啄的原因较多而复杂，如日粮不平衡、密度大、通风不良、温度高、断水、光线强等，防止雏啄的主要措施是进行断喙。

③ 断喙时间：肉仔鸡的断喙时间一般是在7日龄之前进行。这样可以节省人力，降低成本，减少应激及早期啄羽的发生。

④ 断喙方法：断喙是借助灼热的刀片，切除鸡上、下喙各一部分。一般用专门断喙器，雏期断喙器的孔径7~10日龄为4.4 mm，7~10日龄以上为4.8 mm。断喙方法是左手抓鸡腿部，右手拿鸡，将右手拇指放在鸡的头顶上，食指放在咽下，稍施压，使鸡缩舌，选择适当的孔径，在离鼻孔2 cm处切断。灼烧时刀片在喙切面四周滚动以压平嘴角，这样可以阻止喙外缘重新生长，如不将喙周围压平，将有5%~10%的成鸡会重新生长喙。

（9）卫生管理。应坚持搞好环境卫生，做到鸡体、饲料、饮水、食具及垫料干净。

（二）垫料管理

垫料要求干燥松软，吸水性强，不霉坏，无污染，厚度以10 cm为宜。常用的垫料有切短的玉米秸、破碎的玉米棒、小刨花、锯末、稻草、麦秸等，以多种混合使用为好。如底下铺一层沙，正面再铺一层麦秸等。垫料应在鸡舍熏蒸消毒前铺好，沙子厚度为6~8 cm，其他8~10 cm，一次性铺足。厚垫料饲养肉仔鸡要获得成功，关键是保证垫料的质量和加强垫料的管理。垫料管理首先要求垫平，厚度基本一致，防止露出地面；在饲养过程中要经常抖动垫料，防止鸡粪在垫料表面结块，使鸡粪抖落到垫料下面。水槽及料桶周围的湿垫料应经常取出，换上新鲜干燥的垫料。饲养后期必要时应往上面加一层垫料。只有保持垫料的干燥和在饲料中添加适当的药物，才能有效地防止球虫病的发生。

（三）公母鸡分养

实行公母鸡分群饲养是近年来随着肉鸡育种水平和初生雏鸡性别鉴定技术的提高而发展起来的一种饲养制度，在国内外的肉仔鸡生产中普遍受到重视。

1. 公母鸡分群饲养依据

公母鸡性别不同，生理基础不同，对生活环境、营养条件的要求和反应也不相同。主要表现在：

① 生长速度不同。公鸡生长快，母鸡生长慢，如公鸡4周龄时比母鸡大13%左右，6周龄时大20%，8周龄时大27%。

② 营养需要不同。母鸡沉淀的脂肪能力强，对日粮的能量水平要求高一些，公鸡则对日粮蛋白质含量要求高一些，对钙、磷、维生素A、维生素E、维生素B_2及氨基酸的需要量也多于母鸡。

③ 羽毛生长速度不同。公鸡长羽慢，母鸡长羽快，同时胸囊肿的严重程度表现不同。

2. 公母鸡分群饲养的优点

① 按性别不同分别配制饲料，避免了母雏因过量摄入营养造成的浪费。

② 实行公母鸡分群饲养，可使个体间体重差异减小，均匀度提高，有利于上市和机械屠宰加工，可以提高产品的规范化水平。同时可利用公母鸡在生长速度、饲料转化率方面的差异，确定不同的上市日龄。

③ 公母鸡分群饲养，能改善产品质量，也便于饲养管理。

3. 公母鸡分群饲养的缺点

公母鸡分群饲养要求进行雌雄鉴别。人工性别鉴定会延长从出壳到开食饮水的间隔时间，使雏鸡出现一定程度的脱水衰弱。自别雌雄的品种虽然可以提高鉴别速度，但羽速自别雌雄产生的公雏，羽毛生长较慢，容易诱发鸡群啄癖；羽色自别雌雄的杂交鸡，一般增重速度较慢。

4. 公母鸡分群饲养主要措施

公母鸡分群饲养主要措施包括：按性别调整日粮营养水平；按性别提供适宜的环境，如由于公鸡生长速度较快，为防止胸部疾病的发生，应给公鸡提供优质松软的垫料；按经济效益分别出栏，一般母鸡在7周龄以后增重速度相对下降，饲料消耗增加，这时若已达到上市体重即可提前出栏，而公鸡在9周龄以后生长速度才下降，因而可养到9周龄时再出栏。

（四）夏季饲喂技术

我国大部分地区夏季炎热期持续时间较长，尤长江以南地区气温更高。而鸡无汗腺，抗热性极差，此时饲养管理跟不上，就会给鸡群造成强烈的热应激，使鸡采食量明显减少，生长慢，死亡率高。为消除热应激对肉仔鸡的不良影响，必须采取相应措施，使管理上符合夏季特点。

1. 做好防暑降温工作

① 夏季白天气温较高，受气温影响，鸡体内散发热较困难，必须采取有效措施降温。

② 搞好环境绿化。鸡舍周围尽量种树，地面种草坪或较矮的植物，不让地面裸露。

③ 鸡舍房顶和南侧墙涂白，这样可以降低舍内温度。对气候炎热地区或房顶隔热效果差的鸡舍可降低舍温3℃~6℃。但在夏季气温不太高或高温持续时间较短的地区，一般不宜采用这种方法，因为这种方法会降低寒冷季节鸡舍内的温度。

此外还可采取在房顶洒水、在进风口处设置水帘、进行空气冷却、使用流动水降温、增加通风换气量等一系列措施。

2. 加强通风

夏季肉仔鸡饮水较多，排出粪便较湿，另外进入雨季后，空气湿度较大，鸡舍内的潮气不易排出，发病率会大幅度增加，必须加强通风换气。

3. 调整日粮结构及喂料方法

① 调整日粮结构。在制定饲料配方时，应尽量提高由日粮中能量、蛋白质、钙、磷等各种营养物质的浓度，以保证肉仔鸡每天进食的各种营养物质能满足生长发育的需要。

② 调整饲喂方法。为保证肉仔鸡采食量和增重速度，早晚凉爽时增加喂料次数和给料量，炎热期停喂，让鸡休息，减少鸡体代谢产生的鸡体增热，降低热应激，提高成活率。另外，炎热季节必须提供充足的凉水，让鸡饮用，而且可以饲用颗粒饲料，提高肉仔鸡适口性，增加采食量。

4. 尽量减少肉仔鸡的各种应激

对肉仔鸡而言，夏季高温会造成热应激。若饲料储存时间较长，维生素变性，也会影响鸡的生长发育及抗病能力，这也是一种应激。因此，夏季要特别注意避免各种应激因素。

① 在饲料或饮水中补加应激药物。在饲粮或饮水中补充维生素 C。热应激时，机体对维生素 C 的需要量增加，而维生素 C 有降低体温作用，因此，当舍温高于 27 ℃时，可在饲料中添加 150～300 mg/kg 的维生素 C，或在饮水中加 100 mg/kg 的维生素 C，白天饮用。也可加入小苏打、氯化铵。

② 降低饲养密度。夏季饲养密度大，不利于降温，也不利于肉鸡的增重，因此提倡夏季采取低密度饲养。

③ 做好防疫工作。夏季蚊、蝇、虫较多，如果灭蚊、灭蝇、灭虫工作不好，极可能引起疫病传播。饮水器要经常刷洗，水槽要经常消毒，以保证水的质量。加强对垫料的管理，定期消毒，确保鸡群健康。

④ 饲料要尽量少买勤买。尽量减少储存时间，如必须储存，要放在通风、干燥、凉爽的地方，不要放在阴暗的地方，更不要放在阳光下直射，以免引起饲料发霉变质、脂类和多种维生素互相变质损失。

（五）冬季饲喂技术

冬季管理要提高成活率，提高养鸡经济效益，需要尽量做到防寒保温，正确通风，降低舍内湿度和有害气体含量等。

1. 做到防寒保温

冬季气候寒冷，鸡舍内外温差大，舍内温度与鸡所需生理温度产生偏差，因此冬季饲养温度应比其他季节提高 1 ℃～2 ℃。应采取以下措施，尽量做到防寒保温。

① 减少鸡舍的热量散发。对房顶隔热差的要加盖一层稻草，窗户要用塑料膜封平，调

好通风换气口。

② 供给适宜的温度。主要靠暖气，保温伞，火炉等供温，舍内温度不能忽高忽低，要保持恒温。

③ 减少鸡体的热量散失。防止贼风，加强饮水的管理，防止鸡羽毛被水淋湿，最好改为地面平养与网上平养饲养方式，或对地面平养增加垫料厚度，以保持垫料干燥。

④ 调整日粮结构，提高日粮的能量水平。

采用厚垫料平养育雏时，注意把空间用塑料膜围护起来，以减少热量散失，节省燃料。

2. 正确通风，降低舍内有害气体含量

冬季鸡舍通风与保温互为矛盾。所以，要利用好舍顶的气窗及时排出氨气和硫化氢气体，并在中午打开阳面窗的上角，自上至下，可根据舍内温度的高低确定开窗面积的大小，进行通风。清粪工作应安排在下午 1 点左右为宜，以便及时通风排出有害气体。

3. 降低有害气体含量

防止一氧化碳中毒，加强夜间值班工作，经常检修烟道，防止漏烟。烟筒安装要避开主风向，不能倒烟。

4. 防止大肠杆菌病，加强消毒

冬季由于保温和通风互为矛盾，舍内的空气很难清洁，容易诱发大肠杆菌病。养鸡场应常给鸡饮水消毒，清洗肠道，或注射菌苗，并搞好舍内外卫生。舍外可用生石灰，舍内用白毒杀、过氧乙酸等消毒液，每天及时清扫粪便，并及时向地面喷洒消毒药物。

5. 预防火灾

冬季风大寒冷，气候干燥，容易发生火灾，要仔细检查烟道、烟具是否跑火，用电线路是否安全等，排除一切火灾隐患。总之，肉仔鸡饲养管理是一项烦琐的工作，必须坚持才能饲养好肉仔鸡。

（六）提高产品合格率

肉仔鸡屠体品质的好坏，直接关系到经济收益的高低。所以，饲养肉仔鸡不仅要追求其生产性，同时要把肉的品质、屠体合格率、屠体等级和经济效益等作为战略重点来考虑。防止和减少肉仔鸡胸囊肿、腹水症，控制脂肪沉积以及减少意外挫伤、骨折和腿脚病的发生，是提高屠体合格率、减少残次品的重要途径。

1. 搞好防疫工作

预防传染病，尤其是马立克氏病、慢性呼吸道病、淋巴白血病等。

2. 防止外伤

（1）导致外伤的因素如下：

① 母鸡比公鸡容易受伤，体重大的比体重小的容易受伤。

② 在鸡舍或装车时，密度过大，互相挤压，受伤增多。

③ 出场前一天和抓鸡时动作粗暴，可显著增加外伤。

④ 饲养阶段和抓鸡过程中光照太强，会增加外伤。

（2）防止外伤的措施如下：

① 鸡舍中不能存放易造成挫伤与骨折的异物。

② 鸡舍垫草要有一定厚度，并保持干燥。

③ 定期调整料槽和水槽高度，以免采食和饮水时挫伤。

④ 饲养密度合乎要求，搬运鸡时避免粗暴动作。

⑤ 若采用网上平养，网应平直坚挺，不应有凹陷，网眼或板条间隙不宜过大，以防腿脚卡坏。

⑥ 不要惊扰鸡群。工作人员避免发出不必要的怪声，不按汽车喇叭等，保证鸡群周围环境安静。

⑦ 转群时尽量在暗光下进行抓鸡，抓鸡人员应训练有素，轻拿轻放。

⑧ 出栏时每笼不得装鸡过多，以防挤压损伤。

三、优质黄羽肉鸡饲养管理

（一）优质黄羽肉鸡的概念

优质黄羽肉鸡是由一些地方黄羽土鸡经过多年的纯化选育并与生长速度快的引进肉鸡品系杂交配套产生的优质肉鸡品种，既保持了地方品种风味好的特点，又兼具引进品种早期生长速度快的优点。

这里所说的优质的内涵主要是味道好和生长速度较地方黄羽土鸡快。但比较强调味道，要求其产品具有肉味鲜美、肉质细嫩滑软、皮薄、肌间脂肪适量、味香诱人的特点。如果以活鸡出售，对外观也有要求，要求冠红、毛黄、皮黄、脚黄、胫黄、喙黄，胫细短。

概括起来，优质黄羽肉鸡与现代快大型肉鸡相比具有以下不同点：

（1）优质黄羽肉鸡比快大型肉鸡生长速度慢。优质黄羽鸡长至 1.8 kg，一般需要 90～100 天，而快大型肉鸡仅需 41 天左右就可长至同样重量。

（2）优质黄羽肉鸡饲养中不刻意追求生长速度，而特别重视肉质和外观性状，要求上市时冠红、面红，毛黄（麻）、皮黄、胫黄，胫细短。快大鸡饲养中追求生长速度，生长速度越快越好。

（3）优质黄羽肉鸡售价比快大鸡高得多。

（4）优质黄羽肉鸡公鸡和母鸡差别很大，母鸡价格是公鸡价格的 3 倍左右，母鸡多以活鸡的形式出口和供应餐馆，公鸡大多进入普通市民餐桌。快大型肉鸡公母鸡销售上差别不大。

（二）优质黄羽肉鸡生产管理特点

与白羽快速生长的肉仔鸡相比，优质黄羽肉鸡生长速度慢、周期长。所以，对其饲养管理也应有别于快大型肉鸡。

1. 饲养方式

优质黄羽肉鸡因生长速度慢，体重小，胸囊肿现象基本不会发生，可以采用笼养，特别是后期育肥阶段，采用笼养鸡活动量小，可明显提高育肥效果。在广东一些大型优质黄羽肉鸡饲养场，0~6周育雏阶段采用火炕育雏，7~11周采用网上平养，12~15周上笼育肥。

2. 饲料营养水平

优质黄羽肉鸡较饲养快大鸡要求低。要适当控制营养水平，如果按照饲喂肉仔鸡的营养水平饲喂优质黄羽肉鸡，会造成营养浪费。其原因是，优质黄羽肉鸡的遗传结构决定了其生长速度慢，即使采用高营养饲料也不能改变这种状况。生长速度慢，营养素需要量也就减少，多余部分随粪尿排泄。可采用在爱拔益加肉鸡营养素需要量的基础上，能量水平降低2%~3%，蛋白质水平降低5%~8%，氨基酸水平、维生素水平、微量和常量矿物质水平，可与蛋白质水平同步下降。在饲养阶段与划分上，早期为0~6周龄，中期为7~11周龄，后期为12~15周。

3. 增加防疫内容

由于优质黄羽肉鸡饲养周期较长，与快大型肉仔鸡相比应增加些免疫内容。例如，马立克疫苗必须在出壳后及时接种，否则在出场时正是马立克发病的高峰期。鸡痘疫苗，快大型肉仔鸡一般可以不必免疫，而优质黄羽肉鸡一般情况下应该刺种免疫，除非北方地区生长后期处于冬季可以不进行。其他免疫项目可以根据鸡龄和地区发病特点，确定防疫内容。

4. 阉鸡

优质黄羽肉鸡的小公鸡，必须经过阉割再饲养，其肉质、肉味才能与小母鸡媲美，销售价格也能赶上小母鸡。

阉鸡的特点是除去小公鸡的睾丸后，雄性生长优势消失，生长期变长，同时沉积脂肪能力也增加。因此，阉鸡的肌间脂肪和皮下脂肪增多，肌纤维细嫩，风味独特。烹制的阉鸡，肉味鲜美，肉质细嫩，滑软可口。同时土鸡的阉鸡养成后，其体重比同种正常公鸡体重大，载肉量多，进入餐桌后货真价实，深受消费者欢迎。

小公鸡去势的一种方法是：5~8周龄能从鸡冠分辨公母鸡以后，在鸡的最后一个肋间，距背中线1 cm处，顺肋间方向开口1 cm左右，用弓弦法将切口张开，再用铁丝将一根马尾导入腹腔，用马尾将睾丸系膜与背部的联结处，捆扎拉断系膜，使睾丸脱落取出，取出一个睾丸再取另一个睾丸，必须把两个睾丸全部取出。取出后如果切口小可不用缝合，切口大则需要缝合。另一种方法是使用小公鸡去势钳，将去势钳从切口伸入，转动90°，用钳嘴压近肠道，看见睾丸后，张开钳嘴，把睾丸夹住，夹断睾丸系膜取出睾丸。去势钳的办法在公鸡睾丸大的情况下不宜采用。

本章小结

鸡和其他家禽比较起来，具有多胎高产、生长发育快、世代间隔短等经济有益特性，但这些优异的经济特性，只有在为鸡只提供了营养丰富且全价的饲料，创造舒适的环境下才能表现出来。在生产实践中应充分利用这些特性，提高养鸡生产的经济效益。

我国的家禽业的成绩世界瞩目，产蛋量占世界首位，禽肉产量居世界第二位。

繁殖是畜禽生产中要解决的重要问题之一。鸡的繁殖问题关键在于如何提高鸡只的生产效率，即提高鸡只的生产力水平、种蛋的存活数量、雏鸡的孵化及管理水平以及产蛋前、后期的饲养管理。其中雏鸡的饲养和管理是关键环节，要营造适合雏鸡生长的环境条件，安置好到达的雏鸡，观察雏鸡的精神、采食、饮水以及粪便等情况，合理控制环境条件调节饲养密度，及时填写生产记录等。

肉鸡的生长与管理是养鸡业的另一个问题，应选择适应一定饲养管理条件并满足市场需求的肉用鸡，科学地配制饲料，采用适宜的养殖方式，以提高经济价值以及满足市场的需要。

本章习题

一、名词解释

1. 限制饲养

2. 孵化

3. 标准品种

4. 优势序列

二、填空题

1. 家禽的光照控制，在育雏鸡前三天，光照时间为_____ h/d，育成鸡为控制性成熟光照时间为_____ h/d，产蛋鸡为刺激生产光照时间为_____ h/d。

2. 家禽胚胎发育早期的四种胚外膜分别为_____、_____、_____和_____。

3. 雏禽出生后要进行性别鉴定，一般性别鉴定的方法为_____、_____和_____。

4. 家禽的气囊的作用主要有_____，_____，_____和_____。

5. 育成鸡控制性成熟的关键是_____和_____。

6. 家禽的羽毛从幼雏到成年要经过_____次更换，分别从 0 周龄的_____更换为 6 周龄的幼羽，到 13 周龄更换为_____，到开产前更换为成年羽。

7. 种蛋在孵化过程中存在两个胚胎死亡高峰期，分别在_____和_____天。

三、简答题

1. 雏鸡的饲养有什么应该注意的事项？

2. 家禽的主要生理特点是什么？对家禽的养殖有什么意义？

3. 母鸡的生殖系统的结构组成是什么？有什么功能？

4. 禽胚胎发育的阶段和主要形态特征？

5. 禽胚膜包括几部分？分别有什么生理功能？

6. 雏鸡饲养管理主要要点有哪些？

7. 产蛋母鸡生理变化发生哪些变化？

8. 种鸡强制换羽有哪些方法，常用的是哪个？

9. 家禽的气囊有几个？主要功能是什么？

10. 如何调节母鸡全年均衡产蛋？

11. 肉种鸡培育需要注意哪些？

12. 断喙的时间及其意义是什么？

第三章 牛 的 生 产

牛同其他反刍家畜一样，具有特殊的消化机能，能够广泛利用 75% 不能被人类直接利用的农作物秸秆及其他粮食加工副产品，转变为人类生活所需的奶、肉等营养食品。各种畜禽将饲料中的能量和蛋白质转化为畜产品可食部分的效率，除蛋鸡外，以奶牛为最高。

牛奶是人类食物结构中的重要组成部分，是老少皆宜的高级营养食品，富含人体所需的各种氨基酸、维生素和矿物质。牛肉是世界人民的重要肉食，深受各国人民喜爱，原因是牛肉中蛋白质含量高，瘦肉多，脂肪少，尤其是胆固醇含量较低，可减少心血管疾病的发生。随着我国人民生活的改善，对牛肉的需求量会逐渐增加，现已呈现出猪肉比例逐渐下降、牛肉比例逐渐上升的势头。除牛奶和牛肉外，牛皮及其他副产品是轻工业和出口贸易的重要物资。

因此，大力发展养牛业对于增加农民的收入、改变食物结构、增强人民体质、振兴畜牧经济具有重要意义。发展养牛业更符合我国人多地少的国情，是发展我国节粮型畜牧业的重要举措。

本章提要

本章介绍了奶牛生产知识和生产技术，肉牛生产的系列技术和措施。主要包括以下内容：

- 常见的奶牛品种和肉牛品种。
- 我国的代表性牛种。
- 奶牛的体况评分。
- 犊牛的饲养与培育。
- 青年牛的饲养与培育。
- 乳牛的营养生理特点与饲养的关系。
- 泌乳牛阶段饲养管理的技术要点。
- 肉牛的生长发育规律。
- 犊牛及青年牛的育肥技术。
- 架子牛的快速育肥技术。
- 优质牛肉的生产技术。
- 公牛的饲养管理。
- 种公牛的繁殖利用。
- 牛奶的理化特性与鲜奶的初步处理。

通过本章的学习，应能够：

- 说出常见乳用和肉用牛品种的名称，原产地，体形外貌特征和生产性能。
- 说明奶牛体况评分标准。
- 阐述奶牛生产中犊牛、青年牛培育和泌乳牛阶段饲养的技术和方法。
- 简述母牛泌乳规律和生理特点。
- 说明肉牛生长的一般规律和补偿生长规律。
- 说明肉牛育肥的方式和饲养管理方法。
- 写出种公牛的饲养管理技术要点。
- 说明鲜奶的初步处理步骤。

- 利用牙齿标本或模型进行牛年龄鉴定。
- 到牛场观察牛的外形并进行体尺测量和外貌鉴定。
- 到家畜繁育指导站或种公牛站参观，加深感性认识。
- 参观商品肉牛育肥场和奶牛场，实地了解我国肉牛以及奶牛生产的现状和生产方式。
- 认真做好本章后的习题。
- 尽可能创造条件参观或实习。
- 动手实际操作，掌握手工和机械挤奶的技术要领。

第一节　牛 的 品 种

动物分类学上根据牛的形态、解剖结构和生理习性等特征、特性，对牛类动物做了科学的划分与归类。牛属于偶蹄目（Artiodactyla）、反刍亚目（Ruminantia）、牛科（Bovidae）、牛亚科（Bovinae）的动物。牛亚科是一个庞大的分类学集群，现存的物种有 13 种之多。关于牛亚科的分类方法，动物学家存在不同的观点，一般分为牛属、水牛属和准野牛属。

牛属包括家牛（亦称普通牛，英语名为 cattle，为牛亚属的牛种，学名 *Bos taurus*，普通的黄牛、奶牛和肉牛均属于此类）、瘤牛和牦牛。瘤牛肩上部具有发达的软组织，鬐甲部高耸，形似瘤状。瘤牛与普通牛可杂交并正常生育。牦牛种有家养牦牛和野生牦牛，野生牦牛的体格约是家养牦牛的两倍，与家养牦牛杂交，其后代可育，不存在生殖隔离现象。牦牛与普通牛杂交，其杂种一代犏牛生产性能表现良好，但低代杂种公牛无生殖能力，而各代杂种母牛繁殖力正常。

水牛属包括亚洲水牛亚属和非洲水牛亚属。中国水牛属于亚洲水牛亚属水牛种的沼泽型，而印度和巴基斯坦的水牛则属于亚洲水牛亚属水牛种的河流型。

大额牛属于准野牛属，目前在我国云南省贡山独龙族怒族自治县的独龙江流域还生存有少量的云南大额牛。

一、奶牛品种

1. 荷斯坦 – 弗里生牛

荷斯坦 – 弗里生牛原产于荷兰北部的北荷兰省和西弗里生省（West Friesland），其后代分布到荷兰全国和德国的荷尔斯泰因（Holstein）。荷斯坦 – 弗里生牛（Holstein – Friesian）原称荷兰牛，现通称荷斯坦牛（Holstein），因其被毛是黑白色，所以俗称黑白花奶牛。该牛以产奶量高而闻名于世。世界各国主要以荷斯坦牛作为乳用品种，并且不断选育提高，尤其是美国和加拿大等国在对荷斯坦牛的选育上做出了杰出贡献。

荷斯坦牛具有典型乳用型外貌特征，成年母牛体成楔形，后躯发达，乳静脉粗大弯曲，乳房呈浴盆状特别发达。体躯高大、舒展，各个部位结合良好，棱角分明，轮廓清晰，尻部长、宽、平，皮下脂肪少，毛短骨细，毛色特点是界限分明的黑白花。成年公牛的体重为 900 ~ 1 200 kg，母牛为 650 ~ 750 kg。乳用荷斯坦牛的产奶量为全球各乳牛品种之冠。平均产奶量一般为 7 000 ~ 10 000 kg，乳脂率为 3.2% ~ 3.8%，随着育种工作的开展，各国的荷斯坦牛的产奶量不断提高。

2. 中国荷斯坦牛

中国荷斯坦牛原名中国黑白花奶牛，1987 年通过国家品种鉴定验收，1992 年更名为中国荷斯坦牛（Chinese Holstein）。我国早在 19 世纪中叶已引进荷斯坦牛；1970 年后，我国又多次引进日本、加拿大、美国的荷斯坦牛的种牛或冷冻精液，这对提高我国奶牛的产奶性能起了很好的作用。由于各种类型的荷斯坦牛在我国经过长期驯化、选育，特别是与各地黄牛进行杂交，逐渐形成了现在的中国荷斯坦牛。但因为各地引进的荷斯坦公牛以及本地母牛类型不同，再加上饲养环境条件的差异，我国荷斯坦牛的体格大小不够一致，一般北方地区的荷斯坦牛体形偏大，而南方地区的则偏小。

中国荷斯坦牛的外貌特征与世界各国的荷斯坦牛没有太大差别，多具有明显的乳用特征（有少数个体稍偏兼用型）。毛色多呈黑白花，花片分明。额部有白斑，腹底部、四肢腕、跗关节（飞节）以下及尾端呈白色。体质细致结实，体躯结构匀称。有角，多数由两侧向前向内弯曲，角体淡黄或灰白色，角尖黑色。乳房附着良好，质地柔软，乳静脉明显，乳头大小、分布适中。据调查，中国荷斯坦牛 305d 泌乳量为 7 965 kg ± 1 398 kg，乳脂率为 3.81% ±0.57%，乳蛋白率为 3.15% ±0.39%。在饲养条件较好、育种水平较高的规模化奶牛场，全群平均产乳量已超过 8 000 kg，部分已经超过 10 000 kg。

3. 娟姗牛

娟姗牛（Jersey）原产于英吉利海峡南端的娟姗岛，是英国的一个古老的奶牛品种，育成历史悠久。本品种早在 18 世纪已经世界闻名。1866 年建立良种登记簿，至今在原产地仍为纯种繁育。

娟姗牛为小型的乳用型牛，体形细致紧凑，轮廓清晰。头小而轻，两眼间距宽，额部凹，耳大而薄；角中等大小，琥珀色，角尖黑，向前弯曲。颈细小，有皱褶，颈垂发达；鬐甲狭窄，肩直立，胸深宽，背腰平直，腹围大，尻长、平、宽。后躯较前躯发达，呈楔形。尾帚细长，四肢较细，关节明显，蹄小。乳房发育匀称，形状美观，质地柔软，乳静脉粗大而弯曲，乳头略小。被毛细短而有光泽，毛色有灰褐、浅褐及深褐色，以浅褐色为最多。鼻镜及舌为黑色。嘴、眼周围有浅色毛环。尾帚为黑色。

娟姗牛体格小，成年公牛活重为 650 ~ 750 kg，母牛为 340 ~ 450 kg，犊牛初生重为 23 ~ 27 kg。成年母牛体高 113.5 cm、体长 133 cm、胸围 154 cm、管围 15 cm。娟姗牛一般年平均产奶量为 3 500 ~ 4 000 kg。美国 20 世纪 80 年代记录的娟姗牛产奶量为 4 500 kg 左右。丹麦 1986 年有产奶记录的 10.3 万头娟姗母牛平均产奶量为 4 676 kg。娟姗牛所产奶的最大特点是乳质浓厚，乳脂率平均为 5.5% ~ 6.0%。乳脂肪球大，容易分离，乳脂黄色，风味好，适于制作黄油，其鲜乳及乳制品备受欢迎。

二、肉牛品种

对肉牛品种的要求，主要有增重快、饲料报酬高、肉质好、适应性强。商品育肥牛最好应来自两元或三元以上的杂交牛。我国在肉牛杂交方面，主要是用已引进的专门化肉牛品种与我国地方黄牛进行经济杂交，效果良好。

1. 利木赞牛

利木赞牛原产地为法国中部高原地区，分布在上维埃纳、克勒兹和科留兹等地，相传其祖先是德国和奥地利黄牛。原来为役肉兼用牛，从 1850 年开始培育，1900 年后向瘦肉较多的肉用方向转化。现有近 100 万头，是法国第二个重要肉牛品种。我国于 1974 年和 1976 年分批引进，近年又继续引进。毛色为黄红色或红黄色，口鼻和眼圈周围、四肢内侧及尾帚毛色较浅。头较短小，额宽，公牛角稍短且向两侧伸展，母牛角细且向前弯曲。肉垂发达。体形比夏洛来牛小，胸宽而深，体躯长，四肢较细，全身肌肉丰满，前肢肌肉发达，但不如典型肉牛品种那样方正，四肢较细。成年公牛体高 140 cm，母牛体高 130 cm。成牛公牛体重 950 ~ 1 200 kg，母牛体重 600 ~ 800 kg。在欧洲大陆型肉牛品种中是中等体形的牛种。初生重较小，公犊为 36 kg，母犊为 35 kg。犊牛体重与母牛体重的比值较相近体重的其他牛种低 0.3% ~ 0.7%，难产率较低。该牛生长强度大，周岁体重可达 450 kg。比较早熟，如果早期生长不能得到足够的营养，后期的补偿生长能力较差。屠宰率 63% 以上，净肉率 52%，肉骨比为（12 ~ 14）:1。适合东、西方两种风格的牛肉生产。母牛初情期 1 岁左右，初配年龄是 18 ~ 20 月龄，繁殖母牛空怀时间短，两胎间隔平均为 375 d。公牛利用年限 5 ~ 7 年，最长达 13 年。适应性强，耐粗饲。

2. 夏洛来牛

夏洛来牛原产于法国的夏洛来省，最早为役用牛。毛色为乳白色或白色，皮肤及黏膜为浅红色。头部大小适中而稍短,额部和鼻镜宽广。角圆而较长,向两侧向前方伸展,并呈蜡黄色。体格大,胸极深,背直、腰宽、臀部大,大腿深而圆。骨骼粗壮。全身肌肉发达,背、腰、臀部肌肉块明显,肌肉块之间沟痕清晰。常有"双肌"现象出现。四肢长短适中,站立良好。属于大型肉用牛,成年公牛活重为 1 100 ~ 1 200 kg,体高 142 cm;成年母牛活重为 700 ~ 800 kg,体高 132 cm。公、母犊牛的初生重分别为 45 kg 和 42 kg。增重快,尤其是早期生长阶段。在良好的饲养条件下,6 月龄公牛可以达到 250 kg,母牛 210 kg,日增重为 1 400 g。平均屠宰率为 65% ~ 68%,净肉率 54% 以上。肉质好,脂肪少而瘦肉多。母牛一个泌乳期产奶 2 000 kg,从而保证了犊牛生长发育的需要。夏洛来牛基本可以适应我国的饲料类型和管理方式,但其日增重水平低于原产地条件下的日增重水平。该品种缺点是在繁殖方面难产率高(13.7%)。

3. 海福特牛

海福特牛原产英国,是英国较古老的肉用品种之一。海福特牛体躯宽深,前胸部发达,四肢粗短,分有角和无角两种。头短额宽,颈短厚,颈下垂部较大,背腰宽平直,肌肉发达。毛色为浓淡不同的红色,并具有头、颈垂、鬐甲、腹下,四肢下部及尾端呈白色,即"六白"特征。

该牛的育肥性能较好,早熟,肉质细嫩。成年公牛体重可达 1 000 ~ 1 045 kg,母牛体重可达 591 ~ 682 kg,一般屠宰率为 60% ~ 65%。

三、兼用品种

1. 西门达尔牛

西门达尔牛兼有良好的产肉和产乳性能,有"全能牛"之称,原产于瑞士西部的阿尔卑斯山区的河谷地带,主要产地是伯尔尼州的西门塔尔平原和萨能平原。毛色多为黄白花或淡红白花,一般为白头,身躯常有白色胸带和肷带,腹部、四肢下部、尾帚为白色。体格粗壮结实,前躯较后躯发育好,胸深、腰宽、体长、尻部长宽平直,体躯呈圆筒状,肌肉丰满,四肢结实,乳房发育中等。肉乳兼用型西门塔尔牛多数无白色的胸带和肷带,颈部被毛密集且多卷曲。胸部宽深,后躯肌肉发达。成年公牛体重 1 100 ~ 1 300 kg,母牛体重 670 ~ 800 kg。成年公牛的体高、体长、胸围和管围分别为 147.3 cm、179.7 cm、225.0 cm、24.4 cm,母牛相应为 133.6 cm、156.6 cm、187.2 cm 和 19.5 cm。

西门塔尔牛肌肉发达,产肉性能良好。12 月龄体重可以达到 454 kg。据 36 头公犊的试验,平均日增重为 1 596 g。公牛经育肥后,屠宰率可以达到 65%。在半育肥状态下,一般母牛的屠宰率为 53% ~ 55%。胴体瘦肉多,脂肪少,且分布均匀。

西门塔尔牛泌乳期产奶量为 3 500 ~ 4 500 kg,乳脂率为 3.64% ~ 4.13%。我国现在已成立"中国西门达尔牛育种委员会",饲养的西门塔尔牛,其核心群的平均产奶量为 3 550 kg,乳脂率为 4.74%。肉乳兼用型西门塔尔牛产奶量稍低,如黑龙江省宝清县饲养的加系肉乳兼用型西门塔尔牛,在饲养水平较差条件下,第一、二胎次泌乳期长度分别为 240 d 和

265 d，平均产奶量分别为 1 486 kg 和 1 750 kg。由于西门塔尔牛原来常年放牧饲养，因此具有耐粗饲、适应性强的特点。

西门塔尔牛的产奶性能比肉用品种高很多，而且产肉性能也不低于专门化的肉牛品种。

2. 其他兼用牛品种

（1）三河牛，产自内蒙古额尔古纳市三河地区及呼伦贝尔市境内，毛色为红（黄）白花，花片分明；乳房大小中等。成年公牛体重 700 ~ 1 100 kg，体高 152.4 cm；母牛体重 579 kg，体高 137 cm。屠宰率为 55% 左右；305 d 平均产奶量为 5 105 kg，乳脂率为 4.1%。

（2）中国草原红牛，产自吉林省、内蒙古和河北省部分地区，全身被毛为深红色或红色，体格中等，母牛乳房发育良好。成年公牛体重 850 ~ 1 000 kg，体高 140 ~ 155 cm；母牛体重 485 kg，体高 122 cm。屠宰率为 56.9%；产奶量为 1 400 ~ 2 000 kg，平均乳脂率为 4.1%。

（3）新疆褐牛，产自新疆伊犁地区和塔城地区，毛色呈褐色，深浅不一。成年公牛体重 970 kg，体高 152.6 cm；母牛体重 513 kg，体高 127.1 cm，屠宰率为 50% 以上；平均产奶量为 2 100 ~ 3 500 kg，乳脂率为 4.0% ~ 4.1%。

（4）丹麦红牛，产自丹麦默恩岛、西兰岛和洛兰岛，毛色为红色或深红色。全身肌肉发育中等；乳房大，发育匀称。成年公牛体重 1 000 ~ 1 300 kg，体高 148 cm；母牛体重 650 kg，体高 132 cm。屠宰率为 54%；平均产奶量为 6 712 kg，乳脂率为 4.3%，乳蛋白质率为 3.5%。

（5）瑞士褐牛，产自瑞士阿尔斯山东南部的几个州，全身被毛为褐色，由浅褐、灰褐至深褐色。成年公牛和母牛的体重分别为 900 ~ 1 000 kg 和 500 ~ 550 kg。美国瑞士褐牛为乳用牛，平均产奶量为 5 785 kg，乳脂率为 3.98%，原产瑞士褐牛为乳用兼用型，屠宰率 50% ~ 60%。

（6）短角牛，产自英国英格兰东北部地区，被毛卷曲，以红色为主，红白花其次；母牛乳房发育适度。成年公牛体重 900 ~ 1 200 kg，体高 136 cm；母牛体重 600 ~ 700 kg，体高 128 cm。屠宰率为 65% 以上；年产奶量为 3 000 ~ 4 000 kg，乳脂率为 3.9% 左右。

（7）皮埃蒙特牛，产自意大利北部的皮埃蒙特地区，毛色为浅灰色或白色，公牛皮肤为灰色或浅红色，母牛皮肤为白色或浅红色。肌肉发达。成年公牛体重 850 kg，体高 145 cm；母牛体重 570 kg，体高 136 cm。屠宰率为 67% ~ 70%；平均产奶量为 3 500 kg，乳脂率为 4.2%。

（8）德国黄牛，产自德国和奥地利，其中德国数量最多。毛色为浅黄色、黄色或淡红色，体格大，体躯长，肌肉强健。母牛乳房大，附着良好。成年公牛体重 1 000 ~ 1 100 kg，体高 135 ~ 140 cm；母牛体重 700 ~ 800 kg，体高 130 ~ 134 cm。屠宰率为 62.2%；母牛年产奶量为 4 164 kg，乳脂率为 4.1%。

（9）蒙贝利亚，产自法国东南部靠近瑞士的地区。头为白色，体躯主要为红色，有些白斑。体格大，乳房好，产奶量高。成年公牛体重 900 ~ 1 100 kg，体高 148 cm；母牛体重

650 ～ 750 kg，体高 136 cm；母牛产奶量 7 516 kg，乳脂率为 3.8% ，乳蛋白率为 3.3% 。

（10）弗莱维赫牛，产自德国南部的巴伐利亚州。毛色多为红白花，白头，部分带眼圈；母牛乳房发达。成年公牛体重 1 200 kg，体高 150 ～ 158 cm；成年母牛体重 750 kg，体高 138 ～ 142 cm。育肥公牛屠宰率为 70% ；母牛平均产奶量为 6 768 kg，乳脂率为 4.1% 。

（11）瑞士褐牛，瑞士阿尔斯山东南部的几个州。全身被毛为褐色，由浅褐、灰褐至深褐色。成年公牛和母牛的体重分别为 900 ～ 1 000 kg 和 500 ～ 550 kg。美国瑞士褐牛为乳用牛，平均产奶量为 5 785 kg，乳脂率为 3.98% ，原产瑞士褐牛为乳用兼用型，屠宰率为 50% ～ 60% 。

四、我国代表性牛种

我国牛品种资源丰富，具有肉用发展前途的主要有：

1. 秦川牛

秦川牛因产于陕西省渭河流域关中平原地区的"八百里秦川"而得名。体质结实，骨骼粗壮，体格高大，结构匀称，肌肉丰满，毛色以紫红和红色为主（90%），其余为黄色，鼻镜为肉红色。公牛头大额宽，母牛头清秀。口方，面平。角短而钝，向后或向外下方伸展。公牛颈短而粗，有明显的肩峰，母牛鬐甲低而薄。胸部宽深，肋骨开张良好。四肢结实，蹄圆、大多呈红色。部分牛有斜尻。初生公犊体重 26.7 kg，母犊 25.3 kg。

具有肥育快、瘦肉率高、肉质细和大理石纹明显等特点。在中等饲养水平条件下，屠宰率 58% 左右，净肉率 50% 左右，胴体产肉率 86.65% ，骨肉比 1：6.13，眼肌面积 97.02 cm^2 。

秦川母牛的初情期为 9 月龄，发情周期 21 d，发情持续期 39 h（范围 25 ～ 63 h），妊娠期为 285 d，产后第一次发情为 53 d。公牛 12 月龄性成熟，公牛初配年龄 2 岁。母牛可繁殖到 14 ～ 15 岁。

秦川牛适应性好，除热带及亚热带地区外，均可正常生长。性情温驯，耐粗饲，产肉性能好。部分省区引进秦川牛，进行纯种繁育或改良当地黄牛，取得了良好的效果。

2. 鲁西牛

鲁西牛产于山东省西南部的菏泽市与济宁市。体格高大而稍短，骨骼细，肌肉发育好。侧望近似长方形，具有肉用型外貌。公牛头短而宽，角较粗，颈短而粗，前躯发育好，鬐甲高，垂皮发达。母牛头稍窄而长，颈细长，垂皮小，后躯宽阔。角为灰白色。皮肤有弹性，被毛密而细，光泽好。毛色以黄色为最多，个别牛毛色略浅。约 70% 的牛具有完全或不完全的"三粉特征"（即眼圈、嘴圈和腹下至股内侧呈粉色或毛色较浅）。一些个体后躯欠丰满。

产肉性能较高。据山东省测定，在一般饲养条件下日增重 0.5 kg 以上，屠宰率为 54.4% ，净肉率为 48.6% 。18 月龄平均屠宰率为 57.2% ，净肉率为 49% ，眼肌面积为 89.4 cm^2 ，骨肉比为 1:4.23。肉质细，大理石花纹明显。

母牛成熟较早，一般 10~12 月龄开始发情，发情周期平均 22 d，发情持续期 2~3 d，妊娠期 285 d，产后第一次发情平均 35 d。1.5~2 岁初配，终生可产犊 7~8 头。

鲁西牛耐粗饲，性情温驯，易管理，耐寒力较弱，但有抗结核病及抗梨形虫病的特性。

3. 延边牛

延边牛产于吉林省延边朝鲜族自治州，分布于吉林、辽宁及黑龙江等省。体质粗壮结实，结构匀称。两性外貌差异明显。头较小，额部宽平，角间宽，角根粗，角形如倒"八"字形。前躯发育比后躯好，颈短，公牛颈部隆起。鬐甲长平，背、腰平直，尻斜。四肢较高，关节明显，蹄质坚实。皮肤稍厚而有弹性，被毛长而柔软，毛色为深浅不同的黄色，其中黄色占 74.8%，深黄色占 16.3%，浅黄色占 6.7%，其他毛色占 2.2%。产肉性能良好，易肥育，肉质细嫩，呈大理石纹状结构。经 180 d 肥育于 18 月龄屠宰的公牛，平均日增重 813 g，胴体重 265.8 kg，屠宰率为 57.7%，净肉率为 47.2%，眼肌面积为 75.8 cm^2。

母牛 8~9 月龄初次发情，性成熟期母牛为 13 月龄，公牛为 14 月龄。母牛一般 20~24 月龄初配，发情周期平均 20.5 d，发情持续期平均 20 h。延边牛抗寒、抗病力强，耐粗饲，性情温驯，易肥育，产肉性能良好。我国利用利木赞牛与延边牛杂交，育成了肉牛新品种延黄牛。

4. 南阳牛

南阳牛产于河南省南阳地区白河和唐河流域的平原地区，以南阳、唐河、社旗、方城等 8 市、县为主产区。体格高大，结构匀称，体质结实，肌肉丰满。胸部深，背腰平直，蹄圆大。公牛头方正，颈短粗，前躯发达，肩峰高耸。母牛头清秀，颈单薄、呈水平状，一般中、后躯发育良好，乳房发育差。部分牛有斜尻。毛色以黄色最多（占 80.5%），其余为红色、草白色等。鼻镜多为肉色带黑点，黏膜多为淡红色。角形较杂，颜色有蜡黄色、青色和白色。18 月龄公牛平均屠宰率为 55.6%，净肉率为 46.6%。3~5 岁阉牛在强度肥育后，屠宰率为 64.5%，净肉率为 56.8%。眼肌面积为 95.3 cm^2。南阳牛肉质细嫩，大理石状纹明显。

5. 晋南牛

晋南牛产于山西省南部汾河下游的晋南盆地，主产区在运城及临汾市。体格大，骨骼结实，健壮。母牛头较清秀，面平，角多为扁形，呈蜡黄色，角尖为枣红色，角形较杂。公牛额短稍凸，角粗而圆，颈粗而微弓，肌肉发育好。鬐甲宽而略高于背线，胸宽深，前躯发达，背平直，腰短。尻较窄略斜。四肢结实，蹄大而圆。鼻镜、蹄壳为粉红色，毛色多为枣红色。犊牛初生重，公犊牛体重 25.3 kg，母犊牛体重 24.1 kg。屠宰率为 55%，净肉率为 44.2%，骨肉比为 1:5.64，眼肌面积为 77.59 cm^2。

6. 蒙古牛

蒙古牛主要产区在兴安岭东、西两麓，内蒙古自治区及东北、华北至西北各省均有分布，是中国黄牛中分布最广的品种。此外，蒙古、俄罗斯及亚洲中部的一些国家也有饲养。

蒙古牛头粗重，额宽，角向前上方弯曲，眼大。颈长适中，垂皮小。鬐甲低平，背腰平直，腹大但不下垂，后躯窄，尻斜。四肢强健，蹄较小、坚实。乳房较其他黄牛发育好，乳头小。毛色较杂，以黄色、黑色、红褐色为多，还有黑白花及狸色等。体形中等，总体生产性能不高。体重 300～400 kg，但不同草原地区的牛有一定的差异。8 月下旬屠宰的上等膘母牛，屠宰率为 51.5%；4 月下旬屠宰的母牛，屠宰率为 40.2%。挤乳期为 5～6.5 个月，产乳量为 500～700 kg，乳脂率为 5.2%。所产牛乳除正常饮用外，还用于加工成当地民间乳制品，或作为当地乳品加工厂的原料乳。

第二节　奶牛的饲养管理

一、奶牛的体况评分

在实际生产当中体脂肪的多少与牛奶生产的总效率有密切关系。体况评分（body condition score，BCS）体系是以评定奶牛体脂（体膘）沉积状况为主要依据的一种评定方法。奶牛在妊娠后期和泌乳早期常因采食量和主要养分供给不协调而出现问题，这种情况的出现与奶牛在妊娠后期所沉积的体脂量也有关。此外，体脂量对牛乳的生成也有影响。体况评分的目的是观测奶牛的体脂量，并以此为根据通过改变饲料成分与营养供给来调控体脂的储备，在减少繁殖障碍和代谢紊乱疾病发生的同时改进奶牛生产总效率。

对奶牛体脂含量的评估采用间接法，主要手段为肉眼观察和触摸，评估脂肪在奶牛后躯某些部位的覆盖情况，在与"平均"体况比较后给出一个评分。评分多采用 5 分制体系。在美国，最常用的 BCS 体系是 Wildman 等（1982）提出的 5 分制评分法，1 分为极瘦，5 分为极肥。Edmonson 等（1989）提出了一个基于肉眼评估牛体 8 个部位的 5 分制评分标准。研究表明，肉眼评估分别有两个重要部位——髋结节之间和髋与臀端之间的区域。可见，观察牛体的后躯是体况评分的重点，但需要注意的是不应让妊娠、瘤胃内容物、腹围、胸围等因素影响评定。评定人员应当从牛后躯的右侧、后侧、左侧依次进行全面的观察。有几点需要特别注意，分别为每个椎骨的横突与棘突的显露情况、骨盆骨的显露情况、骨盆骨与尾根间的凹陷情况。奶牛体况评分标准见表 3－1。

表 3－1　奶牛体况评分标准

体况评分	描述	图示
1 分	牛瘦削，腰椎横突（短肋）尖锐突出体表，横突下的皮肤向内深陷，从腰部上方可以很容易地触摸到横突，腰部两侧下陷。背、腰、荐椎显露，腰角、坐骨端向外尖锐突出。肛门区下陷，在尾根处形成空腔。在臀部触摸不到脂肪组织，容易触摸到骨盆骨	

续表

体况评分	描述	图示
2分	牛偏瘦。短肋仍向外尖锐突出，但末端已有组织覆盖，稍有圆润感；压迫上方可触摸到横突，腰部两侧下陷。尾根处空腔较浅，腰角和坐骨端突出，周围体表下陷稍缓，较易触摸到骨盆骨	
3分	膘情中等。轻压体表可以触摸到短肋，短肋下体表略下陷。胸背腰椎棘突、腰角、坐骨端突出圆润，臀部有脂肪组织沉积	
4分	体况偏肥。用力压难分清短肋结构，腰椎两侧体表无明显凹陷，短肋下体表无明显凹陷。背腰上部圆平，腰角、坐骨端圆润，尻部宽平。尾根处有脂肪组织形成的皱褶，用力压迫可以触摸到骨盆骨	
5分	体况肥胖。短肋处有脂肪组织皱褶，即使用力压迫也难以感觉到短肋。背腰上部圆平，腰角、坐骨端微露。尾根埋入脂肪组织中，用力压迫触摸不到骨盆骨	

奶牛体况是反映其自身能量储备的指标之一，通常会随着奶牛在泌乳期中泌乳阶段的改变而发生变化。刚结束妊娠且处于泌乳高峰期的奶牛常有能量负平衡的倾向，从而导致体况分降低。在产后的 60 d 内，BCS 的变化范围一般为 0.5 ~ 1.0。一头 650 kg 的奶牛在产犊时，一个单位 BCS 的降低可以提供约 1.745×10^9 J（417 Mcal）的产奶净能，可生产 565 kg 4% 校正乳脂的牛奶。脂肪可以为奶牛产奶提供所需的大量能量。一头奶牛在良好的日粮饲养条件下，在泌乳期的前 6 周，平均的体脂损失为 25 kg，最多时会损失 50 ~ 75 kg。而处在泌乳后期、干乳期的奶牛以及低产奶牛则通常为能量正平衡，增加体况评分。

在生产实践当中，当奶牛到达繁殖周期的重要时间点时，通常需要评估奶牛的体况，这些时间点分别为第一次配种、产犊、产犊后第一次配种、泌乳高峰期后以及干乳时。

奶牛在各个阶段的泌乳期都应有一个合适的体况，最大限度发挥其泌乳潜力，同时还可以保证奶牛的繁殖、消化机能以及健康不受影响。通常理想的奶牛体况评分应在 2.5 ~ 4 分。在生产上，应当仔细观测同一泌乳阶段的奶牛，并注意体况评分是否符合相应标准。泌乳期各阶段推荐的 BCS 分数见表 3 - 2。

表 3 - 2　泌乳期各阶段推荐的 BCS 分数

	评定时间	理想的体况评分及说明
成年母牛	干乳期　产前 60 ~ 15 d	3. 2 ~ 3. 9
	围产期　产前 15 d ~ 产后 15 d	3. 1 ~ 3. 9（个别 4. 5 分）
	泌乳盛期　产后 16 ~ 100 d	2. 6 ~ 3. 4（产后 2 ~ 3 个月常下降 0. 5 ~ 1. 5 分，个别 1. 5 ~ 2. 5 分）
	泌乳中期　产后 101 ~ 200 d	2. 5 ~ 3. 5
	泌乳后期　产后 201 ~ 305 d	2. 8 ~ 3. 8（产后 7 个月后体况应上升）
青年母牛	6 月龄	2. 5 ~ 3. 0
	配种时（16 ~ 17 月龄）	2. 6 ~ 3. 2
	分娩时（25 ~ 26 月龄）	3. 0 ~ 3. 9

　　一般情况下，奶牛在产犊后体况评分下降的幅度不应超过 1. 5 分。为此，在泌乳早期奶牛应当最大限度地增加采食量。当到达泌乳中期时，应当给奶牛提供更多的饲料以使奶牛恢复膘情。奶牛体况调整的关键时期之一为奶牛产后 225 ~ 250 d，对偏瘦牛补饲优质的粗饲料并适当增加精料，因为在该阶段代谢能转化为体脂的效率相对较高。在干乳期，要求奶牛体况评分尽量与产犊前保持一致，所以应控制采食量以保持评分。

　　虽然在奶牛生产中体况评分有较大的使用价值，但是有研究表明，1 个体况评分单位相当于 20 ~ 50 kg 的体脂，且大多数奶牛在泌乳期前 4 ~ 8 周会损失 25 ~ 75 kg 的体脂储备（0. 5 ~ 1. 5 分），然而这仅相当于每月只有 0. 25 ~ 0. 4 分的变化，如此之小的变化是大多数评定者难以辨别的。所以，饲养者既要通过自身实践来提高评分的准确性，又不能过分依赖体况评分来进行奶牛饲养管理。

　　在对瑞士褐牛的研究发现，体况评分与体细胞评分的遗传相关为 - 0. 26，与产犊间隔的遗传相关为 - 0. 35，由此可以看出奶牛的繁殖与乳房炎发生率和体况存在内在关系，在育种计划当中体况评分对改善奶牛的繁殖力可能有作用。

二、犊牛的饲养管理

　　幼龄牛包括犊牛和青年牛。一般犊牛是指初生到断奶阶段（初生到 6 月龄），青年牛是指从断奶直到第一胎分娩泌乳为止的阶段（6 ~ 26 月龄）。在牛的一生中，幼龄阶段的饲养管理至关重要，该阶段生长发育迅速。若饲养管理不当，会导致生长发育受阻，对体形、健康和生产性能产生不利影响。

　　幼龄阶段是犊牛损失的危险期，在饲养管理中一定要细致认真，同时尽可能降低培育成本，即实施早期断奶方法。

（一）初生犊牛的护理
初生犊牛的护理内容包括接生清除黏膜、断脐带、擦干被毛及喂初乳等。

1. 清除黏膜

犊牛应当在有充足垫料（麦秸、干草或锯末等），干燥，空气清新且有产栏的产房中出生。在犊牛出生后，为防止犊牛窒息或者死亡应首先尽快清除其口腔及鼻孔中的黏液，其次用干草或者干抹布擦除犊牛身上的黏液，以避免犊牛受凉（尤其是外界气温较低时）。

2. 断脐带

当犊牛出生时，脐带通常会被自然扯断。在脐带未被扯断的情况下，可在距离犊牛腹部 10 ~ 12 cm 处，用经过消毒的剪刀剪断脐带，之后挤出脐带当中的黏液并用碘酊完全消毒，以避免脐带炎等疾病的发生。在断脐带之后一周左右脐带就会干燥并脱落，但若长时间不干燥并有炎症发生时应当及时进行治疗。

3. 擦干被毛

断脐带后，应马上擦干犊牛，避免犊牛受凉，特别是在环境温度较低时。或者也可以让母牛舔舐犊牛直到被毛干燥，这个方法的优点是能够刺激犊牛呼吸加强血液循环，也能促进母牛子宫收缩，尽早排出胎衣；缺点是易导致母牛恋崽，进而导致挤奶困难。

4. 喂初乳

母牛分娩后第一次产出的乳汁称为初乳。初乳当中含有大量的免疫球蛋白，高达普通乳的数十倍。因为胎盘的存在使母牛在怀孕期间抗体无法进入胎儿体内，所以新生犊牛的血液中不存在抗体。新生犊牛需要摄入高质量的初乳来获得被动免疫能力，用以抵抗病原微生物的侵入。一旦犊牛没能摄入高品质的初乳，在出生后的前几天（或几周）内的死亡率将会极高。镁离子在初乳中的浓度较高，起到促进胎粪排除的作用。而较高的酸度能够刺激犊牛胃液的分泌，其较高的黏度也能够暂时起到代替消化道黏膜的作用。所以，初乳在犊牛消化系统正常运转中起到重要作用。同时，初乳所含的丰富的营养物质是犊牛优质的营养来源。

犊牛刚生后，肠黏膜组织处于弛缓状态，有利于对免疫球蛋白等大分子蛋白质的吸收。其后肠黏膜上皮逐渐收缩，出生后 24 ~ 36 h，则对免疫球蛋白不再能吸收。另外母牛乳汁中的免疫球蛋白的含量逐渐下降，到分娩 5 天后，乳汁中免疫球蛋白的含量已经同常乳相同。因此应该使犊牛在生后 1 小时内吃上 4 L 初乳，并在 2 h 内挤净初乳，称为"1 – 2 – 4"原则。

最初犊牛不会用桶饮奶，可将手洗净，伸入桶中用手指引导犊牛吸吮，犊牛在吸吮手指的同时可吸入奶水，经过 2 ~ 3 d 训练后，犊牛即能自行吸吮乳汁。

初乳可喂到 5 ~ 7 d，日饲喂量为体重的 1/8 ~ 1/6，每日 3 次，温度 35 ℃ ~ 38 ℃。初乳（产后 5 ~ 7 d）是不允许出售的。估计每产犊一次的初乳总量为 100 kg 左右，而犊牛仅能饮用 20 ~ 25 kg，剩余的部分若废弃是可惜的，可做成发酵初乳利用，这种方法是在气温较高的气候条件下保存初乳的好办法。此外还可用冷藏法保存，但这种方法需要特定的设备。

制作发酵初乳有自然发酵法和加酸发酵法两种方法。

（1）自然发酵法：适合于温度不太高的情况（20 ℃以下）。把初乳过滤，倒入清洁塑料桶内，及时盖严桶盖。放在室内阴凉处，任其自然发酵。由于初乳黏度大，故需每日搅拌

1~2次，以防凝固，一般10 ℃~15 ℃、4~6 d；15 ℃~20 ℃、2~3 d可发酵好。这样发酵初乳可使用30~40 d，超过这个天数后初乳便有异味不能再喂犊牛。

（2）加酸发酵法：当气温超过20 ℃时，可加入1%丙酸（或乙酸、甲酸），以防止养分过分损失和腐败。加入酸后经充分搅拌后处理方法同自然发酵法。另外，在初乳中加入0.1%的福尔马林溶液（含37%甲醛溶液）制成的发酵初乳效果也很好，在25 ℃以上的气温条件下也可保存2周以上。

初乳经发酵后总的干物质有所下降，其主要成分也有不同程度的减少，但细菌总数增加了15.6倍，其中主要是对犊牛有利的乳酸链球菌。大量的乳酸菌进入犊牛肠道，可以抑制有害菌种的发育，使犊牛下痢明显减少，体尺和体重也普遍高于或不低于常乳培育犊牛，而且费用降低。

在饲喂时对发酵的初乳一定要先确定其安全程度。一般新鲜初乳的pH为6.6，发酵好的初乳pH为4.2~4.4，这种状态可维持约40 d，其后会发生腐败，pH升高，因此发酵初乳一定要尽早饲喂。发酵好的初乳应呈微黄色，有乳酸香味，呈豆腐脑状，若发现有腐败变质臭味，应废弃。

饲喂时，以2~3份初乳加1份水来稀释，这样其干物质含量接近全乳，稀释后初乳喂量与常乳喂量相同。

（二）犊牛的早期断奶

肉牛和役牛基本上是随母牛自然哺乳，而乳用犊牛则采用人工哺育，这样便于犊牛的管理和母牛的榨奶。

乳用犊牛的哺育方法可分为早期断奶法（30~42日龄）和非早期断奶法（一般3个月）。犊牛若不限奶量和哺乳时间，虽然前期生长发育好，但成本高，且不利于后期对粗饲料的利用，因此不宜提倡。现在一般的饲养场和饲养者均在努力向早期断奶方向发展，国内一些地方也采用了这种方法，在国外早期断奶已经相当普遍。

1. 早期断奶的依据和意义

在旧的哺育方式下，犊牛喂奶量在600~800 kg，犊牛消耗大量鲜奶，有些地方哺乳期达5个月以上，哺育费用很高。另外，大量使用鲜奶不利于瘤胃的发育。大量的研究证明，在生后尽早补喂固体料（精料干草），减少鲜奶用量，可促进犊牛瘤胃的发育，瘤胃的发育程度对后期奶牛利用粗饲料的能力有很大影响，发育越早，后期利用粗饲料的能力越强。再者全部使用鲜奶会导致犊牛营养摄入的不平衡。例如，体重50 kg、日增重0.5 kg的犊牛，若喂给全乳（乳脂率3.7%），当全乳用量达到满足蛋白质需要时，却仅能满足消化能需要量的66%。此外全乳中Fe和维生素D含量较少，不能满足犊牛的需要，必须用适当的饲料（如犊牛开食料等）来补充。

许多研究和实践证明，尽管早期断奶的犊牛早期生长发育稍落后于高奶量长期间培育犊牛，但后期均可利用补偿代谢赶上，而且尚未发现早期断奶牛后期产奶量低。因此对早期断奶的优点是不应该怀疑的。

2. 搞好犊牛早期断奶的几项关键措施

早期断乳成败的关键一是犊牛开食料及代乳料的配制；二是饲养管理是否精细。

（1）开食料的配制及喂法。开食料也称犊牛代乳料，是根据犊牛的营养需要用精料配制的。在犊牛瘤胃发育的过程中开食料有重要的作用，不仅能为犊牛提供充足的营养，还能提高日增重水平。特别是在较为寒冷的地区，为犊牛提供充足的开食料能够降低发病率和死亡率。它的作用是促使犊牛由以乳为主的营养向完全采食植物性饲料过渡。它的形态为粉状或颗粒状，从犊牛生后第2周使用，任其采食。

在低乳饲喂条件下，犊牛采食代乳料的数量增加很快。至30日龄时，如果犊牛每日可采食1 kg代乳料，就可断乳，并限制代乳料的给量，逐渐向普通代乳料过渡。这时，每头犊牛共消费20～30 kg代乳料（或开食料）。犊牛开食料主要营养指标和配方可以参考表3－3。

表3－3　犊牛开食料主要营养指标和配方

组成	1	2	3	4	5
脱脂奶粉	78.5%	72.5%	78.4%	79.6%	75.4%
动物性脂肪	20.2%	13%	20%	12.5%	10.4%
植物性脂肪		2.2%	0.2%	6.5%	5.5%
大豆磷脂	1%	1.8%	1%	1%	0.3%
葡萄糖					2.5%
乳糖		9%			
谷物					5.4%
维生素和矿物质	0.3%	1.5%	0.4%	0.4%	0.5%
合计	100%	100%	100%	100%	100%

（源自王根林. 养牛学. 2014）

（2）人工乳的配制及利用。为了节约鲜乳，降低培育成本，一般可在犊牛生后10天左右用人工乳代替全乳。在这种情况下，全乳的用量可以减少到32～45 kg。有的甚至减少到20 kg或20 kg以下。

为了保持人工乳的"正常"化学组成，要求1 kg干物质中含有：脂肪200 g、粗蛋白质240～280 g、碳水化合物450～490 g、灰分70 g。但是，由于新生犊牛对淀粉的消化能力很弱，因此必须将其控制在5%～10%以内。

从生理学的角度讲，人工乳应当是流体状的、易保藏、有较好的悬浮性及适口性。适口性很重要，如果犊牛不思饮食，食道沟闭合反射就不会发生，液体状的饲料就会进入瘤胃，以致经常出现肚胀。

经过大量试验，可以用作人工乳的非乳蛋白质资源有：大豆（占40%左右的蛋白质）、鱼粉（占40%~70%的蛋白质）、小麦、豌豆、马铃薯或菜籽饼和单细胞蛋白等。后面几种蛋白资源，只要用量不过高，一般不会产生不利影响。单细胞蛋白质可以占所需蛋白质的7%~22%。

人工乳比开食料具有较高的营养价值和较低的纤维素含量，其中蛋白质（>21%）和维生素的含量应更高。例如，瑞典市场出售可以存放6个月以上的人工乳的成分及质量分数是：

脱脂乳粉	69%	动物脂肪	24%
乳糖	5.3%	二价磷酸钙	1.2%

此外，1 kg人工乳粉加35 mg四环素和适量的维生素A、维生素D、维生素E，此种人工乳粉为白色粉状，含可消化粗蛋白质22%以上。

由于乳制品来之不易，故价格比较昂贵。近年来用大豆蛋白质的浓缩物和特殊加工的大豆粉代替乳蛋白质。例如，将充分煮熟的大豆粉用酸或碱处理后加入人工乳中，用此种饲料喂犊牛，从初生到6周龄，平均日增重500 g；而未经处理的对照组，第1、2天犊牛就因拉稀而减重。

大豆粉的具体制作方法是：先将大豆粉用0.05%的氢氧化钠溶液处理，在37 ℃下焖7小时，随机用盐酸中和至中性，然后再与其他原料（如淀粉、氨基酸等）混合，经巴氏灭菌后冷却至35 ℃，最后加入维生素。按体重的1/10喂给。具体配方详见表3-4。

表3-4 用碱或酸处理大豆粉的代乳料具体配方

原料	每50 kg液体代乳料的含量/kg
豆粉	5.0
氢化植物油	0.75
乳糖	1.46
含5%金霉素的溶液	0.008
蛋氨酸	0.044
混合维生素	0.124
微量元素	0.037
丙酸钙	0.304

（源自邱怀. 牛生产学. 1995）

3. 早期断奶的实施方法

（1）全乳和开食料混合使用。该方法断奶时间在 6 周龄，全期共用鲜奶 150 kg，开食料 17 ~ 23 kg。

① 最初第一周喂初乳，每天 5 kg。

② 从第 8 天开始每天喂全乳 4 ~ 4.5 kg。

③ 第 10 天开始喂开食料和干草。开食料从 100 ~ 150 g 开始逐渐增加，开始时可在喂奶快结束时把料倒入奶桶，令犊牛吮食，4 ~ 5 天后犊牛习惯后可直接干喂，每天饮水量同食料量相同。这样到 42 天左右时，犊牛可食入 1 000 ~ 1 200 g 开食料，可断奶。其间选优质柔软的干草供自由采食。

④ 在断奶前后，奶量逐渐减少到停喂，开食料也应逐渐增加，以防料奶变换太快，引起犊牛消化不良。

⑤ 断奶后逐渐增加开食料喂量，到 3 月龄时，开食料喂量达到 2 400 ~ 2 500 g，然后转用普通精料，同样换料要逐渐进行。其间干草供自由采食，饮水量应逐渐增加。

（2）全乳、代乳品和开食料混合使用。采用该方法代乳品可代替部分鲜奶，鲜奶用量可控制在 100 kg 以内。实施时，第 1 周同上，喂 7 天初乳。从第 8 天开始每天喂 2.5 kg 全乳、400 g 代乳品和少量开食料，其后开食料喂量逐渐增加，到第 21 天时适当减少奶量和代乳品喂量。到第 28 天时犊牛可食入 700 ~ 800 g 开食料，即可逐渐停止鲜奶和代乳品，断奶时间在 1 月龄左右。其后开食料用量逐渐增加，喂到 90 日龄（3 月龄）时改用一般的精料。干草从第 10 天开始供自由采食。

（三）犊牛的健康管理

无论采用何种培育方式，都应该加强犊牛的健康管理，否则易造成犊牛的损失。

1. 维持犊牛舍卫生

刚刚出生的犊牛对于疾病几乎没有抵抗力，应当在避风、干燥，且不与其他动物有直接接触的单栏内饲养，以降低发病率。直到断奶后 10 d，都应采用单栏饲养，且需要观察犊牛的精神状况和采食量。犊牛舍内应当有通风装置，保持舍内光照、通风良好、温度适宜且需要及时更换垫草。当犊牛被转移后，牛栏需要清洁消毒。

2. 建立稳定的饲喂制度

犊牛饮用的鲜奶品质要好，凡患有结核、布氏杆菌病和乳房炎的牛的乳不能喂犊牛。而实际上有些饲养者将坏奶喂给犊牛，这种做法是错误的。在夏季最好是挤后立刻饮喂，否则如保存不好，奶易变质。喂奶时温度要保持在 35 ℃ ~ 38 ℃，奶温不能忽高忽低。每天饲喂时间要固定，这样能使犊牛的消化器官形成规律性的反射，否则会扰乱犊牛的正常消化规律。奶的喂量应按规定标准供给，不要喂得过多。

3. 每日要多次观察犊牛，发现问题尽快处理和解决

（1）测体温。体温是健康的标志，发育健康的犊牛其体温是基本稳定的。一般犊牛的正常体温在 38.5 ℃ ~ 39.5 ℃，育成牛 38.0 ℃ ~ 39.5 ℃，成年母牛 38.0 ℃ ~ 39.0 ℃。当有

病原菌侵入时，机体会发生防御反应，同时产生热量，体温升高。当犊牛体温达 40 ℃ 时称为微烧，在 40 ℃ ~41 ℃ 时称为中烧，在 41 ℃ ~42 ℃ 时称为高烧。发现犊牛异常时，应先测体温并间断性多测几次，记录体温变化情况，这有助于对疾病的诊断。

（2）测心跳次数和呼吸次数。刚出生的犊牛心跳很快，每分钟 120 ~190 次，以后逐渐减少。心跳次数的正常值为：哺乳期犊牛 90 ~110 次/min，育成牛 70 ~90 次/min，成牛 65 ~85 次/min。呼吸次数的正常值为：犊牛 20 ~50 次/min，成牛 15 ~35 次/min，在寒冷条件下呼吸次数稍有增加。健康犊牛的呼吸方式为胸腹式，是在胸部和腹部的协调作用下完成的。在犊牛患肺炎时，肺呼吸面积缩小，胸式呼吸加强，而且伴有咳嗽、流鼻涕和流眼泪等症状，应同时注意观察。

（3）观察粪的形状颜色和气味。观察刚刚排出的粪便可了解消化道的状态和饲养管理状况。哺乳期中犊牛若哺乳量过高则粪便软，且呈淡黄褐或灰色；黑硬的粪便则可能是由于饮水不足造成的，受凉时粪便多气泡，患胃肠炎时粪便混有黏液。而正常的牧牛粪便呈黄褐色，开始吃草后变干并呈盘状。犊牛在发生下痢的情况下粪便变稀、恶臭，粪中混有黏液或血液、带气泡，此外还伴有全身症状，且排粪次数增多（一般正常犊牛，在哺乳期每天排粪 1 ~2 次）。

（4）观察犊牛的精神状态。当哺乳接近犊牛时，健康的犊牛会双耳伸前，抬起头迎接饲养员，犊牛双眼有神，呼吸有力，动作活泼。而健康状态不良的犊牛则低垂头、垂耳，两眼失去活力。

4. 控制下痢和肺炎

下痢和肺炎是犊牛常见的两种多发症，在第一周发病率最高，约占死亡总数的 50%。

（1）下痢。下痢是对犊牛危害最大的病症。根据发病原因，可分为病原菌感染（细菌和病毒）和营养性下痢两种。

前者感染是由于奶具、饲槽不洁及畜舍卫生条件不良造成的，因此须加强卫生管理。而后者多是由于饲喂不当造成的。例如，全乳喂量过多，品质不良；代乳品碳水化合物含量过高，油脂添加不足；开食料喂量过多，转换过快等。另外，奶温不定、牛床无垫草、饮水过多等也可导致下痢。

下痢除根据粪便状态来判定外，还可以根据犊牛后躯是否被稀便污染、犊牛精神是否倦怠等协助判断。下痢治疗原则是尽早发现尽早治疗。犊牛发生下痢后首先减少全乳用量，减少或暂停使用代乳品或开食料，使消化道得以暂时休息。同时配制矿物质补液来补充下痢犊牛体液的大量损失。

矿物质补液的配方是碳酸氢钠（$NaHCO_3$）、氯化钠（$NaCl$）、氯化钾（KCl）和硫酸镁（$MgSO_4$）按 1∶2∶6∶2 比例配成，大的牛场可先配成储备液，用时可加些葡萄糖、维生素或其他矿物质成分。

每头犊牛每天补上述矿物质成分 20 g，分两次补入，每次加 1 kg 水稀释。一般轻度下痢，若发现及时，采用上述方法及时补液可使犊牛较快恢复。较严重的也可用些氯霉素片，按 1 kg 体重 10～20 mg 比例给药；乳酶生每日 2 g，酵母片 5 g。特别严重的应该请兽医师协助治疗。

（2）肺炎。肺炎发病的原因主要有环境温度骤变、牛舍粉尘过大、氨气浓度过高。患牛胸式呼吸加强，食欲不振、喜卧、鼻镜干、体热、精神沉郁、咳嗽，鼻孔有分泌物流出。

治疗可采用药物治疗结合护理配合。轻度的按每千克体重 1.3 万～1.4 万单位青霉素，3.0 万～3.5 万单位链霉素，加适量注射水，每日肌内注射 2～3 次。病重者可静注磺胺二甲基嘧啶（1 kg 体重 70 mg），维生素 C（1 kg 体重 10 mg），维生素 B$_1$（1 kg 体重 30～50 mg），5% 葡萄糖盐水 500～1 500 mL，每日 2～3 次。

总之对上述两种病症应该以预防为主。除上述方法外还应该对牛舍定期用 0.1% 碱水消毒，保证牛舍通风良好，阳光充足，同时应对犊牛定期刷拭。如果发现有的犊牛发病，应尽早隔离，以免发生交互传染。犊牛在 2 个月以内应单栏饲养，且栏之间应保持一定距离，否则犊牛互相吮吸也可能造成疾病的传染。由于现在多用奶桶直接饮奶，因此吮乳行为难以满足，犊牛到处吮吸，吮吸多发生在刚饮完奶后，饲养员应适当制止。

目前在美国、日本等国，犊牛哺喂多用"犊牛岛"技术[①]在野外进行，无论春秋冬夏。这样可以大大减少疾病发生，使犊牛强壮。

总之，犊牛培养是个细致工作，饲养员一定要精心管理，保证使牛成活和强壮。

另外，犊牛应在 10 天左右断角，用电热烙铁破坏其角的生长点，这样便于日后的管理。犊牛还应该戴上耳标，定期称重和测量体尺以鉴定饲养管理是否适当。

三、青年牛的饲养管理

对于乳用牛，国内过去常将奶牛从断奶至第一次怀孕分娩分为两个年龄段：从断奶到配种前称为青年牛；从配种后到初次分娩称为育成牛。而在国外这个年龄阶段的牛统称为 heifer，可以译为青年牛（或小母牛）。同成年母牛相比，它不产奶，相对的培育费用较高。另外，该期饲养管理是否适当还直接影响其体形、体重和乳腺的发育，影响其终身泌乳性能。因此决不能忽视青年牛的培育。

大量的研究和实践表现，给青年牛提供的营养水平过低则青年牛发育迟缓，在初配时体格过小，乳腺发育受阻；营养水平过高导致青年牛过肥，培育费用增高，同时脂肪易沉积在乳腺内，使终身产奶量下降。因此饲养青年牛一定要做到"适度"，既要保证在初配时达到一定的体格体重又不要过分。为实现上述目标，就必须研究和了解青年牛的生长发育规律，并在牛体实践中进一步摸索。

（一）青年牛生长发育特点

在青年牛阶段增重较快，在断奶至性成熟阶段体长变化大，在满 1 周岁后，牛在体躯宽深及胸围、腹围方面变化最大。牛的生长发育速度受营养水平的影响很大，同时不同品种和

---

① 编辑注："犊牛岛"技术即户外犊牛单独围栏饲养技术。

个体间也有差异。

青年牛和成年母牛的瘤网胃比例基本相似，但相对容积仍会增加。青年牛因为饲料当中粗饲料含量高（>70%），所以全天约1/3的时间在进行反刍。当其到达12月龄以后，青年牛的消化器官就已经发育接近成熟。

假设现有两个不同体重的成年奶牛个体（月龄相同），且都将在23月龄产犊，那么所要的日增重必然不同（0.71 kg/d 和 0.97 kg/d，表3−5），所以日粮所能够提供的能量与蛋白质也应不同，以满足不同的增重需求。而且当两者体组织组分相同时（如蛋白质含量、脂肪含量和空腹体重），则其体重中占成年体重的比率也应是相同的，当二者体重不同时，则它们占成年体重的比例也是不同的（图3−1）。

表3−5　不同成熟体重和初产月龄对日增重的影响

成熟体重/kg	初产月龄/月	当前月龄/月	当前体重/kg	初产体重/kg	初配体重/kg	怀孕月龄/月	日增重/(kg·d⁻¹)
636	23	6	182	541	350	14	0.71
750	23	6	182	638	413	14	0.97
750	25	6	182	638	413	16	0.78

（源自王根林. 养牛学. 2014）

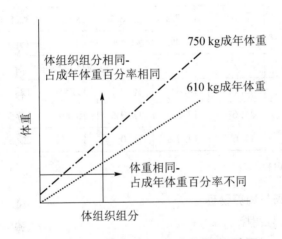

图3−1　成年体重与体组织成分关系示意图

青年牛体重占成年牛体重的比例越低，其沉积蛋白的比例越高，这样能防治后备牛脂肪沉积过多（表3−6），并且达到相同水平的日增重时，所需的增重净能（不包含维持净能）也较低。例如，成熟体重为650 kg的奶牛，当前体重为314 kg和376 kg，且增重水平为0.8 kg/d时，所需的增重净能分别为11.4 MJ/d和13.1 MJ/d，相差1.7 MJ/d。该数据同时也说明后备牛的月龄越小，在获得相同增重水平时所要的营养或培育成本就越低。

表3-6　生长阶段与增重需要量和体组成的关系

成熟体重/kg	生长需要量						
	生长过程中的空腹体重/kg						
478	200	250	300	350	400	450	500
600	250	314	376	439	500	565	627
650	272	340	408	476	544	612	680
空腹增重/(kg·d⁻¹)	NEg需要量/MJ·d⁻¹						
0.6	7.0	8.3	9.5	10.7	11.8	12.9	14.0
0.8	9.7	11.4	13.1	14.7	16.2	17.7	19.2
1.0	12.3	14.6	16.7	18.8	20.8	22.7	24.5
空腹增重/(kg·d⁻¹)	增重蛋白比例						
0.6	20.4%	19.5%	18.8%	18.0%	17.3%	16.6%	16.0%
0.8	18.7%	17.6%	16.5%	15.5%	14.6%	13.6%	12.7%
1.0	17.0%	15.6%	14.2%	13.0%	11.7%	10.5%	9.3%
空腹增重/(kg·d⁻¹)	增重脂肪比例						
0.6	5.9%	9.7%	13.2%	16.6%	19.9%	23.1%	26.2%
0.8	13.6%	18.7%	23.6%	28.2%	32.8%	37.1%	41.4%
1.0	21.4%	27.9%	34.1%	40.1%	45.6%	51.5%	56.9%
空腹增重/(kg·d⁻¹)	空腹体重体脂肪						
0.6	11.6%	10.8%	10.9%	11.5%	12.3%	13.4%	14.5%
0.8	11.6%	12.5%	13.9%	15.6%	17.5%	19.4%	21.4%
1.0	11.6%	14.2%	17.0%	19.9%	22.8%	25.6%	28.5%

（源自王根林. 养牛学. 2014）

（二）青年牛的生长与饲养管理

1. 青年牛目标生长与调控

青年牛具有较强的抗病能力和较快的生长发育速度。在青年牛饲养管理的主要目标为：在13~15月龄时能达到成年母牛52%~55%的体重，在分娩时能达到成年母牛82%~85%的体重（表3-7）。

牛场的经济效益与青年牛的生长速率息息相关。若初产体重过小会影响产奶量，且第一个泌乳期的受胎率有可能会降低；但摄入能量过多则有可能导致胎儿过大，易发生难产，增加胎衣不下、酮病等疾病的发生率。青年牛的生长速率对初情期的时间和头胎产犊月龄也有很大影响。当青年牛生长缓慢时（日增重小于0.35 kg），初情期可能会推迟到18~20月龄；

而当青年牛生长过快时（日增重大于0.9 kg），则可能在9月龄就开始发情。

表 3–7　后备牛目标生长的理想体重

类别	占成年体重比例	成年体重/kg		
		409	591	800
初配	55%	225	325	440
初产	85%	348	502	680
二胎产后	92%	376	544	736
三胎产后	96%	393	567	768

（源自养牛学. 王根林. 2014）

近年来，有些学者提出最佳青年母牛生长速度，以降低饲养成本，获得最佳生产性能。核心内容为先设定初配月龄、初配体重、初产体重和初产月龄，再根据这些结果计算平均日增重（average daily gain，ADG），最后根据 ADG 提供相应营养素。

2. 青年牛7月龄至配种前的饲养和管理

（1）青年牛7月龄至配种前的饲养。该阶段的主要目标是经过合理的饲养后使奶牛能达到理想的体重、体形标准并且性成熟按时配种受胎。

该阶段是青年牛达到生理上最高生长速度的阶段，在饲料供应上应当满足其快速发育的需要，避免因生长受阻而影响其终生产奶潜力的发挥。尽管此时期青年牛能够较多地利用粗饲料，但是在初期瘤胃容积有限且供给量一般为体重的 1.2% ~ 2.5%，单靠粗饲料难以满足快速生长的需要，所以需要在日粮当中补充一定量的精饲料。精饲料的添加量需要依据粗饲料的质量进行调整，当粗饲料（苜蓿干草、玉米青贮等）质量较好时，精饲料仅需 0.5 ~ 1.5 kg/d；如果粗饲料质量一般或较差（如麦秸、玉米秸秆等），精饲料则需 2.0 ~ 2.5 kg/d。同时需要依据粗饲料的质量来确定精饲料的蛋白质和能量浓度，使青年牛的饲粮蛋白达到 14% ~ 16%。

（2）青年牛7月龄至配种前的管理。该阶段饲养管理的主要评价标准包括：①总死亡率低于1%；②总发病率小于4%；③日增重 0.75 ~ 0.90 kg；④13月龄时达到成年母牛体重的 52% ~ 55%。然而生产中，有些牛场常会忽视该阶段青年奶牛的饲养管理，进而出现发育受阻、四肢细高、体躯狭浅、发情和配种延迟等问题，导致泌乳潜力在成年时不能充分发挥，造成经济损失。根据不同牛场的实际生产条件，应当将不同月龄的青年牛分群饲养管理，例如，12月龄和12月龄至怀孕前的牛分群饲养，且要尽量避免单头转群，应采用群体转群，即 5 ~ 10 头青年牛一起转群，从而减少转群应激。

3. 青年牛怀孕至产犊阶段的饲养和管理

（1）青年牛怀孕至产犊阶段（一般为 13 ~ 15 月龄至 22 ~ 24 月龄）的饲养。

青年牛怀孕时一般可使用配种前的日粮。但当青年牛怀孕至分娩前3个月，因为胎儿的快速发育和青年牛自身的生长需求（1.2 ~ 1.5 kg/d），需要提供额外的精饲料（1.0 ~

1.5 kg/d）。如果该阶段营养不足，将影响青年牛的分娩体重和胎儿发育；如果营养过剩，也会导致过肥，引起难产、产后综合征等问题。

将怀孕青年牛产前 2~3 周转群至干燥、清洁的环境饲养。该阶段的饲粮能量浓度应为 5.8~6.0 MJ/kg，蛋白水平为 13.5%~14%，且要减少高钾饲料的使用量。研究表明，将产前青年牛和产前成年母牛分群饲养，能提高青年牛的干物质采食量，减少产后疾病发病率。

（2）青年牛怀孕至产犊阶段的管理。该阶段饲养管理的主要评价标准包括：①总死亡率低于 1%，流产率低于 3%；②总发病率小于 2%；③增重 0.8~1.3 kg；④分娩时体重为成年母牛体重的 82%~85%，体况评分为 3.0~3.5（1~5 分标准）。

四、泌乳牛的饲养管理

（一）对奶牛体各部位形态的要求

牛的外貌或外形是身体结构的外部形态，牛的体质则是生产性能、生理功能、抗病力、机体形态结构、对外界的适应能力等因素相互协调性的综合表现（图 3-2）。体形外貌与生产性能和健康程度之间存在着内在的联系，在奶牛选种时，除注意产奶量和乳脂外，还应注意对体质外貌的选择，以达到功能和结构的协调统一。

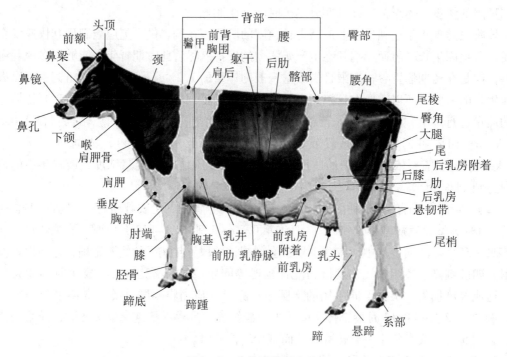

图 3-2　牛体表部位名称

过去，在奶牛育种中曾发生过片面强调产奶量而忽视体质外貌的情况，结果导致奶牛体质过于细致，抗病力差，尤其是利用寿命缩短。现在，已经把奶牛外貌线性评定的结果纳入综合育种值，以避免重蹈覆辙。

对于奶牛来讲，挑选时应注意以下方面。

1. 一般外貌特征

乳用特征是奶牛必备的特征。从整体来看，其外形上的基本特点为：小型牛小巧玲珑，大型牛体格高大。整体结构匀称，骨细皮薄，血管显露，被毛细短且有光泽，肌肉不发达，脂肪沉积不多，胸腹宽深，乳房和后躯发达，乳静脉明显，后躯比前躯发达，属于细致紧凑型体质类型。奶牛的体形从侧视、前视、上视呈 3 个楔形，亦称谓 3 个三角形，如图 3 - 3 所示。

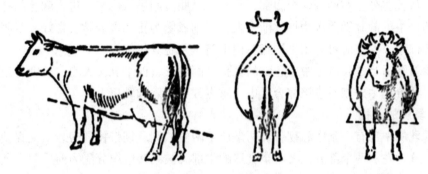

图 3 - 3　乳用牛楔形体形模式图

2. 头颈部

母牛颈与肩部结合自然平滑，要长而优秀，具有母牛形象。公牛头颈部强壮有力，给人一种雄性姿态。

3. 耆甲、肩、胸部

耆甲要长，肩部与体壁贴紧又有适当倾斜。胸部要求肋骨长，弯曲开张适度，肋间腺宽。胸部宽深则表示心肺发育良好。

4. 背腰腹部

背腰部要求长直而宽平，与各部位结合良好。腹部要求有一定容积，但公牛腹部不宜过分大，否则会影响配种。一定容积的腹部是充分采食饲料的标志。

5. 后躯

后躯是评价奶牛的重要部位。尻部要求长宽而略有倾斜，这样有利于乳房的充分展开和附着，同时有利于母牛的繁殖。对于生殖器官，公牛要求左右侧睾丸发育好，且对称。睾丸过小或下垂过大，不宜作种用。

6. 肢蹄

牛的体重须肢蹄支持，同时行走和放牧是否正常也与肢蹄有关。肢蹄对保证奶牛健康状况有重要意义。肢蹄要求坚固有力，蹄部与小腿结合部的角度不宜过大或过小。蹄的质地要坚实、致密，里外侧蹄大小相等，整个蹄近似圆形。

前后肢有力灵活，后肢关节处弯曲适当，这样的奶牛腿蹄部的耐力大。后肢支撑着体重的大部分重量，它的强壮与否对奶牛的利用寿命有很大影响。

7. 泌乳系统

泌乳系统是评价奶牛的最重要部位。理想的乳房是附着良好，结构匀称，容积大，长度、深度适当，乳区分明，手感弹性好，前乳房向腹部前延伸，后乳房向股间的后上方充分延伸，呈浴盆状。

发育好的乳房腺体组织占75%～80%，结缔组织和脂肪组织占20%～25%，挤奶前后容积变化不大。山羊乳房、悬垂乳房都是严重的缺陷，在选育时应当淘汰。

乳静脉从乳房分左右两条延至腹部，在八、九肋骨间进入胸腔，进入胸腔的孔道称为乳井。优良的奶牛乳静脉随胎次增加逐渐变大，直到成熟为止。乳静脉发育好，表明血液循环好。乳井应该粗，鉴定时可以用不同指头向里挤压判定其粗细。

乳头要粗细适当，长度适中，正常的乳头呈圆柱形，四个乳头大小、长度一致，配置匀称。总之，评价奶牛外貌时应该综合考虑，重点放在后躯和乳房上。

（二）乳房的结构

在牛的乳房中部有一条中悬韧带和两条位于两侧的侧悬韧带将乳房悬吊在腹壁上。中悬韧带将乳房分为左右两个部分，每一半乳房的中部又被结缔组织分隔为前后两个乳区，于是整个乳房就被分成了前、后、左、右四个乳区。各乳区间互不相通，且每个乳区都有独立的分泌系统和一个乳头（图3-4、图3-5）。

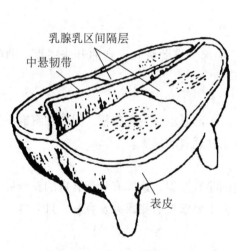

图3-4 乳房内部结构示意图

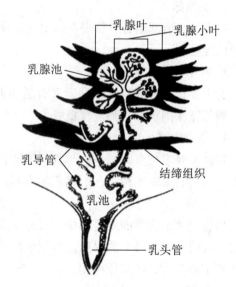

图3-5 乳导管和乳腺泡系统

乳房中主要有两种组织：一是由乳腺导管系统和乳腺泡组成的腺体组织或实质；二是由脂肪组织和纤维结缔组织组成的间质，它起支持和保护腺体组织的作用。此外，乳房内还分布着丰富的血管和神经组织。乳腺泡是乳腺中的最小单位，由一层分泌上皮细胞组成，中心的空腔称为乳腺泡腔，是生成乳汁的部位。每个乳腺泡都连接有一条细小乳导管，无数的细小乳导管连接形成的葡萄穗状组织称为乳腺小叶，许多的乳腺小叶又由小叶导管连接构成乳腺叶。乳腺导管系统包括一系列复杂的腔道和管道，导管起始于细小乳导管，相互汇合形成中等乳管道，再汇合形成粗大乳管道，最后形成乳池。乳房下部以及乳头内储存乳汁的较大腔道称为乳池，可分为乳头乳池和乳腺乳池两个部分，经乳头末端的乳头管向外界开口。经由乳腺泡分泌的乳汁都是通过这样的导管系统汇入乳池。奶牛的每个乳区都有一个乳池乳头管。

当围绕在乳腺泡和细小乳导管外的一层细胞收缩时，可以让积蓄在腺泡当中的乳汁排除。较大的乳池和乳导管由平滑肌构成，乳的排出过程需要这些肌肉的参与。平滑肌纤维排列成环形围绕在乳头管周围，形成乳头管括约肌，可以使乳头孔在不排乳时保持闭锁。在犊牛吮吸或挤奶时，能使乳汁通过乳头孔排出体外。

机械和温度等外感受器广泛存在于乳房和乳头皮肤中，而化学、压力等感受器则广泛存在于乳腺内的腺泡、血管、乳导管中，所有这些感受器和神经纤维保证了泌乳活动的反射性调节。

（三）奶牛的营养生理特点

了解奶牛的营养生理特点有利于我们充分认识奶牛饲养管理的一些特殊之处，养好和管好奶牛。

1. 奶牛的营养分配和利用

在奶牛对营养物质的消化和利用过程中，粪能是能量损失的主要形式，占食入总能的30%~32%，约有70%的能量转化为消化能（DE），尿能、甲烷能和体增热又消耗食入总能的30%左右，只剩下40%净能用于生产。在净能中约有1/3的部分用于维持需要，其余的才用于生产。

从利用顺序上看，维持需要是第1位，其次是繁衍后代。最初牛的产奶性能也是为繁衍后代，后来经过人们长时间的选择，才成为可供人们利用的、具有很高生产力的性能。对于成年母牛来讲，自身增重处于营养分配的最后位置。因此当营养满足不了需求时，奶牛为了产奶会动用自身的体组织成分。

奶牛动用自身的体组织成分主要是在产奶前期（产后0~70 d），因此在该时期应尽量满足其营养需求，防止其体重下降过多，尤其是高产奶牛。

2. 泌乳阶段的高生产力及其对营养物质的需求

奶牛是一种高生产力的反刍家畜。一头体重600 kg、年产6 000 kg乳汁的奶牛，若将产奶量换算成干物质（乳汁中干物质质量分数11%~14%），不包括所产的一头犊牛，则仅产奶一项其提供的畜产品就超过其自身体重。如此高的生产力是其他家畜难以比拟的，同时也意味着其较高的生产负荷。

据报道，奶牛每产1 kg奶，就需有500 kg血液从心脏到乳房然后再回归心脏，同时需要大量的营养物质用于产奶。因此必须为奶牛提供充足的营养物质，否则难以维持高生产性能。

3. 泌乳牛日粮精粗料比例对奶牛健康和生产的影响

许多研究和生产实际证明，高精料对奶牛不利，日粮中应该保证精粗料的适宜比例。干草青贮的供给量至少应占干物质量的 1/3。饲料干物质中至少应含粗纤维 15%。高精料会导致乳酸菌大量增殖，使瘤胃酸度增高，抑制或杀死其他瘤胃微生物，造成瘤胃的代谢紊乱，导致食欲不振、瘤胃膨胀等不适，同时会使乙酸比例下降，乳脂率降低。选用的粗料应是优质的，若使用秸秆类饲料，则最好经过氨化等方法处理，且和一些优质粗料搭配饲喂，否则难以满足奶牛的营养需求。

4. 奶牛泌乳期产奶量的变化规律

母牛分娩后在甲状腺索、催乳素和生长激素的作用下开始泌乳，直到干乳期（大致 305天）。在产奶期每日或每月的产奶量变化均呈现一定的规律，描述这一规律的曲线就是泌乳曲线。

一般奶牛产后产奶量逐渐增加，在 6～8 周时达到泌乳高峰，维持一定时间后开始下降。到产后 200 天左右，由于受妊娠的影响，产奶量进一步下降，直到干乳期停止泌乳。

如图 3-6 所示的奶牛泌乳曲线显示了奶牛平均产奶变化情况，并非每头个体牛均为平滑曲线，因个体牛在泌乳期内受到很多因素的影响，故其产奶量的变化会呈现折线形状。

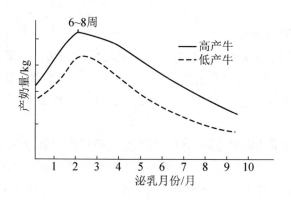

图 3-6 奶牛泌乳曲线

从奶牛泌乳曲线中，可以看出最高日（或月）产奶量，另外曲线下部，横纵坐标间的面积就是泌乳期的总产奶量。决定泌乳曲线形状的主要因素有两个，即最高日产奶量和泌乳持续性。

（1）最高日产奶量：许多研究和实际已经充分证明，最高日产奶量同总产奶量间具有强正相关（相关常数 0.7～0.9）。它反映的是乳房内乳腺泡总数及其分泌活动达到最佳状态时的产奶量，也就是说它在一定程度上说明了奶牛的泌乳潜力，对于同一头奶牛来讲，不同的胎次间，其最高泌乳量间也存在着很强的相关性。

最高日产奶量同 300 天总产奶量间的关系可见表 3-8。

表 3 – 8 　最高日产奶量同 300 天总产奶量间的关系

最高日产奶量/kg	300 天总产奶量/kg
15	2 711 ~ 4 117
20	3 610 ~ 5 016
25	4 509 ~ 5 915
30	5 408 ~ 6 814
35	6 307 ~ 7 713
40	7 206 ~ 8 612

（源自姬作义. 高产奶牛的培育和饲养. 1992）

（2）泌乳持续性：泌乳持续性是指达到最高日产奶量后维持高产的能力，可用产奶量的下降速度表示。产奶量下降得越慢，泌乳曲线越平稳，则泌乳持续性越高。泌乳持续性的计算方法有很多种，如可利用泌乳均稳指数 L。

$$L = H^W$$

其中：H——最高日产奶量；

W——最高产奶量之后若干天内平均日产奶量/最高日产奶量。

一般初产牛最高日产奶量比较低，但持续性好，随胎次增加最高日产奶量增加，泌乳持续性逐渐下降。因此最高日产奶量越高则维持其高产奶量而少下降些的困难性越大。

一般奶牛达到高峰期后可维持 20 天左右的高生产力，然后以每月 4% ~ 8%的速度下降。为获得高产，应提高最高日产奶量，同时应尽量减缓产奶量的下降速度。这些问题都需在饲养时充分考虑。

5. 奶牛产后泌乳期内食欲的恢复

在妊娠后期，由于胎儿增重迅速，在子宫内压迫胃肠，因此易造成奶牛产后食欲不振。一般奶牛在产后 10 ~ 12 周时才能达到干物质采食量的高峰，持续一段时间后，随妊娠进程又逐渐下降。这样干物质采食量的高峰期迟于产奶量高峰期 1 个月左右，奶牛会在泌乳初期出现营养负平衡，导致体重下降，影响奶牛的体况和配种。尤其是高产奶牛，这种矛盾越大，其受到的影响越大。

奶牛采食量大，超过肥育牛，只有保证其充足的干物质采食量才能获得高的产奶量，尤其是在泌乳前期，应尽量增加奶牛的采食量和饲料营养成分的浓度。

6. 体重变化

在泌乳前期，由于泌乳量高，采食量低，营养出现负平衡，母牛体重下降。见图 3 – 7。

一般所需采食的干物质同体重的比分别是：产奶量 10 kg, 2. 4%；20 kg, 2. 7%；30 kg, 3. 4%；40 kg, 3. 7%。

从上面介绍可知，P_1 点为奶牛的正常体重，在以后的生产过程中应该以该期体况为准，尽量保持该期的体况。在产奶高峰期时，体重下降到最低点，有些高产奶牛体重下降可达

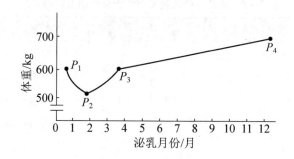

图 3-7　产奶期奶牛体重变化

（源自秦志锐. 奶牛高效益饲养技术. 1996）

P_1——分娩两周后体重，一般称为正常体重；

P_2——奶牛最低体重，时间是产后6~8周；

P_3——分娩后体重恢复到 P_1 水平，约在采食量高峰期间；

P_4——泌乳期和干乳期结束时体重；

P_4-P_1——主要是胎儿及附属产物；

P_2-P_1——泌乳初期体重下降幅度，高产奶牛下降幅度大，低产奶牛下降幅度小。

90 kg 以上，因此应防止其体重下降过大。在泌乳后期体重恢复增重，低产牛应防止过肥。

随体况体重变化，体内能量相应动用，体重下降期动用的成分用于合成乳成分。

（四）围产期奶牛的饲养管理

经实践证明，分阶段饲养是提高牛群经济效益和产奶量的有效方法。不论采用哪种饲养方式，都应采用分阶段饲养。对于一个成年母牛而言，其生产过程是循环的，奶牛的饲养管理可分为以下5个阶段：围产期、泌乳盛期、泌乳中期、泌乳后期和干乳期。

围产期是指产前15 d到产后15 d的这段时间，但是现在也有从产前3周到产后3周都按围产期饲养与管理。围产期可分为围产前期和围产后期，产前15 d为围产前期，产后15 d为围产后期。围产期奶牛的生理状况会发生突变，造成奶牛较大的应激，从而导致干物质采食量减少，影响奶牛的健康。围产期奶牛的体质较弱、免疫力差、发病率高，这一阶段的饲养管理应当以保健为主。

在将围产前期奶牛转入产房前，应对产房和牛体进行仔细的消毒与清理，减少母牛饲喂食盐的量，以防止乳房水肿的发生；饲喂低钙日粮，钙含量的下降量为1/2~2/3，并补饲维生素 D，以增加肠道对钙的吸收并提高奶牛骨钙动员能力。产前注射亚硝酸钠、维生素 E，帮助母牛排出胎衣。调整日粮阴阳离子平衡，饲喂阴离子型日粮。在围产期给奶牛饲喂阴离子型日粮能使动物产生亚急性代谢性酸中毒，亚急性代谢性酸中毒能够改变动物体内环境，激活关于钙的激素调节系统，加强肠道内钙的重吸收和骨钙的动用，从而保证在围产期奶牛血钙浓度维持在较高水平，降低其产后发病率，帮助奶牛恢复其产后采食量，并有助于在下个泌乳期提高奶牛的产奶量。

在饲养中，从产前15 d就可以开始适当增加母牛的精料，增加到5～7 kg/d，能帮助母牛尽早适应产后高精料，促进乳房发育，提高产奶量。研究表明，增加分娩前的能量摄入，特别是增加可发酵碳水化合物的摄入，能够产生额外的能量效应。这也能让瘤胃微生物提前适应分娩后的高精料营养水平，降低因突然更换引起酸中毒的可能性。同时，瘤胃乳头需要4～6周的时间来发育，因此精料从围产前期就应该开始增加，增加可发酵碳水化合物的数量可使瘤胃丙酸产量增加，从而增加葡萄糖在肝脏中的产量，减少糖原的消耗，使奶牛在产后受益。

围产后期母牛刚经历完分娩，消化能力减退，产道尚未恢复，机体较弱，乳房水肿也还未消失，因此该时期应当以恢复健康为主，不能过早催奶，否则极易引起产后疾病。

在分娩时应使母牛左侧卧躺，当分娩完成后应尽快使其站立，以防止子宫外脱和减少出血。母牛分娩会消耗大量体力，在结束后应使其安静休息，同时灌服温热的产后营养汤30～40 kg（食盐45 g、氯化钾100 g、丙二醇100 g、丙酸钙300 g、益母草膏20 g），机械灌服，该营养汤能够刺激瘤胃，恢复食欲有助于母牛排出胎衣和恢复体力。为了防止子宫炎、胎衣不下及产后瘫痪，有些牛场会在产后注射"三针"，即催产素、葡萄糖酸钙和抗生素。为减轻奶牛产后乳腺的分泌活动，并照顾母牛产后消化机能弱的特点，在产后2～3 d内饲料应该以优质干草为主，同时补饲少量精料，并在日粮当中适量增加钙的水平和食盐的含量。如果产后母牛健康、食欲良好、粪便健康、乳房水肿消退，便可以随着产乳量的增加而逐渐增加精料。在该期间应多喂优质干草，而青贮和青绿多汁饲料的喂量则要控制。饲养重点应以促使奶牛恢复健康为主，不可过早催奶。

在母牛产后不能挤净乳汁，否则易引起高产奶牛产后瘫痪。一般在产后第一天只挤奶2 kg左右，第二天挤总乳量的1/3，第三天挤1/2，第四天挤净。但是近年来我国有牛场进行过在奶牛产后一次挤净初乳的试验，证明了一次挤净初乳可使产奶高峰提前到来，表明了一次挤净初乳有提高泌乳期产奶总量的可能性；产后瘫痪发病率差异不显著；临床性急性乳房炎发病率低。产后一次挤净初乳有三点要注意：①对于体弱多病的牛和三胎以上的大龄牛，应当谨慎对待；②在挤净初乳后，应该马上进行预防性补液和补钙；③在产后3 d要使用抗生素防止感染。

在分娩后的最初2～3周，合理的饲养对成年奶牛的健康、牛奶质量、泌乳期奶量及经济效益都有着决定性的作用。在饲养管理上应做到以下几点：

（1）增加精料。每天增加0.3 kg，在分娩后7～10 d，每天精料用量达到6～6.5 kg时，保持此量。

（2）饲喂优质干草。饲喂量不低于体重的0.5%，且干草长度在5 cm以上的应占一半以上。

（3）预防酮病。该病经常发生在产后2～4周，对有酮病预兆的奶牛可通过在日粮中添加烟酸进行预防，添加量一般为5～10 g/（d·头）。

（4）日粮供给。在产犊后的10 d内严禁饲料种类突然改变；产犊前采用低钙日粮

（0.4%～0.5%），产犊后采用高钙日粮（0.7%～0.8%）；产犊后粗饲料按块根料不超过3 kg/d、青贮玉米15 kg/d、优质干草自由采食的方式供给。粗、精干物质比调整为（60∶40）～（55∶45）。

（5）加强管理。要随时注意奶牛的瘤胃功能和采食是否正常，体温是否正常，粪便是否呈水样或深黑色、是否含有大量的谷物颗粒或玉米，环境是否舒适；是否有蹄病（由酸中毒引起）；奶牛在不采食时的反刍比率是否低于30%；是否有真胃移位或酮病。如果有上述现象出现，就要及时调整饲养方案。例如，改变日粮水分、精粗比例、喂料顺序，或采用在日粮中添加1 L/d/头丙烯乙二醇（PG）、6～12 g/d/头烟酸等措施。

（五）泌乳盛期奶牛的饲养管理

从围产后期到第100 d为泌乳盛期。这一时期奶牛的身体已基本恢复，乳房软化，乳腺功能日益旺盛，产乳量增加较快，并进入泌乳盛期。在泌乳盛期如果能提供适宜的营养水平，保持较好的饲养管理，可以使高峰期延长到第120 d。

泌乳盛期是整个泌乳期的黄金阶段，这一阶段的产奶量能达到全泌乳期产奶量的40%左右。使奶牛在泌乳盛期最大限度地发挥其泌乳性能是保证高产的关键，这一阶段也最能反映出饲养管理的效果。奶牛的泌乳规律是：高产牛采食高峰通常要比泌乳高峰迟3～4周，这时就会在泌乳高峰期出现一个"营养空档"。在这一时期内，奶牛不得不动用机体储备即分解体组织以满足产奶所需的营养物质。控制体重下降在合理的范围内是保证高产、稳产和预防代谢疾病及正常繁殖的重要措施之一。采取的措施主要包括：

1. 供给优质的粗饲料

将日粮干物质采食量由占体重的2.5%～3%增加到3.5%，日粮中应含有16%～18%粗蛋白、19%的ADF（acid detergent fiber，酸性洗涤纤维）、25%的NDF（neutral detergent fiber，中性洗涤纤维）、2.4 NND（奶牛能量单位）/kg DM（dry matter，干物质），精粗比为60∶40、磷为0.45%、钙为0.8%～0.9%，并保证其他矿物质的供应摄入。

2. 采用"诱导"饲养方法

在日粮干物质的粗纤维含量不低于15%以及精粗比不超过60∶40的前提下，以每天0.3 kg的梯度增加精料饲喂量，以"料领着奶走"的原则增加至泌乳高峰期的奶量不再上升为止，最高精料用量可达12 kg/头/d左右。在诱导饲养中，当精料用量超过10 kg/头/d时，应注意牛的健康状况和食欲，必要时按原量饲喂2～3 d之后再慢慢增加精料饲喂量。

可采用"引导"饲养法饲养高产奶牛，即从产前15 d开始，在原来每天精料1.8 kg的基础上，增加0.45 kg的精料饲喂量，直到每100 kg体重饲喂1～1.5 kg精料为止，多注意观察牛群的食欲、健康反应与生产性能。产后每天继续在前一天的基础上增加0.45 kg的精料。原则是多产奶、多喂料，在能够满足优质粗饲料供给的基础上，多饲喂精料。在奶牛达到泌乳盛期后，保持精料的喂量不变，直到泌乳盛期过后再进行调整。其精料饲喂量一般如下：日产奶20 kg给料7～8.5 kg；日产奶30 kg给料8.5～10 kg；日产奶40 kg给料10～12 kg，干草4～6 kg，青贮、青饲料20～25 kg，多汁饲料3～5 kg，糟渣类饲料10 kg，精粗比（60∶40）～（65∶35）。精料中添加含 1.5%～2.5% NaHCO$_3$ 和 0.5% MgO 组成的缓冲剂。

3. 添加过瘤胃脂肪和过瘤胃氨基酸或过瘤胃蛋白

日粮当中每千克干物质应含有 2.4 个奶牛能量单位，15% 的粗纤维、16%～18% 的粗蛋白质。采用此法的优点是在提高营养浓度的同时又不降低粗饲料的采食量，保证了粗纤维的日常需要。在日粮中添加脂肪有以下 3 种途径：

（1）喂热处理（或膨化）大豆或整粒棉籽。

（2）喂饱和脂肪酸含量高的动物脂肪。

（3）喂过瘤胃脂肪酸盐，如脂肪酸钙。

但日粮中脂肪的添加量不宜过高，一般情况下，添加脂肪后在日粮中的含量不超过干物质的 6%～7%。如果日粮的脂肪含量过高，会降低纤维的利用和乳蛋白含量，影响瘤胃微生物发酵。对日产奶达 45 kg 的群体以及体况评分明显下降的个体，需要添喂脂肪酸盐，使脂肪含量在日粮干物质中达到 7%。

4. 增加饲喂次数和延长饲喂时间

据测定，高产奶牛每天需要至少 6 h 的采食时间，但是在目前传统的饲养方法下，每天饲喂 3 次，采食时间和干物质采食量不足，产奶潜力难以充分发挥。现在多采用 TMR 饲喂技术[①]，使得高产奶牛实现全天自由采食，还可以在挤奶厅增设补饲间。

（六）泌乳中期奶牛的饲养管理

从产后 101 d 到 200 d 为泌乳中期。由于进入本期时，干物质采食量已达到顶峰，而顶峰之后干物质采食量的下降幅度又远小于产奶量的下降幅度，因此，要调整日粮结构，就需要适当减少精料补充料，慢慢增加优质青粗饲料的饲喂量，力求使产奶量下降的幅度减到最低，奶牛泌乳中期每月产奶下降量要控制在 5%～7%。产后 140 d 起母牛的体重要开始增加，同时要根据母牛食欲和产奶量适当调整日粮的精粗比例，使日粮当中粗纤维含量不低于17%。按"料跟着奶走"或"以奶定料"的原则，逐渐减少精料的量。对于个体消瘦的牛而言，精料减少的幅度应当小一些。这一时期可以通过大量使用粗饲料和副料，来降低饲养成本。对低产奶牛，也要严格控制精料用量。精粗比一般为（45∶55）～（55∶45）。

（七）泌乳后期奶牛的饲养管理

从产后第 201 d 到干乳为泌乳后期。此期同时处于怀孕后期，产奶量下降幅度较大。摄入营养主要用于泌乳、维持、胎儿生长、妊娠沉积和修补体组织等。饲料营养供应需要根据奶牛的具体膘情加以调整，一般以粗料为主精料为辅，精粗比为（30∶70）～（40∶60）。在此期间除了随产奶量的下降，继续减少精料并逐渐增加粗饲料外，更要抓住时机恢复体况，但同时要注意不要过度恢复，体况 3.5 分为此期理想的体况分数。

（八）干奶期奶牛的饲养管理

从产犊前 60 d 左右开始停止产奶的时间即干乳期。干奶之前还要做好隐性乳房炎的检

① 编辑注：TMR 是英文 Total Mixed Rations（全混合日粮）的简称，所谓 TMR 饲喂技术是一种将粗料、精料、矿物质、维生素和其他添加剂充分混合，能够提供足够的营养以满足奶牛需要的饲养技术。

查，若为阳性，则应先做治疗，治愈后再进行干奶。

1. 干奶的意义

（1）满足胎儿后期快速发育的需要：母牛妊娠后期营养需要量大，胎儿生长速度加快，胎儿在最后两个月的增长体重能占到近60%。

（2）乳腺组织周期性恢复的需要：母牛经过10个月的泌乳期，泌乳系统一直处于代谢状态，特别是乳腺细胞需要时间恢复。

（3）恢复体况的需要：母牛经过长时间的泌乳，消耗了大量的体内营养物质，也需要有干奶期，以补充并积蓄营养物质，使下一个泌乳期能更好地泌乳。但也有研究表明，恢复膘情的任务最好放在泌乳后期，干奶期过度增肥会增加产前、产后疾病的发病率。

（4）治疗乳房炎的需要：治疗隐性乳房炎和临床性乳房炎的最佳时机是干奶期奶牛停止泌乳的时候。

2. 干奶方法

干奶的方法有两种，第一种是一次停奶法，其原理是充分利用乳房内的高压力来抑制分泌活动；第二种是逐渐干奶法，其原理是在干奶前7~10 d内，通过改变对泌乳活动有利的环境因素（主要为饲养管理活动）来抑制其分泌活动，达到停乳的目的。

在最后一次结束挤奶后需要对乳房进行处置。具体方法为，由乳头管注入抗生素油剂（链霉素、长效磺胺、消毒植物油和青霉素），并用抗生素油膏将乳头管封闭。但现在已有专用的干奶药。

干奶期也可以分为干奶前期和干奶后期。干奶前期为从停止产奶到产前的22 d，干奶后期为从产前21 d到分娩，也就是围产前期。干奶期饲养管理的原则是要防止使母牛在此期过肥。干奶期奶牛过肥容易导致产奶量下降和难产，且大多数过肥的母牛在产后易引起食欲下降，造成奶牛利用体内脂肪增加，继而引发酮血症。

对于体况恢复较好的干奶牛，在营养按维持基础上再加3~5 kg标准乳所需的营养水平供应。适当控制精料用量，喂量控制在每天2~3 kg，对于个别膘情过差的牛，精料喂量可以增加到3.5 kg，以控制胎儿体重；增加优质粗饲料的饲喂量，优质干草的饲喂量为2~3 kg，优质青贮为10~20 kg，且最好使用禾本科牧草。在整个停奶期间，精料供应量需要根据奶牛体况膘情以及粗料质量加以调整，精料喂量控制在3.5~5 kg，精粗比（35∶65）~（30∶70）。

干奶母牛每天都要有适当的运动。干奶母牛如果缺少运动，牛体容易过肥，引起便秘、分娩困难以及分娩后产乳量降低等问题。母牛在妊娠期中，皮肤呼吸旺盛，易产生皮垢。因此，每天要多加刷拭，促进代谢。

要保持牛舍清洁干燥，勤换垫草，注意保持乳房的清洁卫生。注意观察母牛日常反应，防止乳房出现"红肿热痛"，一旦在干奶过程中出现奶牛发烧、乳房发热、乳房严重肿胀等症状，必须暂停干奶，将乳房中的乳汁挤出来，进行按摩和消炎治疗，待炎症消失后，再继续进行干奶。干奶牛应与产奶牛分群饲养，保持良好的饲养环境，禁止按摩、碰撞乳房。

合理分群能够提高奶牛的饲养管理水平，一般根据不同泌乳阶段奶牛生理特点，将泌乳奶牛分为 5 个群，即新产母牛群、初产泌乳期母牛群、经产高产母牛群、经产泌乳中期母牛群和泌乳后期牛群。应针对不同牛群的营养需要，配制不同营养水平日粮和相应的饲养管理技术。

第三节 肉牛的饲养管理

一、肉牛的生长发育规律

肉牛的产品主要是肉和屠宰后的副产品。因此，必须了解其生长发育规律，充分利用其生长发育特点，争取少投入，多产出，提高肉的品质。

1. 体重的增长

增重情况是牛生长情况的直接度量指标，有初生体重、断奶体重、一岁体重、一岁半体重、平均日增重等项目。肉牛的增重，是指在肉牛育肥期体重增加多少，即出栏体重减去育肥初体重，增加的体重再除以育肥天数，即育肥期的平均日增重，平均日增重是衡量肉牛生长快慢的重要指标之一。

怀孕期间，胎儿前四个月的生长速度较为缓慢，之后加快，分娩前的生长速度最快。犊牛的初生重与遗传、怀孕期长短、孕牛的饲养管理有直接关系。初生重与断奶重正相关，也是选种的重要指标之一。肉牛一般在 12 月龄以前生长速度最快，以后明显变慢。随着年龄的增长，其肌纤维变粗，肌肉的嫩度逐渐下降。在胴体中骨骼所占比例逐渐下降，肌肉所占的比例是先增加后下降，脂肪比例则持续增加。

因此，在饲养肉牛时要充分利用其生长发育速度快的时期，使其得到充分生长。在生长发育快的阶段，其体组成中蛋白质含量高、水分含量高、脂肪含量少，因此肉牛对饲料的利用率相应提高。

2. 补偿生长

当牛在生长发育的某一阶段，如果因饲料不足而导致生长速度下降，那么当饲养水平恢复到高营养水平，则其生长速度将会比未受限制饲养的牛还要快。在经过一段时期的饲养后，仍然能够恢复到正常体重，这种特性叫作补偿生长。但是，并不是在所有情况下都能进行补偿生长。例如，在发育的早期（如从初生到 3 月龄）生长速度受到严重影响时，那么在进入下一阶段时（3 ~ 9 月龄）便很难再进行补偿生长了。

肉牛的增重速度与性别有关，一般来说公牛最快，阉牛次之，母牛最慢。脂肪的增重速度是阉牛最快，肌肉的增重速度则是公牛最快。

肉牛的体形也是影响体重增长因素之一。研究表明，断奶后在同样的饲料条件下，饲养到相同的胴体等级（体组织比例相同）时，以小型早熟品种（如海福特牛）所需的时间较短，大型晚熟品种（如夏洛来牛）所需的时间较长。对比安格斯牛、海福特牛和夏洛来牛的生长肥育情况发现，体重相同时，增重快的比增重慢的牛饲料利用率更高，而当饲喂到相同胴体等级时，大型品种和小型品种的饲料利用率相近。

对于阉牛或公牛的肥育，各国饲养方式和肉食习惯都有所不同。例如，美国以大型肉牛场（或大型专业户）为主，犊牛生产、架子牛饲养、屠宰前肥育大多在各自专门化的生产场进行。由于牛的销售和购买致使更换饲养场所、运输、组群较为频繁，这对公牛会造成管理上的麻烦和更多的应激。此外，美国的肉牛胴体质量等级中脂肪沉积是一个重要的依据，所以以饲养阉牛居多；而欧盟国家则以小规模的饲养专业户为主，多为"一条龙"式的饲养方式，即从犊牛到肥育在同一生产场进行，且由于在肉食习惯上偏向瘦肉，所以以饲养公牛为主；日本讲究吃肥牛肉，故以饲养阉牛为主。

3. 体组织的生长

牛体组织的生长会直接影响其外形、体重和肉的质量。牛在不同的生长阶段，各组织生长速度有所不同。对于犊牛，在出生时骨骼已经可以正常负担整个体重，此后，骨骼会比较稳定的生长。其肌肉不发达，所以肌肉的生长速度相较于骨骼更快，体重不断增长的同时肌肉和骨骼重量相差变大。脂肪在牛体中的生长速度，从初生到一岁期间较慢，仅比骨骼稍快，以后生长变快。胴体中各体组织的比重，在生长过程中也有很大变化。肌肉在胴体中的比例是先增加后下降，骨的比例持续下降，脂肪的比例持续增加。年龄越大，脂肪的比例越高。除了肌肉、脂肪和骨骼以外，牛的其他身体组织，如皮、血、内脏等，在身体中的比重和生长速度也是随着年龄的变化而变化。这些副产品有些可以作为食品，有些则是重要的医药或工业原料，故在牛的屠宰利用的时间上，也要予以考虑。

二、犊牛及青年牛的育肥技术

犊牛的育肥可充分利用生长发育快速阶段，提高饲料利用率，缩短出栏期，生产高档牛肉。在犊牛哺育阶段，母牛的泌乳能力和适当补饲是影响犊牛发育的两个重要因素，而在青年牛阶段，除要保证其正常生长发育外，还要充分利用青贮及糟渣农副产品，以锻炼青年牛利用粗饲料的能力。在育肥阶段，适当增加精饲料的给量，保证能量的充分供应。

选择合适的品种非常重要，黄牛改良品种或奶公犊均可。

（一）犊牛哺育

1. 哺喂初乳

肉用母牛的产奶量较低，但乳中的干物质含量高于乳用牛。初乳比通常的奶含有更多的矿物质、蛋白质和维生素A，对初生犊牛而言有重要的营养保健作用。因此要在出生后2 h内让犊牛吃到初乳，并连续哺喂3～7 d。当犊牛得不到初乳，需要用常乳或奶粉饲喂犊牛时，应额外添加维生素A、维生素D、维生素E。

2. 哺育

肉用犊牛一般采用自然哺乳法或保姆牛哺乳法，即当犊牛出生后就一直跟随母牛采食、哺乳和放牧。这种方法的优点是节省劳动力，易于管理。犊牛在跟随母牛时，能即时哺乳，有利于犊牛的健康和生长。保姆牛哺育法的哺乳期一般会在4个月以上，但最多不超过7个月。

为了充分利用母牛自身的泌乳潜力，节省饲养费用，一头产犊母牛可以同时哺育 2 ~ 3 头犊牛，即将同时出生的其他母牛的犊牛也由该牛哺乳。生产上，也有将犊牛哺乳期控制在 3 个月左右，然后继续哺喂一批犊牛的案例。由于此时母牛泌乳量依旧比较高，所以，第二批的犊牛在经过 3 个月左右的哺喂后，表达出的生长性能与母亲直接哺喂相似。

为了降低犊牛在哺乳期的培育成本，可以使用全价的代乳料以及专用的开食料代替全奶及脱脂奶。

哺乳期犊牛的饲养水平取决于其品种及牛场的饲养条件。早熟的肉用品种犊牛，特别是安格斯牛及其与其他品种的杂交后代，在哺乳期需要提供较为丰富的营养，因为发生在这个阶段的生长受阻是不可补偿的，若营养水平在哺乳期的第 1 个月降低，还会降低肉品质。乳用及乳肉兼用的犊牛生长速度相对较慢，在哺乳期的前半期只需饲喂适量的牛奶，将增重维持在中等水平，也可以培育为肉用牛。未经阉割的公牛在进行强度培育后，可以在较为幼龄时就屠宰肉用。

3. 开食

为了促进肉用犊牛的生长发育，在哺乳的同时，也需要让犊牛尽早开始采食牧草和其他饲料。在犊牛出生的第一天，就可以让它们接触优质干草，于第二天开始接触开食料。开食料中不可以添加尿素类非蛋白氮，要随着牛的生长，逐渐添加，但不能高于精料量的 1% ~ 2%，且需与精料混合饲喂（表 3 - 9）。

表 3 - 9 开食料营养成分含量

项目	含量	项目	含量
干物质	88% ~ 89%	微量元素	
粗蛋白	13% ~ 15%	铜	10 ~ 20 mg/kg
总能量（TDN）	65% ~ 67%	锌	50 ~ 75 mg/kg
主要矿物质		锰	40 ~ 60 mg/kg
钙	0.6% ~ 0.7%	钴	0.1 ~ 0.5 mg/kg
磷	0.4% ~ 0.5%	硒	0.1 ~ 0.2 mg/kg
钾	0.9% ~ 1.2%	碘	0.5 ~ 1.0 mg/kg
镁	0.1% ~ 0.2%	维生素	
硫	0.1% ~ 0.2%	维生素 A	2 000 IU/kg
		维生素 D	275 IU/kg

（源自王根林.《养牛学》. 2014）

4. 饲料配合

在满月或 40 ~ 50 d 时可以给犊牛饲喂精料，减少喂奶量。在设计精料配方时，应充分考虑犊牛消化道中消化酶的分泌特点，防止犊牛出现消化不良。另外，为了促进瘤胃的发育和生长，应在犊牛的日粮中增加优质干草，喂量为每天 3 kg 左右。

犊牛的饲料不可以更换过快，否则可能会造成瘤胃酸度过高、采食量下降、消化不良，造成日增重下降。更换饲料一般以 4 ~ 5 d 为宜，且更换时精粗比不超过 10%。

犊牛的理想采食量可达到体重的 2.5% ~ 2.6%。例如，当犊牛的体重为 230 kg 时，则采食量为 5.75 kg。一般犊牛采食饲料 5 ~ 7 d 时，采食量可达体重的 2.0% ~ 2.2%；14 ~ 21 d 时，采食量可达 2.5% ~ 2.6%。这时要尽量维持犊牛采食量，维持的时间越长，越有利于瘤胃的生长发育。

一般当犊牛达到 4 周龄左右，就可以开始让犊牛接触青贮料，但最初应该控制饲喂青贮料的数量。

（二）青年牛育肥

青年牛育肥利用了牛早期生长发育较快的特点，当犊牛 5 ~ 6 月龄断奶后直接进入育肥阶段，提高水平营养供给，进行强度育肥，在 13 ~ 24 月龄时出栏体重可以达到 360 ~ 550 kg。这类牛肉脂肪少，鲜嫩多汁，适口性好，是我国肉牛的主要育肥方式，同时也是高档牛肉的生产方式。青年牛育肥被称为持续育肥，实际生产中分为舍饲强度育肥和放牧补饲强度育肥。

1. 舍饲强度育肥技术

舍饲强度育肥技术是指在育肥的过程中全程采用舍饲，不进行放牧，保持较高的营养水平，到肉牛出栏为止。采用这种方法，肉牛饲料利用率高，生长速度快，再加上饲养期短，育肥效果好，但成本较高。

舍饲强度育肥可分为 3 期，刚进舍的断乳犊牛对环境不适应，一般需要有 1 个月左右的适应期；第二期是增肉期，一般要持续 7 ~ 8 个月，可分为前后两期；第三期催肥期，主要目的是让肉牛沉积脂肪，增膘长肉，一般时间为 2 个月。

舍饲强度育肥的案例：从 7 月龄体重 150 kg 开始育肥至 18 月龄出栏，体重可达到 500 kg 以上，平均日增重可达 1 kg 以上。育肥期日粮：粗饲料为谷草、青贮、玉米秸；精料为豆粕、玉米、菜粕、麦麸、石粉、食盐碳酸氢钠、微量元素和维生素预混剂等。青贮 + 谷草类型日粮参考配方及喂量见表 3 – 10。

表 3 – 10　青贮 + 谷草类型日粮参考配方及喂量

月龄	精料配方							采食量/[kg/（d·头）]		
	玉米	麦麸	豆粕	菜粕	石粉	食盐	碳酸氢钠	精料	青贮饲料	谷草
7 ~ 8 9 ~ 10	33%	24%	7%	33%	1%	1%	1%	2.2 2.8	6 8	1.5 1.5
11 ~ 12 13 ~ 14	51%	15%	5%	26%	1%	1%	1%	3.3 3.6	10 12	1.8 2
15 ~ 16 17 ~ 18	66%	5%		26%	1%	1%	1%	4.1 5.5	14 14	2 2

2. 放牧补饲强度育肥

当犊牛断奶后，以放牧为主，依据草场情况，适当补充干草或精料，在育肥牛 18 月龄体重时达到 400 kg 的育肥方式。要求犊牛在哺乳阶段，平均日增重保持 0.9 ~ 1 kg，冬季日增重达到 0.4 ~ 0.6 kg，第二个夏季日增重达到 0.9 kg。在枯草季节每头每天补饲精料 1 ~ 2 kg。其优点是饲养成本低，精料用量少；缺点是日增重相对较低。在草地资源较丰富的地方，这是肉牛育肥的一种重要方式。放牧时，实行轮牧，防止过度放牧。牛群大小可依据草原、草地大小而定，一般 20 ~ 30 头一群较好。120 ~ 150 kg 的肉牛，每头牛应占有 1.3 ~ 2 ha[①] 的草场；300 ~ 400 kg 的肉牛，每头牛应占有 2.7 ~ 4 ha 的草场。草场每年 4 ~ 11 月为放牧育肥期，放牧育肥的最好时期是牧草结籽期。每天的放牧时间为 10 ~ 12 h，最好备有饮水设备和食盐舔砖。天气炎热时，应当早出晚归，中午注意休息。回舍后要进行 1 h 补饲，每头每天补饲精料 1 ~ 2 kg，否则会减少放牧时肉牛的采食量。

三、架子牛的快速肥育技术

一般将 12 月龄以上、骨骼生长发育充分的牛称为架子牛。架子牛的快速育肥是指当犊牛断奶后，在较为粗放的饲养条件下饲养到一定的年龄阶段，然后采用强度育肥的方式，进行 3 ~ 6 个月的集中育肥，以充分利用牛补偿生长的能力，在达到理想体重和膘情后进行屠宰，这种育肥方式也可称为异地育肥。架子牛的快速育肥技术的优点是精料用量少，育肥成本低，经济效益较高。近些年架子牛肥育在我国蓬勃发展，各地纷纷涌现出一大批肥育架子牛的专业户。架子牛主要来自山区和牧区，饲养比较粗放，主要靠放牧，很少给精料，因此购进的架子牛一般都比较瘦弱，骨架大。

由于各地的饲料条件各不相同，架子牛的饲养方法也不完全一样，现结合北方育肥架子牛的经验将架子牛育肥的技术要点总结如下。

（一）选择优良杂交品种

选择肉用性能和生产性能好的肉牛品种，如利木赞牛、西门塔尔牛、红安格斯牛和海福特牛等品种，或者是选择杂交牛。国内的几个黄牛品种，如南阳牛、秦川牛等，可获得较好的育肥效果。淘汰母牛、乳用牛公犊也可用以育肥。

育肥牛的胴体质量、活重、饲料利用率、增重速度等都和年龄有密切的关系。如果计划一批架子牛饲养 100 ~ 150 d 便出售，则选购的架子牛应在 2 岁以上；如选择在秋天收购架子牛，准备第二年再出栏，则应选购 1 岁左右的架子牛；利用大量粗饲料时，应以选购 2 岁、体重在 300 kg 以上的架子牛为主。

公牛的饲料转化率和生长速度都优于阉牛，且胴体脂肪少，瘦肉多。一般选做肉牛的优先级为公牛、阉牛、母牛。如要生产高档牛肉，应选 2 周岁以上公牛，先去势，否则其肉带膻味，且肌纤维粗糙，会降低食用价值。如果选择已去势的架子牛，则尽早去势为好，3 ~ 6

---

① 编辑注：公顷（ha）非国际单位，1 公顷（ha）≈0.01 平方千米（km²）。

月龄去势的牛能够减少应激，加速头、颈及四肢骨骼的雄化，提高肉的品质和出肉率。

在选择架子牛时，还要考虑其外貌、体重、体形。育肥牛的理想外貌要求是毛色光亮，皮肤柔软，全身肌肉丰满，头宽，颈短而粗，胸宽而深，肋骨开张且多肉，腰背和尻部宽广，四肢短直，整个牛体形前看近似"圆桶形"，侧看近似"砖"形。但要注意，体形像犊牛的大牛（躯体浅窄、腹小、四肢细长，青年期大多生育受阻）和尻尖、颈细、肚大、头大的小牛（其前期发育多半不良），均不宜作肉牛。这类牛育肥消费大、时间长，难以通过催肥增加产肉量。在生产高档牛肉时，架子牛的选择以 12 ~ 18 月龄、体重 250 ~ 300 kg 为优；在生产中档牛肉时，架子牛年龄应在 2 ~ 3 岁，肉用牛体重为 500 ~ 550 kg，本地黄牛体重为 300 ~ 350 kg。体形应是背部平宽，胸、腰、臀部宽广且呈一条直线，体躯深长；飞节适当高一些，十字部应高于肩部；头形应为颈短嘴大；被毛柔软密致、毛色光亮、皮肤松弛柔软；各部位发育匀称，可通过实际触摸和肉眼观察来判断，主要应该注意脊骨、肋骨、十字部、腰角和臀端肌肉的丰满情况，如果骨骼外露明显，则为中下等膘情；若骨骼手感较明显，但外露不明显为中等；若手感较不明显，则表明肌肉较丰满为中上等。购买时，可据此确定牛的育肥时间长短和价格高低。

选择架子牛时，要向原畜主了解牛的饲养、生长发育情况和来源等，并可以通过牵牛走路、观察眼睛神采和粪是否正常以及鼻镜是否潮湿等特征，对牛的健康状况有一个初步判断，必要时请兽医师诊断是其否健康，不健康的牛不宜选择。

（二）科学搭配饲料

酒糟、甜菜丝和豆腐渣均是育肥架子牛的好饲料，饲喂时应该同其他饲料合理搭配。

料方 1：酒糟 20 ~ 25 kg，玉米 3 ~ 4 kg，豆饼 0.5 kg，盐 0.05 kg，秸秆 3 kg。用此料肥育 300 kg 以上的荷斯坦公牛犊，平均日增重可达到 1.2 ~ 1.3 kg。

料方 2：酒糟 30 kg，玉米 2.5 kg，豆饼 1 kg，谷草或野甘草（切碎）自由采食。架子牛的体重平均为 350 kg，用该料方育肥 120 天，平均日增重 1.0 kg 以上，出栏体重可达 480 kg。

料方 3：甜菜丝 20 ~ 25 kg，玉米 2 ~ 3 kg，豆饼 0.5 kg，干草或秸秆 3 kg，盐 0.03 kg 和尿素 0.05 kg，用此料肥育黄改牛，日增重可以达到 0.9 ~ 1.1 kg。

料方 4：豆腐渣 20 kg，干草 3 kg，秸秆 2 kg，玉米 0.5 kg，盐 0.03 kg，此方肥育黄牛改良牛，日增重可达到 0.8 ~ 0.9 kg。

料方 5：架子牛在催肥前体重平均为 350 kg，育肥天数为 120 天，整个催肥期，日喂干物质 7 ~ 12 kg，在日粮组成中以精料为主，分阶段饲养。各阶段日粮组成如下：

1 ~ 20 天，精料比例占总日粮的 55%；

21 ~ 50 天，精料的比例占日粮的 70%；

51 ~ 90 天，精料比例占日粮的 75%；

91 ~ 120 天，精料比例占日粮的 80% 以上。

这种饲养方法耗用精料比较多，在生产高档牛肉时，可供参考。

此外，为大致掌握常用的饲料用量，表3-11供参照。

表3-11 架子牛育肥期不同体重阶段日粮组合配比

饲料种类	体重/kg		
	250~280	280~400	400~500
豆饼或棉仁饼/kg	1.2~1.5	1.0	1.0
谷实饲料/kg	0.8~1.2	1.5~1.6	1.8~2
玉米青贮/kg	15	20	23
干草/kg	1.5	2	3

（源自解春亭. 畜禽生产学. 1996）

如果没有玉米青贮，可改用青饲料，在给量上要比青贮增加20%，也可用粮食加工副产品如酒糟、糖渣等代替，日给量相应改为20 kg、25 kg、30 kg。

（三）减少应激反应

架子牛的育肥大多为异地育肥，在运输过程中和到达新的育肥场环境后架子牛都会产生或多或少的应激现象。牛受的应激反应越大，损失也越大。为减少牛应激的损失，可采用以下措施：

（1）注射或口服维生素A。从运输前2~3 d开始，每日每头牛注射或口服维生素A 25万~100万 IU（International Unit，国际单位）。

（2）灌喂酒精。在装运前，按每千克体重1 mL的量给架子牛灌喂酒精，可避免因运输途中产生应激而导致体重减轻。

（3）装运前合理饲喂。在装运前2~3 h，架子牛不能过量饮水。装运前3~4 h，应停止饲喂具有轻泄性的饲料，如新鲜青草、麸皮、青贮饲料，否则容易引起腹泻或排尿过多，弄脏牛体，污染车厢。

（4）在装运过程中，切忌任何鞭打牛只或其他粗暴行为，否则极易导致应激反应加重。

（5）合理装载。在用汽车装载时，每头牛按体重大小分别应占有的面积是：500 kg为1.3~1.5 m^2；400 kg为1.2 m^2；300~350 kg为1.0~1.1 m^2；小于300 kg为0.7~0.8 m^2。

（四）新购进架子牛的饲养管理

新到架子牛需要在干燥、干净的地方休息，首先要提供清洁的饮水。架子牛在经过长时间、长距离的运输后，胃肠食物少，体内缺水严重。这时对牛只补水是首要工作。首次饮水量应限制为15~20 L，并按每头牛100 g进行补盐；第二次饮水应在第一次饮水后3~4 h，注意不可暴饮，水中掺些麸皮效果会更好；随后可自由饮水。

对于新到架子牛，长干草是其最好的粗饲料，其次是高粱青贮和玉米青贮。饲喂苜蓿青贮或优质的苜蓿干草，易引起运输热，要注意避免。青贮料酸度较高，最好添加缓冲剂（碳酸氢钠），以缓和其酸度。每头每天可喂2 kg左右的精饲料，暂时不要饲喂尿素；补充无机盐可用1份盐加2份磷酸氢钙让牛自由采食；补充100 IU维生素E、5 000 IU维生素A。

（五）分阶段饲养

架子牛 120 d 左右的育肥期通常可分为 3 个阶段，即过渡期、增重期、催肥期。

（1）过渡期约为 15 d。刚从异地买进的架子牛需要驱虫，包括内寄生虫和外寄生虫。常用的驱虫药物有丙硫苯咪唑、伊维菌素、阿费米丁、左旋咪唑、敌百虫等。驱虫应在其空腹时进行，这样有利于药物吸收。驱虫后的架子牛要隔离饲养 15 d，粪便在消毒后还要进行无害化处理。过渡阶段的饲养，首先要让刚进场的架子牛自由采食粗饲料，粗饲料的长度约 5 cm。此后继续以粗饲料为主，长度在 1 cm 左右。每头牛每天控制精料喂量 0.5 kg，与粗饲料拌匀后饲喂。精料量再逐渐增加到 2 kg。

（2）第 16～60 d 为增重期。这时架子牛采食干物质的量要逐步达到 8 kg，日粮精粗比为 6∶4，粗蛋白质水平为 11%，日增重为 1.3 kg 左右。

（3）第 61～120 d 为催肥期，采食干物质的量达到 10 kg，日粮精粗比为 7∶3，粗蛋白质水平为 10%，日增重为 1.5 kg 左右。

（六）严格管理

1. 注意观察采食的情况

看采食是否正常，如发现有食欲不佳或停食的牛，应注意是否给料过多或精粗比搭配不当。如发现有的牛鼻镜无水珠、干燥，则为发烧象征，应及时检查体温，是否有炎症发生。观察粪便的情况，如发现牛不反刍，腹部膨大，则应及时救治。

2. 防止牛在运输途中的损失

如用火车运输，每节车厢可装 25～30 头架子牛、18～20 头育肥牛。每个车厢要派专人押运，备足草料及饮水。途中喂饲时，以吃草为主，不可吃饱（7 成饱）。

如用汽车运输，装运量要适当，每头牛最好用架子隔开，固定。大厢板铺上沙子以防急刹车时牛滑倒，途中汽车要慢开，避免急转弯。运输时，要注意天气，以晴天，气温 7 ℃～16 ℃条件下失重少。

为了克服应激，减少失重，可在启运前，给每头牛注射 2.5%的氯丙嗪（1 kg 体重 1.7 mL），或者口服或注射维生素 C，对运输少失重都有较好效果。

3. 供给清洁饮水

除创造良好的饲料条件外，还必须保证每天供给清洁饮水。给牛饮水应定时，可在食后或在早、中午和晚上各一次，炎热天气时饮水次数增加 5 次。

围栏育肥应设置自由饮水槽，要按每头牛占饮水位 0.8～1 m 的位段设计槽的长度。若用圆形饮水池，则每头牛占有槽位可减少为 0.6～0.8 m。水槽一端或中心位置要设置下水口，以便涮洗。

栓系育肥牛舍，每头牛的食槽段可隔段设置一个饮水槽，槽上设置水管，定期放水饮牛。

4. 保持牛舍环境卫生

牛舍要冬暖夏凉，冬季舍内气温不能低于 5 ℃。舍内要保持卫生，每出一批牛后，舍内应彻底消毒一次。一定要保持地面不潮湿、不泥泞，要及时清除粪尿，舍内要通风良好，光照充足。

5. 晒太阳和刷拭

不论是什么季节，都应让牛到运动场晒太阳，这对牛的健康有好处。要经常刷拭牛体，保持牛体清洁，改善血液循环。特别是栓系的育肥牛，刷拭牛体帮助牛解痒更有必要。

6. 防病治病

肥育牛常见病有食滞、气胀、感冒、下痢、疥癣和肝蛭。上述病症最好用中药治疗。

食滞较常见，尤其是用酒糟喂牛。发现后可减少或停喂酒糟和精料，并按摩左右腹部，投喂泻药和止酵剂或健康牛反刍食团，可促进该病康复。

感冒可灌服姜汤，下痛可灌服人工盐，疥癣可用柴油加来苏儿（19:1）液涂擦患处，防肝蛭关键是搞好驱虫。气胀严重时，可用套管针插入放气，轻度臌气可用"消气灵"灌服。

（七）非蛋白氮饲料的应用

尿素属于非蛋白氮（NPN），其本身并不是营养物质。尿素可在牛的瘤胃中被微生物分泌的脲酶分解产生氨，同时和碳水化合物分解产生的酮酸一起被瘤胃微生物利用，合成为菌体蛋白，这些菌体蛋白进入真胃和小肠中被消化吸收。

在蛋白质饲料缺少的今天，使用尿素代替一部分饼粕类蛋白质饲料是非常有意义的。在给牛加尿素时，必须保证有充分的能量饲料和矿物质及必需的维生素，才能发挥尿素的有效作用。

在利用尿素时，应注意以下几点：

（1）尿素的用量。在每天每头牛的日粮中，加入 50～100 g 尿素，或在混合精料中尿素占3%左右。

（2）添加尿素。只有在蛋白质饲料不足的情况下使用，一般要求日粮蛋白质水平低于12%。同时要保证能量饲料充分供给。

（3）要在混合精料中添加尿素，一定要搅拌均匀。

（4）建议使用安全尿素或缓释尿素。这样的尿素产品无毒副作用，利用效果好。

四、优质牛肉生产技术

1. 高档牛肉的概念

传统养殖方式所生产的牛肉肉质偏老，在嫩度上不及猪、禽肉。如果选用专门化的良种肉牛或优良地方品种的杂交后代，通过高水平的饲养、肥育达到一定体重后送往屠宰厂屠宰，并按标准的程序进行分割、加工、处理，其中几个特定部位的肉块经过相应的工艺处理后，不仅在新鲜度、色泽上达到优质肉产品的标准，而且嫩度和优质猪肉相近，即称为高档牛肉。高档牛肉就是牛肉中肌肉纤维细嫩、脂肪含量较高、优质的牛肉，所做食品鲜嫩可口，既不油，也不干。

高档牛肉划分品质档次，主要依据消费者的需求和牛肉的品质，因此有多种标准（表3-12），高档牛肉一般指牛柳、肉眼和西冷三块分割肉，且要求达到一定的质量标准和重量标准，有时也包括胸肉、嫩肩肉这两块分割肉。

表3-12　不同国家高档牛肉标准

指标		美国	日本	加拿大	中国
肉牛屠宰月龄		<30	<36	<24	<30
肉牛屠宰体重/kg		500~550	650~750	500	530
牛肉品质	颜色	鲜红	樱桃红	鲜红	鲜红
	大理石花纹	1~2级	1级	1~2级	1~2级
	嫩度（剪切值）/kgf	<3.62			<3.62
脂肪	厚度/mm	15~20	>20	5~10	10~15
	颜色	白色	白色	白色	白色
	硬度	硬	硬	硬	硬
心脏、肾、盆腔脂肪重量占体重比例		3%~3.5%			3%~3.2%
每条牛柳重/kg		2.0~2.2	2.4~2.6		2.0~2.2
每条西冷重/kg		5.5~6.0	6.0~6.64		5.3~5.5

注：1 kgf=9.8 N。

高档牛肉在牛胴体中的比例可达12%。高档牛肉具有较高的附加值，是可以获得高利润的产品。因此，可以通过提高高档牛肉的产出率来提高养殖肉牛的生产效率。

2. 高档牛肉生产的技术要点

（1）品种选择。选用国外优良的肉牛品种如西门塔尔、利木赞、皮埃蒙特和海福特等，或者用国内地方品种如南阳牛、鲁西牛、秦川牛、晋南牛等和国外优良肉牛品种杂交的杂种牛为育肥材料。这样的牛有较好的生产性能，易于达到育肥标准。国外品种与国内地方品种的杂交一代或二代也可以达到高档牛肉生产要求。

（2）年龄选择。牛的脂肪沉积能力与年龄呈正相关，即年龄越大，脂肪的沉积能力越强，而能沉积在肌纤维间的脂肪是最好的。嫩度、肌肉与脂肪颜色也和年龄有关，一般随年龄的增大，肌肉颜色变深变暗，肉质变硬，脂肪逐渐变黄。生产高档牛肉的肉牛，屠宰一般在18~22月龄，体重达到500 kg以上，这样才能保证屠宰后胴体分割的肉块具有理想的胴体脂肪、符合标准的剪切值和肉汁风味。因此，用于育肥的架子牛，要求育肥前年龄在12~14月龄体重达到300 kg，经过6~8个月育肥期后，活重达到500 kg以上。

（3）性别选择。一般而言沉积脂肪的速度以母牛最快、阉牛次之、公牛最慢且迟，肌肉颜色以母牛浅、阉牛居中、公牛深。饲料转化效率以母牛最差，公牛最好。公牛在年龄较小时，不必去势，年龄偏大时，应去势（育肥期开始前 10 d）。母牛则可以年龄稍大（母牛肉一般较嫩，肌肉颜色浅的缺陷可在年龄大后改善）。综合各方面因素，一般用阉牛生产优质牛肉，因为阉牛在胴体等级高于公牛的同时生长速度又比母牛快。因此，在生产高档牛肉时，应在 3～4 月龄以内将育肥牛去势。

（4）营养水平。生产高档牛肉，需要优化搭配饲料，尽量提高日粮能量水平，同时满足其蛋白质、微量元素和矿物质的需要，以提高日增重，因为只有在较高的日增重下，脂肪沉积到肌纤维间的比例才会增加，而且较高的日增重也能促使结缔组织（肌鞘膜、肌膜等）已形成的网状交联变得松散，以重新适应肌束膨大，从而使肉质变嫩。高日增重提高了育肥生产效率，也缩短了圈存时间。

（5）适时出栏。为了提高牛肉的品质，可以适当延长育肥期，增加出栏重。出栏时间不宜过早，过早会对牛肉风味造成影响，因为在肉牛体成熟以前，许多指标都难以达到理想值，而且产量不高，会对整体经济效益造成影响；但出栏时间也不宜过晚，因为出栏太晚会造成脂肪沉积过多，不可食用部分变多，饲料消耗量增大，经济效益也难以理想。中国黄牛在 25～30 月龄体重达到 550～650 kg 时出栏较好。

（6）严格的生产加工工艺。在高档牛肉生产中，高价肉的比例小。目前在国内饭店和宾馆使用量较大的牛肉肉块分别是眼肉、牛柳、西冷，这三块肉的重量为 27～28 kg，只占牛肉产量的10%左右，但其经济价值却占整季经济价值的近50%。另外用户对高档牛肉的重量要求为眼肉 6 kg 以上、西冷 5 kg 以上、牛柳 2 kg 以上；脂肪颜色洁白，西冷的脂肪厚度要求为 8～12 mm，太薄、太厚都不行。肉块外观不能有刀伤，分割要整齐。如果要获得比较好的经济效益，就必须按照高档牛肉所对应的生产加工工艺进行生产。

第四节　种公牛的饲养管理

随着人工授精技术的普及，种公牛的利用率大大地提高，从而为迅速增殖良种奶牛和提高牛群质量提供了有效的手段。目前种公牛的饲养数颇少，质量要求越来越高，只有优秀的种公牛才能用于繁殖配种。因此对种公牛一定要科学饲养和管理并合理利用，否则稍有疏忽，很易造成它的体质减弱、精液品质下降、情格变坏和性欲降低，以至于丧失其种用价值，造成很大损失。

种公牛必须保持充沛的精力、旺盛的性欲、凛然雄性威势，同时要求种公牛在射精量、精子活力和密度等方面合乎标准。

一、种公牛的营养需要与管理

（一）种公牛的营养需要

根据种公牛的营养需要，在饲养管理上，应该是营养全价，多样配合，适口性强，易于消化，精料、粗料和青饲料应合理搭配。生物学价值高的蛋白质应为精料的重点，精料的比例应大于总营养的 40%。青年种公牛的生长要快于青年母牛，所以与同龄的青年母牛相比需要更多的营养物质，尤其是需要通过精料提供能量，从而促进它们的快速生长和性欲发展。喂养不足会推迟性成熟，且造成精液品质差和生长速率降低。除对青年种公牛应提供充足的精料外，还要让其自由采食优质干草，10 月龄时可自由采食牧草、青贮料、青饲料或干草，作为主要食用的日粮。但是，仍应继续饲喂精料，喂料量取决于粗饲料的质量。对于周岁种公牛和成年种公牛，在饲喂豆科或禾本科优质精料时，精料中粗蛋白最适宜的含量在 16% 左右。在饲喂豆科或禾本科精料的条件下，1 岁种公牛和成年种公牛的精料中粗蛋白含量约为16%。

成年种公牛要保持中上等膘情，种公牛的饲养要按饲养标准要求满足其对各种营养物质的需求，特别是要注意日粮蛋白质、维生素和矿物质的供给。

北方成年种公牛平均体重为 1 100 kg，其维持需要量如下：饲料干物质 15.8 kg、粗蛋白 1.31 kg、消化能 191.9 Mcal、钙 42 g、磷 32 g、维生素 A56 000 IU。

如果是大致来算的话，精粗料比可按 40：60 的比例搭配，成年种公牛每 100 kg 体重可喂精料 0.5 kg、干草 1.0 kg、青贮料 0.5 kg。

在种公牛饲养中应注意以下几个问题：

（1）精饲料搭配。精饲料应选择蛋白质含量高、碳水化合物含量少、易于消化的原料来配合。玉米因其碳水化合物含量高，易造成种公牛过肥，因此喂量应适当控制。以下精料配方可供参考：麦麸 45%，豆饼 26%，玉米 25%，食盐 2%，骨粉 2%。

（2）在采精期间应当注意为种公牛补充营养，增强体力，提高精液品质。

（3）切忌喂给种公牛过多的体积过大的青粗料，以免造成种公牛的垂腹，影响配种。青贮料因含有机酸较多，故喂量应该控制，以免影响精液品质。在饲养小公牛时，若营养水平过低，精料不能保证，若精料品质低劣，则很易造成公牛的垂腹。

（4）种公牛日粮中钙的含量应低于产奶母牛，种公牛体内的钙质并不像母牛那样随奶汁流出体外，因此日粮中钙的含量要适宜，不宜过高，过高的钙质易发生尿结石，且易引起种公牛的脊髓和其他骨骼融合在一起，使种公牛受到不利影响。

（5）种公牛应保证维生素的供应，否则精液品质会受到不利影响。

（6）冬夏等各季节均应保证饮水，但在采精前后、运动前后半小时内都不宜饮水，应该禁止饮水，以免影响种公牛健康。

（7）保证种公牛正常生产及生殖器官正常生长发育的首要条件是种公牛日粮的全价性。实践证明，日粮中缺乏蛋白质会引起精子质量下降，能量不足会造成睾丸或附睾器官的发育异常，导致性欲降低而影响精子生成等。缺乏维生素 A 会造成生殖道上皮变性，性欲下降，精子生成不正常。缺乏或补充过量 Mn、Zn、Fe 也会造成生殖道上皮退化，性欲下降，精子生成不正常。Ca、P 不足可使精子发育不完全或活力低下。因此，必须严格按照饲养标准饲养种公牛，用全价混合饲料喂养。种公牛是常年采集精液，要求其饲料营养状况全年基本平衡，日粮配方中冬夏季精料种类与配合比例保持不变。因为维生素与精液质量关系密切，在

10 月至次年 4 月日粮配方中应补充富含维生素 A 的胡萝卜和大麦芽，在 5～10 月补充青苜蓿和青刈玉米，以满足种公牛的营养需要，保证种公牛常年的生产力。

（二）种公牛的管理

要管好种公牛，首先应了解它的特点。相比较而言，种公牛具有记忆力强、防御反射进攻性强和性反射强的特点。

1. 种公牛的行为特点

（1）记忆力强。种公牛对它周围的事物和人，只要过去曾经接触过，便能记得住，印象深刻的，多年也不会忘。例如，过去给它进行过医疗的兽医或者曾严厉鞭打过它的人，接近时即有反感的表现。因此，必须指定专人负责饲养管理，不要随便更换。饲养员通过饲喂、饮水、刷拭等活动，可以摸透每一头种公牛的脾性，当它和熟悉的饲养员建立情感之后，便能被驯服。在给种公牛治疗疾病时，饲养员应尽量避开，以免给以后的饲养管理工作带来麻烦。

（2）防御反射进攻性强。种公牛有较强的自卫性，当陌生人接近时，它就会表现出呼吸急促，挺起头颈对来者进行攻击。因此陌生人不要轻易接近它。新来的饲养管理人员要细心大胆，逐渐建立感情，切忌急躁。

（3）性反射强。种公牛在采精时，勃起反射、爬跨反射与射精反射都很快，射精时用力很猛。如果长时期不采精或采精技术不良，种公牛的性格往往变坏，容易出现顶人或形成自淫的坏习惯。

2. 种公牛的神经活动类型

除上述行为特点外，还应了解种公牛的神经活动类型，以便更充分地了解种公牛，使饲养管理工作做得更好。种公牛的神经活动类型大致可分成兴奋型、活泼型、安静型和懦弱型 4 种类型。

（1）兴奋型：该类型种公牛性情暴躁，易受外界刺激而兴奋，好动不安，性欲旺盛，无论在什么环境下一般不会发生难以采精的现象。管理这类牛时，要耐心、细致、安静、勇敢而沉着。

（2）活泼型：该类型种公牛的特点是精力充沛、精神活泼、性欲旺盛。当它在完全新的环境下采精时，只有短时的抑制现象，随即就可顺利完成采精工作。管理上较前者容易，但不可粗心大意。

（3）安静型：该类型种公牛的特点是不活泼，也不易兴奋，对新环境的适应和性反射较慢。由于该类型牛好静少动，因此管理时要防止其体形过胖，应加强运动，相对来讲该类型牛管理较易。

（4）懦弱型：该类型种公牛胆小，怕惊吓。它在新的环境下采精时往往出现长时间的外部抑制现象。在采精时训练要有耐心，不允许高声喧哗，非工作人员禁止入场，并禁止任何打扰，以保持安静的环境。

在种公牛的管理过程中，饲养员要处处留心。即使对很熟悉的种公牛，也要特别注意。

它通常表现得很温顺，但若因为某种原因兴奋起来，如遇到母牛，有交配的欲望；头部瘙痒或者看见陌生人等，就会与平常不同，出现瞪眼睛、低着头、喘粗气、前蹄刨地和吼叫等动作，这是牛发脾气、要顶人的表现。

3. 种公牛的日常管理

管理种公牛的关键是善待和威严并存，以驯服为主。饲养员不得时常随意逗弄、鞭打或虐待种公牛。如果发现种公牛有惊慌失措的情况，应先用温和的声音使它平静，如果没有被驯服时再严厉地叱责阻止它。种公牛管理应注意做好以下几点工作：

（1）拴系。育成种公牛在 10～12 月龄时必须穿戴鼻环，并且经常接受牵引训练，培养成温顺的性格。种公牛要严格按照规定进行拴系，鼻环必须用皮带将它提起，并系在缠角带上。缠角带上有两条系绳（系链），通过鼻环将其左右分离，拴系在两侧的立柱上。拴系种公牛必须要牢固，要经常检查鼻环，如果有损坏的情况，应及时更换，防止脱缰，造成人员伤亡，或发生公牛互相争斗，造成伤亡。

（2）牵引。应保持用双绳牵引种公牛，两个人应分别牵引牛的左侧和右侧后面，人和牛要保持适当的间距。对于性格烈的种公牛，必须用钩棒牵引。一个人牵住缰绳，另一人双手握住钩棒，将其钩挂在鼻环上从而控制牛的行动。

（3）运动。种公牛要坚持进行运动。种公牛运动的方式有很多，但现在都提倡让种公牛自由活动。在牛舍的设计中，要求有足够的面积让种公牛能够自由走动。同时，要求运动场地为沙质地或者土地，从而可以保证牛肢蹄的健康。实践表明，运动量不够或者长期拴系，会使种公牛性情恶化，导致精液质量下降，患肢蹄病和消化道疾病等。但是过度运动或过度劳役，同样会对种公牛的健康和精液质量产生不良的影响。

（4）刷拭和洗浴。刷拭和洗浴也是种公牛管理过程中的重要工作。应该坚持每天定时对它们进行刷拭。平时，要经常将牛身上的污垢清除干净。每次刷拭都要小心细致，尤其要注意清除角间（枕骨脊处）、额部、颈项等处的污垢，以免发痒而抵人。在夏季，还应进行洗浴，最好采用淋浴，边淋边刷，浴后擦干。

（5）按摩睾丸。按摩睾丸是一项特殊的工作。每天一次，与刷拭结合进行。每次 5～10 min。为了提高精液品质，还可增加一次，按摩时间应适当延长。

（6）护蹄。饲养员要经常检查蹄趾有无异常。要求保持蹄壁和蹄叉清洁，清除附着污垢。为了防止蹄壁破裂，可经常涂抹凡士林或无刺激性的油脂。发现蹄病，应尽快进行治疗。做到每年春秋两季各削蹄一次。蹄形不正则须矫正。种公牛如有畸形蹄趾，或由于蹄病治疗不及时行走不便，采集精液都会受到影响，严重者继发四肢疾病，甚至丧失配种能力，损失重大，因此必须引起高度的重视。

二、种公牛的繁殖利用

1. 合理利用种公牛

种公牛一般 1.5 岁开始利用，近年来为了尽早测定种公牛的种用价值，12～14 月龄便开始采精。1.5岁种公牛每周采1次，成年种公牛每周采2次，第1次采精后，10～15 min 再采一次。一般第二次采精品质好，2次混合后制成冷冻精液供配种使用。若是配种旺季，每周可采3～4次，但青年种公牛采精次数则应适当控制。

2. 精液品质检查与处理

精液品质的优劣直接关系到母牛受胎率的高低，因此采集的精液要进行严格的检查并应尽快处理。精液品质主要检查其外观与气味、射精量、精子活力和密度等项内容，然后制成冷冻精液保存。

3. 影响种公牛繁殖性能的主要因素

探讨影响种公牛繁殖性能的因素是必要的，了解这些因素后就可以采取措施加以利用和克服。

（1）营养：营养是保证种公牛健康和延长其利用年限的物质基础。科学的饲养才能使种公牛保证正常的繁殖功能，除一些常规饲料外，对种公牛应根据不同地区的特点添加添加剂成分，以保证微量矿物质元素和维生素A、维生素D、维生素E的供应。

（2）年龄：种公牛5～6岁后繁殖功能减退，但若是后裔鉴定种公牛则在5～6岁后刚好有结果，因此应抓紧时间储存精液，并在该期确保其繁殖功能正常。个别的种公牛15岁时还可以提供精液。

（3）内分泌功能：激素分泌异常会使种公牛的正常繁殖活动发生紊乱。营养不良和环境的变化等因素均可能造成内分泌功能失调。

（4）环境条件：气候光照对种公牛的影响很大，种公牛最适温度是2 ℃～24 ℃，温度过高，则种公牛性欲下降、采精量变少、品质变差。

（5）遗传因素：公畜精液质量和受精能力与其遗传性也有密切的关系，但这方面的研究报告较少，有些问题还有待进一步研究。

（6）疾病的影响：感染布鲁氏菌病、肠弧菌病、滴虫病等对种公牛的繁殖功能也有不良影响，因此应该积极预防。

第五节　牛奶的初步处理

一、牛奶的物理特性

牛奶主要的物理特性包括牛奶的色泽、气味、冰点、酸度、密度等。

1. 色泽

在正常情况下牛奶是一种稍带黄色或白色的不透明液体，颜色取决于牛奶的成分，尤其是磷酸钙与干酪素结合的微细颗粒引起的光折射的强弱，而淡黄色的深浅则与牛奶中脂肪含量有关。例如，脱脂乳呈白色，而稀奶油则呈浓郁的蛋黄色泽。牛奶中的叶黄素和胡萝卜素无法在奶牛体内合成，是从饲料中转入牛奶中的，所以当夏季饲喂大量青饲料后，牛奶的颜色一般要比冬季浓。

2. 气味

由于牛奶中含有可挥发的脂肪酸以及其他挥发性物质，所以牛奶具有特殊的香味。这种香味随温度的高低而变化，当牛奶经加热后其香味会变得强烈，冷却后即减弱。若牛奶有异味，很可能是由外来因素引起的。例如，牛舍空气不洁、奶桶洗涤不净，这与牛奶中脂肪酸的挥发性、可溶性以及吸附性均有关。

3. 冰点

冰点又称凝固点。牛奶的冰点为 – 0.59 ℃ ~ – 0.54 ℃。牛奶的冰点与牛奶中乳糖、无机盐的含量相关。

在通常情况下，牛奶中无机盐、乳糖含量越高，其冰点越低；相反，则其冰点越高。冰点也会受其他因素影响。例如，牛奶在经过 70 ℃以上的温度消毒后，其中一部分可溶性盐类将会变成不溶性盐类，从而增高牛奶的冰点；向牛奶中掺水，也会使其冰点增高。若牛奶中掺水 1%，则其冰点就会升高 0.005 5 ℃。所以，可以通过测定冰点检查牛奶是否掺水。

4. 酸度

牛奶的 pH 一般为 6.3 ~ 6.9，呈弱酸性，牛奶中弱酸性物质主要有柠檬酸盐、蛋白质、二氧化碳及磷酸盐等。牛奶的酸度一般用吉尔涅尔度表示，简称度（°T），即用酚酞作为指示剂，中和 100 mL 牛奶所消耗的 0.1 mol/L 氢氧化钠溶液的毫升数，也称滴定酸度，正常牛奶为 15 °T ~ 18 °T。

自然酸度是正常牛奶固有的酸度，这种酸度与在储存中因微生物繁殖而产生的酸度无关。发酵酸度是在存放过程中牛奶由于微生物发酵产酸而升高的酸度。发酵酸度与自然酸度之和称为总酸度。通常，总酸度就是乳品检验中所测定的酸度。

随着牛奶的酸度升高，对热的稳定性会逐渐降低，超过 25°T 的牛奶煮沸时就会自行凝固，很难再进行加工利用（表 3 – 13）。酸度过高的牛奶制成的奶粉品质不佳，溶解度差。因此，牛奶酸度是衡量牛奶质量好坏的重要指标之一。

表 3 – 13　牛奶的凝固条件与酸度之间的关系

酸度（°T）	凝固条件	酸度（°T）	凝固条件
18	煮沸时不凝固	40	加热至 65 ℃时凝固
22	煮沸时不凝固	50	加热至 40 ℃时凝固
26	煮沸时凝固	60	22 ℃时自行凝固
28	煮沸时凝固	65	16 ℃时自行凝固
30	加热至 77 ℃时凝固		

5. 密度

牛奶的密度是指在 20 ℃时牛奶的质量与在 4 ℃时同容积水的质量比，正常牛奶的密度为 1.028 ~ 1.032。如果所测奶样的密度明显低于此范围，则可初步判断其可能掺水。因为掺水后牛奶会变得稀薄，无脂干物质含量降低，导致密度下降，所以通过测定牛奶的密度，也能大致判断牛奶是否掺水。

二、牛奶的化学成分

牛奶是一种非常复杂且带有胶体性质的混合物，是一种目前人类所发现的自然产生的、最复杂的液体。它既有悬浊液的性质，又有乳浊液的特性；既有高分子溶液的特点，又有真溶液的性质。牛奶主要由水、脂肪、蛋白质、乳糖和矿物质（无机盐类）以及微量的其他物质（如色素、磷脂、维生素、酶、白细胞等）组成。

牛奶中除去气体和水分后所剩余的物质，称为牛奶干物质或牛奶总固形物。牛奶中各主要成分的含量因奶牛个体、品种、泌乳期、疾病、饲养、饲料以及挤奶等因素的不同，会产生很大差别（表3-14）。

表3-14　牛奶中各主要成分的含量及其变化范围

主要成分	变量限度	平均值
水分	85.5% ~ 89.5%	87.0%
总固形物	10.5% ~ 14.5%	13.0%
脂肪	2.5% ~ 6.0%	4.0%
蛋白质	2.9% ~ 5.0%	3.4%
乳糖	3.6% ~ 5.5%	4.8%
矿物质	0.6% ~ 0.9%	0.8%

除总固形物外，常用非脂固形物（solids - not - fat，SNF）作为衡量牛奶质量的指标。除脂肪以外的固形物称为非脂固形物。

牛奶中绝大部分的水分以游离状态存在，成为乳的胶体体系的分散介质，还有极少部分（2% ~ 3%）水分与蛋白质相结合，牛奶中除一部分可溶性盐和乳糖之外，不溶性盐类与蛋白质形成胶体悬浊液，而脂肪则呈乳浊液状态存在。所以牛奶是一种由真溶液、乳浊液和悬浊液这三种体系构成的、能均匀稳定存在的胶体性液体。其中，脂肪在乳浊液中以脂肪球的状态存在；蛋白质在胶体悬浊液中呈亚微胶粒及次微胶粒状态；可溶性盐类及乳糖则以离子、分子状态溶于水中，呈超微细粒状态。

1. 水分

水是牛奶的主要成分之一，通常占87% ~ 89%，正因为水的存在，才使牛奶呈均匀而稳定的流体状态。牛奶中的水可分为游离水、结晶水和结合水三种。游离水占绝大部分，是各营养物质在牛奶中的分散介质，许多生物学和理化过程都与游离水有关。结晶水是乳糖结晶时和乳糖晶体一起存在的水，它比另外两种水更为稳定。结合水与乳中的某些盐类、乳糖以及蛋白质结合存在，不具有溶解其他物质的作用，在达到冰点后也不会发生冻结。

2. 乳脂肪

牛奶中的脂肪含量一般为3%~5%，在乳浆中以微滴的形式存在，直径为1~18 μm，平均直径约3 μm，1 mL全脂牛奶中含有30亿~40亿个脂肪球。脂肪球的大小与乳脂肪含量相关，乳脂肪含量越高，则单个脂肪球的平均直径越大。另外，脂肪球的大小还会因为牛的个体、品种、健康状况、疾病、泌乳期阶段、饲养管理、饲料、挤奶情况等因素的不同而发生变化。脂肪球的大小对乳制品有较大影响。脂肪球越大，从牛奶中分离就越容易，黄油产量也就越高。生产中经均质处理后的牛奶，其脂肪球的直径接近1 μm，基本上脂肪球不上浮，从而得到长时间稳定不分层的产品。

牛奶脂肪有别于其他动植物脂肪，牛奶的脂肪酸组成与一般脂肪有明显的差别。脂肪酸种类远多于一般脂肪，它的脂肪酸含量达20种以上（而其他动植物脂肪只有5~7种脂肪酸）。另外乳脂肪中低级（14个碳以下的）挥发性脂肪酸的含量多达14%左右，其中水溶性脂肪酸（辛酸、己酸、丁酸）可达8%左右，其他油脂只有1%。牛奶中还含有约0.03%的磷脂（主要是脑磷脂、卵磷脂和神经鞘磷脂）及微量的游离脂肪酸和甾醇。乳脂肪中主要脂肪酸见表3-15。

表3-15 乳脂肪中主要脂肪酸

名称		含碳原子数目	占总脂肪酸的百分比	熔点/℃
饱和脂肪酸	丁酸	4	3.0%~4.5%	-7.9
	己酸	6	1.3%~3.2%	-1.5
	辛酸	8	0.8%~2.5%	16.3
	癸酸	10	1.8%~3.8%	31.4
	月桂酸	12	2.0%~5.0%	43.6
	豆蔻酸	14	7.0%~11.0%	53.8
	棕榈酸	16	25.0%~29.0%	62.6
	硬脂酸	18	7.0%~13.0%	69.3
不饱和脂肪酸	油酸	18:1	30.0%~40.0%	14
	亚油酸	18:2	3%	-5

由表3-15可见，牛奶中棕榈酸、油酸、豆蔻酸和硬脂酸含量较高。不同脂肪酸的相对含量差异较为明显，脂肪的硬度也有所不相同。例如，棕榈酸含量越高，脂肪硬度越大。乳脂肪的主要理化常数为：

熔点　　　　　　　28.4 ℃~33.3 ℃

碘值　　　　　　　25.7~37.9

折射率（15 ℃）　　1.459~1.462

油酸在不饱和脂肪酸中含量最高。油酸在室温下为液体，其碘值的变动及含量与奶牛饲料有关。如青饲料饲喂量增多，油酸含量增加，碘值则增高，在乳脂肪中以软脂酸为主；如饲料以茎叶类、干草为主，则在乳脂肪中以硬脂酸为主。因此碘值不仅是衡量油酸含量的指标，同时也是衡量脂肪硬度的指标。生产硬度最佳的黄油，碘值应为 32 ~ 37。脂肪中不同的脂肪酸含量会影响光线的折射率，所以，先测定脂肪的折射率，然后再计算碘值，能够快速测定脂肪的硬度。

在乳与乳制品中乳脂肪具有重要作用。乳脂肪不仅能赋予乳制品细致而滑腻的组织状态，而且含有的人体必需的脂肪酸，即维生素 A、维生素 D、维生素 E、维生素 K 等脂溶性维生素的载体。而且，乳脂肪比其他动物脂肪更容易消化。

3. 乳蛋白质

牛奶中含氮物的含量大约为 0.5%，其中乳蛋白质占 95%，非蛋白氮占 5%。蛋白质在牛奶中所占含量为 3.3% ~ 3.5%。乳蛋白质由 20 多种氨基酸构成，由于构成乳蛋白质氨基酸的含量和种类的不同，所构成蛋白质的生理功能也不尽相同。乳蛋白质主要分以下 4 类：酪蛋白、白蛋白、球蛋白和球膜蛋白。除此以外，还有少量酶类。

（1）酪蛋白。酪蛋白仅存在于牛奶中，在乳蛋白中占 80% 以上。酪蛋白在牛奶中以胶体状态存在，是以钙、磷及其他盐类和含磷蛋白为主体的几种酪蛋白质分子结合成复合物的形式存在。酪蛋白分子较大，可达 0.4 μm，可在电子显微镜下看到。酪蛋白有三种主要类型，即 α - 酪蛋白、β - 酪蛋白和 γ - 酪蛋白。

酪蛋白可分别在皱胃酶、酸和钙的作用下凝固。酪蛋白的等电点为 pH 4.6。使产酸菌在牛奶中生长或在牛奶中加酸，牛奶 pH 就会下降。当 pH 下降到等电点时，酪蛋白将会聚合沉淀。酸奶制品的原理，就是在牛奶中加乳酸菌发酵乳糖成乳酸，pH 下降，酪蛋白沉淀。

（2）白蛋白。牛奶中白蛋白占 10% ~ 15%。白蛋白和酪蛋白一样是以胶体状态存在，但颗粒相对较小（直径为 0.005 ~ 0.015 μm）。在制作干酪时，残余的白蛋白会溶解于乳清当中，所以白蛋白也被称为乳清蛋白。白蛋白在牛奶加热到 70 ℃ 时，会开始沉淀，到 80 ℃ 时，会全部沉淀。

（3）球蛋白。球蛋白在牛奶中的占比很少，仅为 0.1% ~ 0.5%，但在初乳中可高达 2% ~ 15%。球蛋白在牛奶加热到 65 ℃ 后开始变性，70 ℃ 时则全部凝固。白蛋白和球蛋白在初乳中含量很高，因而不能用巴氏杀菌法处理初乳（加热时这种蛋白质将凝固）。

（4）球膜蛋白。包裹在脂肪球表面的一层蛋白质称为球膜蛋白，与水紧密结合。球膜蛋白在牛奶蛋白质中含量约为 5%。在机械搅拌或强酸强碱作用下，球膜蛋白即会被破坏，这种特性在乳制品制作中非常重要。

（5）酶。酶是由机体产生的具有生物活性的一种蛋白质。牛奶中的酶来源于微生物代谢或母牛的乳腺。前者为细菌酶，后者是牛奶中固有的正常成分，称为原生酶。

牛奶中重要的酶有过氧化物酶、过氧化氢酶、碱性磷酸酶和解脂酶。这几种酶常被用来检验和控制牛奶质量。

① 过氧化物酶。过氧化物酶可以把过氧化氢（H_2O_2）中的氧原子转移到其他易氧化的物质。如果把牛奶加热至80 ℃并持续数秒钟，过氧化物酶就会丧失活性。利用这一性质，可以检验牛奶中是否存在过氧化物酶，也可以判断是否达到80 ℃以上的巴氏杀菌温度。

② 过氧化氢酶。过氧化氢酶可以把 H_2O_2 分解成水和游离氧，通过牛奶中酶释放出来的氧气量，就能够估计牛奶中过氧化氢酶的含量，判断牛奶是否来自健康奶牛。当牛乳房有疾病时，过氧化氢酶含量会增高，而健康奶牛挤出的鲜奶仅含有微量的过氧化氢酶，要注意的是很多细菌也能产生这种酶。通过常规的高温短时间巴氏杀菌法（70 ℃ ~72 ℃下持续15 ~ 30 s）就能破坏过氧化氢酶。

③ 碱性磷酸酶。牛奶中的磷酸酶可分解磷酸酯成醇类和磷酸。在短时间的巴氏杀菌后该酶就会被破坏。因此判断牛奶的巴氏杀菌是否成功可通过检测碱性磷酸酶是否存在。

④ 解脂酶。解脂酶能把脂肪分解成游离脂肪酸和丙三醇。在乳制品和牛奶中存在的游离脂肪酸会使产品带有脂肪分解的特殊臭味。虽然某些牛奶中解脂酶活性很强，但大多数情况下解脂酶活力很微弱。牛奶中的解脂酶含量随泌乳周期的延续而增加。通过高温短时间巴氏杀菌法，能在很大程度上使解脂酶被钝化，但使其完全失活则需较高的温度。

4. 乳糖

乳糖仅在哺乳动物的乳中存在。乳糖在牛奶中的含量为 3.6% ~ 5.5%，在牛奶中几乎全部呈溶液状态。乳糖是双糖，经水解后生成一分子半乳糖和一分子葡萄糖。

牛奶保管不善或冷却温度不够，会导致牛奶酸败，这是由于其中乳酸菌使乳糖产酸、发酵而导致的。

如将牛奶持续高温加热一段时间，牛奶会产生一种焦糖味并变成棕褐色，这种作用称为焦糖作用，这是乳糖和蛋白质之间发生化学反应的结果。

乳糖是水溶性的，在牛奶中以一种分子溶液的形式存在。因此，在干酪生产中，大部分的乳糖都溶解于乳清中，蒸发乳清就可获得浓缩乳糖。乳糖甜度不如其他糖类，其甜度为蔗糖的1/30。

5. 维生素

牛奶中有多种维生素，如维生素 A、维生素 B_1、维生素 B_2、维生素 C 和维生素 D 等。这些维生素都是人类生活中不可或缺的营养。表3 – 16 列出了全脂鲜奶和其他乳制品中维生素组成。除表中列出的维生素外，牛奶中还含有维生素 B_6、维生素 B_{12}、泛酸、叶酸及烟酸。表3 – 17 列出在 1 L 新鲜牛奶中各种维生素的含量以及成人每日维生素需要量。

表 3 – 16　乳制品中维生素的含量

各种维生素	维生素 A	维生素 B_1	维生素 B_2	维生素 C	维生素 D
全脂奶（未经巴氏杀菌）	+	+	+	+	+
脱脂奶	−	+	+	+	−

各种维生素	维生素 A	维生素 B_1	维生素 B_2	维生素 C	维生素 D
酪乳	－	＋	＋	＋	＋
乳清	－	＋	＋	＋	－
稀奶油	＋	－	－	＋	＋
黄油	＋	－	－	－	＋
干酪	＋	＋	＋	－	＋

注："＋"表示存在该种维生素；"－"表示不存在或是很少存在这种维生素。

表 3－17　新鲜牛奶中各种维生素的含量和成人每日维生素需要量

维生素	每升奶中的含量/mg	成人每日需要量/mg
A	0.2～2	1～2
B_1	0.4	1～2
B_2	1.7	2～4
C	5～20	30～100
D	0.002	0.01

6. 无机盐类

牛奶中无机盐含量很小，一般不会超过1%。在牛奶中无机盐呈溶解状态。

在酶蛋白化合物中也存在部分无机盐。最主要的盐类有钾、钙、钠和镁盐，并分别以氯化物、磷酸盐、柠檬酸盐和酪蛋白酸盐的形式存在。在一般牛奶中，钙和钾的含量最丰富，但含盐量不稳定。在泌乳后期，特别是在患乳房炎奶牛分泌的牛奶中，氯化钠含量会增高，并带有咸味。

牛奶中酸性奶油的风味与无机盐有密切关系。在奶油生产中，由于乳酸菌的作用，柠檬酸盐会被分解为挥发性盐，提高其芳香味。

奶牛饲养管理不当或其生理状态的变化，都将造成其体内无机盐失衡，所产牛奶对乳制品加工会造成极大影响。

7. 细胞成分

体细胞常出现在牛奶中，牛奶中的体细胞除了少部分乳腺组织脱落的细胞外，主要来自血液，其中多为白细胞，因此体细胞数可作为乳腺组织是否遭受损伤或感染的标志。健康奶牛产的牛奶中体细胞含量很少，但如果患有乳房疾病，则会大大增加体细胞的含量。当超过每毫升50万个体细胞数就可以怀疑该奶牛患上乳房炎。牛奶中体细胞的含量和季节变化也有一定关系，冬季一般要低于夏季。

8. 牛奶中不应有的成分

（1）细菌。牛奶中最常见的微生物污染物就是细菌。即使健康奶牛产的牛奶也会含有一些细菌。这些细菌主要来自牛体、挤奶设备、挤奶人员、周围环境和储存容器等。患乳房炎奶牛产的牛奶细菌数量可高达100万个/mL。遭受细菌污染的牛奶若存放在室温或夏天较热的条件下，短时间内细菌就会大量繁殖。一旦细菌出现在牛奶中就无法将它们完全分离，而且细菌会破坏牛奶中的蛋白质。虽然巴氏消毒能够杀灭细菌，但并不能恢复牛奶原来的营养成分。

（2）抗生素。在治疗奶牛乳房炎和其他疾病时抗生素会被大量使用。通常的使用方法是直接向乳房注射、通过静脉或肌内注射，在用药期间抗生素会通过被组织吸收后分泌到牛奶中，产生"有抗奶"。按规定，接受抗生素治疗的奶牛至少要经过5～7 d的停药期后，其牛奶才可以出售。在收购的牛奶中不能含有抗生素，也不能含有磺胺类抗菌药物。牛奶当中不能含抗生素有两方面原因，一方面是有些人对抗生素有过敏反应，另一方面是抗生素会对某些奶制品（如酸奶和奶酪）制作过程中乳酸菌或其他细菌的发酵产生抑制作用。

（3）除草剂和杀虫剂。除草剂和杀虫剂也有可能污染牛奶。发生这种情况经常是由于给奶牛饲喂的牧草被污染或在挤奶后牛奶受到污染造成的。牛奶中绝对不可以含有杀虫剂。若水中或牧草含有氯化物，奶牛在采食后，这类化合物会经过代谢进入牛奶中。氯化物对脂有很强的亲和性，因此全脂奶制品最容易受此类化合物的污染。装过杀虫剂或除草剂的容器绝对不可以再用来装牛奶，即使反复清洗，也不能将这类污染物完全除去。虽然牛奶中这类化合物的含量很低，但是这类化合物往往都是人类致癌物。

（4）霉菌毒素。生长在植物上的霉菌或真菌产生的代谢物称为霉菌毒素。如果奶牛的饲料发霉并被采食，霉菌毒素就很有可能经由体内代谢进入牛奶中。生产中最常见的霉菌毒素是由黄曲霉菌所产生的黄曲霉毒素。黄曲霉毒素对人的肝脏有破坏性（特别是长期摄入者）。检测牛奶中是否含有黄曲霉毒素可以通过化学分析来确定。这类物质在牛奶中的含量规定不超过0.5 μg/kg。

（5）清洗剂和消毒剂。挤奶设备中残留的洗涤剂和消毒剂也有可能会对牛奶造成污染。这类化学物质的污染会给牛奶加工厂造成影响，因为通常这些化学物质会对奶产品加工制作过程中化学反应和细菌的发酵产生抑制作用。彻底冲洗奶桶、输奶管道以及储存罐中的残留的清洁剂是非常重要的。

另外一些其他非牛奶成分也可能出现在牛奶中，如一些不法分子为消除牛奶中含有的β－内酰胺类抗生素而添加的一些β－内酰胺酶类物质，为使牛奶中微生物数量减少而添加过氧化氢，以及为提高牛奶中粗蛋白含量而添加三聚氰胺等。奶业的生命就是牛奶质量，因此奶牛场、中间商及加工厂应该在饲喂、挤奶、用药、清洗、加工及储存等环节中各司其职，预防牛奶中非牛奶成分的出现。

三、鲜奶的初步处理与运输

1. 鲜奶处理关键控制点

（1）乳的过滤与净化。牛奶挤出后不可避免地会含有一定数量的杂质，这些杂质都带有大量的微生物，会加速牛奶的变质。因此，原料奶初步处理的一个重要环节就是过滤。在机械挤奶条件下牛奶在输奶管道中直接过滤，过滤网在每次挤奶后都应该按要求更换。

（2）乳的冷却。经过过滤的牛奶应立即冷却，其目的是抑制细菌的繁殖，保证牛奶品质，延长牛奶保存时间。因为刚挤出的牛奶与牛的体温接近，相当适宜细菌的繁殖，如不进行冷却，细菌会快速繁殖，并使牛奶变质。

乳铁蛋白是鲜奶中的一种天然抗菌物质，它可以抑制微生物的繁殖活动，使牛奶本身具有一定的抗菌特性。但是这种抗菌性是有限度的。其作用时间会随乳温的高低和乳的细菌污染程度而发生变化（表3-18和表3-19）。

表3-18 乳温与抗菌特性持续时间的关系

乳温/℃	抗菌特性持续时间/h
37	2
30	3
25	6
10	24
5	36
0	48
-10	240
-25	720

表3-19 抗菌特性持续时间与细菌污染程度的关系

乳温/℃	抗菌特性持续时间/h	
	挤奶时严格遵守卫生制度的	挤奶时未严格遵守卫生制度的
37	3.0	2.0
30	5.0	2.3
16	12.7	7.6
13	36.0	19.6

在牛奶的保存过程开始的数小时内，因为抗菌特性的存在，细菌增加速度缓慢。如果不及时对牛奶进行冷却，那么当这种特性消失后细菌数量会急剧增加，加速牛奶腐败。冷却可以延长抗菌特性的作用时间，并且由于低温细菌增殖缓慢，在过了一定时间后与未冷却的奶相比细菌数量会有很大差异。冷却奶在经过24 h储存后，细菌数量远低于非冷却奶，可见对牛奶进行冷却对奶品质保持的重要性（表3-20）。

表 3 - 20　牛奶在储存时细菌的变化　　　　　　　　　　万个/mL

储存时间	冷却奶	未冷却奶
刚挤出的奶	1.15	1.15
3 h	1.15	1.85
6 h	0.80	10.20
12 h	0.78	11.40
24 h	6.20	13.00

冷却主要有以下方法：

① 冷却器冷却法。其热交换器有薄片式、板式、螺旋式等样式，冷却介质多使用预冷的水。

② 直冷式奶罐。奶罐中的牛奶通过制冷机冷却，冷式奶罐是现代化奶牛场中挤奶设备的配套设备。制冷机功率和奶罐储存容量要与产奶高峰期的最高产奶量相匹配。

（3）乳的储存。牛奶是细菌繁殖生长的良好培养基，所以必须保证牛奶相接触的物品清洁干净。牛奶储存容器的材料一般是不锈钢，内表面坚硬光滑且不易刮伤，使细菌无处藏匿。应当使用全新的容器或完全清洗干净的容器装牛奶，不能将牛奶装在曾装过未知溶液或带有异味物质的容器。冷却奶应尽可能保存在低温当中，以防止温度回升。据研究，在18 ℃条件下，对鲜奶已有较好的保存作用，如冷却到13 ℃，则可在12 h 内仍然保持鲜奶的新鲜度。奶的保存时间和冷却保存温度的关系如表 3 - 21 所示。

表 3 - 21　奶的保存时间和冷却保存温度的关系

奶的保存时间/h	奶应冷却的温度/℃
6 ~ 12	8 ~ 10
12 ~ 18	6 ~ 8
18 ~ 24	5 ~ 6
24 ~ 36	4 ~ 5
36 ~ 48	1 ~ 2

牛奶保存温度越低，其可保存时间越长，但通常保存温度在 4 ℃左右，且牛奶的储存不应超过 2 昼夜。为了防止在储存过程中牛奶中的脂肪因重力作用而分离，影响牛奶保持均匀一致，储奶缸必须装有搅拌装置。但是剧烈的搅拌会使牛奶中混入空气，并导致脂肪球破裂，脂肪游离，在解脂酶的作用下进而分解。因此，轻度搅拌是储存低温牛奶的最基本方法。较小的储存罐常安装在室内，而较大的则安装在室外以减少厂房的建筑费用。露天大罐通常是双层结构的，在壁与壁之间带有隔温层。罐的内层用不锈钢制成，并经过抛光处理。外层常由钢板焊接而成。

2. 鲜奶的运输

运输是乳制品生产中的重要环节。在牛奶收集站保存的牛奶以及饲养场挤出的鲜奶在运输到加工厂之前应均匀且完全地冷藏，这一点对于保证牛奶质量是非常重要的，因为牛奶在运输过程中的时间和温度是决定牛奶中细菌生长的关键因素。因此，必须使用奶槽车，执行严格的责任制，以避免鲜乳变质。

本章小结

　　本章内容包括奶牛生产和肉牛生产两部分。在奶牛生产部分详细论述了奶牛生产知识和生产技术，其主要内容有：犊牛的饲养与培育，育成牛的饲养，泌乳牛的营养生理特点与阶段饲养管理技术，挤奶技术和鲜牛奶的初步处理，种公牛的饲养管理技术等。学习的重点在于掌握奶牛阶段饲养管理技术和方法，同时掌握奶牛的繁殖技术。在肉牛生产中论述了肉牛生产的系列技术和措施，主要内容包括肉牛品种介绍、肉牛生产所需要的条件、肉牛生长发育规律、犊牛和架子牛育肥技术及肉牛生产的指标。在学习中，要重点了解肉牛生产的各种条件和如何结合这些条件采取相应的饲养管理方式和技术措施，并提高经济效益。

本章习题

一、名词解释

1. 补偿生长　　2. 架子牛　　　3. 持续育肥　　4. 净肉率
5. 饲料转化率　6. 大理石纹评分　7. 能量负平衡　8. 标准乳
9. 体成熟　　　10. 阶段饲养　　11. 泌乳曲线　　12. 精子活力
13. 性成熟　　　14. 利用年限　　15. 牛奶总酸度　16. 非脂固形物

二、填空题

1. 牛按其用途可分成乳用牛、_____牛、_____牛和兼用牛。

2. 乳用_____牛以产奶量高而著称于世，现饲养头数占乳用品种牛的_____。其中尤以_____和加拿大血系的乳用牛产奶性能最好。

3. 原产于_____，体色为_____。因产奶和产肉性能都较强，故又称_____型牛。

4. 夏洛来肉用牛最早是由_____牛改良而成，原产地为_____，毛色是_____，和本地黄牛杂交易出现母牛_____，因此要搞好选配工作。

5. 海福特牛原产于_____，是最古老的肉牛品种，其突出外貌特征是具有"六白"特征，即在_____呈现白色，其余部分为_____色，海福特牛产肉性能良好，早熟，肉味佳，柔嫩多汁。

6. 犊牛一般为_____哺乳，断奶日龄一般在_____月龄。肉牛犊牛可于生_____后_____周开始补饲，通过补饲可以满足犊牛对生长发育的营养要求，同时还可以促进_____发育，提高其利用粗饲料的能力。

7. 肉牛体组织的增长规律是，随着年龄增长，肌肉所占的比重是先增加_____，脂肪比重则持续_____，水分则持续_____，肌肉的嫩度逐渐_____。因此在饲养肉牛时要充分利用其生长发育速度快的时期，经济上才最有利。

8. 架子牛育肥是利用了_____规律进行后期集中育肥，增重的主要内容是_____，同时可以达到改善_____的目的。

9. 犊牛育肥最好选用_____品种，育肥期_____月，分阶段进行，出栏体重可达到_____kg 左右。

10. 初乳是母牛生后_____天内所分泌的乳汁。初乳和常乳相对比，含有较高的_____球蛋白、矿物质和维生素 A，这些物质对犊牛免疫和胎粪的排出具有_____作用。

11. 在分娩前一段时间停止泌乳，该期称为干奶期，一般为_____天。干奶的方法有两种，一种是_____法，另一种是_____法。前者适合于_____牛，后者适合于_____牛。

12. 产后奶牛营养负平衡主要是_____的缺乏，结果奶牛动用体内沉积的营养维持泌乳，造成体重_____，尤其是高产奶牛这种现象更加严重，容易造成_____症，同时对产后奶牛的_____不利。为减轻营养负平衡对奶牛的负面影响，可采取增加_____的方法。

13. 若牛奶挤出后放置过久，由于微生物的活动，分解乳糖产生乳酸，导致牛奶酸度升高，这部分酸度称为_____。总酸度是_____和_____之和。

三、问答题

1. 如何挑选架子牛？
2. 尿素利用的注意事项有哪些？
3. 犊牛实施早期断奶的意义何在？
4. 何谓阶段饲养法？根据是什么？
5. 提高奶牛在早期泌乳阶段干物质采食量的方法有哪些？
6. 青年牛培育的技术要点是什么？
7. 何谓干奶期？干奶期的母牛如何进行饲养管理？
8. 种公牛的饲养管理技术要点是什么？
9. 种公牛的营养需要有何特点？
10. 如何合理利用种公牛？
11. 牛奶酸度的测定方法是什么？

四、论述题

1. 肉牛的生长发育规律是什么？如何运用这一规律指导肉牛生产？
2. 犊牛持续育肥的饲养技术是什么？

3. 架子牛育肥可采取哪几种饲料类型进行饲养？常用饲料组合量是多少？

4. 肉牛饲养管理技术要点是什么？

5. 泌乳牛阶段饲养管理的技术要点是什么？

6. 奶牛的营养生理特点是什么？

7. 犊牛的健康管理内容是什么？

8. 青年牛生长发育的特点是什么？

9. 牛奶冷却消毒与保存有哪些方法？

第四章　羊　的　生　产

羊是人类驯化较早的一种家畜；绵羊和山羊早在新石器时代（约公元前6000—公元前2000年）就开始被人们豢养；养羊生产的主要用途为：产毛、肉用、产绒、皮用和乳用。羊是人类生存、繁衍过程中所利用的重要家畜之一。

随着商品交换的出现和阶级分化，养羊数量的多少成为财富和地位的象征；英国工业革命促进了毛纺工业的发展，极大地刺激了养羊业发展毛用羊；化纤工业的兴起及羊肉消费的增长，促进养羊业向肉用方向发展。

我国的养羊数量居世界第一位，传统的养羊生产以牧区为主。由于过度放牧，草原生态的不断退化，为了保护草原，国家实施了禁牧举措，农区和半农半牧区的养羊生产比重逐年提高，现已超过牧区。因此，在农区利用我国丰富的秸秆资源发展养羊生产，保证了日益增长的养羊产品需求，也是很多地区脱贫致富的重要途径。

本章提要

羊的生产系统介绍了养羊生产的基本理论和生产管理知识，是动物生产科学的一个重要组成部分。通过本章内容的学习，必将促进养羊生产技术的推广与普及，促进畜牧养殖业的发展，提高养羊生产的技术水平，更好地为生产实践服务。本章介绍的主要内容有：

- 羊的品种。
- 羊的主要产品。
- 羊的配种及接羔育羔技术。
- 种公羊的饲养管理。
- 母羊的饲养管理。
- 羔羊的饲养管理。
- 育成羊的饲养管理。
- 育肥羊的饲养管理。
- 羊的放牧饲养。
- 羊的日常管理技术。

学习目标

通过本章的学习，应能够：

- 了解各类羊的代表性品种。
- 了解羊的主要产品。
- 掌握羊的主要配种方式和优缺点。
- 掌握各类羊的饲养管理要点。

学习建议

- 紧密联系生产实际，可到养羊场参加相应生产环节的工作，并与技术人员、饲养管理人员进行讨论。
- 认真做好本章后所附习题。

第一节 羊 的 品 种

一、绵羊品种

现代饲养的绵羊是由来自欧亚的两个野生绵羊品种——摩佛伦羊和欧洲盘羊驯化而来。绵羊主要分布在南北回归线之间，据统计，目前世界上共有 629 个绵羊品种。按照生产用途可将绵羊分为毛用型、肉用型、乳用型、裘羔皮用型。其中，毛用型又可分为细毛羊、半细毛羊、粗毛羊等。按照羊的尾型可分为短瘦尾羊、长瘦尾羊、短脂尾羊、长脂尾羊、肥臀羊等。

（一）肉用型

肉用型的绵羊体躯粗壮，体重大，呈圆桶状，四肢较短，颈粗，身上无皱褶或较少皱褶，毛较短。后躯丰满充实，有较好的繁殖性能，性成熟早，生长发育快，屠宰率高，胴体品质好，饲料转化率强，因此具备较高的经济价值。目前真正具备肉用特征及有利用价值的仅有二十多个品种。还有一些不具备完全肉羊特征，但有些特点较突出的培育品种及地方品种，也可用作肉羊的选择品种。如我国的小尾寒羊具备优良的繁殖特性，其他一些具备一定产肉能力的毛肉兼用品种也可用于肉用羊生产。

1. 国外肉用品种

（1）无角道塞特羊：原产于大洋洲的澳大利亚和新西兰。该品种羊体质结实，具有早熟、生长发育快、全年发情、耐热及适应干燥气候等特点。公、母羊均无角，头短而宽，颈粗短，体躯长，胸宽深，背腰平直，体躯呈圆桶形，四肢粗短，后躯发育良好，面部、四肢被毛白色。成年公羊体重 100～124 kg，母羊体重 75～90 kg；毛长 7.5～10 cm；细度为 50～56 支；剪毛量为 2.5～3.4 kg。屠宰率 50%以上；胴体品质和产肉性能好，4 月龄羔羊胴体重 20～24 kg。产羔率为 130%～180%；遗传力强，是发展肉用羔羊的父系品种之一。

我国新疆、内蒙古、黑龙江等省（自治区）从澳大利亚引进该品种羊，除进行纯种繁育外，还同当地粗毛羊及半细毛杂种羊杂交来生产肉羔，用无角道赛特与小尾寒羊杂交，后代在产肉性能方面具有明显优势。中国农科院畜牧所研究表明，用无角道赛特与小尾寒羊杂交，杂交羔羊产羔率为 207.17%；3 月龄断奶重达 29 kg，6 月龄 40.5 kg，显著高于小尾寒羊的 24 kg 和 34 kg。6 月龄屠宰时，胴体重 24.20kg（小尾寒羊为 17.10kg），屠宰率为 54.49%（小尾寒羊为 47.42%），净肉率为 43.13%（小尾寒羊为 34.37%）。

（2）德国肉用美利奴羊：原产于德国。该品种羊体格大、早熟，羔羊生长发育快，产肉多、繁殖力高、被毛品质好。公、母羊均无角，颈部及体躯皆无皱褶。体格大，胸深宽，背腰平直，肌肉丰满，后躯发育良好。成年公羊体重 100~140 kg，母羊体重 70~80 kg；羔羊日增重 300~350 g，130 天可屠宰，活重可达 38~44 kg；胴体重 18~22 kg；屠宰率为 47%~49%。被毛白色，密而长，弯曲明显，公羊毛长为 9~11 cm，母羊毛长为 7~10 cm；母羊毛细度为 64 支，公羊为 60~64 支；公羊剪毛量为 7~10 kg，母羊剪毛量为 4~4 kg；净毛率达 50% 以上。母羊母性好，泌乳性能好，羔羊死亡率低，产羔率 150%~250%，可用于杂交肉用羊的父系品种利用。我国 20 世纪 50 年代末、60 年代初全国主要肉羊生产地区从德国引进过该品种，进行纯种繁育和杂交改良，后代的被毛品质、生长发育速度和产肉性能等均明显提高。

（3）特克塞尔羊：原产地荷兰，在 19 世纪中叶，由当地沿海低湿地区的一种晚熟但毛质好的母羊同林肯羊和莱斯特公羊杂交培育成的。目前分布世界许多国家，为同质强毛型肉用品种羊。该品种公、母羊均无角，全身毛白色，鼻镜、唇及蹄冠褐色。体大，体躯长、宽，体质结实，结构匀称。头清秀无长毛，鼻梁平直而宽，眼大有神，口方，耳中等大小，肩宽深，鬐甲宽平，胸拱圆，属于中大型肉羊品种。繁殖率高，羔羊生长发育快，产肉和产毛性能好，瘦肉率高。对寒冷气候适应良好，但对热应激反应较强，易感染疾病，对饲养管理条件要求较高。公羊体重 110~130 kg，母羊体重 70~90 kg，羔羊 4~5 月龄体重 40~50 kg，屠宰率为 55%~60%。剪毛量为 5~6 kg，毛长 10~15 cm，细度为 50~60 支。产羔率 150%~160%，可作为生产肥羔的终端品种。20 世纪 60 年代初法国赠送我国一对特克塞尔羊，近些年，我国又从德国、澳大利亚等地引进该品种，杂交效果良好。

（4）夏洛莱羊：原产地法国中部的夏洛来丘陵和谷地，以英国莱斯特羊、南丘羊为父本，当地的细毛羊为母本杂交育成。该品种羊早熟、耐粗饲、采食能力强、对寒冷潮湿或干热气候适应性好，是生产肥羔的优良品种。公、母羊均无角，头部无毛，脸部呈粉红色或灰色，被毛同质，白色。额宽、耳大、颈短粗、肩宽平、胸宽而深，肋部拱圆，背部肌肉发达，体躯呈圆桶状，后躯宽大。两后肢距离大，肌肉发达，呈"U"形，四肢较短。成年公羊体重 110~140 kg，母羊体重 80~100 kg，周岁公羊体重 70~90 kg，周岁母羊重 50~70 kg，4 月龄育肥羔羊体重 35~45 kg；屠宰率 50% 以上；4~6 月龄羔羊胴体重 20~23 kg，胴体质量好瘦肉多，脂肪少。毛长 7 cm 以上；细度为 56~60 支；剪毛量为 3~4 kg。经产母羊产羔率为 182.37%，初产母羊产羔率为 135.32%。我国在 20 世纪 80 年代末和 90 年代初，由内蒙古畜牧科学院和河北等省区共引进该品种羊 500 余只，除进行纯种繁殖外，已开始同当地粗毛羊和细杂羊杂交生产肉羔，效果良好。

（5）特克赛尔羊：原产于英国英格兰东南的萨福克、诺福克、剑桥和艾赛克斯郡等地。该品种羊体大、骨骼坚强、早熟、生长发育快、产肉性能好、母羊母性好。公、母羊均无角，成年羊头、耳及四肢为黑色，被毛含有色纤维，体质结实，结构匀称，鼻梁隆起，耳大，颈长而宽厚，鬐甲宽平，胸宽深，背腰平直，腹大紧凑，肋骨开张良好，四肢粗壮，蹄质结实，肌肉丰满，呈长筒状，前、后躯发达。成年公羊体重 100~120 kg，母羊体重 70~80 kg；胴体重 3 个月龄羔羊达 17 kg，肉嫩脂少。毛长 7~8 cm；细度为 56~48 支；剪毛量为 3~4 kg；净毛率 60% 以上。产羔率 130%~140%。因其早熟、产肉性能好，常作为杂交肉羊生产中的终端杂交品种利用。我国自 20 世纪 80 年代末从澳大利亚引进过上百只。

（6）杜泊羊：原产于南非的肉用绵羊品种。该品种被毛呈白色，有的头部黑色，毛稀、短，春、秋季节自动脱落，只有背部留有一片保暖，不用剪毛，身体结实，适应炎热、干旱、潮湿、寒冷等多种气候条件，采食性良好。生长快，成熟早，瘦肉多，胴体质量好；母羊繁殖力强，发情季节长，母性好。成年公羊体重 100~110 kg，成年母羊 75~90 kg。成年母羊产羔率 140%。我国 2001 年 5 月由山东东营首次引进，河南、河北、北京、辽宁、宁夏、陕西等省区近年来已有引进，与当地羊杂交，效果显著。

（7）南非肉用美利奴羊：原产于南非。该品种公、母羊均无角，体大宽深，胸部开阔，臀部宽广，腿粗壮坚实，生长速度快，产肉性好。100 日龄羔羊体重可达 35 kg，成年公羊体重 100~110 kg，成年母羊体重 70~80 kg，母羊 9 月龄性成熟，平均产羔率 150%。

2. 国内可用做肉羊生产的品种

（1）小尾寒羊：原属蒙古羊，随着历代人民的迁移，把蒙古羊引进自然生态环境和社会经济条件较好的中原地区以后，经过长期地选择和精心地培育，而形成的地方优良绵羊品种，现分布于我国山东、河北、河南等地，以山东鲁西较优。该品种羊属短脂尾、肉裘兼用品种。体格大，体质结实，鼻梁隆起，耳大下垂，公羊有大的螺旋形角，母羊有小角或姜角。公羊前胸较深，背腰平直，身躯高大，侧视呈长方形，四肢粗壮。尾略呈椭圆形，下端有纵沟，尾长在飞节以上，毛色多为白色，少数在头部及四肢有黑褐色斑点、斑块。以早熟、能四季发情、繁殖力高、生长发育快、遗传性能稳定、产肉性能较好而著称，适于肥羔生产。小尾寒羊生长发育快，3 个月龄断奶公、母羔羊均即可达到 20.8 kg ± 8.4 kg 和 17.2 kg ± 7.0 kg；周岁公、母羊体重 60.8 kg ± 14.6 kg 和 41.3 kg ± 7.8 kg；成年公、母羊体重 94.1 kg ± 23.3 kg 和 48.7 kg ± 10.8 kg；小尾寒羊年剪毛两次，公、母羊年均剪毛量为 3.4 kg 和 2.1 kg；小尾寒羊性成熟早，母羊 5~6 月龄即发情，当年可产羔，公羊 7~8 个月龄可配种。母羊四季发情，可"一年两胎"或"两年三胎"，最多可产 7 羔。小尾寒羊如果饲养管理得好，可达"一年两产"或"两年三产"，每胎可产 2 只羔羊以上，产羔率 260%~270%，居我国绵羊品种之首。但小尾寒羊要求饲养管理较细，因此引进该品种时要特别注意，否则会引起胎儿过小，死亡率高。

（2）乌珠穆沁羊：原产于内蒙古，是蒙古羊中较好的一个类群。该品种羊属于肉脂兼用短脂尾粗毛羊品种，以体大、尾长、肉脂多、羔羊生长发育快著称。体质结实，体格大，头中等，额稍宽，头深与额宽接近相等，鼻深微拱，颈中等长。公羊有角或无角，母羊多无角。胸宽深，肋骨开张良好，背腰宽平，后躯发育良好，十字部略高于鬐甲部。尾肥大，呈四方形，膘好的羊，尾中部有一纵沟，将尾分为左右两半。毛色以黑头羊居多，约占 62%，全白的约 10%，体躯花色者约占 11%。生长发育较快，2~3 月龄公、母羔羊平均体重 29.5 kg 和 24.9 kg，6 月龄的公、母羔羊平均体重达 39.6 kg 和 35.9 kg。在完全放牧不补饲条件下，当年的羔羊体重能达到 1.5 岁羊的 50% 以上，少部分达到 60%~65%。生长高峰为 2 月龄，日增重 300 g 以上，个别可达 400 g。6 月龄平均日增重 200~300 g。成年羊秋季屠宰率一般达 50% 以上。据测定，成年羯羊秋季屠宰前活重 60.13 kg，胴体平均重达 32.3 kg，屠宰率为 53.8%，净肉重 22.5 kg，净肉率为 37.42%，脂肪重 5.87 kg。产羔率为 100.69%，母性强，泌乳性能好。肥育力强、适应性好、耐粗饲。毛粗产毛量低，毛质差。该羊体格较大，已用于肉羊杂交肥羔生产。

（3）阿勒泰羊：原产于新疆，肉脂用的粗毛脂臀羊。头中等大，耳大下垂，公羊鼻梁隆起，约 2/3 有角，颈中等长，胸宽深，鬐甲平宽，背平直，肌肉发达。体大、腿高、体质结实、羔羊生长快，在尾椎堆积大量脂肪形成"脂臀"，蹄小坚实，早熟，被毛异质，毛质较差，干、死毛多，毛为红棕色，有部分头部呈黄褐色，体躯有花斑的个体，纯白或纯黑羊为数不多。1.5 岁公羊体重 61.1 kg，母羊体重 52.8 kg，成年公羊体重 85.6 kg，母羊体重 67.4 kg。肉用性能好，屠宰率为 50.9%~53%。产羔率为 110%。可利用该品种早熟、产肉脂性能好、生长发育快和抓膘能力强等特点，发展肥羔生产，当地 20 纪 70 年代已利用该品种羊生产羔羊肉。

（二）毛用型

1. 细毛羊品种

细毛羊品种以生产同质细毛为主，其他产品居次；公羊有螺旋形角，母羊无角或有小角，颈部有纵向或横向的皱褶，尾型为瘦尾，被毛为白色，由同一类型的绒毛纤维组成，头毛至两眼连线，腹毛良好，前肢毛到膝部，后肢毛到飞节；产毛量在 5 kg 以上，毛丛长度 7 cm 以上，羊毛细度为 60 支以上，羊毛油汗呈乳白色或浅黄色。根据毛肉产品的重点不同，可分为毛用细毛羊、毛肉兼用细毛羊和肉毛兼用细毛羊。其中，毛用细毛羊体形较小，颈部皮肤有 2~3 个皱褶，肩、臀部有小皱褶，毛被密，弯曲明显，油汗较多；每千克体重可产净毛 50 g 以上，如澳洲美利奴羊。毛肉兼用细毛羊体形较大，颈部有 1~3 个皱褶，躯干无皱褶；每千克体重产净毛 40~50 g，如波尔华斯羊。肉毛兼用细毛羊体大丰满，胸宽且深，皮肤无皱褶，毛较长，密度小；每千克体重产净毛 30~40 g，屠宰率在 50% 以上，如德国肉用美利奴羊。

（1）澳大利亚美利奴羊。产于澳大利亚，以产毛量高、毛品质优而著名，是世界上有名的细毛羊品种。该品种羊体质结实，体形外貌整齐一致；胸宽深、鬐甲宽平、背长、尻平直而丰满；公羊颈部有两个发达完整的横皱褶，母羊有发达的纵皱褶，羊毛密度大，细度均匀，白色油汗，弯曲为半圆形，整齐明显；羊毛光泽好，柔软，净毛率在 55% 以上，腹毛呈毛丛结构，四肢羊毛覆盖良好；遗传性能稳定。按体重、羊毛长度及细度，该品种分为强毛型、中毛型、细毛型、超细型共 4 种类型。其中，强毛型为毛肉兼用类型。强毛型成年公羊体重 80.0 ~ 114.00 kg，母羊体重 50.0 ~ 73.0 kg；成年公羊剪毛量为 10.0 ~ 15.4 kg，母羊为 5.5 ~ 8.2 kg；羊毛长度为 9.0 ~ 12.5 cm；细度为 56 ~ 64 支；净毛率为 60% ~ 64%，适于干旱草原地区饲养。中毛型成年公羊体重 68.0 ~ 91.0 kg，母羊体重 40.0 ~ 64.0 kg；成年公羊剪毛量为 8.0 ~ 12.0 kg，母羊为 5.0 ~ 6.4 kg；羊毛长度为 7.5 ~ 11.4 cm；细度为 60 ~ 70 支；净毛率为 62% ~ 65%，适于干旱平原地区饲养。细毛型（含超细型）体格小，毛细；成年公羊体重 60.0 ~ 70.0 kg，母羊体重 32.0 ~ 45.0 kg；成年公羊剪毛量为 6.0 ~ 9.0 kg，母羊为 4.0 ~ 5.0 kg；羊毛长度为 7.0 ~ 10.0 cm；细度为 64 ~ 70 支（超细型 74 ~ 80 支）；净毛率为 55% ~ 65%，适于多雨丘陵山区饲养。

澳大利亚美利奴羊遗传性稳定，许多国家引进澳大利亚美利奴公羊，在改进本国细毛羊的羊毛品质和提高剪毛量及净毛率方面都取得了明显的效果。我国从 20 世纪 70 年代到 80 年代均有引进，对培育中国美利奴羊新品种以及提高中国其他细毛羊品种的净毛率、被毛质量效果显著。

（2）苏联美利奴羊。产于俄罗斯，苏联美利奴羊是苏联数量最多、分布最广的细毛羊品种。主要分为两个类型：毛肉兼用型和毛用型。毛肉兼用型羊很好地结合了毛和肉的生产性能，有结实的体质和对西伯利亚严酷自然条件很好的适应性能，成熟较早。产毛量高，羊毛的色泽、强度、匀度等品质亦好。成年公羊的平均体重为 101.4 kg，母羊为 54.9 kg；成年公羊剪毛量平均为 16.1 kg，母羊为 7.7 kg；毛长 8 ~ 9 cm；细度为 64 支；净毛率为 38% ~ 40%；产羔率为 120% ~ 130%。但羊肉品质和早熟性较差，体格中等，剪毛后体躯上可见小皱褶。苏联美利奴羊从 1950 年开始引进我国后，有良好的适应性；用其改良蒙古羊、西藏羊、寒羊等粗毛羊效果显著，是我国许多细毛羊新品种的主要父系之一。

（3）波尔华斯羊。原产地澳大利亚维多利亚的西部地区，为毛肉兼用品种。体质结实，结构良好，有澳大利亚美利奴羊的特征，体质结实，结构良好，少数公羊有角，母羊无角。大多数个体在鼻端、眼眶和唇部有色斑。体躯宽平，类似于长毛型美利奴羊。成年公、母羊平均体重为 71.8 kg 和 39.8 kg；育成公、母羊体重分别为 31.9 kg 和 27.4 kg；据内蒙古嘎达苏种畜场资料，成年公羊剪毛量为 8.0 ~ 10.0 kg，成年母羊为 5.0 ~ 6.0 kg。羊毛为大、中弯曲，油汗白色或乳白色。腹毛较好，呈毛丛结构；毛长 10.0 ~ 12.0 cm；细度为 58 ~ 60 支；净毛率为 55% ~ 65%；产羔率在 120% 以上；母羊泌乳性能好。我国自 1966 年起从澳大利亚引进该品种，主要饲养在新疆和内蒙古，其产肉性能和适应性均好，是培育中国美利奴羊母系品种之一，此外，新疆细毛羊、东北细毛羊、鄂尔多斯细毛羊等品种也导入该品种羊的血液。

（4）新疆细毛羊。我国自己培育的第一个细毛羊品种，20 世纪 50 年代育成。该品种细毛羊体躯深长、体格大、结构良好、体质结实。公羊有螺旋形大角，母羊无角，颈下有 1 ~ 2 个皱褶。新疆细毛羊适应性强，耐粗饲，放牧抓膘性能好，增重快，产肉性能好。产毛量高，毛的品质较好。公羊平均体重为 93.0 kg，母羊为 46.0 kg，成年羯羊平均体重为 65.6 kg；屠宰率为 49.5%；净肉率为 40.8%。新疆细毛羊产毛多，羊毛品质好，成年公羊剪毛量平均为 12.2 kg，母羊为 5.4 kg；成年公羊毛长 10.9 cm，母羊为 8.8 cm；净毛率为 49.8% ~ 54.0%；羊毛细度为 64 支。新疆细毛羊的遗传性稳定，用其改良我国其他绵羊品种，对羊毛品质和产毛量的提高成绩显著，在我国改造粗毛羊、培育细毛羊品种方面广泛应用。

（5）东北细毛羊。东北细毛羊是东北三省的辽宁晓东种畜场、吉林双辽种羊场、黑龙江银浪种羊场等育种基地采取联合育种方式在 20 世纪 50 年代末开始到 70 年代共同育成的。该品种羊体大，体质结实，结构匀称；公羊有螺旋形角，颈部有 1 ~ 2 个完全或不完全的横皱褶，母羊无角，颈部有发达的纵皱褶，体躯无皱褶，被毛白色，毛丛结构良好，呈闭合型。产毛量高，羊毛品质好，羊毛密度好，弯曲正常，油汗适中，净毛率为 35.0% ~ 40.0%。东北细毛羊剪毛后育成公羊体重 42.94 kg，育成母羊体重 38.78 kg，成年公羊体重 83.66 kg，成年母羊体重 45.03 kg；成年公羊屠宰率为 43.6%，不带羔的成年母羊为 52.4%，10 ~ 12 个月龄的当年公羔为 38.8%；育成公羊剪毛量为 7.15 kg，育成母羊为 6.58 kg；成年公羊剪毛量为 13.44 kg，成年母羊 6.10 kg；成年公羊羊毛长 9.33 cm，成年母羊羊毛长 7.37 cm；细度以 60 和 64 支纱为主，初产母羊产羔率为 111%，经产母羊为 124%。该品种耐粗饲，适应性强，其中一些体大的类群可选用肉羊生产。

（6）中国美利奴羊。原产地新疆、吉林，是我国最好的细毛羊品种。它是按照统一的育种计划在新疆巩乃斯种羊场和紫泥泉种羊场、内蒙古嘎达苏种畜场、吉林查干花种畜场育成的，分为新疆型、新疆军垦型、科尔沁型及吉林型，其品种品质已达到国际同类细毛羊品种的先进水平。体质结实，体型呈长方形，公羊有螺旋形角，母羊无角，公羊颈部有 1 ~ 2 个横皱褶或发达的纵皱褶，公、母羊躯干部均无明显的皱褶；被毛呈毛丛结构，闭合良好，密度大，有明显的大、中弯曲；油汗呈白色和乳白色，含量适中，分布均匀；毛丛长度与细度均匀，前肢着生至腕关节，后肢至飞节，腹部毛着生良好。中国美利奴羊适应于我国牧区，以全年放牧为主，冬春季节补饲的饲养条件；成年公羊体重平均为 91.8 kg，母羊为 43.1 kg；成年羯羊屠宰率为 44.19%；净肉率为 34.78%；种公羊平均剪毛量为 16.0 ~ 18.0 kg，成年母羊为 6.41 kg；成年公羊毛长 11.0 ~ 12.0 cm，母羊为 9.0 ~ 11.0 cm；毛被主体支数为 64 支；产羔率为 117% ~ 128%。用中国美利奴公羊与各地细毛羊杂交，其后代的体形、毛长、净毛率、净毛重、羊毛弯曲、油汗、腹毛等均有较大的改进，在提高我国现有细毛羊的被毛品质和羊毛产量方面发挥了重要的作用。

2. 半细毛羊品种

半细毛羊品种以生产同质半细毛为主，毛被由较粗的绒毛和两型毛组成；躯宽深，成圆桶形，全身无皱褶，头部和四肢下部无绒毛；毛丛较长多在 9 cm 以上；细度为 32 ~ 58 支；产毛量多在 4 kg 以上；净毛率较高，产肉性能好，屠宰率较高，经常用于生产肥羔。

（1）考力代羊。产于新西兰，主要是用林肯羊、莱斯特及边区莱斯特等公羊与美利奴母羊杂交育成的一个肉毛兼用型半细毛羊品种。考力代公、母羊均无角，颈短而宽，背腰宽平，肌肉丰满，后躯发育良好。全身被毛为白色同质毛，腹部及四肢羊毛覆盖良好。公羊体重 100~115 kg，成年母羊体重 60~65 kg，考力代羊具有良好的早熟性，产肉性能好；成年公羊屠宰率为 51.8%，母羊为 52.2%；成年公羊剪毛量为 10~12 kg，成年母羊为 5~6 kg；羊毛长度为 12~14 cm，细度为 50~56 支，匀度良好，强度大，弯曲明显，油汗适中；净毛率为 60%~65%；产羔率为 125%~130%。该羊适应性强，耐粗放饲养。山东、贵州等省用考力代羊改良蒙古羊和西藏羊，不仅羊毛品质有很大改善，而且剪毛量显著提高。它是东北半细毛羊和培育中的安徽半细毛羊的主要父系品种。

（2）边区莱斯特。原产于英国北部苏格兰的边区地区，现分布世界各地，育成于 18 世纪末期和 19 世纪初期，以莱斯特公羊为父本、山地雪维特品种羊为母本杂交育成。为与莱斯特羊有所区别，在 1860 年取名为边区莱斯特羊，1869 年定名为品种，1897 年成立品种协会。早熟，肉品质好，繁殖力高，羊毛长、光泽好，适应气候温和湿润地区。体躯长，背宽平，头白色，公、母羊均无角，鼻梁隆起，两耳竖立，四肢较细，头及四肢无覆盖毛，体质结实，结构良好。生产半细毛，该羊毛长 20~25 cm；净毛率为 60%~65%；细度为 44~48 支；产毛量高，体大，胴体重；产肉性能好，4 月龄肥育羯羔体重 22.4 kg，母羔体重 19.7 kg；该品种具有较高的繁殖率，母羊产羔率可达 150%~200%。可用于肉羊生产杂交羊。一些国家引进该品种同本国地方品种杂交生产肥羔。用边区莱斯特公羊同细毛母羊及其他品种羊杂交，除进行纯种繁殖外，能培育出产毛、产肉性能优良的半细毛羊。我国从 20 世纪 60 年代引进过此羊，现饲养在四川、云南、青海、内蒙古等地，在四川凉山、阿坝两州的利用效果较好。

（3）罗姆尼羊。原产于英国东南部的肯特郡罗姆尼和苏塞克斯地区。具有早熟、生长发育快、放牧性强和被毛品质好的特性。体质结实，公、母羊均无角，颈粗短，体躯宽深，背部较长，前躯和胸部丰满，后躯发达，被毛白色，光泽好，羊毛中等弯曲，匀度好。蹄黑色，鼻唇暗色，四肢下部有素色斑点和小黑点。成年公羊体重 80 kg，母羊体重 41 kg；成年公羊剪毛量为 7 kg，母羊为 3.5 kg；成年公羊毛长 13 cm，母羊毛长 11.5 cm；细度为 50~60 支；净毛率为 45.5%~53%；产羔率为 104.6%。该品种不太适合在海拔高、气候冷、干旱、放牧饲养条件比较差的地区饲养。我国 1966 年起先后从英国等国引进数千只，在云南、湖北、安徽、江苏等省繁育效果较好，是育成青藏高原半细毛羊和云南半细毛羊新品种的主要父系之一。

（4）东北半细毛羊。该品种羊分布在东北三个省的东部地区，用考力代品种羊为父本，以当地蒙古羊、杂交改良羊为母本杂交培育而成的。适应性强，耐湿热，产毛量高，体格大，肉质良好的毛肉兼用型品种。头大小适中，颈短粗圆，体呈圆桶状，结构良好，公、母羊均无角，被毛全白色、呈闭合型。成年公羊平均体重 55.11 kg，成年母羊体重 42.1 kg；屠宰率为 55.48%；公羊剪毛量为 4.96 kg，母羊 3.84 kg；公羊毛长为 9.69 cm，母羊为 8.58 cm；细度为 50~58 支的占 77.01%；净毛率达 50%以上；产羔率为 102.9%。主要生产半细毛，也可用于肉羊杂交羊品种利用。

3. 粗毛羊品种

粗毛羊品种生产异质毛，由多种类型毛纤维组成。羊毛细度在 32 支以下，羊毛品质差，产毛量低，净毛率高；无专用的生产方向，有的以产肉脂为主，有的产毛品质较好，适合做地毯毛，有的各方面性能都不突出。

（1）蒙古羊。我国分布最广的一个古老的粗毛脂尾绵羊品种，产于我国内蒙古、东北西部地区，还广泛分布于华北、华东、东北和西北各省、市、自治区，也是我国数量较多的绵羊品种之一。体质结实，骨骼健壮，头形略显狭长，鼻深隆起，背腰平直。被毛白色居多，头、颈、四肢有黑、黄褐色斑块，公羊多数有角，母羊多无角或有小角，耳大下垂。颈长短适中，胸深，肋骨不够开张。短脂尾，尾的形状不一，尾部同存脂肪秋冬肥大而春季瘦小。耐粗饲，适应性强，具有突出的抓膘能力，在冬季羊能扒雪吃草，抗病力强，饲养成本低；其体形和体重因所处的自然生态条件不同而有较大差别。总的来说，从我国东北向西南其体格和体重由大变小，锡林郭勒盟苏尼特左旗成年公羊平均体重 80 kg 以上，母羊体重 60 kg 以上。乌兰察布成年公母羊平均体重分别为 49 kg 和 38 kg，阿拉善盟成年公母羊平均体重则为 47 kg 和 32 kg。成年羊满膘时屠宰率可达 42%～47%；净肉率 35% 以上；当年羔 5～7 个月龄屠宰，胴体重可达 13～18 kg，屠宰率为 40% 以上；蒙古羊被毛属异质毛，一年剪两次毛，成年公羊剪毛量为 1.5～2.2 kg，母羊为 1.0～1.8 kg；毛长 6.5～7.4 cm，羊毛具有较大的绝对强度和伸度。蒙古羊羔皮薄而轻，毛皮保暖性强，尤其大毛羔皮轻暖宜人，结实耐用。常用于肉羊生产，但由于生产方式是粗放的放牧肥育，常受到气候、草料环境影响，故生产不稳定。

（2）藏羊。产于青藏高原地区，青海是主要产区。分布广，家畜中比重最大；可分为高原型、山谷型和欧拉型 3 类，高原型占全省的 90%，是藏羊的主体，主要分布在高寒牧区。屠宰率为 42%～49%；净肉率为 30% 左右，肉嫩味美，膻味小；成年羊毛皮，皮板结实，耐磨，毛长，含绒毛多，保暖性强，可用于提花毛毯用毛。

（3）哈萨克羊。分布于新疆。中国三大粗毛羊品种之一，肉脂兼用。该品种羊鼻梁隆起，耳大下垂，公羊具有粗大的角，母羊多数无角。背腰宽，体躯浅，善于行走游牧，四肢高、粗壮、脂肪沉积于尾根而形成肥大的椭圆形脂臀。哈萨克羊肌肉发达，后躯发育好，产肉性能高；耐高寒，耐粗放。毛色杂多数棕褐色。成年公、母羊体重平均分别为 60.0 kg 和 45.0 kg；屠宰率为 49.0% 左右；哈萨克羊被毛异质，毛粗，腹毛稀短，毛色以全身棕褐色为主，纯白或纯黑的个体很少，成年公羊剪毛量平均为 2.63 kg，母羊为 1.88 kg。可作为肉用羊生产杂交品种，作为母系品种参与了新疆细毛羊和中国卡拉库尔羊品种的培育。

（三）乳用型

东佛里生羊原产于荷兰和德国西北部，是目前世界上产奶性能最好的绵羊品种。该品种体格大，体形结构良好。公、母羊均无角，被毛白色，偶有纯黑色个体出现。体躯宽长，腰部结实，肋骨拱圆，臀部略有倾斜，尾瘦长、无毛。乳房结构优良、宽广，乳头良好。成年公、母羊体重分别为 90 ~ 120 kg 和 70 ~ 90 kg，成年母羊 260 ~ 300 d 产奶量为 550 ~ 810 kg，乳脂率达 6% ~ 6.5%，产羔率 200% ~ 230%。公、母羊产毛量分别为 5 ~ 6 kg 和 3.5 ~ 4.4 kg；净毛率为 60% ~ 70%；羊毛细度为 46 ~ 56 支。我国辽宁、北京、内蒙古和河北等地已有引进，主要用于杂交改良本地绵羊，改良后羊的泌乳性增强。

（四）裘羔皮用型

裘皮品种、羔皮品种都是粗毛羊的变种，生产异质毛，由于毛丛中绒毛、两型毛和粗毛的比例适中，皮板轻薄，不易擀毡，毛穗美观；羔皮羊品种如湖羊、卡拉库尔羊；裘皮羊品种如滩羊、罗曼诺夫羊。

1. 裘皮品种

滩羊是我国独特的裘皮绵羊品种，原属蒙古羊，是在当地自然生态条件的作用，以及劳动人民不断地精心选择下，经过长期的培育而从蒙古羊中分化出来的裘皮用绵羊品种。主要分布在宁夏及陕西、内蒙古、甘肃等省（自治区）交界处。体格中等，体质结实，体躯较窄长，公羊有螺旋形大角，母羊无角或有小角。体躯毛色绝大多数为白色，在头、眼、嘴和耳部多有黑、褐色斑或色块。成年公、母羊平均体重分别为 47.0 kg 和 35.0 kg；一年剪两次毛，公、母羊剪毛量平均分别为 2.03 kg 和 1.70 kg；净毛率为 42% ~ 80%。滩羊二毛皮是羔羊生后 30 天左右宰杀剥取的羔皮，是滩羊的主要产品。二毛皮的羔羊毛股长度达 7 ~ 8 cm，绒毛较少，两型毛比例适中，因此毛皮轻便，不毡结。二毛皮毛股大小适中，呈波浪形弯曲，毛色洁白，光泽悦目，花案多为优良的"串字花"类型，十分美观，是驰名国内外的优良裘皮。

2. 羔皮品种

（1）中国卡拉库尔羊。中国卡拉库尔羊是我国培育的羔皮羊品种，主要由新疆、内蒙古的纯种卡拉库尔羊与库车羊、蒙古羊、哈萨克羊级进高代杂交培育而成。新疆饲养该品种羊的草场主要为荒漠草场和低地草甸草场，内蒙古主要为荒漠和半荒漠草场，该品种羊适应性强，耐粗饲。头稍长，鼻梁隆起，耳大下垂，公羊多数有角，呈螺旋形向两侧伸展，母羊多数无角，胸深体宽，尻斜，四肢结实，尾肥厚。毛色主要为黑色、灰色和金色，被毛的颜色随年龄的增长而变化：黑色羊羔断奶后，逐渐由黑变褐，成年时被毛多变成灰白色、灰色到成年时变成白色。主要产品是羔皮，即生后 2 天以内屠宰剥取的皮。羔皮具有独特而美丽的轴形和卧蚕卷曲，花案美观漂亮。羊毛是编织地毯的上等原料，还可制毡、精呢和粗毛毯。羊肉味鲜美，成年公羊体重为 77.3 kg，母羊为 46.3 kg；屠宰率为 41.0%；产毛量较高，成年公羊产毛量为 3.0 kg，母羊为 2.0 kg。

（2）湖羊。产于太湖流域，分布在浙江省和江苏省的部分县及上海市郊。该品种羊以生长发育快、成熟早、全年发情、多胎多产、生产优质羔皮而驰名中外。头型狭长，鼻梁隆起，耳大下垂，公、母羊均无角，颈、躯干和四肢细长，肩胸部不发达，体质纤细。全身被毛白色，是世界上目前唯一的白色羔皮用羊品种。湖羊羔皮品质以初生 1 ~ 2 日龄宰剥的为好，称"小湖羊皮"。皮板薄而轻柔，毛色洁白如丝，光耀夺目，具有波浪式花形，甚为美观，被誉为"软宝石"，在国际市场享有盛名，为我国传统出口商品。羔羊生后60天以内宰剥的皮称为"袍羔皮"，皮板薄而轻，毛细柔，光泽好，是上好的裘皮原料。成年公、母羊体重平均为52.0 kg和39.0 kg；剪毛量分别为2.0 kg和1.2 kg；净毛率为55%；屠宰率为46%～47%；产羔率为212%；经产母羊产奶量每天2.0 kg左右。

二、山羊品种

家养山羊来源于野生山羊，目前野生山羊大约有16种，全世界有山羊品种约150个。山羊品种按照经济用途可分为乳用、绒用、毛用、肉用、羔裘皮用及普通山羊等。

（一）乳用山羊

1. 萨能奶山羊

萨能奶山羊原产于瑞士，是世界上优秀的奶山羊品种之一，现有的奶山羊品种几乎半数以上都不同程度地含有萨能奶山羊的血缘。其具有典型的乳用家畜体形特征，后躯发达。被毛白色，偶有毛尖呈淡黄色，有四长的外形特点，即头长、颈长、躯干长、四肢长。公、母羊均有须，大多无角。母羊泌乳性能良好，泌乳期8～10个月，可产奶600～1 200 kg，最高个体产奶记录3 430 kg，乳脂率为3.2～4.0%；繁殖力强，产羔率一般为170%～180%，高者可达200%～220%。我国1904年在山东省青岛市由外国传教士引进，现河南、河北、陕西、四川、甘肃、辽宁、福建、安徽和黑龙江等省均引进大量萨能奶山羊，参与了关中奶山羊、崂山奶山羊等新品种的育成，对我国奶山羊产业的发展起了很大作用。

2. 吐根堡奶山羊

吐根堡奶山羊原产于瑞士，能适应各种气候条件和饲养管理，耐苦力强。被毛褐色，颜面两侧各有一条灰白条纹，公、母羊均有须，多数无角，体格比萨能羊略小。成年公羊平均体重99.3 kg，母羊59.9 kg；母羊泌乳期平均为287天，泌乳量为600～1 200 kg，最高个体产奶记录为3 160 kg，乳脂率为3.5%～4.0%；产奶品质好，膻味小；吐根堡奶山羊体质健壮，遗传特性稳定，耐粗饲、耐炎热，比萨能羊更能适应舍饲，更适合南方饲养。

（二）绒用山羊

1. 辽宁绒山羊

辽宁绒山羊分布于辽宁辽东半岛，是我国现有产绒量高、绒毛品质好的绒用山羊品种之一。公母羊均有角，头小，有髯，额顶长有长毛，背平直，后躯发达，体质结实，四肢粗壮，被毛纯白色，外层为粗毛，有光泽，内层为绒毛，成年公羊平均抓绒570 g，个别达800 g以上，母羊320g，绒细16～17 μm。该羊体躯结实，产肉性能较好。成年公羊宰前体重48.3 kg，母羊为42.8 kg；屠宰率为50.9%～53.2%，公母羊5月龄可性成熟，但一般在18月龄初配，母羊发情集中在春秋两季；产羔率为118.3%。1976年以来，陕西、甘肃、新疆、内蒙古、山西和河北等17个省（自治区）曾先后引种，用以改良本地山羊，提高产绒量，收到了良好效果。

2. 内蒙古绒山羊

内蒙古绒山羊产于内蒙古西部,分布于二郎山地区、阿尔巴斯地区和阿拉善左旗地区,为绒肉兼用种,是我国绒毛品质最好、产绒量高的优良绒山羊品种。公母羊均有角,有须,有髯,被毛多为白色,约占 85% 以上,外层为粗毛,内层为绒毛,粗毛光泽明亮,纤细柔软,根据被毛长短分为长毛型和短毛型两类。成年公羊剪毛量平均 570 g,母羊 257 g。绒毛纯白,品质优良,历史上以生产哈达而享誉国内外;成年公羊平均抓绒 400 g,最高达 875 g,母羊 360 g,绒细平均为 15.68 μm;屠宰率为 45% ~ 50%,产肉能力较强,肉质细嫩,脂肪分布均匀,膻味小;母羊繁殖力低,产羔率为 102% ~ 105%;羔羊早期生长发育快,成活率高;母羊有 7 ~ 8 个月泌乳期,产奶量为 0.5 ~ 1.0 kg/d。

(三)毛用山羊

安哥拉山羊原产地土耳其,是世界上最著名的毛用山羊品种,现主要分布在美国、南非、阿根廷、俄罗斯、澳大利亚和中国等国,以生产优质"马海毛"而著名。公母羊均有角,体格中等,四肢短而端正,蹄质结实,体质较弱,被毛纯白,由波浪形毛辫组成,可垂至地面。成年公羊体重 50 ~ 55 kg,母羊体重 32 ~ 35 kg,美国饲养的个体较大,公羊体重可达 76.5 kg;生长发育慢,性成熟迟,3 岁发育完全;产羔率为 100% ~ 110%,少数地区可达 200%;母羊泌乳力差,流产是繁殖率低的主要原因;由于个体小而产肉少;产毛性能高,被毛品质好,由两型毛组成,细度为 40 ~ 46 支,毛长 18 ~ 25 cm,最长达 35 cm,净毛率为 65% ~ 85% 呈典型的丝光。一年剪毛两次,每次毛长可达 15 cm,成年公羊剪毛 5 ~ 7 kg,母羊 3 ~ 4 kg。最高剪毛量 8.2 kg,毛有光泽、呈丝光、强度大,可用于地毯、板司呢等高档毛用原料。我国 1984 年开始引进,目前主要饲养在陕西、内蒙古、陕西和甘肃等省(自治区)。

(四)肉用山羊

波尔山羊原产于南非,现分布于非洲、德国、加拿大、澳大利亚、新西兰以及亚洲各国。分别为普通型、长毛型、无角型、土种型和改良型共 5 种类型,当前以改良型为主要肉用种。头大额宽,鼻梁隆起,嘴阔,唇厚,颌骨结合良好,眼睛棕色,目光柔和,耳宽长下垂,角坚实而向后、向上弯曲。颈粗壮,长度适中。肩肥宽,颈肩结合好。胸平阔而丰满,鬐甲高平。体大,粗壮,生长发育快,体躯长,宽、深,肋骨开张好,腹大紧凑,背腰平直,后躯丰满,尻宽长而不斜,臀部肥厚轮廓可见,体躯呈圆桶状,四肢粗壮,长度适中。全身被毛短而有光泽,头部为浅褐色或深褐色。两耳毛色与头部一致,颈部以后的躯干和四肢均为白色。全身皮肤松软,弹性好,胸部和颈部有褶皱,公羊褶皱较多。产肉力高,羔羊初生重 3 ~ 4 kg,断奶前日增重可达 200 g 以上,6 月龄体重可达 30 kg;成年公羊体重 90 ~ 135 kg,成年母羊体重 60 ~ 90 kg,6 月龄羔羊体重 30 kg;8 ~ 10 月龄屠宰率为 48%,周岁、2 岁、3 岁时屠宰率分别为 50%、52% 和 54%;公、母羔 5 ~ 6 月龄性成熟,公羊周岁后配种,母羊 8 ~ 10 月龄初配,母羊平均产羔率为 160% ~ 200%,多双羔;适应性好,肉质细嫩、屠宰率高。1985 年我国从德国引进波尔山羊,饲养在陕西和江苏省，现全国已有十多个省、市、自治区引进了波尔山羊，对我国肉山羊产业的发展起了积极的推动作用。

（五）羔皮、裘皮用山羊

1. 中卫山羊

中卫山羊产于宁夏，又称中卫裘皮山羊或山毛皮山羊。该羊生产裘皮，花案清晰，皮毛光泽良好，有丝光。被毛纯白色，偶见黑色，颈部丛生有弯曲的长毛，公、母羊均有角。公羊角大半呈螺旋形，母羊角小角呈镰刀状。头部清秀，鼻梁平直，体短而深。四肢端正，蹄质结实，背腰平直。被毛分两层，外层由粗毛和两型毛组成，内层为绒毛。成年公羊体重30～40 kg，母羊体重25～35 kg，成年羯羊屠宰率为44.3%，母羊7月龄左右即可配种繁殖，多为单羔，产羔率为103%。该羊成年可抓绒在126 g左右。剪粗毛260 g，粗毛长20 cm可作毛绒和地毯原料。羔羊生后35 d屠宰制裘，毛股长7 cm左右，其自然面积120 cm² 以上，具有皮板致密结实、毛股紧实、弯曲明显、花案清晰等特点。

2. 济宁青山羊

济宁青山羊产于山东省菏泽、济宁地区，多胎高产，所产羔皮叫作猾子皮，是我国独特的羔皮用山羊品种。公母羊均有角，有须，有髯，公羊角粗长，母羊角短细，公羊颈粗短，前胸发达，前高后低；母羊颈细长，后躯较宽深；四肢结实，尾小上翘；体格小，结构匀称；被毛由黑白两种纤维组成，外观呈青色；全身有"四青一黑"特征，即背部、唇、角、蹄为青色，两前膝为黑色。3日龄羔羊被毛短，紧密适中，所得皮板品质最佳；成年公羊剪毛量为230～330 g，母羊为150～250 g，公羊抓绒为50～150 g，母羊为25～50 g；成年羯羊宰前体重20.1 kg；屠宰率为56.7%；繁殖力高，初产母羊平均产羔率为163.1%，一生平均为293.7%，最多时一胎可产6～7羔。年产两胎，或两年产三胎。适合户养，舍饲。羔羊在产后1～2 d内屠宰所产的羔皮毛色光润，人工不能染制，并有美丽的波浪状花纹，在国内外市场上深受欢迎，是制造翻毛外衣、皮帽、皮领的优质原料。

（六）普通山羊

普通山羊主要分布我国西南、华北、华东等地，凡是冬季寒冷地区的山羊多数可产绒毛，而温暖地区绒少甚至无绒。此类山羊体躯较杂，毛色五花八门。生产性能无固定方向，体重偏小，15～35 kg不等。产毛、产绒、产肉性能较低，肉质差。此类羊适应性强，但多数不耐潮湿环境。应加强改良杂交，提高生产力。

第二节　羊的主要产品

一、绵羊毛

羊毛是养羊业的主要产品之一，也是毛纺工业的重要原料。不同种类的羊毛产业对羊毛的种类、质量标准的需求也不同，因此，应了解羊毛产品的种类和用途、纤维的形态学组织构造、羊毛的理化性能和工艺特性，以及影响羊毛产量和品质的因素，以便在养羊业生产中进行科学的饲养管理，生产量高质优的羊毛，以满足毛纺工业原料的需求。

（一）羊毛的优点和用途

1. 羊毛的优点

羊毛经久耐用，耐磨，强力好；具有绝缘性；吸湿性好（可吸收自身重量16%~20%的水分，最高可达39%~48%）；抗皱性好（伸直长度可再被拉伸30%的长度）；染色性好。羊毛的其他优点还包括能够透过紫外线、阻燃、不容易被沾污等。

2. 羊毛的用途

羊毛属于动物纤维，可作为纺织工业原料。长的细毛可作精纺原料，制作高档毛料；短的细毛是粗纺原料，用作海军呢、法兰绒等；半细毛可用于制作毛线、工业用呢、提花毯等；粗毛用于制作毛毯、毡制品。

（二）绵羊皮肤的构造和羊毛的形成

皮肤健康、营养良好的皮肤羊毛生产速度快、品质好；细毛羊皮肤薄而紧密，生长的羊毛细而紧密；粗毛羊厚而疏松的皮肤上，生长粗而稀的羊毛。

1. 绵羊皮肤的构造

绵羊皮肤包括表皮层、真皮层和皮下结缔组织层三部分。

（1）表皮层位于皮肤表面，由多层上皮细胞组成，分为两层：角质层和生发层。角质层由扁平角质细胞组成，对皮肤有保护作用；生发层由柔软椭圆的非角质细胞组成，细胞排列紧密，不断分裂增殖，以补充表皮脱落的角化细胞。

（2）真皮层位于表皮层下面，是生产羊毛的基地，也是皮革的主要部分，由结缔组织纤维和弹性纤维构成；此层密布血管、淋巴管和神经末梢，供给生发层所需的营养物质。

（3）皮下结缔组织层在皮肤的下层，由疏松结缔组织组成，它联系真皮和羊体，由于它的结构疏松，所以皮肤可以移动；育肥后此层可以蓄积大量脂肪。

2. 羊毛纤维的形成与生长

在羔羊胚胎期50~70天，表皮生发层出现一个毛囊原始体，因此向其血流增强，加速分裂形成结节。当其继续增殖，形成瘤状物并深入皮下结缔组织，形成管状物，管内充满生发层细胞，管底为毛乳头，毛乳头上的生发层细胞继续增殖，逐渐角质化，不断向上生长，冲出皮肤，形成毛纤维。

影响羊毛形成和生长的主要因素包括品种、性别、个体、年龄、营养、气温、疾病等。

（三）羊毛纤维形态学结构和组织学结构

1. 羊毛纤维的形态学结构（外部结构）

从形态学上，羊毛可分为毛干、毛根、毛球和附属器官等部分。

毛干是毛纤维露出皮肤表面的部分，通称毛纤维；毛根是正在角化而尚未长出体表的部分，上端与毛干相接，下端与毛球相连；毛球是毛根最下部，成梨形的膨大部分，是毛纤维的生长点，包围着毛乳头，毛球依靠毛乳头获得营养物质，使毛球中的细胞不断增殖，从而促使羊毛纤维的生长；附属器官包括毛乳头、毛鞘、毛囊、皮脂腺、汗腺和竖毛肌。其中，毛乳头位于毛球中央，是供给毛纤维营养的器官，由结缔组织构成，其中分布有密集的血管和神经末梢，对羊毛生长有决定性作用；毛鞘是由数层表皮细胞所构成的管状物，其包围着毛根，分外、内毛鞘；毛囊是毛鞘及周围的结缔组织层，形成毛鞘的外膜；皮脂腺位于毛球两侧，分泌导管开口于毛鞘 1/3 处，分泌油脂，油脂与汗液在皮肤表面混合，称为油汗；汗腺位于皮肤深处，其分泌导管大多数开口于皮肤表面，也有的开口在毛囊内接近皮肤表面的地方，生理作用主要为调节体温和排泄新陈代谢的废物；竖毛肌是生长于皮肤较深处的小块肌肉纤维，由于竖毛肌的收缩，促进了脂汗的分泌和运送，调节皮肤内血液和淋巴液的循环。

2. 羊毛纤维的组织学结构

羊毛纤维由一些微小的单细胞组成，是毛纤维组织学构造的基础。分为有髓毛和无髓毛两大类，其中有髓毛具有鳞片层、皮质层、髓质层；无髓毛只有鳞片层和皮质层。

鳞片层是毛纤维的外壳，由扁平无核不规则角质细胞构成，分为环形和非环形，结构分为表角质层、外角质层和内角质层，对羊毛纤维起保护作用，使皮质层不受损伤。毛纺工业利用鳞片层受到湿、热等条件处理后开张的特性，进行擀毡和缩绒。鳞片层的光滑程度也决定了羊毛光泽的强弱。

皮质层位于鳞片层下面，由长纺锤型角质化细胞所组成，沿毛纤维纵轴排列紧密，是毛纤维的主体（90%），决定毛纤维的理化性质，具有亲酸性染色能力，染色剂吸收，由 3 个氨基酸多肽链构成基原纤，10～11 个基原纤平行排列构成微原纤，微原纤进一步集聚形成巨原纤，由巨原纤、基质与细胞核共同构成皮质层细胞。

髓质层位于毛纤维中心，粗毛有发达的毛髓，细毛无毛髓，两形毛有不发达的断断续续的毛髓，毛髓充满空气，有利于保持体温，但毛髓比例越大，羊毛强度、伸度就越低，着色能力也越差。

（四）羊毛纤维类型

根据毛纤维表面形态和细度，依据组织学构造分为细毛（无髓毛）、两型毛、粗毛、干毛、死毛、刺毛和犬毛。

针对羊毛纤维集合体的毛被或套毛而言，所有的羊毛集合体，按其组成的纤维类型成分分为同质毛和异质毛。

同质毛，是指一个套毛上的各个毛丛是由同一纤维类型所组成的，毛丛内部纤维的粗细、长短、弯曲以及其他特征趋于一致，分为半细毛、细毛和超细毛。同质毛是毛纺工业上对羊毛原料要求的前提，粗毛羊杂交改良和育种工作也都要求被毛达到同质，在这个基础上进一步再要求羊毛综合品质的提高。

异质毛，是指一个套毛上的各个毛辫，由两种以上不同纤维类型的毛纤维所组成的羊毛，也称混型毛和粗毛。由于为不同纤维类型毛纤维所组成，其毛纤维的细度和长度不一致，弯曲和其他特征也显著不同，多呈毛辫结构。异质毛是指从粗毛羊身上剪取的羊毛，由几种纤维混合组成，底层为无髓毛，上层为两型毛和有髓毛，也有的混有干毛和死毛。组成粗毛的各种纤维类型比例，随羊的品种、性别、年龄、类型、个体特征和被毛的季节性变化相差很大。在工艺性能方面，粗毛比细毛和半细毛差，通常可织造毛毯、地毯和擀毡，也可用于粗纺工业。

（五）羊毛的工艺特性

1. 羊毛长度

羊毛长度是指其一年生长的毛长。由于羊毛在自然状态下呈波浪形弯曲，可分为自然长度和伸直长度两种。

（1）自然长度是指毛丛在自然弯曲状态下的两端间的直线距离。

（2）伸直长度是指将单根毛纤维拉伸至弯曲刚刚消失时两端的直线距离，是评定羊毛品质的重要指标，比自然长度长 10% ~ 20%。

2. 羊毛的细度

评定羊毛品质和价值的重要物理性指标之一就是羊毛粗细，一般用羊毛纤维横切面直径表示，单位是微米，纺织工业上用"支"来表示。支是指 1 kg 的净毛能够纺出 1 km 长毛纱的数量。

3. 羊毛的弯曲

羊毛自然状态下不是直的，成自然规则或不规则的周期性弧形。单位羊毛纤维长度内具有的弯曲数，称为弯曲度，与缩绒（毡合性）有关。羊毛越细，弯曲越多；羊毛越粗，弯曲越少。

4. 羊毛的强度和伸度

（1）羊毛的强度是指拉断羊毛纤维时所用的力，即羊毛纤维的抗断能力。羊毛的强度可分为绝对强度和相对强度。

绝对强度：拉断单根羊毛纤维所用的力，以 g 或 kg 表示。

相对强度：拉断单位面积上的羊毛纤维所用的力，kg/mm^2。细度为 25 μm，绝对强度为 9.36 g，相对强度为 15.2 kg/mm^2；

（2）羊毛的伸度是指羊毛弯曲被拉直后，再拉伸到断裂时止，其所延长的长度与原来伸直长度的百分比，范围为 20% ~ 67.5%。影响强度和伸度的因素有细度、温湿度和饲养管理。

5. 羊毛的弹性和回弹力

（1）羊毛的弹性是指当羊毛纤维受外力作用停止后，羊毛恢复其本身原有形状的性能。

（2）羊毛的回弹力是指当羊毛纤维受外力作用停止后，羊毛恢复其本身原有形状的速度。

6. 羊毛的毡合性

羊毛在水湿、温热和压力的联合作用下，具有相互缠结的特性。

7. 羊毛的光泽

羊毛的光泽是指羊毛纤维对光线的反射能力，可分为以下几种：

（1）全光（玻光）：羊毛粗，鳞片紧贴毛干，光泽较强，藏羊、林肯羊、安哥拉羊和中卫山羊等品种羊毛所具有的光泽。

（2）半光（丝光）：比全光稍弱，罗姆尼羊毛所具有的光泽呈丝光。

（3）银光：毛纤维细，单位长度上鳞片多，鳞片上部翘起程度大，光泽柔和，大多数细毛、半细毛羊所具有的光泽为银光。

（4）弱光（无光）：营养很差的细毛和大部分粗毛及病羊毛的光泽为弱光。

8. 羊毛的颜色

羊毛的颜色是指洗净后羊毛所具有的天然颜色，分为白色和乳白色或者杂色。

9. 羊毛的吸湿性和回潮率

羊毛在自然状态下有吸收空气中水分的能力，称为吸湿性；羊毛在自然状态下的含水量，称为羊毛的湿度。一般污毛的含水率为15%～18%，空气湿度很高时，可达到40%。羊毛的回潮率的计算公式为

$$羊毛的回潮率 = 绝干羊毛吸收水分的重量/绝干羊毛重量 \times 100\%$$

国际贸易中标准回潮率为相对湿度65%，当大气温度为16 ℃时，洗净的细毛和半细毛为17%，粗羊毛为15%。

10. 羊毛的油汗

羊毛的油汗是指毛脂和汗液的皂化产物。油汗的功能包括：滋润皮肤；保护羊毛；保持毛丛结构正常；避免外界杂质渗入；防止羊毛干燥，互相缠结，保持羊毛强度、伸度、弹性和光泽。

（六）原毛的组成和净毛率

1. 原毛的组成

羊原毛包括纯净毛和杂质，其中杂质包括机体本身（分泌物、排泄物）；生活环境（植物杂质、矿物杂质）；人为附加（药浴、标记）。

2. 羊毛的净毛率

羊毛的净毛率是指原毛经抖土、洗涤，除去污物杂质，在一定温湿度下所得净毛重量占该毛样污毛重量的百分比。包括普通净毛率和标准净毛率。

其中，普通净毛率是指污毛经洗涤烘干后，恢复到原先污毛湿度相等时所得的净毛重占该毛样污毛重的百分比，油脂不超过1.5%，植物杂质不超过1.0%。

标准净毛率指标准化净毛占污毛的比例；要求绝对净毛占86%，水分占12%，油脂占1.5%，灰分占0.5%，不含有植物杂质。

净毛率的测定方法：净毛率 = 绝对干燥净毛重×（1 + 标准回潮率）/原毛重×100%。

（七）羊毛的化学特性

羊毛的化学成分主要由角质蛋白构成，羊毛的化学特性主要包括：

1. 羊毛对碱的反应

在60 ℃、浓度为0.01%苛性钠溶液中，羊毛强度将降低45%；用3%苛性钠溶液，煮沸

2～3 min，羊毛可完全溶解；因此羊毛需要采用中性洗涤，如使用碳酸钠，浓度不超过0.05%，并注意洗净。

2. 羊毛对酸的反应

3%的稀酸溶液可使染色牢靠；10%的稀硫酸对羊毛的强度有增加作用；7%的硫酸用于碳化法，去除羊毛中的植物杂质；在30%的浓硫酸中加热，羊毛会发生溶解；用80%的浓硫酸短时间处理，羊毛强度不受影响；浓硝酸在常温下使羊毛变黄；盐酸对羊毛的作用与硫酸大致相似。

3. 羊毛对光线的反应

羊毛长时间阳光下暴晒，紫外线作用会使胱氨酸分解，毛丛上部变黄褐色、手感粗糙、品质脆弱。

4. 羊毛对温度的反应

在蒸馏水中煮沸2 h，羊毛会损失0.25%的质量；在干燥空气中加热至100 ℃～105 ℃，羊毛绝干后纤维变粗糙，强度下降；在121 ℃有压力的水中，羊毛会分解；羊毛燃烧时会产生特殊臭味，除去火源，燃烧停止，形成"碳头"。

二、山羊绒和马海毛

（一）山羊绒

山羊绒亦称开士米（Cashmere），最早产自喜马拉雅山的克什米尔及其附近地区。山羊绒细而柔软，轻而保暖，被誉为纤维中的宝石，是任何天然或人造纤维不能比拟的，具有较高的经济价值。原绒是指山羊冬季被毛底层生长出来的一种御寒绒毛，每当春末夏初冷暖交替季节即将脱落时，用特制铁梳子从羊体上抓取下来的绒毛，统称为原绒。

1. 山羊绒的利用

早在原始社会，铁器出现之前，人类开始就利用山羊绒；我国唐代西北地区的少数民族，利用羊绒制成毛布；印度、巴基斯坦自15、16世纪起利用山羊绒为纺织原料，制成披巾，行销世界。18世纪后开始工业批量生产，以英国为代表生产宫廷服，19世纪前一直被英国所垄断；20世纪后，日本、我国香港相继有了分梳羊绒的厂家；1963年我国研制成功山羊绒分梳机，结束了廉价出口原料的历史；20世纪70年代以后，中国的羊绒制品畅销世界，并换取了大量外汇。

2. 山羊绒的生产

传统的山羊绒生产主要在亚洲内陆国家，中国是世界上绒山羊数量分布最多、绒纤维产量最高、羊绒品质最好的国家。除中国外，蒙古、伊朗、阿富汗、苏联等也生产部分山羊绒。

世界山羊绒的主要出口国有中国、蒙古、伊朗、阿富汗、巴基斯坦、苏联等；世界山羊绒的主要进口国有英国、美国、日本、意大利等，这些国家每年都要花大量外汇进口山羊绒。英国是世界上羊绒加工量最大的国家，每年进口山羊绒占世界贸易量的60%。

中国在国际羊绒市场的年贸易量基本维持在 2 000 t 以上，原绒产量和贸易量约占世界的 50%；我国是羊绒生产大国，绒山羊饲养量已达 6 000 多万只，其羊绒品质在国际市场上优势明显；中国绒山羊的发展有较长的历史，其产品早就享誉国内外，但发展比较缓慢。直到 20 世纪 80 年代初期，随着羊绒加工企业的发展壮大，我国绒山羊才得以迅速发展，我国绒山羊主要分布在内蒙古、新疆、西藏、青海、甘肃、宁夏等地，近年来，山西、河北、陕西、山东和辽宁发展较快。目前这 11 个省（自治区）已成为我国山羊绒的主要产区。

3. 山羊绒的形态结构

山羊绒的形态结构呈不规则的弯曲；绒毛纤维无髓，由鳞片层和皮质层构成，鳞片边缘较光滑，覆盖间距大，60 ~ 70 个鳞片/mm；切面近似圆形。

4. 山羊绒的商业分类

山羊绒的商业分类分为白绒、紫绒和青绒。

（1）我国白绒约占 30%；色泽浅白的山羊绒，纤维细长，手感柔软；染色方便，深受纺织工业欢迎；西北各省的黄土高原及沙漠地区，内蒙古伊盟的阿尔巴斯和阿左旗、二郎山等地所产的白绒产量较高品质较好；辽宁盖州所产白绒质量最优。

（2）紫绒是黑山羊所产的绒，颜色为紫褐色，不论色泽深浅均称为紫绒；其中允许有白、青、红绒夹入，色泽比差为 100%。上述色泽比差是根据市场需求及羊绒产品的不同价格而定，例如，白绒可做白色或浅色产品，因此售价高；紫绒只可做深色产品，因此售价较低，但有时因市场供需关系，色泽比价亦会变动。紫绒分包字路和顺德路两大品种，包子路原指内蒙古、包头附近所产的紫绒，现在包字路已扩大到陕西、甘肃、青海、辽宁、吉林、黑龙江、宁夏、西藏、山东、河北、张家口等地区；顺德路不仅指河北承德、邢台地区，还包括唐山、保定、山西、安阳、新乡、洛阳等地区。紫绒以内蒙古自治区的伊昭盟乌审旗的品质最佳，位全国之首。紫绒的特征为：有色泽呈正紫色，纤维细柔而长，油润细腻，膘子厚，拉力大，光泽好，含绒量高；包子路的榆林绒为较好，所产紫绒为正紫、纤维长、有光泽，由于当地牧草与水源好，所产紫绒还带有草香味，鄂尔多斯的鄂托克旗和杭锦旗产的紫绒稍差于乌审旗产的紫绒，但均属品质优良的紫绒。绥德绒，绒薄有粘饼，油污多。米脂绒底薄色浅、含肤皮量多。山西、河北等地紫绒，纤维较粗，毛较长，颜色深浅不一致。

（3）青绒色浅青并带灰白，允许有少量黑丝毛，色泽比差为 120%，是青山羊和棕红山羊所产的绒，青绒在我国生产较少，主要产于内蒙古自治区的锡林郭勒盟，乌兰察布等地的品质最好。特征是纤维长，但较粗，拉力大，光泽好。

5. 山羊绒的理化特性

山羊绒的净毛率为 68% ~ 82%，平均为 75%；油汗含量在 5% 左右；对酸、碱和热的反应均比羊毛敏感，尤其对氯离子更敏感。

6. 提高山羊绒生产的措施

第一，通过绒山羊选育，选择产绒量高的个体，选留绒纤维密度大、质量大的个体，增加绒的长度、保持绒纤维细度；第二，注意绒山羊的杂交改良；第三，改善绒山羊营养状况；第四，利用外源激素可提高羊绒产量。

（二）马海毛

马海毛是音译名称，也就是安哥拉山羊毛（Angora），它不属于我们通常用来织毛衣的绵羊毛毛线，而是一种山羊毛。原产在土耳其，现在主要产地为南非、土耳其和美国。我国虽然也产山羊毛，但只有西北地区所产的中卫山羊毛类似马海毛。因此，市场上如此多的马海毛毛线、马海毛服装等，大部分是腈纶的仿制品或者是国产山羊毛的近似产品。

1. 马海毛的特性

马海毛的纤维长度为 152～198 mm，表面鳞片少，约为细羊毛的一半，重叠程度低，表面光滑平直，截面呈圆形；马海毛强度高，耐磨性好，富有弹性，有光泽，不易毡缩，洗涤容易；马海毛的毛质轻而有蓬松特性。马海毛是一种异质毛，夹杂有一定数量的有髓毛和死毛。有髓毛的含量多少与手感有关，质量上等的含量不超过 1%，而劣等的含量达 20% 以上。因此，马海毛质量差异很大。

2. 马海毛的种类

马海毛以地区划分，有南非 CAPE 马海毛、美国 TEX 马海毛。以羊龄划分，有羔羊马海毛（一岁羊龄细度在 29 μm 以内）、幼羊马海毛（细度范围在 30～34 μm）和成羊马海毛（35 μm 以上的细度）。以品质划分，有优质马海毛、含腔马海毛、尿黄/尿灰马海毛等。

3. 马海毛的用途

马海毛是一种高档的毛制品的原料，主要用于长毛绒、顺毛大衣呢、提花毛毯等一些高光泽的毛呢面料以及针织毛线。可制成蓬松、粗犷风格的粗针毛衣。

4. 马海毛的品质

马海毛依据不同产地，品质略有不同；纯南非马海毛由于其良好的长度、耀眼的光泽、很少有死腔毛而成为纺织界公认的最优良的品质。由于南非产量有限，除非客户特殊要求，目前世界上大部分生产厂生产的马海毛条均非纯南非产，而是不同产地原料的混合；美国得克萨斯州马海毛长度和光泽可与纯南非马海毛媲美，但由于饲养较为粗放，死毛多；土耳其产区由于一年只有一季剪毛，长度好，但由于饲养环境问题，含草杂及死毛。莱索托、阿根廷、澳大利亚、新加坡等国产毛在光泽及死毛含量方面均较差。

5. 毛用山羊在我国的引种情况

我国最早引进安哥拉山羊的是陕西省，于 1985 年从澳大利亚引进，在陕北饲养成功后，又于 1989 年大批购进，并成立了"陕西省黄土高原治理研究所安哥拉山羊试验场"。山西和内蒙古两省（自治区）也于 1987 年引进安哥拉山羊。3 省（自治区）共从国外引进安哥拉山羊 216 只，其中公羊 41 只，母羊 175 只。这些种羊为发展我国安哥拉山羊、建立马海毛生产基地打下了良好基础。

三、羊肉

羊肉是人类重要的肉食品之一，尤其是牧区和少数民族。属于高蛋白、低脂肪、低胆固醇的营养食品，其味甘性温，益气补虚，温中暖下，强壮筋骨，厚肠胃，具有独特的保健作用，经常食用可以增强体质，使人精力充沛、延年益寿。特别是羔羊肉具有瘦肉多、肌肉纤维细嫩、脂肪少、膻味轻、味美多汁、容易消化和富有保健作用等特点，颇受消费者欢迎。

1. 肉的形态结构

羊胴体的肌肉组织占 72%～79%；脂肪组织占 6%～10%；骨骼占 17%～22%；结缔组织低于 5%。

2. 羊肉的物理性状及评定

成年绵羊肉呈鲜红色或红色，老绵羊肉呈暗红色，羔羊肉呈淡灰红色，山羊肉较绵羊肉红。

随着生活水平的提高，消费者不仅对羊肉的需求量增加，而且对羊肉品质如营养价值、风味和嫩度等要求也更高。消费者更喜欢肉质细嫩、营养价值高、风味独多汁性好的羊肉。羊肉的嫩度是指煮熟的肉入口后在咀嚼时对碎裂的抵抗力。影响嫩度的因素包括品种、性别、年龄、肌肉的组织学结构及宰杀后的成熟作用和冷冻方法。

羊肉的气味主要有三个来源，一是生理的，也是绵、山羊有一种固有的特殊气味，即膻味，致膻物质的化学成分主要存在于脂肪酸中，这些脂肪酸单独存在时并不产生膻味，必须按一定的比例，结合成一种较稳定的络合物或者通过氢键相互缔合形式存在，才产生膻味；二是饲喂异味饲草；三是屠宰前给羊口服或注射某种药物。

3. 羊肉的营养成分

羊肉的营养价值较高，营养成分非常丰富，蛋白质含量较高，其中氨基酸含量丰富，且肉质细嫩，胆固醇含量低，易于消化和吸收。蛋白质中必需氨基酸的组成和含量是评定蛋白质品质的重要指标，国内外的一些学者对羊肉的蛋白质含量以及氨基酸种类和含量进行分析，结果表明，绵、山羊肉蛋白质含量丰富，除此之外，羊肉还含有多种矿物质元素，如 Ca、P、K、Fe、Zn 等，以及维生素 B_1、维生素 B_2 和烟酸等维生素，具有补阳壮体的功效。

4. 影响羊肉品质的因素

影响羊肉品质的因素包括羊的年龄和体重、营养和饲料、品种、是否去势和肥度等。

四、羊皮

绵羊、山羊屠宰后剥下的鲜皮在未经鞣制以前都称为生皮，生皮分为毛皮和板皮两类。生皮带毛鞣制而成的产品叫作毛皮，鞣制时去毛仅用皮板的生皮叫作板皮，板皮经过脱毛鞣制而成的产品叫作作革。毛皮又分羔皮、裘皮和大羊皮三种。羊皮按生产类型分羔皮、裘皮和板皮三类。羔皮一般是供作露毛穿着的毛皮，用于制作翻毛大衣、皮领、皮帽、披肩等，要求花案奇特、毛卷紧密、光亮美观；裘皮主要用于制作毛向里穿着的衣物、围巾、皮褥等，用于御寒保暖，要求结实、美观、轻便和不毡结；绵、山羊都可生产板皮，板皮制革后主要用于制衣、制鞋、制包等。

（一）羔皮

羔皮是指从流产或出生后 1~3 d 的羔羊身上剥取的毛皮，如卡拉库尔羔皮、湖羊羔皮和青山羊"猾子皮"。

（二）裘皮

裘皮是指生后一个月龄以上的羔羊所剥取的毛皮，其特点是毛长绒多、皮板厚实、保暖性好，主要用作防寒衣物，如滩羊二毛皮和中卫沙毛皮。

（三）板皮

板皮是指鞣制时去毛仅用皮板的生皮。绵羊皮中，主要制裘，一部分无制裘价值的用于制革；山羊板皮，除少数毛长绒多的皮张用作绒皮外，其余绝大多数用于制革。绵羊板皮和山羊板皮均是制革的好原料，特别是山羊板皮经鞣制成革后，轻柔细致，富有弹性，染色和保型性能良好，是国际皮张市场上的主要商品之一。

（四）影响羔皮和裘皮品质的主要因素

1. 遗传因素

品种是决定羔皮和裘皮品质的主要因素，在羔皮和裘皮羊生产和育种工作中，主要通过本品种选育或采取品系间杂交的途径来提高羔皮和裘皮的品质。

2. 自然生态条件

羔皮和裘皮羊都是在我国特定生态条件下，经过长期的自然选择和人工选择形成的产物，具有独特的美丽花案。若离开其原有的生态环境，会导致品质下降、优美花案消失，这些充分证明了自然生态条件对羔皮、裘皮品质具有不容忽视的影响力。

3. 营养因素

丰富均衡的营养水平，能使皮张面积增大，皮板致密结实，弹性好，光泽良好，品质好，对羔皮、裘皮羊尤为重要，对母羊的膘情、胎儿发育、羔皮品质和羔羊的生长都有着直接的影响。

4. 产羔季节

不同产羔季节对羔皮、裘皮质量的影响非常明显，尤其与小湖羊羔皮、滩羊二毛皮和中卫沙毛皮质量的关系非常密切。

5. 屠宰年龄

羔皮、裘皮羊屠宰年龄与皮板面积、毛卷、花纹、花案清晰度、美观及毛纤维和毛股的长度都有密切关系。例如，青山羊一般应掌握在 3 d 内宰剥得到的青猾子皮质量最佳；对于湖羊卡拉库尔羊等羔皮羊，宜在出生后 3 d 内屠宰；滩羊二毛皮和中卫沙毛皮是羔羊在出生后 1 月龄左右，毛股长度 8 cm 时屠宰剥取最好。

6. 储存、晾晒及保藏

晒制毛皮的目的是避免在鞣制前腐烂，储存保藏中应力求放置在阴凉、干燥和通风的地方，大多数加工方法的主要目的是脱水，包括空气干燥、盐腌和轻度冷冻。

（五）影响板皮品质的主要因素

1. 地域和品种因素

各路山羊板皮品质上的差异，既包括了地域生态差异的因素，也包括了品种不同的因素。概括来说，平原地区产的比山区好，农区产的比牧区好，圈养的比放牧的好。

2. 季节因素

季节对板皮品质影响主要是季节变化影响营养供应状况和毛被生长状况。春季羊只营养缺乏，所产的皮板瘦薄，板质脆弱，弹性差，皮面干涩，无油性，呈淡黄色，质量最差；夏季板皮质量逐渐好转，比春皮稍好，但仍瘦薄无光，初夏被毛粗短，毛茬高低不平，皮板较瘦薄，厚薄不匀，皮板干而无油，板面粗糙发硬，制革价值低，夏末毛茬逐渐长齐，皮板稍厚，皮板稍见油性，皮板粗糙稍发硬，油性增大，制革价值高；北方夏秋季和南方的秋末初冬季节，气候适宜，牧草茂盛，开花结籽，营养丰富，羊只膘肥体壮，这时产的板皮质量最好，被毛不长，绒毛稀短，板皮结构致密，弹性好，油性好，部分板面呈灰色，秋板制革价值最高；冬季北方、西南山区及高原所产的皮具有较长的毛绒，有的皮板由腹部开始变瘦薄，南方平原地区产的皮，皮板显薄，弹性稍差，但比北方及山区的质量好。

3. 生理因素

影响板皮质量的主要因素包括性别、年龄、疾病和屠宰、加工和保存等因素。一般羯羊皮品质最好，公羊比母羊皮板大而厚，经产母羊和哺乳羔羊皮板和毛纤维弹性较差；幼龄羊皮板薄弱、柔软，壮龄羊皮板结构致密、有油性、皮板弹性好、毛绒丰足、色泽光润，老羚羊皮板厚而发硬、粗糙、毛绒粗稀、板干涩、油性差、色泽较暗；病羊板皮瘦而脆弱，无油性、被毛毡乱，光泽差，对皮板会有不同程度的损伤和缺点；屠宰剥皮和加工不当，会造成皮板的人为伤残和皮形不整，影响板皮质量。晾晒得当，可以保持皮张原有品质。保存过程中，温度、湿度和通风都会影响其品质。

（六）羔皮羊的屠宰和羔皮剥取

1. 屠宰时间

羔皮一般是指羔羊出生后 1～3 d 所剥取的皮张。确定和掌握适时的屠宰时间，应根据初生时的毛卷形状、被毛的长度、毛卷卷曲度以及皮肤面积等发育程度来决定。过早或过晚的屠宰都直接影响羔皮品质。要求在羔羊出生后应及时进行鉴定，掌握羔皮品质情况，适时屠宰。

2. 宰羔方法

羔皮羊生产中宰羔方法同一般宰羔不一样，必须按照一定程序进行，以达到皮形完整和符合规格要求，否则就会影响羔皮质量，导致其价值降低。

宰羔时，应先将羊固定好，然后在羔羊脖子面正中线的咽喉部位做直切，划开口子，再将刀伸入内部挑断气管和血管，放血到羔羊死亡为止。放血时必须使血液自开口处顺下嘴巴直接流入屠宰架上的集血槽内，不得使血液沾污羔皮。

3. 剥取羔皮

羔羊放完血死亡后，立即开始剥皮。剥取羔皮用刀尖自颈部沿腹部中线向后下挑，遇阴囊不可挑开而沿阴囊一侧绕开，一直挑至肛门；向上则挑至嘴角处。然后剥四肢，先将四肢蹄冠处做环形切开，沿前蹄向上挑至胸部中线，再沿后蹄背面向上顺内侧分毛处挑至肛门，尾部应从里面沿有毛和无毛交界处部位一直挑到尾尖，并把尾骨抽掉，刮去油脂。最后剥头皮和耳朵。除切口线、四肢、眼、耳、尾等部位用刀以外，其余部位均用手剥，即用拳揣方法将整张羊皮剥下。所剥下的羔皮，必须完整，不得有撕、割等伤残，也不得残留脂肪或肉屑，更不得损伤被毛和被污物所污染。

鲜皮剥取后，要及时加工整理和晾晒；应注意不要损伤皮形和皮板，保持光泽洁净；板皮应按照皮张的自然形状和伸缩性，把各部位平坦地舒展开，保持皮形均匀方正，皮板厚薄也应均匀，避免形成皱缩板；禁止钉板、撑板，必须保持皮张的自然面积。

鲜皮经加工整理后，要及时晾晒。应选择平坦洁净的地方，将皮展平晾干；晾晒时，应在通风干燥处，或在较弱的阳光下，切勿暴晒，也不可用火烤干，不能放在已晒热的石块上晒；鲜皮晾晒至七八成干时应及时收起来，把皮张逐张顺序堆码，排成梯子形，仅把头、颈部皮板较厚不易晾干的部位露在外面，直到全皮晾干为止；此外也可采取盐腌法。

毛皮的储藏应防止皮张受潮、受闷、发热脱毛以及虫蚀、鼠咬、霉变等。皮张储存得好坏直接影响毛皮的质量。因此，生毛皮经过防腐或干燥后，要板对板、毛对毛堆叠，加上防虫剂，并用绳捆成小捆放在专门仓库内进行短期保存，等待分级、包装、发运。在裘皮、羔皮的包装、储存中，因其张幅小，皮板较薄，洁净，毛被颜色鲜明，并有花弯，应注意防止摩擦、挤压和撕扯以及尘土污染和阳光照射。储存羊皮的地方应选择防雨、防潮、防晒和无鼠害的仓库，库内温度最低不得低于 5 ℃，最高不超过 25 ℃，湿度应保持在 60% ~ 70%。为防潮、防霉，皮垛下面应垫上木条，还应留有行间通道，以便空气流通。

五、羊奶

羊奶是养羊业的主要产品之一，是世界鲜奶和奶品加工的第二来源，全世界约有一半以上的人饮用羊奶。羊奶与牛奶在化学成分上无显著差异，在一些消化生理和理化特性方面要优于牛奶。

（一）羊奶的营养价值及特点

1. 羊奶的营养成分

羊奶的蛋白质、脂肪、矿物质高于人奶和牛奶，乳糖低于人奶和牛奶，营养价值高于牛奶；蛋白质质量好，易消化；乳脂肪质量好，易消化；羊奶矿物质、维生素含量丰富。

2. 羊奶的特点

羊奶有助于胃病治疗；羊奶具有提高智商和强化视觉的功能；羊奶可提高人体免疫力，羊奶中含有丰富的 ATP，可提高人体器官的活动能力，增强免疫功能，并具有维持肌体组织代谢平衡的功能，羊奶中超氧化物歧化酶（superoxide dismutase, SOD）含量非常丰富，可帮助清除体内自由基，常饮用和洗用能养颜美容、抗炎、抗衰老，羊奶中含有较丰富的上皮细胞生长因子和表皮生长因子（epidermal growth factor, EGF），牛奶中不含有该物质，其可提高人体免疫力，人体大部分细胞都能受其活化，有益于修复黏膜细胞。

（二）羊奶品质及产量的影响因素

1. 品种

不同的品种，遗传性不同，产奶量不同，奶中的营养成分也有差异。

2. 环境因素

牧场、季节、气候、胎次等环境因素对奶山羊的产奶性能均有不同程度的影响。

3. 营养因素

有研究表明，能量供应条件的变化会对山羊产奶量及奶成分，如乳脂率、乳蛋白等产生影响。饲养条件优越，奶山羊体重增加，会增加总产奶量，但单位饲料的产奶率会降低。

4. 挤奶

挤奶的方法、次数对产奶量有明显的影响，擦洗、热敷、按摩、拳握方式，每分钟适宜的挤奶节拍和每次将奶挤净等，都可以提高产奶量。

第三节　羊的配种及接羔育羔技术

一、配种季节

在传统的年产羔一次的情况下，绵羊产羔时间可分两种，大部分绵羊 7~12 月配种，其中 7~8 月配种，12 月~次年 1 月产羔为产冬羔；11~12 月配种，4、5 月产羔为产春羔。山羊一般四季均可发情、配种。羊的发情周期为 17~21 天。羊的妊娠期为 144~155 天，平均 150 天左右。

（一）产春羔的优缺点

1. 优点

到产羔季节时气候已经开始转暖，因而对羊舍的要求不严格，同时由于母羊在哺乳前期已能吃上青草，故能分泌较多的乳汁哺乳羔羊。

2. 缺点

母羊在整个怀孕期都处在饲草饲料不足的冬季，如果补饲条件跟不上，则会由于母羊营养不良而导致胎儿的个体发育不好、初生重较小、体质弱，这样的羔羊虽经夏秋季节的放牧可以获得一些补偿，但是紧接着冬季到来，越冬度春比较困难；绵羊在第二年剪毛时，无论是剪毛量，还是体重，都不如冬羔高；由于春羔断奶时已是秋季，故对断奶后母羊的抓膘有影响，特别是在草场不好的地区，对于母羊的发情配种及当年的越冬度春都有不利的影响。

（二）产冬羔的优缺点

1. 优点

母羊配种时膘情好，能提高产羔率；妊娠期营养好，羔羊出生重大；羔羊出生后，母羊泌乳力强，哺乳前期羔羊健壮，断奶时青草萌发，羔羊能独立采食。当年放牧时间长，发育好，抗病力强，实现当年出栏，减轻冬季草场压力，便于调剂劳动力。可以避开接春羔与春耕作业劳动力紧张的矛盾。

2. 缺点

必须储备足够的饲草饲料和准备保温良好的羊舍，劳力配备也要比产春羔多。如果不具备以上条件，产冬羔则会给养羊生产带来损失。

二、配种方法及优缺点

羊的配种主要有三种：自由交配、人工辅助交配和人工授精。

（一）自由交配

自由交配是按一定公母比例，将公羊和母羊同群放牧饲养，即公母羊常年混群放牧，任其自由交配，是养羊业最原始的配种方法。

1. 优点

自由交配可以节省大量的人力、物力、设备；减少发情母羊的失配率，公母比例适当，受胎率高，对家庭小型牧场很适合。

2. 缺点

公、母羊混群放牧饲养，配种发情季节，性欲旺盛的公羊追逐母羊，影响采食和抓膘；种公羊需求量大 $[1:(15～20)]$，不能充分利用优秀种公羊，增加饲养费用；交配和早配，血统不清；无法控制产羔时间，产羔管理困难；传染病不易预防控制。

（二）人工辅助交配

平时将公、母羊分开放牧饲养，经鉴定把发情母羊从羊群中选出来和选定的公羊交配。

1. 优点

人工辅助交配有利于选配工作的进行，可防止近亲交配和早配；能够准确记录配种时间，血统清楚，做到有计划安排分娩和产羔管理工作；有利于母羊采食抓膘；公母比例可达 $1:(60～70)$，优秀种公羊利用率有所提高。在羊群数量不大时可以采用。

2. 缺点

人工辅助交配不能充分发挥优秀种公羊的利用率；需要试情公羊进行试情，增加管理上的麻烦；不能防止生殖系统疾病传播；花费的人力、物力较多。

（三）人工授精

利用器械采取公羊的精液，经过精液品质检查和一系列处理，再将精液输入发情母羊生殖道内，达到母羊受胎的配种方式。

羊的人工授精是当前我国养羊生产中常用的技术措施，与自然交配相比有以下优点：

能扩大优秀种公羊的利用率，由于输精量少和精液可以稀释，公羊一次射精量一般可供多只母羊的授精之用，公母比例可达到 $1:(300～500)$；节省饲养种公羊的开支；提高母羊受胎率，由于将精液完全输送到母羊的子宫颈或子宫颈口，增加了精子与卵子结合的机会，同时也解决了由于阴道疾病或因子宫位置不正等引起的不孕，由于精液品质经过检查，避免了因精液品质不良所造成的空怀；异地配种，减少引种费用，可将精液长期保存和实行远距离运输，延长利用年限；减少生殖疾病传播，不直接接触，器械经过严格消毒，减少疾病传播机会。

三、分娩前的准备

妊娠母羊将发育成熟的胎儿和胎盘从子宫中排出体外的生理过程即分娩或产羔。

（一）人员的准备

产羔母羊群的主管牧工及辅助接羔人员，必须分工明确，责任落实到人。在接羔期间，要求坚守岗位，认真负责地完成自己的工作任务，杜绝一切责任事故发生。对所有参加接羔的工作人员，在接羔前组织学习有关接羔的知识和技术。

除平时值班兽医一人外，还应临时增加一人，以便巡回检查，做到及时防治。此外，对一些常见病、多发病，可将预防药物按计量包好，交给经过培训的放牧员，按规定及时投服。

（二）圈舍、产房和用具

接羔棚舍及用具的准备应因地制宜，不能强求一致。产羔工作开始前3～5 d，必须对接羔棚舍、运动场、饲草架、饲槽、分娩栏等进行修理和清扫，并用消毒药品进行彻底的消毒，做到地面干燥、空气新鲜、光线充足、能够挡风御寒。

（三）饲草、饲料

在牧区，接羔棚舍附近，从牧草返青时开始，在避风、向阳、靠近水源的地方用土墙、草坯或围栏围起来，作为产羔用草地，其面积大小可根据产草量、牧草的植物学组成以及羊群的大小、羊群品质等因素确定，但至少应当够产羔母羊一个半月的放牧用。有条件的羊场及农、牧民饲养户，应当为冬季产羔的母羊准备充足的青干草、质地优良的农作物秸秆、多汁饲料和适当的精料等；对春季产羔的母羊也应当准备至少可以舍饲15 d所需要的饲草饲料。

（四）药品的准备

在产羔母羊比较集中的乡、村或场队，应当设置兽医站（点），购足防治在产羔期间母羊和羔羊常见病的必需药品和器材。

四、接羔技术

（一）妊娠母羊分娩前症状

（1）母羊临产前，行动迟缓，食欲减退，站立不安，不断回顾腹部，喜欢卧息于安静的墙角处。

（2）前肢挠地，排尿次数增加，卧息时两后肢伸出向外。

（3）骨盆韧带松弛，腹部下陷，尾根两侧形成凹陷。

（4）阴门红肿松弛，有的排出黏液。

（5）乳房膨大，乳头垂下，并能挤出黄色乳汁。

（二）正常分娩接产

母羊正常分娩时，在羊膜破后几分钟至 30 min 左右，羔羊即可产出。正常胎位的羔羊，出生时一般是两前肢及头部先出，并用头部紧靠在两前肢的上面。若产双羔，先后间隔 5 ~ 30 min，但偶尔也有长达数小时以上的。因此，当母羊产出第一个羔羊后，必须检查是否还有第二个羔羊，方法是以手掌在母羊腹部前侧轻轻托举，如系双胎，可触感光滑的羔体。

在母羊产羔过程中，非必要时一般不应干扰，最好让其自行娩出。但有的初产母羊因骨盆和阴道较为狭小，或双胎母羊在分娩第二只羔羊已感疲乏的情况下，则需要进行助产。助产人员需要按照以下步骤进行操作：剪掉母羊乳房周围和后肢内侧毛；修蹄；清洗乳房；消毒外阴部；及时清除产出羔羊口、鼻、耳中的黏液，以免呼吸困难、吞咽羊水而引起窒息或异物性肺炎；羔羊出生后，一般都是自己扯断脐带，人工助产下分娩出的羔羊，可由助产者断脐，把脐带血向羔羊脐部捋几下，然后在离羔羊肚皮 3 ~ 4 cm 处断脐带并用碘酒消毒；尽量让母羊舔干羔羊身上的黏液，这样对母羊认羔有好处，如母羊恋羔性弱，可将胎儿身上的黏液涂在母羊嘴上，引诱它舔舐，如母羊不舔或天气寒冷时，可用柔软干布迅速把羔羊擦干，以免受凉；对产双羔和多羔的母羊要及时护理；对羔羊进行称重并登记。

（三）难产的处置和假死羔羊的急救

如遇到分娩时间较长，羔羊出现假死情况时，欲使羔羊复苏，一般可采用两种方法：

（1）提起羔羊两后肢，使羔羊倒空，同时轻拍其背胸部。

（2）使羔羊卧平，用两手有节律地推压羔羊胸部两侧，或进行人工呼吸，暂时假死的羔羊，经过这种处理后即能复苏。

五、初生羔羊的护理

初生羔羊身体各器官发育都未成熟，体质较弱，适应力较差，极易死亡。为了提高羔羊的成活率，减少发病死亡，应遵循"三防四勤"的原则，即防冻、防饿、防潮和勤检查、勤配奶、勤治疗、勤消毒。

（一）保温御寒

初生羔羊体温调节能力差，对外界温度变化极为敏感，对冬羔及早春羔必须做好初生羔羊的防寒保暖工作。待产室要温暖适宜，舍内温度保持在 5 ℃以上，温度低时，应设置取暖设备，地面铺上一些御寒的材料，如柔软的干草、麦秸等，并注意将门窗密闭，墙壁不应有透风的缝隙，防止因贼风侵袭造成羊只患病和其他不必要的损失。

（二）辅助羔羊尽早吃到初乳

初乳黏稠，含有丰富的蛋白质、维生素、矿物质等营养物质，其中镁盐还有促进胃肠蠕动和排出胎粪的功能，更重要的是初乳中含有大量抗体，而羔羊本身尚不产生抗体，初乳则作为羔羊获取抗体的重要来源，对增强羔羊的体质、预防疾病具有重要的作用。及时吃到初乳是提高羔羊抵抗力和成活率的关键措施之一。要保证初生羔羊在 30 min 内吃到初乳。

（三）代哺、换哺和人工哺乳

若母羊产后无奶或产后死亡，羔羊吃不到自身母羊的初乳，要让它吃到代乳羊的初乳，否则很难成活。

羊的母性一般很强，产后就会主动识别和哺乳羔羊，但有少数母羊特别是初产母羊，无护羔经验，母性差，产后不去哺羔，必须人工强制哺乳。现将母羊保定，把羔羊推到乳房跟前，让羔羊去寻找乳头和吸乳，调教几次之后，母羊一般能让羔羊自己吮乳。对于缺母乳的羔羊，应为其找保姆羊，也就是让失去羔的或产单羔、奶水好的母羊代养。为了避免保姆羊拒绝羔羊吃奶，甚至伤害羔羊，可把保姆羊的奶汁或尿液涂抹到羔羊头部和后躯，以混淆母羊的嗅觉，经过几次训练之后，保姆羊就能认羔哺乳了。对于一胎多羔的母羊，要采用人工辅助方法，让每一只羔羊吃到初乳，对一胎产三羔以上的母羊，也要为多出自然哺育能力的羔羊找好保姆羊，尽可能使每只羔羊成活，否则一胎多羔也就失去意义了。对于大型羊场，可以购置专门的设备进行人工哺乳。人工哺乳要做到：训练盆饮或瓶喂；定时（每隔 3 h）、定量（250 mL）、定温（38 ℃～42 ℃）、定质（新鲜）；注意乳具卫生；防止羔羊互舔。

（四）搞好环境卫生，减少疾病发生

羔羊体质弱、抗病力差、发病率高，发病原因大多是羊舍及其周围环境卫生差，使羔羊受到病菌的感染，因此搞好圈舍的卫生管理、减少羔羊接触病原菌的机会是降低羔羊发病率的重要措施。饲养员每天在添草喂料时要认真观察羔羊的采食、饮水、粪便等是否正常，发现病情应及时诊治。

采用人工哺乳时，搞好人工哺乳各个环节的卫生消毒对羔羊的健康和生长发育非常重要。喂养人员在喂奶前要洗手，平时不接触病羊，尽量减少或避免接触被污染的草料和用具。出现病羔应及时隔离，由专人管理。迫不得已病羔和健康羔都由一个人管理时，应先喂健康羔，再喂病羔，并且喂完后马上洗净消毒手臂，脱下衣服，用开水冲洗消毒处理。羔羊所食奶粉、饮水、草料等都应注意卫生。奶粉、豆粉等溶解后应用四层纱布过滤，在喂前煮沸消毒。奶瓶等用具应保持清洁卫生，喂完后随即冲洗干净。饲喂病羔的奶瓶在喂完后要先用高锰酸钾等消毒，再用清水冲洗干净。采用机械哺乳时，喂奶器械必须经常清洗和严格消毒。

（五）母子小圈的护理

母子小圈饲养 3～7 d；注意观察羔羊及母羊状况；进行涂号标记；防止羔羊异嗜。

（六）母子中圈的饲养管理

羔羊出生一周以后，待羔羊健壮，母羊识羔后，可将母羊带羔羊从小圈转入母子中圈饲养，母羊数量可达到 30 只。

（七）母子大群

羔羊 3 周龄以后，可由中圈合并为大群，单羔每群 130～150 只，双羔每群母羊为 80～100 只。集约化饲养可根据实际单元划分情况而定。

第四节　种公羊的饲养管理

种公羊对羊群受胎率和后代生产性能有直接影响，养好种公羊是使其优良遗传特性得以充分表现的关键。现代养羊业中，人工授精技术得到广泛应用，其需要的种公羊数量减少，只占羊只总数的3%~5%，因而对种公羊要求越来越高。基本要求种公羊体质结实，常年保持中等以上膘情，不要过肥，也不应过瘦，过肥过瘦都不利于配种。要求种公羊在配种时，性欲旺盛，精液品质好。

种公羊精液数量和品质取决于日粮的全价性和管理的科学性和合理性。例如，种公羊一次射精量为1 mL左右，需要可消化蛋白质50 g才能满足营养需要。在配种期尤其注意补充蛋白质饲料。应根据饲养标准配合日粮，在放牧场地应选择优质天然草场或人工草场。补饲日粮中应富含蛋白质、矿物质、维生素等营养物质，日粮营养水平对精液品质有很大影响，要求使用适口性好、易消化的饲草、饲料。管理上可单独饲养，并要求有足够的运动量。在实际饲养中一般按配种期及非配种期两个阶段分开饲养及管理。

一、种公羊配种期的饲养管理

配种期饲养可分为配种预备期（配种前1~1.5个月）和配种期两个阶段。从配种预备期（配种前1~1.5个月）开始增加饲料量，按配种喂量的60%~70%给予，逐渐增加到配种期的精料给量。

（一）种公羊日粮配合

在配种前一个月时，日粮的饲养标准应由非配种期的饲养标准逐渐增加到配种期的饲养标准。在配制日粮时重点调整蛋白质。配种期公羊应补喂优质干草，增加部分混合精料，在配种期可给1~1.5 kg干草、1~1.5 kg混合精料，其他多汁饲料如胡萝卜，按0.5 kg补喂，可提高精子的活力。总体上看，日粮中优质干草应占35%~40%、精饲料占40%~45%，青绿多汁饲料占20%~25%。每日分2~3次给料、投草，饮水应充足。

饲料品质要好，必要时可补给一些鱼粉、鸡蛋、羊奶，如进入配种高峰期，可另外补加1~3个鸡蛋以补充蛋白质，弥补配种时期大量的营养消耗。配种期如蛋白质数量不足，品质不良，会影响公羊性能、精液品质和受胎率。

（二）日常管理

配种期的公羊神经处于兴奋状态，经常心神不定，不安心采食，这个时期的管理要特别精心，饲养员要早起晚睡，饲料要少给勤添、多次饲喂。配好的精料要均匀地撒在食槽内，要经常观察种公羊的食欲好坏，以便及时调整饲料，判别种公羊的健康状况。

种公羊在配种前1个月左右进行试采精，以便检查精液品质，调整饲养管理，保证在配种期的配种。开始时先1周采精一次，以后逐渐达到一天一次，到配种时按配种任务安排采精次数。成年健康种公羊最多一天可采精3~4次。每次间隔应2 h以上。如果发现密度、活力降低，应减少采精次数。

每日公羊应有足够的运动，运动要定时、定距离。也可选择良好的放牧地放牧结合运动进行。安排好饲养、采精（配种）、放牧、饮水、休息时间。每日放牧或运动时间约6 h。这时期应在凉爽的高地放牧，在通风良好的阴凉处歇宿。种公羊要远离母羊，不然母羊一叫，公羊就会站在门口，爬在墙上，东张西望，影响采食。种公羊舍应选择通风、向阳、干燥的地方。每只公羊约需面积 2 m²。高温、潮湿会对精液品质产生不良影响。

二、种公羊非配种期的饲养管理

一般肉用公羊配种期都较长，但有些时候，种公羊没有配种任务，即处于非配种期。在非配种期内也不应忽视其饲养管理。可按非配种期饲养标准配备日粮。保证正常的饲养管理，可减少一部分精料，有放牧的地方应以放牧为主，适当补料，不可无料。饲喂量一般按每只 0.5~0.8 kg。种公羊舍宽敞明亮，保持清洁、干燥，定期消毒，补足矿物质、饮水。种公羊应坚持运动。

第五节　母羊的饲养管理

母羊是羊群发展的基础，成年母羊一般占羊群比例的 65%~70%。对于繁殖母羊，要求长年保持良好的饲养管理条件，为每个生产环节提供保障。按生产环节可把繁殖母羊的饲养管理分为 4 个时期。

一、母羊空怀期的饲养管理

由于各地区产羔季节不同，空怀期也有差异。空怀期在 3~6 个月。如果冬季产羔在 5~7 月空怀，春季产羔在 8~10 月空怀。空怀期也是羊的恢复时期，因羊在妊娠、产羔哺乳期消耗大量体内营养，因此空怀期的饲养主要任务是恢复体况，由瘦弱情况恢复到中等以上膘情。这有利于下次发情配种。如恢复差，体瘦弱会影响发情。此时期应加强饲养，放牧时应选择良好的放牧地，补饲一定的饲料有利于恢复。此外还应早期断奶，使母羊尽快恢复体况。在配种前一个半月抓起，对不同情况的母羊采取相应措施使其早日复壮，促进发情。

二、母羊妊娠前期的饲养管理

母羊妊娠前期，由于胎儿发育所需营养不是很多，如果母羊在空怀期已得到恢复，可保证胎儿前期发育的需要。一般妊娠前 3 个月为妊娠前期，羔羊增重仅为初生重的 10% 左右。为保证生长，随着日龄的增加应适当逐步调整饲养水平。放牧、舍饲时补饲优质干草，以青粗饲料为主，适当补料。在此期间母羊主要以保胎、防流产为主进行管理。

三、母羊妊娠后期的饲养管理

妊娠后期，胎儿迅速增长，出生体重的 90% 左右在此期增长。从妊娠第 4 个月开始，胎儿生长猛增，如第 4 个月胎儿平均日增重 40~50 g，第 5 个月时增加到 120~150 g。此时期母羊的能量和可消化蛋白需要增加 20%~30% 和 40%~60%。对一些矿物质，如钙、磷的需求量很大（胎儿骨骼生长）。产前 8 周，日粮精料比例提高 20%，产前 6 周为 25%~30%，而在产前 1 周，要适当减少精料用量，避免胎儿体重过大而造成难产。需加强饲养，调整日粮结构，补饲干草、青贮料、精料、添加剂等。不喂发霉变质饲料，不饮冰冻水，以防流产。放牧出入圈舍要小心，不要拥挤。除遇暴风雪天气，应增加母羊户外活动的时间，临产期母羊不应远牧。产前 1 周夜间应将母羊放于待产圈中饲养和护理。

四、母羊哺乳期的饲养管理

母羊哺乳期一般为 3~4 个月。母羊泌乳量越多，羔羊生长越快，发育越好，抗病力越强，成活率越高。对肉用羊来说，还应提前断奶，缩短哺乳期，这对母羊及羔羊都有利。羔羊初生期，母羊哺乳任务重，应根据母羊膘情、泌乳状况调整日粮。母羊在产羔后 4~5 周内达到泌乳高峰，8 周后逐渐下降。随着泌乳量的增加，母羊所需的养分也应增加，如所提供的养分不能满足其需要，母羊会大量动用体内储备的养分来弥补。泌乳性能好的母羊往往比较瘦弱，这是一个重要原因。应根据带羔多少和泌乳量高低做好母羊补饲。在一般放牧饲养基础上，每天每只补多汁饲料 2 kg、青干草 0.5~1 kg、混合精料 0.3~0.5 kg。对于产多羔母羊应与产单羔母羊分别饲养，并提高饲养水平 20% 左右。对体况较好的母羊，产后 1~3 d 内应减少补饲精料，以免造成消化不良或发生乳房炎。为调节母羊的消化功能，促进恶露排出，可喂少量轻泄型饲料，3 d 后逐渐增加精饲料的用量，同时给母羊饲喂一些优质青干草和青绿多汁饲料，力求母羊哺乳前期不掉膘，使其哺乳后期保持原有体重或增重。母羊哺乳后期泌乳量下降，及时加强母羊的补饲也不能继续维持其高的泌乳量，仅靠母乳不能满足羔羊营养需要。在泌乳后期应逐渐减少对母羊的补饲，到羔羊断奶后母羊可完全采用放牧饲养，但对体况下降明显的瘦弱母羊，需补饲一定的甘草和青贮饲料。集约化舍饲方式要根据饲养标准提供日粮，满足母羊的营养需要。

第六节　羔羊的饲养管理

初生羔羊吃初乳后，由于消化器官尚未发育好，不能独立生存，需一段时期哺乳。对于肉用羊生产主张早期断奶。

一、羔羊哺乳期常规饲养管理

羊乳的营养价值较高，富含羔羊生长的各种营养要素。一般羔羊生后一个月之内基本依靠母乳生存，每增重 100 g 体重需母乳 500 mL。从生后 15 d 左右开始食少量草，而且以嫩草最好。也可采食少量精料，这对刺激羔羊瘤胃发育很重要。粗饲料（青干草类）含有大量粗纤维，早期吃草可使羔羊瘤胃得到刺激而发育完善。所以一般要人工训练早期吃草（料）。开始可能采食很少，以后随日龄增长采食量逐渐增多，最后达到断奶。此时期一般羊可长达 3~4 个月才能完成。当采取一定措施时，可以缩短哺乳期，而达到早断奶。

羔羊哺乳期分为初乳期（出生 5 d）、常乳期（6~60 d）和由吃奶到采食草料的过渡期

（61~90 d）。

（一）初乳期

羔羊出生0~5 d为初乳期，最好让羔羊随着母羊自然哺乳，5 d以后再改为人工哺乳。

母羊产后5 d以内的乳叫作初乳，初乳营养丰富，对羔羊的获得性免疫和生长发育有极其重要的作用，还有助于排出胎粪，因此，应让羔羊尽量早吃、多吃初乳，吃得越早，吃得越多，增重越快，体质越强，发病越少，成活率越高。

（二）常乳期

羔羊6~60日龄为常乳期。此时期奶是羔羊的主要食物。从初生到45日龄，是羔羊体重增长最快的时期，此时期羔羊增长快，营养素需要量大，给奶量少了就不能满足其营养需要。而它能吃草后，瘤胃开始增大，给大量的奶，使它不愿吃草，又会影响胃肠发育。

7日龄开始教羔羊吃料，在饲槽里放上用开水烫过的料，引导小羊去啃，反复数次小羊就会吃料了。14日龄后开始给草，将幼嫩的青草，干草捆成把吊于空中，让小羊自由采食。

40~50 d后减奶加料，料吃不进去，就会影响生长发育。

（三）吃奶到采食草料过渡期

羔羊61~90日龄，开始奶与草料并重，注意日粮的能量、蛋白质营养水平和全价性，日粮中可消化蛋白质以16%~20%为佳，可消化养分以74%为宜。后期奶量不断减少，以优质干燥与精料为主，全奶仅作蛋白质补充饲料。

羔羊生后两个月内，其生长速度与吃奶量有关，它每增重1 kg，需奶6~8 kg。整个哺乳期给80 kg奶，平均日增重母羔不低于140 g、公羔不低于160 g。

（四）饮水

在羔羊2月龄以前应饮温开水，2月龄以后至断奶饮凉开水，4月龄后，天气暖和时可饮新鲜的自来水。

二、人工哺乳

羔羊在哺乳期常由母羊给羔羊哺乳。有时会出现母羊不让羔羊吃奶，其原因有：母羊体弱无奶，此时应当增加母羊营养，多给一些催乳饲料；有些母羊乳房发炎，可令羔羊找保姆羊代替哺乳；如产后羔羊死亡的母羊可给其他羔羊哺乳，也可用奶山羊给缺奶羔羊代哺。总之，要用一些可以代替母乳的办法，使羔羊能吃上奶、正常生长。随日龄增加羔羊可采食草料后逐渐减少哺乳，增加草料补喂。羔羊初乳期以后，可以喂给人工乳。

（一）训练人工哺乳

首先要教会羔羊用碗、奶瓶或哺乳器吃奶，称之为教奶。教奶时先让羔羊饥饿半天，一般是下午离开母羊，第二天早上教。开始教奶时一手抱羊，一手拿碗，使羊嘴伸入碗中饮奶。

（二）初乳

从出生后20~30 min开始，每天4次，喂量从0.6~1.2 kg，逐渐增加。

（三）常乳

从 10 日龄起增加奶量，25～50 d 奶量最高，50 d 后逐渐减少给量。一般第 1 周内每天 5 次，每次 150 mL 左右；第 2 周每天 4 次，每次 250 mL 左右；第 3～6 周每天 3 次，每次 400 mL 左右。第 7～11 周每天 3 次，哺乳量逐渐减少到断奶。

（四）人工乳

人工乳配方如下：脱脂奶粉 68%，动物油 18%，鱼粉 6%，发酵大豆粉 4%，糖蜜 4%，维生素 A 4 000 IU/kg，维生素 D 1 000 IU/kg，维生素 E 250 IU /kg，新霉素 70 mg/kg。

三、羔羊的放牧

为了能使羔羊快速生长，可以在羔羊出生后一个月左右单独组群放牧。羔羊放牧不易管理，原因是羔羊还不习惯放牧，放牧时不安心采草，东一口、西一口，到处乱跑乱跳。所以开始放牧时要有耐心加细心，经过一段时间后羔羊会逐渐适应放牧饲养。开始放牧时间不要太长，回来后可补饲精料，促进生长发育。没断奶的羔羊仍哺乳，回圈补饲时可采用补饲栏内补饲。

第七节　育成羊的饲养管理

育成羊是指断奶后至第一次配种前这一年龄段的幼龄羊。羔羊断奶后的前 3～4 个月生长发育快，增重强度大，对饲养条件要求较高。通常，公羔的生长比母羔快，因此育成羊应按性别、体重分别组群和饲养。8 月龄后羊的生长发育强度逐渐下降，到 1.5 岁时生长基本结束，因此在生产中一般将羊的育成期分为两个阶段，即育成前期（4～8 月龄）和育成后期（8～18 月龄）。

一、育成前期的饲养管理

刚断奶不久进入育成期的羔羊，生长发育快，瘤胃容积有限且功能不完善，对粗料的利用能力较弱。这一阶段是影响羊的体格大小、体形和成年后的生产性能的重要阶段，必须引起高度重视，否则会给整个羊群的品质带来不可弥补的损失。育成前期羊的日粮应以精料为主，结合放牧或补喂优质青干草和青绿多汁饲料，日粮的粗纤维含量以 15%～20% 为宜。

二、育成后期的饲养管理

羊的瘤胃消化机能基本完善，可以采食大量的牧草和农作物秸秆。这一阶段，育成羊可以放牧为主，结合补饲少量的混合精料或优质青干草。粗劣的秸秆不宜用来饲喂育成羊，即使要用，在日粮中的比例不可超过 25%，使用前还应进行合理的加工调制。

对舍饲养殖而言，为了培育好育成羊，应注意以下几点：

（一）合理的日粮搭配

精粗饲料搭配合理，一般精粗比为 4∶6，另外饲料也要多样化，粗饲料搭配以青干草、青贮饲料、块根块茎及多汁饲料等。另外还要注意矿物质如钙、磷、食盐和微量元素的补充。育成公羊由于生长发育速度比育成母羊快，所以营养物质需要量高于育成母羊。

（二）合理的饲喂方法

饲料类型对育成羊的体形和生长发育影响很大，优良的干草、充足的运动是培育育成羊的关键。给育成羊饲喂大量而优质的干草，不仅有利于促进消化器官的充分发育，而且培育的羊体格高大，乳房发育明显，产奶多。充足的阳光照射和充分的运动可使其体壮胸宽，心肺发达，食欲旺盛，采食多。有优质饲料，就可以少给或不给精料。精料过多而运动不足，容易肥胖，早熟早衰，利用年限短。

（三）适时配种

一般育成母羊在满 8 ~ 12 月龄、体重达到成年体重的 70%时即可参加配种。育成母羊不如成年母羊发情明显和规律，所以要加强发情鉴定，以免漏配。8 月龄前的公羊一般不要采精或配种，需在 12 月龄以后再参加配种。

第八节　育肥羊的饲养管理

羊的育肥是指商品肉羊在出售前 2 ~ 3 个月进行短期快速育肥，以提高商品羊的出栏重、屠宰率、胴体品质和经济效益。羊的育肥要应用科学的饲养管理技术，用尽可能少的饲料获得尽可能高的日增重，使羊快速育肥，缩短出栏时间。短期内生产出大量优质的羊肉，才能增加养殖者的效益。

一、羊的育肥方式

（一）放牧育肥

放牧育肥适用于有较好放牧条件的地区，不仅充分利用当地牧草资源，降低生产成本，提高经济效益，而且可以加快羊群的周转，减少冬春季草场压力。放牧育肥要抓紧夏、秋两季牧草茂盛，营养价值高的最佳时机，充分延长每天的有效放牧时间。在北方有条件的地区，要尽可能利用草场，早出晚归，中午不休息；在南方应采取积极措施，进行早牧和夜牧，气候炎热时，注意将羊群赶回羊舍或赶至阴凉处休息。在农区，秋季还可充分利用收割后的耕地进行放牧。放牧育肥期一般在 8 ~ 10 月，秋季气温适宜，牧草、农作物秸秆丰富，有利于肉羊的快速生长，是育肥的最佳季节。

（二）舍饲育肥

目前，越来越多的农区和半农半牧区为了充分利用各种工农业副产品进行肉羊育肥，采用标准化的舍饲育肥方式。现代专业化、集约化的肉羊养殖方式充分合理地利用了农作物秸秆和农副产品，育肥过程中要定时、定量、定质、定温，注意饲草和饲料的合理搭配，确保饲料的适口性，满足强化肥育期间的营养需要，并供给充足清洁的饮水。

一般把不留作繁殖用的断奶羔羊转入育肥舍，按育肥羊的饲养管理要求饲养，共饲养

10~12 周，体重达 42~45 kg 以上时，即可上市出售。育肥阶段也可按羊场条件分成为中羊舍和大羊舍，这样更利于羊的生长。育肥期通常为 60~100 d，在较好的饲料条件下可增重 20~25 kg，短期内有效地改善酮体重，提高羊肉品质。

（三）混合育肥

混合育肥既能缩短生产日期，增加出栏数和出肉率，又可以充分利用饲草资源，降低生产成本，提高生产效益。混合育肥有两种情况：

秋末冬初，牧草枯萎后，在放牧育肥的同时，采用精料补饲，延长肥育时间，进行强度育肥，使其达到屠宰标准，提高酮体重和羊肉品质。

草场质量较差，仅靠放牧不能满足快速肥育的营养要求，因此，放牧的同时要给肥育羊补饲一定的混合精料和优质干草，使日粮营养满足肥育羊饲养标准。

二、育肥前的准备

（一）羊舍的准备

育肥羊舍的地点应选在便于通风、采光、避风向阳和接近牧地及饲料仓库的地方，羊舍地面干燥，通风良好，平均每只羊所需面积，当年羔羊为 0.8~1 m^2，大羊为 1.1~1.5 m^2。

（二）饲草、饲料的准备

饲草、饲料是羊育肥的基础，应以就地取材为准，尽量使用粗饲料，以满足日粮的能量需要，不足部分再适当调整补以精料。在整个育肥期每只羊每天要准备干草 2~2.5 kg，或青贮料 3~5 kg，或氨化饲料 3~5 kg 等，精料则按每只羊每天 0.3~0.4 kg 准备。不论采用强度育肥还是一般育肥，都需要预饲过渡，预饲期一般为 10~15 天，如羔羊前 3 天喂干草，让羔羊适应新环境。之后仍以干草为主，但逐步添加日粮，到第 7 天进入饲喂全部日粮，喂至第 10~15 天，成年羊可预饲 10 天。

三、育肥羊的选择及管理

尽可能利用国外引进的肉用品种羊和我国的地方良种进行杂交改良，这样育肥羊有良好的增重潜力。一般来讲，用于育肥的羊应选用当年的羊羔和青年羊，其次才是淘汰羊和老龄羊。

由于羔羊具有生长快、饲料转化率高、产肉品质好、产毛皮价格高、周转快和效益高的特点，所以现代羊肉生产已由原来生产大羊肉转为生产羔羊肉，尤其是以生产肥羔肉为主。由此可见，羔羊育肥是现代羊肉生产的主要方向。羔羊育肥，增重以肌肉和骨骼生长为主，而成年羊育肥，增重以沉积脂肪为主，相同数量和质量的饲料育肥羔羊比育肥成年羊获得的日增重和饲料转化率高。

（一）羔羊育肥

1. 断尾

羔羊 3~20 日龄内均可断尾，但以 3~7 日龄为适宜。一般选择在晴天早上进行。方法是：用弹性较好的橡皮筋，套在羔羊第 2 ~ 3 尾椎之间，两周后羔羊尾下部得不到营养而萎缩脱落，注意防止羊只食入脱落的羊尾。也可采用刀切法或烧烙法进行断尾，断尾后注意消毒处理，防止感染。

2. 公羊去势

公羊去势可与断尾同时进行。将 8 日龄内的公羔羊的睾丸挤到阴囊内，在精索部位连同阴囊用橡皮筋紧紧缠结，20 ~ 30 天后阴囊及睾丸就会干枯自然脱落断。

3. 圈舍饲喂

实行圈舍、饲料喂养，适当放牧。育肥期管理上让羔羊自由饮水、自由采食、自由运动。

4. 驱虫

育肥前需要驱虫可提高饲料转化率，增加效益。可用丙硫苯咪唑（10 ~ 15 mg/kg）或伊维菌素（0.2 mg/kg）进行驱虫。早晨空腹一次性内服。

5. 科学搭配日粮

根据饲养标准设计育肥日粮，羔羊育肥饲料中蛋白质的含量应高一些，一般育肥羊日粮中的粗料应占 40% ~ 60%，即使到育肥后期，也不应低于 30%，或粗纤维含量不低于 8% ~ 10%。尽量利用秸秆饲料，羯羊育肥日粮中秸秆比例可占 60%。一般 2 ~ 3 月龄羔羊断奶后，进入育肥期，经 100 d 育肥可增重 20 kg 以上，平均日增重 200 g 以上。6 ~ 8 月龄羊日采食量为 1.8 ~ 2 kg。

6. 注意事项

羔羊刚开始采食饲料时，有时会从口角边掉出，随日龄增大，此现象会逐渐消失。饲喂精料后要让羊饮水，一般可设自由饮水器。正常情况下，羔羊粪便呈团状、黄色，天气变化或阴雨天，可能出现拉稀现象。当羊只出现啃圈舍现象时，应注意饲料中食盐及矿物质添加剂的调整。

7. 羔羊育肥的优点

充分发挥羔羊生长发育最旺盛阶段的优势，更有效地利用夏秋牧场丰富而廉价的牧草资源。入冬前屠宰，可以减轻冬春季牧场的载牧量，节省越冬草料、人力和物力。增加了羊肉生产；压缩了羯羊饲养量，提高存栏羊群中繁殖母羊的比例，加速畜群周转，提高出栏率和商品率，从而增加养羊的经济效益；肥羔肉品质好，肥瘦相宜，色纹美观，肉质细嫩，味道鲜美，深受消费者欢迎；国际市场上羔羊肉的价格高；羔羊毛皮价格高，产羔羊肉的同时可生产优质毛皮。

（二）肥羔育肥

6 月龄以内的羔羊出栏屠宰称为肥羔。肥羔生产可以加快羊群周转，缩短生产周期，提高出栏率，从而降低生产成本，获得最大经济效益。国内外羊肉生产中，特别重视规模化肥羔肉的生产，羔羊育肥出栏占的比例越来越大，人们对羔羊肉也越来越偏爱，肥羔生产在世界养羊业中起着越来越重要的作用。

1. 肥羔生产的技术措施

随着科学技术的发展，粗放、原始的经营方式在养羊业已明显落后。肥羔生产应转向规模、工艺先进的工厂化、专业化生产。为了适应新的技术工艺及工厂化的生产需要和提高经济效益，肥羔生产中广泛采用了一系列的生产技术措施。主要有以下几方面：开展经济杂交；加强母羊饲养管理；早期断奶；培育或引进早熟、高产肉用羊新品种；同期发情；诱发分娩。

2. 肥羔育肥的优点

肥羔生产在世界各国羊肉生产中受到特别重视，是由于其具有以下几方面的优点：羔羊肉具有鲜嫩、多汁、精肉多、脂肪少、味美、易消化和膻味轻等优点，深受欢迎，国际市场需求量很大；羔羊生长快，饲料报酬高，成本低，收益高；在国际市场上羔羊肉的价格高，比成年羊肉高 1~2 倍；羔羊当年屠宰加快了羊群周转，缩短了生产周期，提高了出栏率及出肉率，当年就能获得最大的经济效益。

（三）成年羊育肥

由于育肥的成年羊往往是淘汰羊、老残羊，这类羊一般年龄较大、产肉率低、肉质差，经过育肥，其肌肉之间脂肪量增加，皮下脂肪量增多，肉质变嫩，风味也有所改善，经济价值大大提高。

成年羊已停止生长发育，增重往往是脂肪的沉积，因此需要大量能量物质，其营养需要中除热能外其他营养成分要略低于羔羊。饲料中的无氮浸出物、粗纤维等碳水化合物，经瘤胃和盲肠中的微生物分解，产生挥发性低级脂肪酸，在羊体内形成体脂肪，是羊只增加体脂的主要来源。饲料中的蛋白质是形成体脂的次要原料。因此，保证成年羊育肥期充足的富含碳水化合物饲料的供应是十分重要的。

1. 育肥羊的选择

成年羊的育肥一般是由于基础羊群中的成年羊年龄过大、繁殖力下降或由于其他原因造成不能正常生产而淘汰的成年羊，多在每次配种前进行整群淘汰，用于育肥。选择无病、牙齿好、无畸形的成年羊进行集中育肥，过老、采食困难的羊只不宜用来育肥，否则会浪费饲料，同时也达不到预期效果。

2. 入圈前准备

给育肥羊注射"三联四防"疫苗预防猝狙、肠毒血症、快疫等疾病并进行驱虫。同时在圈内设置足够的水槽和料槽，保证提供每只羊饲槽宽度 35 cm，保证环境清洁并消毒。

3. 分组

育肥羊的数量多时要按品种、年龄、体质、强弱等分别组群。可划分为 1 岁成羊和淘汰公、母羊（多数是老龄羊）两类。

4. 合理饲喂

为提高育肥效益，应充分利用天然牧草、秸秆、树叶、农副产品及各种下脚料，扩大饲料来源。根据营养需要设计日粮配方后要严格按比例称量配制日粮。合理利用尿素及各种添加剂。淘汰母羊育肥的日粮中应有一定数量的多汁饲料，如青贮玉米混合碎谷粒、秸秆等。有条件地区羊只育肥可利用颗粒饲料，喂颗粒饲料最好采用自动饲槽，配方中一般含有 55%～60%的秸秆和草粉、35%～40%的精料、3%的矿物质和维生素、1%的尿素。育肥羊自由采食，并保证自由饮水。成年羊的每天采食量为 2.5～2.7 kg，育肥期可根据羊群增重情况和膘情而定。

第九节　羊的放牧饲养

一、羊的放牧饲养及其优点

羊的合群性好，放牧采食能力强，故适宜放牧饲养，既符合羊的生物学特性，又可节约粮食，降低饲养成本和管理费用，增加养羊生产的经济效益。羊的放牧饲养在世界养羊业中仍占主导地位，充分、合理地利用天然草地资源来生产大量的优质蛋白质食品和轻工业、毛纺工业原料，其重要作用不可替代。实践证明，羊只放牧效果的好坏，主要取决于两个条件，一是草场的质量和利用的合理性；二是放牧的方法和技术是否得当。

羊放牧饲养包括以下的优点：

（1）羊的合群性强、善行走，有很好的采食能力及广泛的饲料适应能力。可以充分利用青草丰富的地区的青饲料、农区的农作物副产品。放牧饲养不仅可以满足羊的生理需要，而且可以达到增膘的目的。

（2）坚持常年放牧，对羊进行合理补饲，有利于充分利用自然资源，降低饲养成本，是发展养羊业的一种很好的途径。

（3）必须重视草原的改良与保护，合理利用草场、加强草原的建设（轮牧与种植高效草场等）才是发展放牧养羊的有效保障。

二、绵羊放牧方式及对草原的利用

（一）合理组群

合理组织羊群有利于羊的放牧和管理，是保证羊吃饱草、快长膘和提高草场利用率的一个重要技术环节。根据草场情况、羊群大小（数量）及类别（绵羊与山羊）品种、性别及年龄等情况分别进行组群，安排对草场的利用。使草原（场）的利用达到合理，既有足够的放牧地，也有饲草饲料的生产储备地，使羊群能安全越冬及度春。以核心群为主，切实保证种羊的饲养。

（二）羊群的规模

牧区一般可达 300～500 只一群，半农半牧区 100～120 只，农区 50～80 只；山区、半山区适当减少群体数量。改良羊或纯种细毛及肉用品种羊的种公羊以单独组群 20～30 只为宜。育成羊群可适当增加，而核心群适当减少。羊群的规模要便于管理，有利于提高放牧饲养的效果。

（三）放牧的方式

选择适宜的放牧方式可以达到合理利用草场的目的。目前我国放牧方式可分为自由放牧、围栏放牧、季节轮牧和划区轮牧 4 种。

1. 自由放牧

自由放牧是最古老方式，即在大面积草原（场）上羊群自由在牧地上放牧采食，是一种原始粗放的放牧形式。该方式不利于草场的保护和合理利用与保护，载畜量低，单位草场面积提供的畜产品数量少，每个劳动力所创造的价值不高，长期下去会使草原逐渐退化，从而使养羊业的发展受到阻碍，是现代化养羊业应该摒弃的一种放牧方式。

2. 围栏放牧

根据草原（场）的具体状况，在一个围栏内，根据牧草所提供的营养物质数量结合羊的营养素需要量，安排一定数量的羊只放牧。充分合理利用和保护草场，对固定草场使用权起重要作用。使草的品质得到改善。可提高 17% ~ 55% 的产草量。

3. 季节轮牧

轮牧可采用季节性轮牧，即把草原（场）划分四季放牧地，按不同季节在不同放牧地上放牧，使其他牧地得到休整，恢复生机；使草场得到恢复，防止过牧而使草场退化；合理利用草原（场）。

4. 划区轮牧

根据牧地情况划成若干小区，根据小区特点安排放牧，留出打草区域，羊群可按一定顺序在小区内进行轮回放牧以划定草场，确定载畜量；划分小区，确定放牧周期；确定放牧频率和放牧方法。

轮牧的优点有：能合理利用和保护草场，使轮牧小区得以休闲恢复，提高草场载畜量；将羊群控制在小区范围内，减少了游走所消耗的热能，增重加快；能控制体内寄生虫感染，羊体内寄生虫卵随粪便排出 6 天后可感染羊群，同一小区放牧时间控制在 6 天内就可减少体内寄生虫的感染。

三、放牧的基本技术

（一）羊群控制及队形

放牧羊群的控制，主要是指控制羊放牧游走的速度和采食的时间，调整休息反刍时间。其目的是使羊群少走路多采食，并合理休息反刍。主要通过一定的队形对羊群进行控制。

1. 一条鞭队形

一条鞭队形是经过人为控制，使羊群横排成"一"字队形。放牧人员在羊群前面压住羊群的速度，使羊群呈"一"字形缓缓前进采食。此队形常用在羊群刚出牧时，羊群急于采食。前进速度很快，有时在早晨牧草有露水，此时，应压住羊群，使其减缓速度，但也不要压得太死。能使羊群不断前进，安静下来采食时即可。当羊群基本吃饱后，会出现羊群站立或卧地休息，此时多数羊开始反刍。当经过一段时间后，将羊哄起继续放牧采食。此队形又适于春、秋两季草场面积较小时或牧草稀疏，植被不良时采用。

2. 满天星队形

满天星队形是指羊到达放牧地后，让羊群均匀散开、自由采食，放牧人员在一旁看管。羊群如同天上星星一样。当采食一定时间后，再将羊群转移到另外一处。此队形适用于牧草生长较好但不密，面积较大而集中的放牧地。常常在夏季放牧时采用，羊群分散，有利于通风。

3. 顺一线队形

顺一线队形常常用于羊在出牧时，或牧道狭窄时应用，放牧人员先引导羊群，控制羊群两侧，防止羊群遛出群外，使羊呈顺长的"一"字形，缓慢前进。此队形适用于出牧或放牧地狭小，仅有道边、地格、林带等处的放牧，如山羊在林间放牧。

4. 簸箕口队形

簸箕口队形是在"一条鞭"队形基础上，放牧人员压得更紧一些，使"一"字形两边稍向前呈簸箕弯口状。此队形适合在牧草初生、稀疏低矮的春季采用。为了使羊群能吃到青草，可使羊放慢前进速度，边走边吃。

（二）放牧队形的利用

根据具体情况灵活运用。常常是"早出一条鞭，中午满天星，晚归簸箕口"。季节上常采用"冬春一条线，夏秋一大片"的放牧方式。其中心是使羊群在放牧时少走路多吃草，一般不易控制得太紧，而是根据羊群情况，使之尽量采食及反刍。一般要求一日有 3~4 次反刍为好。

（三）放牧技术要点

放牧时要做到多吃、少走、降消耗；"三勤、四稳、四看"；要做到领羊、挡羊相结合；保证好饮水和啖盐。

"三勤"是指："腿勤"，放牧员紧跟羊群，前后照顾；"眼勤"，放牧人员经常观看羊群变化，采取相应措施；"嘴勤"，放牧人员呼喊羊群使羊群按口令变换队形等。

"四稳"是指："出牧时要稳"，一般羊群出牧时都急于赶往牧地，此时放牧人员应设法控制。"放牧稳"，当羊在放牧地时有些羊则东跑西颠，影响群体安静，放牧员应及时制止。此外放牧过程中羊群少走多采食，羊群稳定是关键。"收牧时要稳"，当羊群收牧时，急于回羊舍，应及时控制。"饮水稳"，饮水对羊很重要，在出牧、收牧时都要饮水，要注意所有羊都饮水后再出（收）牧。

"四看"是指："看天气"，冷暖、风雨、冰霜对牧草都有影响，放牧时应根据天气情况采取一定措施，如在有霜或露水时应待露水下去后再放牧。"看草"，即草质生长好坏，密稀情况采用不同队形。"看水"，放牧地水泡、河流往往是羊饮水地方。不要让羊在死水泡处饮水，以免引起寄生虫病发生。"看地形"，即平、坡、丘陵等处放牧地草生状态不同，应按季节特点找寻放牧地。

四、四季放牧要点

（一）四季牧场的选择

一般春季由于气候不稳，温度变化较大，春季又多风，牧草在早春时并没生长，因此春季草场不良，羊群在放牧时多为吃不饱，需要适当补饲草（干草）、料（精料），应选择在气候较温暖，雪融较早，牧草最先萌发，离圈舍较近的平川、盆地或浅丘草场。

夏季青草已生长茂盛，降水量高，羊可采食大量青草，基本可满足需要，但夏季炎热潮湿影响羊采食。应选择气候凉爽、蚊蝇少、牧草丰茂、有利于增加羊只采食量的高山，可采取放两头（早晚），中午多休息的办法。

秋季天气一般晴爽，气候适宜，羊群可整日放牧。为放牧最佳时期，羊易增膘。可先由山岗到山腰，再到山底，最后到平滩；还可利用割后的再生草地和农作物收割后的茬子地放牧抓膘。

冬季严寒漫长，牧草枯黄，草质不良不足，营养价值低。应选择背风向阳、地势较低的暖和低地和丘陵的阳坡，应进行补饲。

根据上述情况，在平原地区多采用"春天放洼地，夏天放岗地、秋天放平地，冬天放坡地向阳温暖地带"。山区多采用"冬季放阳坡，春放背坡，夏天放岭头，秋季放平谷地"。

（二）四季放牧的要点

1. 春季放牧要点

春季放牧时间为 3～5 月。此时天气变化较大，忽冷忽热，牧草初期不萌生，也是绵羊由舍饲期逐渐向放牧期过渡的时期。此时的羊营养不良，俗语说"三月羊靠南墙"。而此时又是育羔时期，是抗灾、保羔的关键时期。这个时期的主要任务是合理补饲，使羊恢复体力，保证羊能安全过春。在青草萌生初期，应做好放牧的过渡，防止羊整日奔跑找寻青草出现"跑青"现象，严重消耗体力，甚至使瘦弱羊死亡。因此，更要躲青，扰群，防止"跑青"和过早的啃食青草而被坏草场。早春放阴坡，晚春放阳坡。并防止羊误食毒草，放牧前先喂食一定量的干草有利于防跑青。放牧时要稳，加强羊的控制。当晚春青草长高后，再到开阔放牧地放羊，促使羊复壮。羊群应早撒放牧，晚圈归牧。由远到近，边走边采食，以后可放松控制羊群。放牧队形采用"一条鞭"为好。放牧时应注意。防止毒草，在低洼地带毒草最早萌生，羊容易误食而中毒。此外，在荒凉地区防止狼害。

2. 夏季放牧要点

夏季放牧时间为 6～8 月，此时气温较高，天长夜短，青草生长茂密。羊很容易吃饱，增重很快。此时应抓紧放牧。以早晚两头放牧为主。抓好伏膘。由于夏季蚊蝇较多，要选择地势高燥，通风凉爽的岗地或坡地以开阔草场较理想。放牧时早出、晚归。中午由于炎热，一般可找阴凉的树林间或有遮阳的圈舍休息。常采用满天星式放牧方式，在晨露较大的时期，可把羊先向远处赶，待露水消后，往回放牧。也可采用野营式放牧，即羊群在牧草丰盛地区临时搭建简易羊舍，羊群不回来。放牧时可采用"顶风背太阳，阴雨顺风放"的方法，在雨季集中时期仍要坚持放牧，以"小雨当晴天，中雨顶着放，大雨串空放"的方式。少去低洼地放牧以免发生腐蹄病和寄生虫病。总结起来，夏季应是"夏天放羊好，顶风背太阳；清晨早早走，夜晚要贪黑；要想羊吃饱，早晚选好草；日头一压山，羊儿吃得欢"。

3. 秋季放牧要点

秋季放牧时间为8月下旬至10月末。秋季由于少雨，晴天较多，气温较凉爽，很适合放牧。此时草质逐渐枯老，草籽成熟，绵羊食欲旺盛，是放牧抓膘的高峰时期。此期应全天放牧，抓好秋膘。使羊能达到最大的增重。放牧时早出晚归，中午不归。延长放牧时间，先放牧高草结籽的牧地，后转到二茬草地。使羊多采草，少走路。羊放牧要稳，多放岗地、平地，少放洼地。在有条件地方也可在粮食收后地里遛茬放牧。秋季应注意的是不吃霜草，在豆科地放牧防止过食大量豆类而发生鼓胀。

4. 冬季放牧要点

冬季放牧时间为11月至翌年的2月。冬季由于牧草枯萎，营养不好，很难满足羊的需要。冬季多为羊的妊娠后期或产羔季节，因此，冬牧常常由于放牧不足不能保证羊的营养需要，多以补饲来补充其营养不足。但冬季也应坚持正常放牧，可增强羊的体质和抗寒能力。如能选择适当草场、改进放牧方法，还是可以通过放牧，使羊获得一定的营养。

冬季牧场的选择：冬季一般应选择向阳丘陵地，先放高处，后放平地；先放低草，后放高草。为了使羊群在冬季放牧好，事先应划分出冬季放牧地（选择较好的草场，留作冬季放牧用，一般选择离畜舍较近地区），确定放牧顺序和时间。

冬季放牧的注意事项：应逆风出牧，顺风归牧；在大雪覆盖的时期，应人工清除积雪露出牧草以便放牧；管理上防流产，放牧时羊要慢走；饮水不饮冰碴水，不喂发霉或冰冻饲料；冬季应储备充足的草或料，以备应急时利用，使羊群在冬季能保膘。

五、放牧时注意事项

放牧时要注意以下几个问题：抓羊时防止羊只受伤；管理上要经常数羊，防止羊丢失；注意头羊的训练，能够帮助放牧；注意放牧饮水的干净卫生；注意青草期放牧与枯草期放牧的科学过渡；注意防狼、防蛇，防误食毒草。

第十节　羊的日常管理技术

一、编号和标记

（一）编号

为保证羊群的改良育种和科学管理，必须对羊只个体编号，以便于记载、识别。编号的主要方法是耳标法，其实用简单，操作容易。此外还可根据羊的特点采用刻耳法、刺墨法、烙角法等。

1. 耳标法

现在常用塑料耳标，容易安装，分上下两片，用专用记号笔写上羊只编号后，再用耳标钳戴在羊耳中部无血管处。

2. 刻耳法

在耳上用专用耳刻钳打出刻口，不同部位的缺口代表不同数字。例如，左耳代表个位数，右耳十位数，耳上缘剪一缺口代表3，下缘代表1。

3. 刺墨法

刺墨法是用特制的刺墨钳子，在钳子上可置换不同的数字（针状字号），在羊的内耳无毛处刺号涂上墨汁，使其成为固定的永不脱落的个体编号。

4. 烙角法

仅限于有大角的公羊，用烧红的钢字号码烙印在角上，永不脱落，可作为种公羊特有编号方法，也可作为辅助编号，检查时较方便。

（二）标记

标记仅是羊的临时记载方法，用于分群、防疫注射、母子对号、配种发情、检查羊体时用。可保持一定时间，但不能长久保存。一般常用颜料涂抹在羊的头、颈、背、臀等能看清的部位。母子对号可在母羊与羔羊同一体侧标写上号码，便于识别母子。

二、称重

（一）羊只体重的测定目的

羊只体重的测定目的是了解其生长发育、掌握出栏时机、计算饲料报酬等。种羊场的公、母羊（成年）每年均需称重记载。其他称重根据需要进行。

（二）称重时期

（1）羔羊出生时的"初生重"。

（2）断奶时的"断奶重"。

（3）周岁重或剪毛前后均需称重。

（4）育肥羊出栏时也应称重。

称重是一项繁忙的工作，对于种羊及羔羊初生重外的羊，可采用抽测称重，即在一大群羊中抽出 10～30 只称重求平均重代表全群情况。

（三）称重的方法

一般羔羊体重很小可直接用盘秤或钩子秤测出。而其他羊体重较大，常用磅秤结合称重笼来测重。

三、断尾

对于长瘦尾型的绵羊品种而言，如纯种细毛羊、半细毛羊及其杂种羊，目的是保持羊体清洁卫生、保护羊毛品质和便于配种。羔羊应于出生后 7～10 d 内断尾。断尾的方法有热断法和结扎法。

（一）热断法

热断法使用较普遍，需一特制的断尾铲和两块 20 cm² 的木板，一人将羊羔保定，另一人用带缺口的木板卡住羔羊尾根部第 2、3 尾椎之间，并用烧至暗红的断尾铲将尾切断，用力均匀，使断口组织在切断时受到烧烙，起到消毒、止血的作用。如仍有少量出血，可用断尾铲再烫一烫即可止住，最后用碘酒消毒。

（二）结扎法

用橡胶圈在第 2、3 尾椎间消毒后，将羊尾紧紧扎住，阻断尾下段的血液流通，经 10 d 左右尾下段自行脱落。

四、去势

去势即阉割（骟羊），去势后的羊又叫作羯羊。

（一）去势的目的

（1）使羊性情温顺，便于管理。

（2）生长速度快、容易肥育、改善肉的品质、减少膻味。

（3）可使一些劣质公羊减少配种机会，提高羊的品质。

羊的去势在生后 2～3 周内进行。去势时间多选择在天气凉爽、晴暖无风的上午进行（这样下午有一个观察时间看羔羊去势后是否安全，以便处置）。如果是成年淘汰公羊，可在放牧前期即春季进行。

（二）去势方法

1. 睾丸摘除

睾丸摘除适用于 2 周左右小公羔。手术时需两人合作，一个保定抓住羔羊两侧前后腿，让羔羊腹部朝向手术者半坐在凳子上。手术者用碘酒消毒阴囊外部，用左手将睾丸从阴囊的上方握挤到下部紧握住。右手用消毒后的手术刀在阴囊侧下方开口（以能挤出睾丸为度），并割破鞘膜后，挤出睾丸，捻断精索，同样方法摘除另一侧睾丸。在伤口处涂碘酒，术后让羔羊待在干燥处，检查有无意外。

2. 胶筋去势

胶筋去势的原理与断尾相同，一般小羊适用，把一周内的公羔睾丸挤到阴囊底部，然后用胶筋紧紧缠扎阴囊根部，经半个月左右，阴囊枯萎自行脱落。

3. 锤骟法

锤骟法是事先准备好两根光滑、粗细一样的木棍（长约一尺），把木棍两根一头端绑紧备用。操作时两人合作，一人把羊放倒，把阴囊拉出后腿外；另一个人把备用小木棍掰开，夹住阴囊根部，左手握紧夹子开口端，夹子下边垫一块石头或木块，右手持一小锤猛击夹阴囊木棍 1～2 下即可，松开后用手摸一下输精管。如果输精管是扁的，说明精索已断，手术成功。如不是则再锤，此法主要用于淘汰的成年公羊。

五、修蹄

羊的蹄壳薄，蹄尖，如蹄过长或变形、常在不良环境、运动不足，容易出现偏蹄、裂蹄或腐蹄，甚至发生蹄病，影响羊行走，造成残废。修蹄是重要的保健工作，对舍饲奶山羊尤为重要。应经常检查羊蹄，进行修整及治疗。

修蹄可选在雨后进行，此时蹄软，好操作。修蹄时，将羊坐姿保定或使用翻转保定架，如坐姿保定使其背靠操作者，去掉蹄下污泥，用蹄剪将蹄壳后面突长部削平，再把蹄两侧过长部分削去，把羊蹄修成正规蹄形，修蹄时要小心，不要修得过深，防止伤及蹄肉、血管和神经。发生腐蹄病的羊要进行治疗。先去掉腐烂的部分，用消炎的药膏处理。若不慎伤及蹄肉，造成出血时，可视出血多少采用压迫法止血或烧烙法止血，尽量减少对其他组织的损伤。

六、剪毛

细毛和半细毛羊一般每年剪毛一次，粗毛羊可剪两次。剪毛时间主要取决于当地的气候条件和羊的体况。北方牧区和西南高寒山区通常在 5 月中下旬剪毛，气候温暖地区，可在 4 月中下旬剪毛。生产上，按羯羊、公羊、育成羊和带仔母羊的顺序安排剪毛。患疥癣、痘疹的病羊留在最后剪，以免感染其他健康羊。有条件的提倡采用机械剪毛，剪毛时，留茬高度为 0.3 ~ 0.5 cm，尽可能减少皮肤损伤，剪毛前空腹 12 h，以免在翻动羊体时造成肠扭转，剪毛 1 周内尽可能在离羊舍较近草场放牧，以免突然降温降雪造成损失。

七、药浴

为了防治疥癣病、虱子、蜱等外寄生虫，需要进行药浴。如果羊不多，可用浴缸或大盆药浴。当羊数量较多时，应用喷雾、淋浴及药浴池进行药浴。

（一）药浴时间

在羊剪毛后 10 ~ 15 d 进行药浴效果较好。选择晴天无风时，浴前停止饲喂或放牧半天，并饮足水。

（二）药浴设施

准备一个较大的盆或缸，内装药浴液，按只逐个洗浴。如果羊数量较少，在短时间一次进行完。如用药浴池可修建永久性固定浴池，长 12 m、高 1 ~ 1.5 m、下口宽 30 cm、上口宽 50 cm。

（三）药浴液的配制

（1）石硫合剂：生石灰 15 kg、硫黄粉末 25 kg，用水搅拌成糊状，加水 300 kg，用铁锅煮沸至浓茶色止，煮时蒸发的水分应补足。澄清后取上清液，再加入 1 000 kg 温水即可应用。

（2）20%蝇毒磷粉，成年羊用浓度为 5% ~ 8%，羔羊用浓度为 3% ~ 4%。

（3）0.05%辛硫磷，成本低，有一定效果。

（四）药浴的注意事项

（1）选无风、晴朗天气上午进行。

（2）隔7日重复药浴一次。

（3）羊药浴前饮足水，免得羊入浴时口渴误饮药液。

（4）药浴后羊应在附近休息，观察1～2 h，确认安全后再饲喂或放牧。

（5）先药浴健康羊，后药浴病羊，保证头部浸入药液1～2次，2月龄以下羔羊不进行药浴。

八、山羊去角

羔羊去角是奶山羊和绒山羊饲养管理的重要环节。山羊有角，容易发生创伤，不便于管理，个别性情暴烈的种公羊还会攻击饲养员，造成人身伤害，因此有角的公、母羔羊应该去角。羔羊一般在生后7～10 d内去角，对羊的损伤小。去角的方法有烧烙法和化学去角法。

（一）烧烙法

将烙铁于炭火中烧至暗红，或用功率为300 W左右的电烙铁，对保定好的羔羊的角基部进行烧烙，烧烙次数可多一些，每次烧烙时间不超过10 s，当表层皮肤破坏并伤及角原组织后可结束，对术部应进行消毒。

（二）化学去角法

用棒状苛性碱在角基部摩擦，破坏其皮肤和角原组织。术前应在角基部涂抹一圈医用凡士林，防止碱液损伤附近皮肤。将表皮擦至有血液浸出即可，摩擦面积要稍大于角基部。注意不可摩擦过度，防止出血过多，擦后经1～2周痂皮脱落，即不再出角。去角后，可给伤口撒上少量的青霉素粉。

九、山羊抓绒

山羊抓绒一般在4月，当羊绒的毛根开始松动时进行。一般规律是：体况好的羊先脱，体弱的羊后脱；成年羊先脱，育成羊后脱；母羊先脱，公羊后脱。抓绒的方法有两种：先剪去外层长毛后抓绒；先抓绒后剪毛。

抓绒工具是特制的铁梳，抓绒时将羊头部及四肢固定，先用稀梳顺毛沿颈肩、背、腰、股等部位由上而下将毛梳顺，再用密梳做反方向梳刮。抓绒时，梳子要贴近皮肤，用力均匀，不能用力过猛，防止抓破皮肤，第一次抓绒后，过7 d左右再抓一次，尽可能将绒抓净。

十、防疫和驱虫

（一）防疫

羊的疾病主要包括传染病、寄生虫病和普通病三大类。

羊场的日常防疫工作是保障羊群健康、预防疾病发生的重要措施。日常防疫工作包括定期消毒、驱虫药浴、检疫检测及预防接种。

羊场定期进行消毒，以杀灭环境中细菌和病毒，减少寄生虫，预防疾病发生。首先大门口要设立消毒池，要经常保持有效的消毒药水；其次在正常情况下每周消毒一次，疫病发生时每周消毒3次；消毒药可用生石灰、烧碱、有机氯制剂、络合碘、季铵盐类等，对不同的场所进行消毒。

规模羊场尤其是种羊场要定期对口蹄疫、布鲁氏菌病等进行检疫检测，至少是一年一次。及时发现阳性羊并进行扑杀处理，这既是保障羊群健康的需要，又是保障畜产品安全的需要。

使用疫苗对羊群进行有计划的预防接种，是提高羊群对相应疫病的抵抗力、预防疫病发生的关键。目前主要对以下几种疫病进行预防：布鲁氏菌病、羔羊痢疾、羊快疫、肠毒血症（软肾病）、羊传染性胸膜肺炎、口蹄疫、羊痘。

（二）驱虫

危害羊群最严重的内寄生虫有肝片吸虫、前后盘吸虫、羊血矛线虫、羊肺丝虫等，在低洼潮湿地放牧常感染各种内寄生虫，大量感染后，羊体瘦弱，甚至造成大批死亡。

每年春季（4月中下旬）和秋季（10月上旬）进行两季驱虫工作。要处理日常粪便清理工作。可用发酵处理，杀死虫卵。对羊场、畜舍、道路定期清扫并消毒，保持环境卫生，保证无害生产。

十一、羊场全年生产作业计划安排

羊场全年各生产作业环节很多，必须有计划地妥善安排，以提高养羊的经营管理和饲养管理水平。羊场工作项目根据羊场性质差异可随时制定安排。根据羊场的生产方向，一般应做好各种记录。育种羊场应做育种计划，育肥羊应制定杂交生产方案。

本章小结

养羊生产是动物生产的组成部分之一，是相关基础知识的应用内容。本章需要记忆的理论内容较少，理解和参照的原则性、技术性内容较多，学习时应抓住重点，理清生产环节的运行思路。

本章主要包括以下内容：羊的产品；各类羊的代表品种；羊的主要配种方式；各类羊的饲养管理；羊的放牧技术。

羊的品种根据主产品经济用途进行分类，其产地、外貌特征和生产性能均有不同，需要因地制宜选择适合当地生产方向的品种；围绕各类不同阶段羊的生产，饲养管理上要做到符合其生物学特性，适时配种，合理饲喂，满足其生理及生产周期的要求。根据实际制订全年的生产计划，合理安排各类生产管理技术。

本章习题

一、名词解释

1. 无髓毛　　　2. 两型毛　　　3. 有髓毛　　　4. 刺毛

5. 一条鞭队形　6. 羔羊肉　　　7. 支　　　　　8. 满天星队形

9. 伸直长度　　10. 羊的妊娠期　11. 育成羊　　12. 净肉率

二、填空题

1. 羊毛纤维由_____层组织构成，无髓毛仅由_____层和_____层构成。

2. 编号的方法有：_____、_____、_____、_____。

3. 绵羊皮肤的构造包括：_____、_____、_____。

4. 羊病的分类包括：_____、_____、_____。

5. 羊的发情周期平均是_____天。

6. 羊的适宜配种条件是：达到_____、还要达到成年体重的_____以上。

7. 健康母羊7月5日配种成功后，不再返情，预计_____产羔。

8. 羊的主要放牧方式包括：_____、_____、_____。

9. 绵羊和山羊的最根本区别是：_____。

10. 日粮配合的原则：_____、_____。

11. 饲养管理中的羔羊是指：_____这一阶段。

三、简答题

1. 简述羊毛的优点。

2. 简述羊奶的优点。

3. 简述羊配种的方式及优缺点。

4. 初生羔羊如何护理？

5. 简述种公羊配种期的饲养管理。

6. 简述肉用羊的特点。

7. 简述羔羊肉胴体的分级标准。

8. 简述育成羊的饲养管理。

9. 羊的育肥方式有哪些？

10. 羊的放牧饲养有哪些优点？

11. 四季放牧的要点是什么？

12. 药浴的注意事项有什么？

13. 去势的目的是什么？

14. 简述母羊各阶段的饲养管理。

15. 产冬羔的优点有哪些?

16. 妊娠母羊分娩前的症状有哪些?

17. 简述羔羊哺乳期常规的饲养管理。

18. 简述育成羊育成后期的饲养管理。

19. 羔羊育肥的优点有哪些?

四、论述题

1. 有人认为羊是有些地区草原沙漠化的罪魁祸首,反对发展养羊,请结合养羊学的知识,试述如何发展养羊生产。

2. 发展肉羊生产的主要途径包括哪几条?

第五章　兔　的　生　产

　　兔具有重要的肉用、皮用和毛用价值。因兔肉具有高蛋白、低脂肪、低胆固醇、低热量等特点，消费者对兔肉的消费不断增多，目前兔肉产量年增速为 3.47%，高于牛羊肉增速；兔皮、兔毛作为优质的裘皮、纺织原料，在服装行业消费需求逐年提升，在畜牧业经济发展中，兔产业正保持良好的发展势头。

　　尽管兔产业前景广阔，但在畜牧业中所占的份额仍然较小，兔产业生产的技术水平和标准化程度亟待提高。因此，在生产中推广实用的新型技术对推动产业发展尤为重要。

本章提要

　　本章主要介绍了兔的品种；繁殖特点；生产时期划分；生产时期的特点、饲养和管理技术。

学习目标

　　通过本章的学习，应能够：
- 掌握国家畜禽遗传资源品种名录列入的主要兔品种。
- 了解各品种兔的主要特点。
- 掌握兔的性成熟、妊娠期、发情鉴定和配种方法等繁殖特点。
- 了解生产中兔的分类。
- 掌握各生产时期关键的饲养管理技术。
- 掌握不同用途兔关键的饲养管理技术。

学习建议

　　根据兔的生物习性，结合生产任务，按生产时期理顺学习思路。

第一节　品　种　简　介

　　2020 年列入《国家畜禽遗传资源品种名录》兔的地方品种有福建黄兔、福建白兔、九疑山兔、闽西南黑兔、四川白兔、万载兔和云南花兔 7 个；培育品种及配套系有中系安哥拉兔、苏系长毛兔、四平长毛兔、哈尔滨大白兔、塞北兔、豫丰黄兔、浙系长毛兔、皖系长毛兔、康大 1 号肉兔、康大 2 号肉兔、康大 3 号肉兔配套系、川白獭兔和吉戎兔 13 个；引入品种及配套系有德系安哥拉兔、法系安哥拉兔、青紫蓝兔、比利时兔、新西兰白兔、加利福尼亚兔、力克斯兔、德国花巨兔、日本大耳白兔、伊拉肉兔配套系、伊普吕肉兔配套系、齐卡肉兔配套系和伊高乐肉兔配套系13个。本节仅介绍一些主要品种。

一、地方品种

1. 福建黄兔

福建黄兔为福建兔的黄毛系，是福建省古老的地方优良品种，具有适应性广、抗病力强、繁殖率高、胴体品质好和具有药用功能等优点，素有"药膳兔"之称。

福建黄兔全身紧披黄色短毛，下颌沿腹部至胯部呈白色带；头呈三角形，大小适中，清秀，双耳小而稍厚钝圆，呈V形，稍向前倾，眼虹膜为黑褐色；头颈腰结合良好背线平直，后躯发达，呈椭圆形；四肢强健有力，后肢粗且稍长；成年公兔体重2.95 kg，成年母兔体重3.0 kg；寿命一般为5~12年。90日龄即有求偶表现，105~120日龄即可初配。适应能力强，南北皆可饲养。

2. 福建白兔

福建白兔主要分布在福建山区闽西龙岩地区的武平、长汀、永定、上杭等县，以及闽东宁德地区的寿宁、屏南等县，是我国珍贵的地方兔品种，2014年经国家畜禽遗传资源委员会认证并命名为"福建白兔"。

福建白兔全身披白色粗短毛紧贴体躯，具有光泽。体形较小，头部清秀，两耳直立厚短，眼大圆睁有神，虹膜红色；身体结构紧凑，小巧灵活，胸部宽深，背平直，腰部宽，腹部结实钝圆，后躯丰满，四肢健壮有力；乳头4对；成年公兔体重2.13 kg，成年母兔体重1.96 kg。经产母兔年产5~6胎，胎均产活仔5.59只。

3. 九疑山兔

九疑山兔原名宁远兔，因原产于宁远县九疑山而得名。

九疑山兔属中型地方兔种，身体结构紧凑，头型清秀，呈纺锤型；兔毛短而密，以纯白毛、纯灰毛居多；四肢强壮、后向躯发达、背腰宽平、劲短而粗、有肉垂、臂部较圆、股肉丰满、腹部紧凑有弹性；乳头4对以上；体重成年公兔体重2.68 kg，成年母兔体重2.96 kg；耐寒、耐热、耐湿，抗病力强，抗逆性强，适应性广，成活率高，肉质细嫩鲜美。

4. 闽西南黑兔

闽西南黑兔原名福建黑兔，在闽南地区习惯称"德化黑"，属小型皮肉兼用但以肉用为主的地方兔种遗传资源。2007年通过国家畜禽遗传资源委员会鉴定，命名为闽西南黑兔。

闽西南黑兔全身被毛黑色有光泽，脚底毛为灰白色；少数兔鼻端白毛；皮肤分布有不规则的黑斑；头部清秀，两耳短而直立，眼大有神，眼结膜为暗蓝色；身体结构紧凑，背腰平直，腹部结实，四肢健壮有力；成年公兔体重2.24 kg，成年母兔体重2.19 kg；经产母兔年产5~6胎，胎均产活仔5.66只。闽西南黑兔具有适应性强、耐粗饲、繁殖率高、胴体品质及风味好等优良遗传特性。

5. 四川白兔

四川白兔广泛分布于中国四川省，2006年入选国家级畜禽遗传资源保护名录。

四川白兔体形小，结构紧凑；头清秀，嘴较尖，无肉髯，眼红色，耳短小、厚而直立；被毛优良，短而紧密，毛色，多数纯白，亦有少数黑、黄、麻色个体；体重成年公兔体重2.74 kg，成年母兔体重2.75 kg；乳头一般为4对；母兔最早在4月龄开始配种，公兔一般都在6月龄开始配种，母兔最多一年产仔可达7窝，最多一窝产仔11只。四川白兔适应性、繁殖力和抗病力均较强，耐粗饲。

6. 万载兔

万载兔按体形可分为两种：体形小的为"火兔"（又称月月兔），毛色以黑为主；体形大的是"木兔"（又名四季兔），毛色为麻色。

万载兔头清秀，嘴尖唇裂耳小而竖立，且有毛，眼为蓝色（白毛兔为红色），背腰平直，尾短；毛粗而短，着生紧密；乳头4对，少数5对；黑兔体重为1.75～2.25 kg，麻兔体重为2.5～3.0 kg；性成熟为100～120日龄，始配日龄为145～160日龄，母兔年产5～6胎，每胎平均产仔8只，生长速度较快。万载兔对中国南方亚热带温湿气候适应性强、被毛毛色多样。

7. 云南花兔

云南花兔主要分布在云南，是一种肉皮兼用型兔。

云南花兔耳短而直立，嘴尖，无垂髯，白毛兔的眼为红或蓝色，其他毛色兔的眼为蓝或黑色；毛色以白为主，其次为灰色、黑色、黑白杂花，少数为麻色、草黄色或麻黄色；成年公兔体重1.84 kg，成年母兔体重2.03 kg。母兔一般在6～7月龄体重达1.4～1.5 kg时开始配种，一年可产7～8窝，成活率在90%以上。云南花兔适应性广，抗病力强且生长快。

二、培育品种及配套系

1. 中系安哥拉兔

中系安哥拉兔是由法系和英系安哥拉兔以及中国白兔杂交而成的，可分为半耳毛型、全耳毛型、一束毛型和枪毛型，其代表类型为全耳毛狮子头型。

半耳毛型耳背1/2以上密生绒毛，飘出耳外，1/2以下无绒毛，额部有长绒毛而颊有短绒毛，被毛生长较好；全耳毛型全身被毛白色，耳长中等，头短而宽，额、颊毛丰盛，耳背、耳端、耳缘密生绒毛，犹如狮子头，脚背、趾间及脚底密生绒毛，被毛浓密，较易缠结；一束毛型耳背耳缘无长绒毛，仅在耳尖有一束长绒毛，额、颊毛均不丰盛；枪毛型额、颊部绒毛少，耳背、耳边缘及耳尖均无长绒毛，耳厚且大，枪毛比例大，被毛稀；成年公兔体重2.69 kg，成年母兔体重2.88 kg；年繁殖4～5胎，胎产子数7～8只，高者可达15只。中系安哥拉兔具有繁殖力强、性成熟早、耐粗饲、母性好等特点。

2. 苏系长毛兔

苏系长毛兔原名苏Ⅰ系粗毛型长毛兔，属于粗毛型长毛兔品种。

外貌特征，体躯中等偏大，头圆、稍长；两耳直立、中等大小，耳尖多有一撮毛；眼睛红色；面部被毛较短，额毛、颊毛量少；背腰宽厚，腹部紧凑、有弹性，臀部宽圆，四肢强健；全身被毛较密，毛色洁白；体重成年公兔体重 4.79 kg，成年母兔体重 4.83 kg。

产毛性能，8 周龄产毛量为 32.5 g，11 月龄兔估测年产毛量为 898 g，粗毛率为 15.71%，被毛长度粗毛为 8.25 cm、绒毛为 5.16 cm，被毛细度粗毛为 41.16 μm、绒毛为 14.2 μm，绒毛单纤维强度为 2.8 g，绒毛单纤维伸度为 50.4%。

3. 四平长毛兔

四平长毛兔原名四平 953 长毛兔，又名豫平长毛兔。

外貌特征，全身被毛洁白，毛长而密，有毛丛结构，背部粗毛较多，腹部及腿脚毛丰盛；虎头型，额、颊毛较丰满但面部毛短，前额扁平，眼呈粉红色；耳大、直立、呈 V 形、耳端钝圆，耳上部的毛长、呈半耳毛或一撮毛状，肉髯明显；体形紧凑，前胸宽深，背腰长、宽，肌肉发达，臀部丰满，四肢健壮；成年公兔体重 4.73 kg，成年母兔体重 5.29 kg。

8 月龄 90 天养毛期的一次剪毛量为 0.35 kg，11 月龄为 0.36 kg，年估测产毛量为 1.42 kg。

4. 哈尔滨大白兔

哈尔滨大白兔，简称"哈白兔"，属大型皮肉兼用兔。

哈白兔体形大，匀称紧凑，骨骼粗壮，头大小适中，眼大有神，两耳直立，背毛光亮，四肢健壮，身躯肌肉发达丰满；眼大，眼呈红色；尾短上翘，四肢端正；公母兔全身毛色均呈白色，有光泽，中短毛；公兔胸宽深，背部平直稍凹；母兔胸肩较宽，背部平直，有 8 对乳头；年产 6~7 窝；体重成年公兔体重 5.5~6.0 kg，成年母兔体重 6.0~6.5 kg。哈白兔繁殖力高，生长快，耐粗食，适应性强，仔兔生长发育快，饲料报酬高。

5. 塞北兔

塞北兔包括 I 系黄褐色兔、II 系白色兔和 III 系红黄色兔 3 个类群，以黄褐色群体最大，占塞北兔总群数量的 60% 以上。

塞北兔头中等大、略显粗重，黑眼；耳朵宽大，一只耳直立，一只耳下垂，故称"斜耳兔"；颈粗短、有肉髯；体躯宽深，前后匀称，肌肉发育良好，腹部微垂，四肢粗壮；全身被毛丰厚、有光泽，毛纤维长 3.0~3.5 cm，被毛颜色有属于刺鼠毛类型的野兔毛色、红黄色及纯白色 3 个类型；成年兔体重 4.6~5.4 kg。

塞北兔生长发育较快，平均日增重 1 月龄 23.5 g、2 月龄 33.5 g，生长发育在 60~70 日龄达最高峰，平均日增重 36.8 g。70 日龄后生长发育强度逐渐减，10 月龄以后基本停止生长。塞北兔育成时，核心群母兔年繁殖 6 胎，平均窝产仔数 9.6 只，最高可达 15~16 只。

6. 豫丰黄兔

豫丰黄兔属中型肉皮兼用型品种，2009 年 3 月通过国家畜禽遗传资源委员会审定。

豫丰黄兔全身被毛黄色，腹部白色；头小清秀呈椭圆形，耳大直立，眼大有神；后躯丰满，成年母兔颈下有明显肉戎，四肢强壮有力，前肢趾部有 2~3 道虎斑纹，后肢粗壮而灵活；成年公兔体重4.82 kg，成年母兔体重4.76 kg。该兔前期生长速度快，饲料利用率高，适应性好，抗病力强。

7. 浙系长毛兔

浙系长毛兔属大型毛用兔，2010年通过国家畜禽遗传资源委员会审定。

浙系长毛兔体躯长大，肩宽、背长、胸深、臀部圆大，四肢强健，颈部肉髯明显；头大小适中、呈鼠头或狮子头形，眼红色，耳型有半耳毛、全耳毛和一撮毛三个类型。全身被毛洁白、有光泽，绒毛厚面密，有明显的毛丛结构，颈后、腹部及脚毛浓密；成年公兔体重5.28 kg，成年母兔体重5.46 kg；胎平均产仔数6.8只。浙系长毛兔产毛量高、毛品质优良，适宜在我国华东、华北、西南、东北等地饲养。

8. 皖系长毛兔

皖系长毛兔原名皖江长毛兔，属中型粗毛型长毛兔。

皖系长毛兔体躯匀称，结构紧凑，体形中等；全身被毛洁白，浓密而不缠结，并富有弹性和光泽；兔毛长7~12 cm；成年公兔体重4.12 kg，成年母兔体重4.0 kg；产毛量、粗毛率均较高，11月龄刀剪毛产量、粗毛率分别为0.31 kg和17.6%，毛品质优良；繁殖性能适中；适应性和抗病力强，耐粗饲。

9. 康大肉兔配套系

康大肉兔配套系有3个配套系分别是康大1号肉兔、康大2号肉兔和康大3号肉兔。

康大1号肉兔配套系，2011年通过了国家畜禽新品种审定，是我国首个通过国家审定的肉兔配套系。被毛为八段黑毛色，即耳部、鼻部、四肢和尾端呈黑色，其余部位为纯白色；头部清秀，耳朵中等大、体质结实、四肢健壮；父母代平均胎产仔数10.89只；商品代10周出栏体重2.42 kg、料重比为2.96，12周出栏体重2.94 kg，料重比为3.30，全净膛屠宰率54.34%；康大1号肉兔配套系适合在我国的华东、华北、西南等主要肉兔生产区推广。

康大2号肉兔配套系，区别于白色的1号肉兔，商品代被毛呈黑色或灰色，短小细腻而且富有光泽；体形匀称呈圆桶状，眼大有神，耳朵宽大直立，眼球黑色；背腰平直，四肢粗壮，脚毛丰厚，腿部和臀部肌肉丰满；父母代平均胎产仔数10.3只，产活仔数9.76只，商品代养殖10周出栏，平均出栏体重2.43 kg，料重比为2.95，全净膛屠宰率53.76%；生长前期生长速度快，适合开放环境，具有很好的抗逆性和抗病力。

10. 川白獭兔

川白獭兔是一种大型的短毛皮用型兔。

川白獭兔头小而偏长，颜面区约占头长的2/3，口大、嘴尖、口边长、有较粗硬的触须，眼球大而且几乎呈圆形，位于头部两侧，其单眼的视野角度超过180°；毛发长度为15~18 mm，毛密度达22 993根/cm²、细度为16.79 μm、绒毛长度2.12 cm、枪毛比例1.43%。该品种具有生长速度快、体形大、被毛绒、密度大、适应性强、成活率高等特点，生产性能突出，适宜在四川、浙江、河北等獭兔养殖区推广。

11. 吉戎兔

吉戎兔是我国培育的第一个中型皮用兔品种。

吉戎兔体形外貌基本一致，体形中等，其中全白色型较大，黑色型较小（两耳、鼻端、四肢下部、尾为黑褐色）；被毛洁白、平整、光亮体形结构匀称；耳较长而直立，背腰长，四肢坚实、粗壮；脚底毛粗长而浓密，皮毛品质优良，平均被毛密度为 14 000 根/cm²，毛长 1.68~1.75 cm，毛纤维细度为 16.48~16.7 μm，粗毛率 4.45%~5.7%；成年兔体重 3.5~3.7 kg；繁殖力强，育成率高，平均窝产仔数 6.9~7.22 只；适应性强，较耐粗词。

三、引入品种及配套系

1. 德系安哥拉兔

德系安哥拉兔又称西德长毛兔，属于中型毛用兔品种，在 20 世纪被世界公认为产毛量最高、绒毛品质最好的长毛兔品种。

德系安哥拉兔体形较长大，肩宽，胸部宽深，背线平直，后躯丰满，结构匀称；眼睛呈红色，两耳中等偏大、直立、呈 V 形；全身密被白色绒毛，毛丛结构及毛纤维的波浪形弯曲明显，不易缠结，枪毛较少，腹部、四肢、脚趾部及脚底均密生绒毛；细毛型，被毛密度大，可达 16 000~18 000 根/cm²，产毛量高，公兔年产毛量为 1.19 kg，母兔为 1.41 kg，毛长 5.5~5.9 cm；年繁殖 3~4 胎，每胎产仔 6~7 只，配种受胎率 53.6%。

2. 法系安哥拉兔

法系安哥拉兔又称法国粗毛型长毛兔，属中型毛用兔品种。

法系安哥拉兔体形较大，体质健壮；全身被白色长毛，粗毛含量较高；额部、颊部及四肢下部均为短毛，耳宽长而被厚，耳尖无长毛或有一撮短毛，耳背密生短毛，俗称"光板"；被毛密度差，毛质较粗硬，头型稍尖；成年体重 3.5~4.6 kg；毛长 5.8~6.3 cm；年繁殖 4~5 胎，每胎产仔 6~8 只；平均奶头 4 对，多者 5 对；公兔年产毛量为 0.9 kg，母兔为 1.2 kg；被毛密度为 13 000~14 000 根/cm²，粗毛量为 13%~20%，细毛细度为 14.9~15.7 μm。其主要优点是产毛量较高，兔毛较粗，粗毛含量高，适于以拔毛方式采毛。

3. 青紫蓝兔

青紫蓝兔又名琴其拉兔、山羊青兔和青林子兔，属皮肉兼用品种。

青紫蓝兔被毛蓝灰色，耳尖及尾面黑色，眼圈、尾底及腹部白色，腹毛基部淡灰色；头适中，颜面较长，嘴钝圆，耳中等、直立而稍向两侧倾斜，眼圆大，呈茶褐或蓝色；体质健壮，四肢粗大；均窝产仔数为 6~8 只，年产仔 5~6 窝。

青紫蓝兔有标准型、美国型和巨型三个不同的类型。标准型，较小，结实紧凑，耳短竖立，面圆，成年母兔体重 2.7~3.6 kg，成年公兔体重 2.5~3.4 kg；美国型，体长中等，腰臀丰满，成年母兔体重 4.5~5.4 kg，成年公兔体重 4.1~5.0 kg；巨型，体大，肌肉丰满，耳较长，有的一耳竖立，一耳垂下，均有肉髯，成年母兔体重 5.9~7.3 kg，成年公兔体重 5.4~6.8 kg。

4. 比利时兔

比利时兔又名弗兰德巨兔，是大型肉用品种。

比利时兔的毛色属野生类型，被毛深红带黄褐色或红褐色，整根毛的两端深、中间较浅，质地坚韧，紧贴体表；体躯狭长，四肢长而有力，体质健壮；眼黑色，两眼周围有不规则的白圈，耳大而直立，稍倾向于两侧，耳尖部有黑色光亮的毛边，面颊部突出，脑门宽圆，鼻骨隆起，类似马头，俗称"马兔"；成年体重 3.99 kg；增重快，屠宰率高，耐粗饲，肉味鲜美，引入我国后在吉林、山东、甘肃、河南、四川、贵州等地发展。

5. 新西兰白兔

新西兰兔原产美国，是当代著名的中型肉用品种，新西兰兔最初为红棕色，后出现白色和黑色变种。

新西兰白兔体形中等，成年母兔体重 4.5 ~ 5 kg，成年公兔体重 4.1 ~ 5.0 kg；全身白色，结构匀称，头粗短，额宽，耳根粗，耳厚而宽，耳短且直立，眼红色，颈粗短，臀肥圆，腰和肋部丰满；早期生长快，8 ~ 9 周龄体重可达 1.8 kg，骨细肉多，内脏小，产肉能力高且肉质松嫩可口；毛质皮板良好；繁殖性能好，年繁殖 5 胎以上，平均胎产仔 6 ~ 8 只，泌乳性能好，母性强，仔兔成活高；且具有饲养周期短、出栏快、产肉能力高等优势。

6. 加利福尼亚兔

加利福尼亚兔又称加州兔，俗称"八点黑兔"，属中型肉用品种。

加州兔被毛白色，耳根粗，耳厚而宽，耳体短，眼红色，两耳、鼻端、四爪及尾部为黑色、浅灰黑或棕黑色，故又称"八点黑"；体中等长，全身肌肉丰满，似"冬瓜"，骨小肉多，肉质嫩而可口；绒毛丰厚，皮肤紧凑；繁殖性能好和生长速度快，特别是泌乳性能高，母性强，平均每胎产仔 7 ~ 8 只；成年母兔体重 3.9 ~ 4.8 kg，成年公兔体重 3.6 ~ 4.5 kg；具有早期生长快、性成熟早、适应性强、繁殖性能好、仔兔成活率高等特点。

7. 力克斯兔

力克斯兔在我国又称獭兔或天鹅绒兔，是皮用兔，属中型品种。

力克斯兔体形发育均匀，肌肉丰满，外观清秀，后躯丰满，腹部紧凑；头小眼大，耳长竖立，并呈 V 形，成年兔喉有喉袋；标准色型有 14 种，被毛短而平齐，竖立、柔软而浓密，具有绢丝光泽，被毛标准长度为 1.3 ~ 2.2 cm，理想长度为 1.6 cm，毛纤维细，绒毛平均细度为 16 ~ 19 μm，绒毛含量高达 93 ~ 96%，粗毛仅占 4 ~ 7%；毛密，皮肤面积的毛纤维数达 1.6 万 ~ 3.8 万根/cm²；年产 4 ~ 6 胎，胎产 6 ~ 8 只；成年兔体重 3 ~ 4 kg；毛皮具有"细、短、密、美、平、牢"的特点，是家兔毛皮中最有价值的一类。

8. 德国花巨兔

德国花巨兔又名巨型花斑兔，是皮肉兼用兔品种，引入我国的主要是黑色花巨兔。

德国花巨兔，体形粗短，毛色为白底黑花，最典型的标志是背部有一条黑色背线，黑嘴环，黑眼圈，眼睛下方一般有黑点，色调美观大方，俗称"熊猫兔"；每窝产仔 11 ~ 12 只，最高 17 ~ 19 只；成年兔体重 5.0 ~ 6.0 kg；生长发育快，抗病力强，繁殖力高。

9. 日本大耳白兔

日本大耳白兔属皮肉兼用兔品种，以耳大、血管清晰而著称，是比较理想的实验用兔。

日本大耳白兔分大、中、小三个类型体，成年兔体重4.0~5.0 kg；被毛紧密纯白，针毛含量较多；眼红，耳大而直立，耳根细、耳端尖、形似柳叶，母兔颌下有肉髯，头大、额宽、面平、颈粗、体躯修长，体质结实；繁殖力强，一般每胎产仔5~9只；成熟早、生长快。

10. 伊拉肉兔配套系

伊拉肉兔配套系兔属肉用品种，由A、B、C、D四个系组成。

伊拉肉兔配套系兔外貌共有特征是眼睛粉红色，头宽圆而粗短，耳直立，臀部丰满，腰肋部肌肉发达，四肢粗壮有力；A系除耳、鼻、肢端和尾是黑色外，全身白色，成年公兔体重5.0 kg，成年母兔体重4.7 kg；B系除耳、鼻、肢端和尾是黑色外，全身白色，成年公兔体重4.9 kg，成年母兔体重4.3 kg；C系兔全身白色，成年公兔体重4.5 kg，成年母兔体重4.3 kg；D系兔全身白色，成年公兔体重4.6 kg，成年母兔体重4.5 kg；每年8~9胎，每胎8~10只；具有生长周期短、产仔率、产肉率高的显著特性。

11. 伊普吕肉兔配套系

伊普吕肉兔配套系，也称"八点黑"，属肉兔品种。

伊普吕肉兔配套系兔体躯被毛为白色，耳、鼻、端、四肢及尾部被毛为黑褐色，随年龄、季节及营养水平变化，有时可呈黑灰色；眼睛粉红色，耳较小，绒毛较密，体质结实，胸背和后躯发育良好，肌肉丰满，形象优美；年产仔8.7窝，每窝9.2只；成年兔体重可达6 kg以上；生长速度快，肉质鲜嫩，出肉率高。

12. 齐卡肉兔配套系

齐卡肉兔配套系兔是德国巨型白兔，全身被毛纯白色，红眼睛，两耳大而直立，四肢粗壮，体躯长且丰满；成年兔平均体重6~7 kg，仔兔初生重70~80 g，35日龄断奶体重1.0~1.2 kg，90日龄体重2.7~3.4kg，日增重35~40 g；年产3~4胎，胎均产仔6~10只；性成熟较晚，6~7.5月龄才能初配，夏季不孕，持续时间较长；耐粗饲，适应性较好。

13. 伊高乐肉兔配套系

伊高乐肉兔配套系兔属肉用品种，由A、B、C、D四个系组成，各系独具特点。A、B系除耳、鼻、肢端和尾是黑色外，全身白色，C、D系全身白色。在配套生产中，由于杂交优势的充分利用，使其具有遗传性能稳定、生长发育快、饲料转化率高、抗病力强、产仔率高、出肉率高及肉质鲜嫩等特点。

第二节 繁殖特点

一、性成熟与适配月龄

1. 性成熟

到达性成熟期的母兔能接受公兔配种和排卵，生殖道能完成受精并具有着床的适宜状态，能维持胎儿生长发育直到分娩，并具有良好的保姆性和泌乳能力；公兔性成熟时能产生成熟的精子。家兔的品种不同，饲养管理条件不同，个体不同，其性成熟的迟早有一定的差异。小型品种母兔3.5~4月龄，公兔4~4.5月龄，即达性成熟。通常母兔性成熟要比公兔早1个月左右。相同品种或品系，弱的，母兔乳汁少，仔兔成活率也低。

2. 适配月龄

任何家畜都一样，性成熟都早于体成熟。以体重而言，性成熟时，家兔的体重只相当于成年体重的50%左右。因此，配种过早，势必会影响自身和下一代的生长发育。当然，配种也不能过迟，否则也会影响家兔的生殖机能和终身繁殖力。配种过迟，家兔身体发胖，性机能降低，公兔性欲长期得不到满足，就会产生自淫现象，影响健康，甚至失去种用价值；母兔则会出现长期不发情。生产中，确定母兔的适配年龄主要根据体重与月龄来决定，一般适配母兔达到成年体重的75%以上时即可配种。适配月龄则根据不同品种而异，不同类型、不同品种家兔的性成熟和适配月龄亦有差异。

二、发情特点

1. 发情表现

发情是母兔由于卵巢内的卵泡发育成熟所引起的母兔性欲兴奋和有交配欲望的生理现象。

（1）行为表现。母兔活跃不安，爱跑跳，乱刨笼底板，脚用力踏笼底板作响。食欲降低，常在饲槽或其他用具上摩擦下颚，俗称"闹圈"。性欲强的母兔还主动接近和爬跨公兔，甚至爬跨自己的仔兔或其他母兔。当公兔爬跨时，母兔站立不动，臀部抬起，举尾，以迎合公兔交配。

（2）生殖道变化。卵巢在发情前2~3 d，卵泡发育迅速，卵泡内膜增生，卵泡液分泌增多，卵泡壁变薄并突出于卵巢表面。阴道上皮充血，阴蒂充血和勃起；来自子宫颈及前庭大腺分泌的黏液增多；子宫颈松弛，子宫充血，输卵管蠕动和纤毛颤动加强。发情初期，外阴黏膜潮红，肿胀，湿润；发情中期，黏膜呈大红色，肿胀和湿润更明显；发情后期，黏膜呈黑紫色，肿胀和湿润逐渐消失；而在休情期，外阴黏膜为苍白、干燥和萎缩状态。

2. 发情周期

性成熟之后的母兔，总是处于"发情—休情—发情—休情……"这种周而复始的变化状态。两次发情的时间间隔称作发情周期，每次发情的持续时间称作发情持续期。母兔发情有周期性，但规律性差。母兔的发情周期一般认为是8~15 d，发情持续期为3~5 d。

3. 家兔的发情特点

（1）发情无季节性。家兔属于无季节性繁殖动物，一年四季均可发情、配种和繁殖。但要注意，在室内养兔或四季温差不大时，母兔可安排四季配种，常年产仔。在粗放管理下或四季温差较大时，兔以春、秋季发情征候明显，而在夏、冬季则表现为性欲低、发情征候不明显、配种受胎率低和产仔数少。

（2）发情不完全性。母兔发情表现为 3 个方面，即精神变化、交配欲及卵巢变化和生殖道变化。但这 3 方面并非总能在每个发情母兔的身上出现，可能只是同时出现一个或两个方面，这就是母兔发情的不完全性。如有的母兔虽然外阴黏膜具有典型的发情症状，但没有交配欲，与公兔放在一起时匍匐不动；有的母兔发情时食欲正常；有的发情母兔外阴黏膜不红不肿等。

（3）产后发情。母兔分娩后当天即有发情表现，配种后即可受胎，受胎率达 80%～90%。母兔产后发情也受到其他一些因素的影响。比如，营养状况良好的母兔产后发情的比例高，配种受胎率和产仔数高；而那些营养不良的母兔产后多无明显发情表现，即配种受胎率和产仔数也不高。

（4）断乳后发情。母兔在哺乳期间发情多不明显，即经常出现不完全发情。而且越是在泌乳高峰期，越不容易出现发情。但母兔在仔兔断乳后 2～3 d 普遍很快表现出发情症状，此时配种后受胎率较高。

三、交配行为

公、母家兔的性行为是一个复杂的生理过程，大体经过求偶、交配、射精等过程。例如，在人工辅助交配时，将母兔放入公兔笼后，即可见到公兔嗅闻母兔的尿液和外阴部，做出戏弄姿态和发出特异呼声等求偶行为。然后公兔即追逐母兔，并试伏母兔背上，或以前足揉弄母兔腹部，同时做交配动作。如果母兔正在发情，则略逃数步，即卧下让公兔爬在其背上，待公兔做交配动作时，即抬高臀部举尾迎合。当公兔将阴茎插入母兔阴道后，公兔臀部屈弓，迅速射精。此时，公兔常伴随射精动作，"咕咕"尖叫一声，后肢蜷缩，臀部滑落，倒向一侧，至此交配完毕。数秒之后，公兔爬起，再三顿足，表明已顺利射精，即可将母兔送回原笼。

四、繁殖性能

1. 繁殖利用年限与年产胎数

家兔的繁殖力与年龄有关。一般而言，1～2.5 岁的繁殖力较强，此后，随着年龄的增长，繁殖力逐渐下降。一般情况下，种公兔可利用 2～3 年，个别的可利用 4 年；母兔一般可利用 2～2.5 年，个别的可利用 3 年以上。在采取频密繁殖技术的兔场，种公兔的利用年限一般控制在 2 年以内，种母兔仅利用 1 年。超过繁殖利用年限，种兔性活动功能衰退，配种受胎率低，胚胎死亡率高，后代生活力差，过长地延长种兔的利用年限从经济上是不合算的。母兔的年产胎数与种兔的年龄、环境条件特别是温度、营养水平及保健措施有关。从理论上说，家兔的繁殖力强，妊娠期 1 个月，产后又可立即配种，一年可以繁殖 12 胎。但一味追求年繁殖胎数而不顾其他具体情况，特别是母兔的身体营养状况，其结果是繁殖得越多，死亡率越高。因此，生产实践中，应适当控制家兔繁殖，家兔年繁殖胎数应控制在 6 胎以内。

2. 繁殖性能的评定指标

繁殖性能是指家兔繁殖后代的能力，包括产仔性能和哺育性能两方面。产仔性能用产仔数、初生窝重、产活仔数、断乳活仔兔数和断乳仔兔成活率来评定，哺育性能用断乳仔兔成活率、泌乳力和断乳窝重等来评定。

（1）产仔数。产仔数是指母兔的实产仔兔数，包括活仔、死胎、畸形胎儿。

（2）初生窝重。产仔数是指初生时该窝所有活仔兔的总重。

（3）产活仔数。产活仔数是指称量初生窝重时活仔兔数。初产母兔取连续3胎的平均数计算。

（4）断乳活仔兔数。断乳活仔兔数是指断乳时存活的仔兔数。寄养出去的仔兔不计在内。

（5）断乳仔兔成活率。断乳仔兔成活率到断乳时成活的仔兔占所产活仔兔数的百分比。

（6）泌乳力。泌乳力用3周龄仔兔的增重表示，包括寄养仔兔。初产母兔按连续3胎的平均数计算，以克为单位，取其整数。

（7）断乳窝重。断乳窝重是指断乳时全窝仔兔的总重量，其中包括寄养仔兔。

（8）母兔的繁殖习性与母性状况。母兔的繁殖习性与母性状况对于提高母兔的繁殖性能也很重要，这些性能包括：是否有习惯性流产、产前是否会拉毛营巢、是否有在产箱外产仔的恶癖、是否产仔后不给仔兔哺乳、有无残食仔兔的现象等。

（9）公兔的繁殖性能。评定公兔的繁殖性能包括：公兔的体格是否强壮，性欲是否旺盛，配种能力是否强劲，精液品质是否良好。

五、发情鉴定

鉴别母兔是否发情，常用的方法就是根据家兔行为、外阴部黏膜的色泽变化与湿润情况来判断。母兔发情表现为神情不安、食欲下降，有时则衔草营巢；在抚摸母兔背时，母兔贴卧地面，并把身体伸展，尾部颤抖，外阴红肿、湿润。家兔属刺激性排卵动物，存在着发情不一定排卵、排卵不一定发情的现象，任何时期都可以配种繁殖。但据实际观察，在没有任何发情表现而采用强制交配时，其受胎率极低。一般在发情中期，母兔外阴部可视黏膜潮红、湿润时配种，其受胎率最高，产仔数也较多。因此，生产中一般根据母兔外阴黏膜的变化规律确定配种时机，俗话说"粉红早，黑紫迟，大红配种正当时"。

六、配种方法

家兔的配种方法有3种，即自然交配、人工辅助交配和人工授精。

（一）自然交配

自然交配也称为自由配种方法。自然交配是一种很原始而落后的配种方法。即在散养情况下，将公、母兔按一定比例混养在一起，在母兔发情期间，任凭公、母兔自由交配。这种方法省工省力,母兔发情后可及时配种,能防止漏配。母兔在一个发情期可多次交配,受胎率和产仔数一般较高。但其缺点很多,如公、母兔混养,不易控制疾病,特别是生殖系统疾病,可通过公兔的交配,感染全群;无法进行选种选配,极易造成近亲繁殖,使品种退化;无法确定母兔的妊娠时间,很难掌握母兔的分娩日期,往往造成接产不及时而影响仔兔成活率;公兔整日追逐母兔交配,配种次数过多,体力消耗过大,公兔易衰老,配种只数少,利用年限短,不能充分发挥良种公兔的作用;公兔与公兔之间容易相互斗殴咬伤,影响配种,严重者失去配种能力;未到配种年龄、身体尚未发育成熟的公、母兔,过早配种妊娠,不但影响自身生长发育,而且胎儿也发育不良。

(二)人工辅助交配

人工辅助交配就是将公、母兔分开饲养,在母兔发情时,再放入公兔饲养的笼中或公兔的活动场所让其自然交配,交配完毕后把母兔捉回来放回原处,并做好记录。人工辅助交配的优点是,能有计划地选种选配,避免近亲繁殖;能合理安排公兔配种次数,延长种兔使用年限;能有效地防止疾病传播,提高兔群的健康水平。该方法的不足之处是,费工费力,劳动强度大,需要有一定经验的饲养员及时进行发情鉴定并安排配种。

(三)人工授精

人工授精是加快兔的繁殖和改良兔品种的一项有效措施,它可有效地提高优良种公兔的利用率。人工授精每采一次精液,可配 8 ~ 10 只母兔,受胎率达 80% ~ 90%,种兔利用率提高几十甚至上百倍,能减少种公兔的饲养数量,使优良种兔的后代很快达到一定数量,可大大加快育种工作的进程,提高经济效益。人工授精避免了公、母兔生殖器官的直接接触,因此可防止生殖器官疾病的传播和一些寄生虫的侵袭。此外,人工授精还可以克服公母兔因个体差异过大而无法交配或异地饲养不便运输而不能交配等困难。

七、妊娠与分娩

(一)妊娠与妊娠期

母兔妊娠后,除出现生殖器官的变化外,全身的变化也比较明显。如母兔新陈代谢旺盛,食欲增加,消化能力提高,营养状况得到改善,毛色变得光亮,膘度增加,后腹围增大,行动变得稳重、谨慎,活动减少等。家兔的妊娠期平均为 30 ~ 31 d,但其妊娠期的长短因品种、年龄、个体营养状况、健康状况、胎儿数量等情况的不同而异,变动范围为 27 ~ 34 d。通常体形大、年龄大、胎儿数少、营养和健康状况好的母兔妊娠期长。妊娠期不足 27 d 为早产,超过 34 d 则为异常妊娠。有时母兔经交配后没有受精或已经受精,但在附植前后胚胎死亡,将会出现假妊娠现象,即出现类似妊娠母兔的假象,如出现乏情、拒绝公兔配种、食欲增加、乳腺发育、衔草筑窝等。造成假现象的外因可能是不育公兔的性刺激,或母兔子宫炎、阴道炎等;其内因可能是排卵后,由于黄体存在,黄体酮分泌,促使乳腺激活,子宫增大,从而出现假妊娠现象。假妊娠一般维持 16 ~ 18 d,结束后配种受胎率很高。

（二）分娩

1. 母兔分娩预兆

分娩前的母兔，会出现生理上和行为上的一系列变化，主要表现为：母兔临产前 3 ~ 5 d，乳房肿胀，可挤出少量白色较浓的乳汁；肷部出现凹陷，尾根和坐骨间韧带松弛，外阴部肿胀出血，黏膜潮红湿润；食欲减退或停食，精神不安；在分娩前 1 ~ 3 d 便开始叼草做窝；临产前数小时用嘴将胸部乳房周围的毛拉下营巢；分娩前 2 ~ 4 h 频繁出入产箱。母兔多选择环境安静的夜间，也有的在凌晨或白天分娩。

2. 分娩过程

母兔在分娩时，表现为精神不安，四足刨地，顿足，弓背努责，排出胎水，最后呈犬卧姿势，仔兔便顺次连同胎衣一起产出。母兔边产仔边将仔兔脐带咬断。吃掉胎衣，同时舔干仔兔身上的血迹和黏液。一般每隔 1 ~ 3 min 产出 1 只，产完 1 窝需 20 ~ 30 min。但也有个别母兔，呈间歇性产仔，产出部分后便停下来，2 h 甚至数小时后再产下一批仔兔。分娩结束后，母兔常会跳出产箱找水喝。

八、提高兔繁殖力的措施

1. 强化种兔的选种，注意种兔群结构合理

严格按选种要求选择符合种用标准的公、母兔作种，要避免近亲交配，科学组对搭配。公母兔应保持适当的比例，一般商品兔，公母比例为（1∶8）~（1∶10），种兔场纯繁以（1∶5）~（1∶6）为宜。在配种时要注意公兔的配种强度，合理安排公、母兔的配种次数，一般种兔群中老年、壮年、青年兔的比例以 2∶5∶3 为宜。

2. 提供合理的营养

公兔饲粮中蛋白质水平应保持为 14% ~ 15%。特别要注意维生素 A、维生素 E 及微量元素锌的供给。空怀兔和妊娠前期的母兔，以中等营养水平，保持不肥不瘦体况为好，保证蛋白质和维生素，尤其是维生素 A、维生素 E、维生素 D 的供给。长年提供胡萝卜或大麦芽等富含维生素的青饲料，可提高受胎率和产仔数。

3. 科学配种

繁殖用公、母兔体况肥瘦要适中，过肥的公兔性欲降低，过肥的母兔卵泡难以排出，屡配不孕。公、母兔编排笼位时不能距离太远，应使公、母兔双方能经常嗅到异性气味，以达到刺激性欲的目的。配种时应该把发情母兔放到公兔笼中，交配完毕再把母兔送回母兔笼中，因为在陌生的环境里配种，会影响公兔的性欲，引起公兔拒绝配种。为增加进入母兔生殖道内的有效精子数，可采用重复配种或双重配种，以提高母兔的受胎率和产仔数。一般不宜在盛夏配种繁殖，为减少夏季不孕现象对年产仔数的影响，提倡在立秋前 1 个月左右抢配一批兔，立秋后产仔，成活率较高。

4. 促进母兔发情、提高受胎率

在实际生产中会遇到有些母兔长期不发情，拒绝交配而影响繁殖。对此，除加强饲养管理外，还可采用激素、试情等人工催情方法。

（1）异性诱导催情法。将不发情的母兔放入公兔笼内，通过公兔的追逐、爬跨刺激，促使母兔脑下垂体产生卵泡激素，经挑逗 15~20 min 后送回原笼，过 8~10 h 后，母兔出现发情时即可交配，且容易受胎。一般是早上催情，傍晚交配，也可多次反复进行，每隔 0.5~1 h 把母兔放入公兔笼内 1 次，2~3 h 以后，母兔即可发情而接受交配。

（2）信息催情法。先将公兔从公兔笼内拿出，把不发情或不愿接受交配的母兔与将该公兔互相交换笼位，经过一夜，在第二天清晨饲喂前，把母兔放到原来的兔笼内与公兔交配情，就能接受交配。由于母兔在公兔笼内嗅到公兔的气味，诱发母兔性欲，再经过公兔追逐、爬跨、调情，就能接受交配。

（3）按摩催情法。轻轻地抓住母兔抚摩背部，使之安静，然后轻轻按摩阴部，当外阴部出现发情表现时，即可交配。

（4）药物催情法。将 2% 的稀碘酊涂在母兔的外阴部，可以刺激发情。

（5）激素催情法。激素催情用的药物采用耳静脉注射或肌内注射。①不发情、不愿接受交配或配后不孕的母兔注射绒毛膜促性腺激素，每只肌内注射 50 IU 诱发排卵；垂体促黄体素每千克体重 0.5~0.7 mg。②视母兔体重，耳静脉注射促排卵 2 号 5~10 μg/只。③肌内注射瑞塞脱 0.2 mg/只，立即配种，受胎率可达 72%。

5. 创造良好的环境，保持适当的光照强度和光照时间

为种兔提供合适的温度，夏天由于温度较高易引起公兔暂时性不育，因此夏天高温季节时应想尽一切办法把兔舍温度降到 30 ℃以下，防止高温引起家兔暂时性的不育。冬春季节，兔舍每 10 m² 装置 15 W 电灯 1 只，增加光照时间 2~4 h，可促使母兔发情，提高受胎率，把光线差的笼位调换到光线好的笼位，或放到运动场上，可增加母兔性腺活动，有利于受胎。

6. 正确采取频密繁殖法

频密繁殖又称配血窝或血配，即母兔在产仔当天或第二天就配种，泌乳与怀孕同时进行。采用此法，繁殖速度快，但由于哺乳和怀孕同时进行，易损坏母兔体况，种兔利用年限缩短，自然淘汰率高，需要良好的饲养管理和营养水平。因此，采用频密繁殖生产商品兔，一定要用优质的饲料满足母兔和仔兔的营养需要，加强饲养管理，对母兔定期称重，一旦发现体重明显减轻时，就应停止血配。在生产中，应根据母兔体况、饲养条件，频密繁殖、半频密繁殖（产后 7~14 d 配种）和延期繁殖（断乳后再配种）3 种方法交替采用。

7. 及时检查

配种后应及时检胎，减少空怀。种兔实行单个笼养，避免假妊娠。

第三节　饲养管理

为便于饲养管理，根据兔的不同生理特点和发育阶段将兔分为种公兔、种母兔、仔兔、幼兔和育成兔；根据生产目的的不同将兔分为肉用兔、毛用兔和皮用兔。

一、种公兔的饲养管理

（一）种公兔的特点

种公兔饲养得好坏，直接关系到繁殖任务和后代生产性能的提高。公兔不能养得过肥或过瘦，一般以常年保持中等偏上膘度为宜。过肥的公兔性欲减弱、配种能力差，过瘦的公兔说明营养不良或配种过度，用这样的公兔配种，不但精液量少，而且精液的活力、浓度都差，不能使母兔正常受孕。

（二）种公兔的饲养

对种公兔的饲料除注意营养全面外，还应着眼于营养上的长期性。因为精子是由睾丸中的精细胞发育而成的，而精细胞健全，将来造成的精子活力亦强；精细胞的发育过程需要一个较长的时间，故营养物质亦需要一个较长时期的均衡补给。事实证明：饲料的变动对于精液品质的影响很缓慢，故对精液品质不佳的种公兔改用优质饲料来提高其精液品质时，要长达 20 d 左右才能见效。因此，对一个时期集中使用的种公兔，应注意在 20 d 前调整日粮比例。

在配种期间，也要相应增加饲料用量。如种公兔每天配种 2 次，在全日饲料量中需增加 30% ~ 50% 的精料量。同时，根据配种的强度，适当增加动物性饲料，以改善精液的品质，提高受胎率。实践证明：小公兔的日粮中如长期缺乏青草，性成熟的时间延长；性成熟之后，精液中的精子数少，不合乎配种要求，若从各方面加强营养后，很长时间才能纠正过来。所以种公兔的饲养，从小到老都要注意饲料品质，不宜喂给体积过大或水分过多的饲料，特别是幼年时期的兔，如全部用秸秆或大量多汁饲料，不仅增重慢，成年的体重小，而且品质也差，如腹部过大或种用性能差的公兔，均不宜做种用。

用作种公兔的饲料，可因地制宜，就地取材，但要求饲料营养价值高，容易消化，适口性好。如果喂给容积大、难消化的饲料，必然增加消化道的负担，引起消化不良，从而抑制公兔的性活动。同时还要注意，含碳水化合物多而且蛋白质少的饲料不宜多喂。否则，会长得过肥，影响配种能力。但要补加矿物质饲料，每天在精料中加入 1 ~ 2 g 食盐和少量蛋壳粉、蚌壳粉等。

（三）种公兔的管理

3 ~ 3.5 月龄的幼兔，应严防早配乱交。非种用的肉用公母兔，要进行去势后育肥，留种用的公母兔，自 3 ~ 3.5 月龄时分笼饲养。

种公兔要多运动，长期不运动的公兔，身体不健壮，容易肥胖或四肢软弱，所以，要增加公兔的运动量，如可将两个相邻兔笼打通，增加公兔运动面积和空间。如果条件许可，每天可放公兔出笼运动 1 ~ 2 h，使其多晒太阳。

种公兔宜一笼一兔，以防互相殴斗。

配种时应把母兔捉到公兔笼内，不宜把公兔捉到母兔笼内进行。因为公兔离开了自己所熟悉的环境或者气味不同都会使之感到突然，抑制性活动机能，精力不集中，影响配种效果。

种公兔配种次数,一般以一天二次为宜,初配的青年公兔每天以一次为宜,配种两天休息一天。如果连续滥配,会使公兔过早地丧失配种能力,减少使用年限。

种公兔在换毛期不宜频繁配种。因为换毛期间,消耗营养较多,体质较差,此时配种太多会影响兔体健康和受胎率。

要有详细的配种记录,以便进行后裔测定,有利于选种选配。对于好的种公兔,除加强饲养管理外,还应充分利用其种用性能,使之繁殖更多更好的仔兔,不断提高兔群的质量。

二、种母兔的饲养管理

(一) 种母兔的特点

母兔是兔群的基础,它除了本身生长发育外,还有怀胎、泌乳、产毛等负担。因此,母兔体质的好坏,直接影响后代。母兔的饲养管理工作是一项细致而复杂的事情,根据生理状态差异可分为空怀、妊娠、哺乳三个时期。饲养管理上应根据各阶段的特点,采取相应的措施。

(二) 种母兔的饲养

1. 空怀期母兔

母兔的空怀期是指仔兔断奶到再次配种怀孕的一段时期,一般叫作空胎期,也叫作休养期。这个时期的母兔由于哺乳期消耗了大量养分,身体比较瘦弱,需要补偿多种营养物质来,以提高其健康水平。所以在这个时期要给以优质的青饲料,并适当喂给精料。以补给哺乳期中落膘后复膘所需用的一些养分,使它能正常发情排卵,以便适时配种受胎。

母兔在此时期,如能得到足够数量的粗蛋白质、矿物质、维生素等营养物质,可以提高卵泡的成熟数目,但这个时期的母兔不能养得过肥或过瘦。若母兔过瘦,也会造成母兔发情和排卵不正常。这是因为控制卵细胞生长发育的脑垂体受营养不良的影响,营养不良会使脑下垂体分泌不正常,卵泡不能正常生长,导致性腺激素分泌不正常,影响母兔发情、排卵,会造成不育症。

空怀期的母兔所用的饲料,各地可因地制宜,就地取材,夏季可多喂青饲料,冬季一般给予优良干草、豆渣、块根类饲料,再根据营养需要适当补充精料,还要保证供给正常生理活动的营养物质。但配种前15日应转换成怀孕母兔的营养标准,使其具有更好的健康水平。

2. 妊娠期母兔

母兔自交配到分娩的一段时期叫作妊娠期。妊娠期间,母兔除维持本身生命活动外,胚胎、乳腺发育等方面都需要消耗大量的营养物质,怀孕母兔在饲养上主要是供给母兔全价营养物质,加强营养,保证胎儿正常发育。

母兔在妊娠期间特别是怀孕后期能否获得全价的营养物质,与胚胎的正常发育和母体健康以及产后的泌乳能力关系密切。因为母兔受孕后,胚胎逐渐增大,体重增加至仔兔出生时,每只重达45 g以上。据测定,一般活重3 kg的母兔,在怀孕期胎儿和胎盘总重量为660 g,其中,干物质为18.5%、蛋白质为10.5%、脂肪为4.3%、矿物质为2%。

兔在子宫内胚胎发育的主要时期可划分为三个阶段：胚期（12 d）、胚前期（6 d）和胎儿期（12 d）。生长强度以胎儿期为最大，重量约占整个胚胎期的 90%。胎儿期的胎儿在子宫内发育的过程中，主要蛋白质是随日龄的变化而变化、随生长的需要而递增的。怀孕母兔有机体的能量代谢，在怀孕初期，与未怀孕相比虽然没有显著的不同，但随着胚胎发育的需要，到怀孕后期则急剧加强。为此，母兔在怀孕期间特别是怀孕后期，需要吸取大量蛋白质、矿物质、维生素等营养。

怀孕母兔对营养物质的需要量相当于平时的 1.5 倍。对怀孕母兔在怀孕期间特别是怀孕后期能给予母兔丰富的饲养条件，母体健康，则泌乳力强、所产仔兔发育良好、生活力强；相反则母兔消瘦、泌乳力减少、仔兔生活力差。所以，在怀孕期间应给予营养价值高的饲料。尤其是怀孕后期，饲料的数量和质量对胎儿的生长关系很大，应根据胎儿的发育情况，不仅要逐步增加优质青饲料外，而且还需补充豆饼、花生饼、豆渣、麸皮、骨粉、食盐等含蛋白质、矿物质丰富的饲料，自受胎到 15 d 饲料量要相应增加，直到临产前 3 d 才减少精料量，每天只喂较少的精料，但要多给青饲料。另外，在日粮配合中，特别要注意粗纤维的含量，一般应含 14%～17%，对预防兔的下痢有一定的作用。

3. 哺乳期母兔

母兔自分娩到仔兔断奶，这段时期为哺乳期。哺乳期的母兔每天可分泌乳汁 60～150 mL，高产的母兔日泌乳汁可达 150～250 mL，甚至高达 300 mL，乳汁的蛋白质含量为 10.4%、脂肪达 12.2%、乳糖 1.8%、灰分 2.0%，若与牛奶、羊奶相比，蛋白质和脂肪的含量比牛、羊高 3 倍多，矿物质高 2 倍多。由此可知，兔乳的营养是很丰富的。哺乳母兔为了维持生命活动和分泌奶汁，每天都要消耗大量的营养物质，而这些营养物质，又必须从饲料中获得。如果喂给的饲料量不足且品质低劣，就会使哺乳母兔得不到充足营养，从而动用大量的体内储存。在生产实践中，哺乳母兔也常因营养不足，养分入不敷出、亏损过大而影响其健康和产奶量。因此，哺乳母兔应增加饲料量。同时，除喂给新鲜的青绿、多汁饲料外，还应补加一些精料和矿物质饲料，如豆饼、麸皮、豆渣以及食盐、骨粉等。另外，由于兔奶中水分含量高，要多出奶，还必须供给充足清洁的饮水，以满足哺乳母兔对水分的要求。

（三）种母兔的管理

1. 空怀期母兔

空怀期母兔可单笼饲养，也可群养。但必须注意观察其发情状况，掌握发情症候，做到适时配种。在产仔安排上，一般皮肉兔每年可繁殖 4～5 胎，长毛兔可繁殖 4 胎。母兔怀孕期一般为 29～32 d，哺乳期 30～45 d。对于仔兔断乳后体质瘦弱的母兔，应适当延长休产期，不可一味追求繁殖胎次，否则将影响母兔健康，使繁殖力下降，也会缩短优良母兔的利用年限，同时会影响仔兔的生活力和成活率。

2. 妊娠期母兔

做好护理，防止流产。在母兔交配 7 d 后要马上进行怀孕检查，若确实已经受胎的要做好下列工作。母兔流产一般多在怀孕后 15 ~ 20 d 内发生。母兔流产亦如正常分娩一样，要衔草拉毛营巢，但产出未形成的胎儿多被母兔吃掉。为了防止流产，不能无故捕捉母兔，特别在怀孕后期要倍加小心。若要捕捉，应该用两只手操作，一只手抓颈部，另一只手托臀部，并保持兔体不受冲击，轻拿轻放。兔笼附近不可大声惊吵，应保持安静。到怀孕 15 d 后，应单笼饲养。如若因条件所限，在怀孕母兔舍内又养有其他各种家兔，在每天喂料时应先喂母兔妊娠，尤其是妊娠后期的母兔。兔笼应干燥，冬季最好喂饮温水，饲料质量要好，忌喂霉烂饲料，要禁止触顶腹部。毛用兔在此期间应停止采毛、梳毛，以防流产。

做好产前准备工作。当母兔临产前 3 ~ 4 d，要清洗好产仔箱，并将晒过敲软的稻草或谷物铺在产仔箱内，让其隐匿箱内衔草营巢。如发现母兔在产仔箱内大小便，应立即取出更换。临产前 1 ~ 2 d，食量减少，大部分母兔均用嘴扯下腹胸部的毛放在产仔箱内，这些行为表现都是母兔将要分娩的预兆。

母性强的经产母兔在分娩时，会顺利地产下仔兔，舐净仔兔身上的黏液，吃掉胎盘，产仔完毕后跳出箱外，整个分娩过程很短，一般 20 min 到 1 h。但对初产母兔或母性不强的，在分娩时，必须有人值班看护，以防不测。

母兔分娩时要保护安静，必须备好清洁的饮水和鲜嫩的青饲料，待母兔产后食用，否则母兔会因口渴而伤食仔兔。

母兔产仔完毕跳出箱外时，要小心地将产仔箱取出笼外，清点仔兔重新清巢，将污湿的草和毛、死胎兔一起取出，换上清洁垫草，铺成四周高中间凹，在草上铺一层兔毛，将仔兔放好，再盖上兔毛，然后做好分娩产仔记录。如发现母兔未拉毛，要将乳头周围的毛拔光，一方面刺激乳房迅速泌乳，另一方面便于仔兔吮吸。

有一定规模的兔场，母兔大多是集中配种、集中分娩。因此，最好将兔笼进行调整。对妊娠已达 25 d 的母兔均调整到同一兔舍内，以便管理。兔笼和产箱要进行消毒，消毒后的兔笼和产箱应用清水冲洗干净，消除异味，以防母兔乱抓或不安。消毒好的产箱即放入笼内，让母兔熟悉环境，便于衔草、拉毛做窝。产房要有专人负责，冬季室内要保温，夏季要防暑、防蚊。

3. 哺乳期母兔

兔舍要清洁卫生、干燥、通风、透光，以保证母兔健康，促进乳汁的分泌。对无奶或奶少的母兔要进行人工催乳。精料可加喂水煮的黄豆，每次 20 ~ 30 粒，青饲料加喂蒲公英、鲜杏叶等。

应防止发生乳房炎。常因奶吃不完积累在乳房内；或母兔带仔过多，乳汁分泌少，仔兔吸破乳头而感染细菌；或产仔箱等物刺破乳房而使母兔感染乳房炎。因此，饲喂哺乳母兔时要根据母兔的营养状况而决定增减精料量。对营养良好的母兔在分娩前后 3 d 应减少精料喂量，以防产后奶过多；对营养不良的母兔产后应及时调整日粮和带仔头数。根据不同情况分别对待，细心观察，经常检查，如发现问题，要及时采取措施。

三、仔兔的饲养管理

（一）仔兔的特点

从出生到断奶这段时期的兔称为仔兔，这一时期可视为家兔由胎生期转向独立生活的一个过渡阶段。胎生期的兔子在母体子宫内发育，营养由母体提供，温度恒定；出生后，环境发生了急剧变化，而这一阶段的仔兔由于机体生长发育尚未完全，对抗外界环境的调节机能还很差。适应能力弱，抵抗力小，加上仔兔的生长发育迅速，初生仔兔的体重一般在 45 ~ 65 g，在正常发育情况下，生后 1 周的仔兔体重比出生体重增加 1 倍，生后 30 d 内的体重迅速增加。由此可知，仔兔的饲养管理工作是需要非常细致的，必须认真抓好每个环节，采取有效措施，以保证仔兔的正常生长发育。任何疏忽，都会使仔兔感染疾病，甚至死亡，造成损失。

（二）仔兔的饲养

根据其生长发育特点分为睡眠期、开眼期两个阶段。

1. 睡眠期

仔兔出生后至开眼的时间，称为睡眠期。这个时期饲养的重点是早吃奶、吃足奶。在幼畜能产生主动免疫之前，其免疫抗体是缺乏的。因此，保护非常年幼的动物免受多种疾病的侵袭是非常重要的。幼畜阶段免疫球蛋白（免疫抗体）可以不经消化，在消化道中直接吸收入血液中，使幼畜获得抵抗疾病的抗体。幼兔出生前尽管可以通过母体胎盘获得一部分免疫抗体，但是从母乳中增加免疫球蛋白含量仍然是很重要的。另外，由于兔奶营养丰富，又是仔兔初生时生长发育的直接来源，所以应保证初生仔兔早吃奶、吃足奶，尤其是母兔的初乳。实践证明这一阶段的仔兔如不能早吃奶、吃足奶，死亡率也会高。因此，在仔兔出生后 6 ~ 10 h 内，须检查母兔哺乳情况，发现没有吃到奶的仔兔，要及时让母兔喂奶。自此以后，每天均须检查几次。检查仔兔是否吃到足量的奶，是仔兔饲养上的基本工作，必须抓紧抓细。

仔兔生下后就会吃奶，护仔性强的母兔，也能很好地哺喂仔兔，这是它们的本能。仔兔吃饱奶时，安睡不动，腹部圆胀，肤色红润，被毛光亮；仔兔吃奶不足时，在窝内很不安静，到处乱爬，皮肤皱缩，腹部不胀大，肤色发暗，被毛枯燥无光，如用手触摸，仔兔头向上窜，"吱吱"嘶叫，可据此来判定仔兔吃奶情况。

2. 开眼期

仔兔生后 12 d 左右开眼，从开眼到离乳，这一段时间称为开眼期。仔兔开眼后，精神振奋，会在巢箱内往返蹦跳，数日后跳出巢箱，叫作出巢。此时，由于仔兔体重日渐增加，母兔的乳汁已不能满足仔兔的需要，常紧追母兔吸吮乳汁，所以开眼期又称追乳期。这个时期的仔兔要经历一个从吃奶转变到吃植物性饲料的变化过程，这对仔兔是一个剧烈的转变，由于仔兔的胃发育不完全，如果转变太突然，常常造成死亡。

开眼期要抓好仔兔的补料工作。肉用、皮用兔到 16 日龄，毛用兔到 18 日龄，就开始试吃饲料。这时可以给少量易消化而又富有营养的饲料，如豆浆、剪碎的嫩青草、青菜叶等；

18~21日龄时，可喂些干的麦片和豆渣；22~26日龄时，可在同样的饲料中拌入少量的矿物质、抗生素和洋葱、橘叶等消炎、杀菌、健胃药物，以增强体质，减少疾病。

仔兔胃小，消化力弱，但生长发育快，根据这一特点，在喂料时要少喂多餐，均匀饲喂，逐渐增加。一般每天喂给5~6次，每次分量要少一些，在开食初期哺母乳为主，饲料为辅。到30日龄时，则转变为以饲料为主，母乳为副，直到断奶。在这个过渡期间，要特别注意缓慢转变的原则，使仔兔逐步适应，才能获得良好的效果。

（三）仔兔的管理

1. 睡眠期

仔兔在睡眠期，除吃奶外，全部时间都是睡觉。仔兔的代谢作用很旺盛，吃下的奶汁大部分被消化吸收，很少有粪便排出来。因此，睡眠期的仔兔只要能吃饱奶、睡好，就能正常生长发育。但是，在生产实践中，初生仔兔吃不到奶的现象常会出现，这时必须查明原因，针对具体情况，采取有效措施。

（1）强制哺乳。有些护母性不强的母兔，特别是初产母兔，产仔后不会照顾自己的仔兔，甚至不给仔兔哺乳，以致仔兔缺奶挨饿，如不及时处理，则会导致仔兔死亡。在这种情况下，必须及时采取强制哺乳的措施。方法是：将母兔固定在巢箱内，使其保持安静，将仔兔分别安放在母兔的每个乳头旁，嘴顶母兔乳头，让其自由吮乳，每日强制4~5次，连续进行3~5 d，母兔便会自动喂乳。

（2）调整仔兔。生产实践中，有时出现有些母兔产仔数多、有些母兔产仔数少的情况。产仔多的母兔乳汁不够供给仔兔，仔兔营养缺乏，发育迟缓，体质衰弱，易于患病死亡。产仔少的母兔泌乳量过剩，仔兔吸乳过量，引起消化不良，甚至腹泻死亡。在这种情况下，应当采取调整仔兔的措施。可根据母兔泌乳的能力，对同时分娩或分娩时间先后不超过1~2 d的仔兔进行调整。方法是：先将仔兔从巢箱内拿出，按体形大小、体质强弱分窝；然后在仔兔身上涂抹被带母兔的尿液，以防母兔咬伤或咬死；最后把仔兔放进各自的巢箱内，并注意母兔哺乳情况，防止意外事情发生。

调整仔兔时，必须注意两个母兔和它们的仔兔都是健康的；被调仔兔的日龄和发育与其母兔的仔兔大致相同；要将被调仔兔身上沾带的巢箱内的兔毛剔除干净。在调整前先将母兔离巢，被调仔兔放进哺乳母兔巢内，经1~2 h，使其沾带新巢气味后才将母兔送回原笼巢内。若母兔拒哺调入仔兔，则应查明原因，采取新的措施。如重调其他母兔或补涂母兔尿液，减少或除掉被调仔兔身上的异味等。

（3）全窝寄养。一般是在仔兔出生后，母兔死亡，或者良种母兔要求频繁配种，扩大兔群时所采取的措施。寄养时应选择产仔少、乳汁多而又是同时分娩或分娩时间相近的母兔。为防止寄养母兔咬异味仔兔，在寄养前，可在被寄养的仔兔身上涂上寄养母兔的尿液，在寄养母兔喂奶时放入窝内，注意不得涂抹带有其他异味的东西，否则，寄养母兔有可能将整窝仔兔全部咬死。一般采取上述措施后，母兔不再咬异窝仔兔。

（4）人工哺乳。如果仔兔出生后母兔死亡、无奶或患有乳房方面的疾病不能喂奶，又不能及时找到寄养母兔，可以采用人工哺乳的措施。人工哺乳的工具可用玻璃滴管、注射器、塑料眼药水瓶，在管端接一乳胶自行车气门芯即可。可以用牛奶作为代乳品，使用前应当煮沸稀释，切勿过浓，以防消化不良。喂饲牛奶前要煮沸消毒，冷却到37 ℃~38 ℃时喂给。每天1~2次。喂饲时要耐心，在仔兔吸吮的同时轻压橡胶乳头或塑料瓶体。但不要滴入太急，以免误入气管呛死。不要滴得过多，以吃饱为限。

（5）防止吊乳。"吊乳"是养兔生产中常见的现象之一。主要原因是母兔乳汁少，仔兔不够吃，较长时间吸住母兔的乳头，母兔离巢时将正在哺乳的仔兔带出巢外；或者母兔哺乳时，受到骚扰，引起惊慌，突然离巢。吊乳出巢的仔兔，容易受冻或踏死，所以管理上要特别小心认真注意，当发现有吊乳出巢的仔兔应马上将仔兔送回巢内，并查明原因，及时采取措施。如果是由于母兔乳汁不足引起的吊乳，应调整母兔日粮，适当增加饲料量，补以营养价值高的精料，提高饲料中的蛋白质水平，多喂青料和多汁料，以促进母兔分泌出质好量多的乳汁，满足仔兔的需要。如果是由于管理不当引起的惊慌离巢，应加强管理工作，积极为母兔创造哺乳所需的环境条件，保持母兔的安静。如果发现吊在巢外的仔兔受冻发凉，应马上将受冻仔兔放入自己的胸怀里取暖，或将仔兔全身浸入40 ℃温水中，露出口鼻呼吸，只要抢救及时，措施得当，大约10 min后便可使被救仔兔复活，待皮肤红润后即擦干身体放回巢箱内。

仔兔出生后全身无毛，生后4~5 d才开始长出茸茸细毛，这个时期的仔兔对外界环境的适应能力差、抵抗力弱，因此，冬春寒冷季节要防冻，夏秋炎热季节要降温防蚊，平时要防鼠害、兽害。要认真做好清洁卫生工作，以预防疾病。要保持垫草的清洁与干燥。

仔兔身上盖毛的数量随天气而定，天冷时加厚，天热时减少。如果是长毛兔的毛应酌情加以处理，因长毛兔毛长而细软，受潮挤压，结成毡块，仔兔卧在毡块上面，不能匿入毛中，保温力就差。用长毛铺盖巢穴，由于仔兔时常钻动，颈部和四肢往往会被长毛缠绕，如颈部被缠，能窒息致死；足部被缠，使血液不通，也会形成肿胀；仔兔骨嫩，甚至缠断足骨，造成残废。因此，用长毛兔的毛垫巢，还必须先将长毛剪碎，并且掺杂一些短毛，这样就可避免结毡的弊害。裘皮类兔毛短而光滑，经常蓬松，不会结毡，仔兔匿居毛中，可随意活动，而且保温力也较高，为了节省兔毛，也可以用新鲜棉花拉松后代替褥毛使用。由于兔的嗅觉很灵敏，不可使用被粪便污染的旧棉絮或破布屑，也不要把巢穴中的全部清洁兔毛换出。

初生仔兔，必须立即进行性别鉴定，淘汰多余的公兔。长毛兔一般哺乳4只仔兔，裘皮类兔哺喂6~7只仔兔，母兔产仔过少或过多的要进行调整。此外，晚上应取出巢箱，放在安全的地方。

2. 开眼期

仔兔开眼迟早与发育很有关系，发育良好的开眼早。仔兔若在生后14 d才开眼的，体质往往很差，容易生病，要加强护养。这段时期重点应放在仔兔断奶日常管理上，抓好这段工作，就可促进仔兔健康生长；放松这段工作，就会导致仔兔感染疾病，乃至大批死亡。

（1）抓好仔兔的断奶。小型仔兔到 40 ~ 45 日龄，体重 500 ~ 600 g，大型仔兔到 40 ~ 45 日龄，体重 1 000 ~ 1 200 g，即可断奶。过早断奶，仔兔的肠胃等消化系统还没有充分发育形成，对饲料的消化能力差，生长发育会受影响。在不采取特殊措施的情况下，断奶越早，仔兔的死亡率越高。根据实践观察，30 日龄断奶时，成活率仅为 60%；40 日龄断奶时，成活率为 80%；45 日龄断奶，成活率为 88%；60 日龄断奶时成活率可达 92%。但断奶过迟，仔兔长时间依赖母兔营养，消化道中各种消化酶的形成缓慢，也会引起仔兔生长缓慢，对母兔的健康和每年繁殖次数也有直接影响。所以，仔兔的断奶应以 40 ~ 45 日龄为宜。

仔兔在断奶前要做好充分准备，如断奶仔兔所需用的兔舍、食具、用具等应事先进行洗刷与消毒。断奶仔兔的日粮要配合好。

在仔兔断奶时，要根据全窝仔兔体质强弱而定。若全窝仔兔生长发育均匀、体质强壮，可采用一次断奶法，即在同一天将母子分开饲养。离乳母兔在断奶 2 ~ 3 d 内，只喂青料，停喂精料，使其停奶。如果全窝体质强弱不一、生长发育不均匀，可采用分期断奶法。可先将体质强的分开，体弱者继续哺乳，经数天后视情况再行断奶。如果条件允许，可采取移走母兔的办法断奶，避免环境骤变，对仔兔不利。

（2）抓好仔兔日常管理。仔兔开食时，往往会误食母兔的粪便，如果母兔有球虫病，就易于感染仔兔。为了保证仔兔健康，最好从 15 日龄起，母仔分笼饲养，但必须每隔 12 h 给仔兔喂一次奶。

仔兔开食后，粪便增多，要常换垫草，并洗净或更换巢箱，否则，仔兔睡在湿巢内，对健康不利。

在仔兔达 20 日龄后，为了使它迅速成长，母兔从隔间洞孔回到母兔笼休息时马上把隔间洞孔闸门关闭起来，再过 12 h，乳房饱胀，这时再打开闸门让母兔过来喂奶，喂奶后母兔回到原笼重新关闭闸门。为了提高仔兔的健康水平，每次饮食后可由母兔带到运动场进行适当活动。

要经常检查仔兔的健康情况，察看仔兔耳色，如耳色桃红，表明营养良好；如耳色暗淡，说明营养不良。

四、幼兔的饲养管理

（一）幼兔的特点

从断奶到 3 月龄的小兔称为幼兔。这个阶段的幼兔生长发育快，抗病力差，要特别注意护理，否则，发育不良，易患病死亡。

（二）幼兔的饲养

刚断奶的幼兔，往往在 1 ~ 2 d 内表现不安、食欲不振。为了消除不良后果，喂给的饲料尽量与断奶前相似，一般每天喂青料 3 次、精料 2 次，间隔饲喂，喂料次数也不宜过多，以免影响休息。同时应注意饲料的多样化，要求营养全面，容易消化。其中应含有切碎的多汁饲料或青饲料，以及适量的矿物质补充饲料和精料，并且注意供给饮水。对幼兔喜爱吃的饲料，不能一次喂量过多，防止出现伤食和肠胃炎。对体弱的幼兔可补充些泡黄豆、鱼粉等。

（三）幼兔的管理

当仔兔转入幼兔群时，可初选后备种兔，根据谱系选留生长快，身体健壮，未患过病，体质外貌合乎要求的公、母兔留种。作种用的公、母兔应按体重大小、强弱分开饲养，每笼 2～3 只。精心管理，仔细观察。每次喂料时要检查幼兔的神态、食欲，发现吃食减少、精神萎靡、粪便不正常、被毛粗乱无光泽的要及时隔离治疗。

毛用兔自断奶后即应开始梳毛，以后每隔 10～15 d 梳理一次，防止兔毛缠结。第 1 次剪毛时间，要根据幼兔的体质健康状况和气候条件决定，一般在 60～90 日龄剪毛为宜。

认真做好清洁卫生工作，保持兔舍干燥、通风，兔笼舍要定期消毒。加强幼兔的运动，多见阳光，促进其新陈代谢与生长发育。

五、育成兔的饲养管理

（一）育成兔的特点

从 3 月龄到初配这一时期的兔称为育成兔，也称青年兔或后备兔。青年兔的消化器官已得到充分锻炼，采食量加大，体内代谢旺盛，生长发育快，尤其是骨骼和肌肉为甚，抗病能力大大增强。此时加强饲养管理，可相对增大体形。

（二）育成兔的饲养

育成兔日粮要以青粗饲料为主，精饲料为辅。青年兔的消化器官已得到充分锻炼，采食量加大，体内代谢旺盛，生长发育快，尤其是骨骼和肌肉为甚。因此，青年兔日粮要以青粗饲料为主，精料为辅。据报道，用优质青饲料自由采食平均日增重为 36.8 g，以青料为主，每天喂 75 g 颗粒饲料，平均日增重最高，可达到 37.2 g。当以青粗饲料为主时，要注意营养的全价性，蛋白质、矿物质和维生素都不能缺少。对计划留作种用的后备兔，要适当限制能量饲料，防止过肥，并要注意饲料体积不宜过大，以免撑大肚腹，失去种用价值。

（三）育成兔的管理

育成兔的管理比较粗放，管理重点是适时分群上笼。满 3 月龄后的青年兔已开始性成熟，为防止早配、滥配，公、母兔必须分开饲养。3 月龄后，公、母兔相继达性成熟，应根据兔的体形外貌、生长速度等指标进行鉴定，优秀个体编入种兔群，后备公兔单笼饲养，母兔 2～3 只一笼。继续进行生产性能测定，非种用兔群宜育肥。4 月龄以上的公兔，准备留种的要单笼饲养，以免互相爬跨，影响生长。凡不适合留种的公兔，要及时去势，去势后的公兔可群养育肥。此外，还应防止体形过大和过肥，加强后备兔的运动，以增强体质，促进骨骼、肌肉的充分发育。

六、肉用兔的饲养管理

（一）肉用兔的特点

肉用兔是以生产兔肉为主要目的，提高产肉性能、保证兔肉质量是重点。

（二）肉用兔的饲养

加强肉用家兔的肥育。实践证明，肥育良好的肉用家兔，在肥育期中储积的脂肪可达500 g以上，并可生产优质的兔皮。家兔肥育最好在骨架成长完成以后进行。肥育的原理，就是使家兔除能满足维持生命的热能外，还有大量盈余的营养储积体内，形成肌肉和脂肪。由于构成肌肉和脂肪的主要原料是蛋白质、脂肪和淀粉，因此，肥育家兔时必须以精料为主，在肥育家兔消化吸收能力的限度以内，应充分供给精料。最适于用作肥育的饲料有大麦、麸皮、豌豆、马铃薯、甘薯、碎米等。

（三）肉用兔的管理

为肉用兔创造生活所需的干燥、清洁、安静和适温的生态条件，满足不同生长发育阶段的营养需要。

充分利用肉用家兔利于产肉生产阶段，控制不利产肉生产阶段。从肉用家兔生长发育来考察，无论新西兰兔、比利时兔，还是加利福尼亚兔都具有早期生长快的特点。以新西兰兔为例，初生重仅50 g左右，3周龄的体重可达450 g，这时的饲料转化率约为2:1，8周龄时为3:1，10周龄时为4:1，12周龄时为5:1。为此，应抓紧早期的饲养管理。加强肉用兔早期的饲养管理是提高肉用兔产肉性能的有效措施。

为了避免饲料变动太快，在肥育前应先有一段准备肥育过渡时期，10 d左右，在这段时期内逐渐更换饲料使其逐渐适应，给饲的方法是多喂少餐，在正式饲喂前半小时或1小时，先给少量，以引起食欲。供肥育的公兔应去势，去势后的公兔比一般家兔能够更好地肥育。肥育家兔在肥育期间要限制运动，可将肥育兔关在可容身的小笼里或是木箱内，安置在温暖而黑暗的地方，以利促进体内脂肪的储积。同时，要特别注意肥育兔的环境卫生。

家兔肥育一般倾向56 d，当肥育兔达到屠宰体重时即可出售屠宰，不要再养，拖延时间对成本核算不利。家兔肥育效果表明，肉用品种优于兼用品种，杂交种特别是F1代优于纯种，随意采食优于控制采食，去势优于不去势，全价颗粒饲料优于单一饲料，环境温度在5 ℃~25 ℃时肥育效果好，低于5 ℃或高于25 ℃均不利肥育，减少光照可提高肥育效果。

七、皮用兔的饲养管理

（一）皮用兔的特点

皮用兔主要是指以生产兔皮为目的的家兔，如力克斯兔。皮用兔与其他类型家兔的不同点就在于皮用兔的产品主要是兔皮。兔皮由皮板和绒毛组成，有板皮和裘皮之分。兔皮具有表皮薄、真皮乳头层发达，皮下脂肪层薄，皮板质地好，轻柔，绒毛密生，长短均一等特点。皮用兔的饲养管理要求就在于如何促进生产优质的兔皮。

（二）皮用兔的饲养

要保证皮用兔的营养要求，在饲养上应按皮用兔的饲养标准配置日粮，采用全价颗粒饲料，在保证蛋白质和氨基酸的前提下，适当控制能量水平，在皮用兔屠宰前3周，日粮中应加喂苜蓿、大豆、向日葵饼等饲料，对提高兔皮质量有良好作用。

（三）皮用兔的管理

应实行单笼饲养，加强疾病防治，特别要预防严重影响兔皮质量的霉菌病、外寄生虫病、皮下脓肿及脚皮炎等多发病和常见病。这是饲养皮用兔提高兔皮质量提高生产效率和经济效益的重要环节。同时还要为皮用兔创造一个清洁干燥的环境，要加强清洁卫生、防暑、防湿措施，还要掌握好取皮时间和技术。由于高温不利于绒毛生长，强光使有色种的毛色变浅，因此，一年四季以取冬皮质量为好。应根据取皮的最佳时间安排皮用兔的生产计划。

八、毛用兔的饲养管理

（一）毛用兔的特点

毛用兔是以生产兔毛为主要目的。与其他类型家兔相比，毛用兔的毛纤维长，生长迅速，兔毛由优角蛋白组成，营养中蛋白质需要量大。家兔汗腺不发达，调节体温有困难，毛用兔由于体表覆盖着长而厚的被毛，对体温调节更显困难。由于毛用兔比其他类型家兔有以上不同点，就构成了毛用兔在饲养管理上的差异性。

（二）毛用兔的饲养

兔毛是一种蛋白质，所以日粮中蛋白质水平的高低直接影响着兔毛的产量和质量。所以饲喂长毛兔的饲料不但蛋白质要高，而且质量要好，营养成分要全面，尤其是要含有足够的能促进兔毛生长的含硫氨基酸。

饲养毛用兔时，应该根据其不同生理状态给其不同的营养需要，剪毛后第一个月采食量大，第二个月毛生长很快，所以要供给足够的优质饲料。第三个月毛生长逐渐变慢，可相应调整饲喂量。另外当外界温度高，毛又长时，由于其生理特点，可相应地降低饲喂量。妊娠和哺乳母兔，在温度高时，由于其毛长体热，会影响胎儿的生长发育，因此也要相应地提高饲料质量。

（三）毛用兔的管理

毛用兔要单笼饲养，经常保持兔笼的清洁卫生，兔笼、产仔箱内不要有粪尿积压，箱内的垫草也要经常更换，以防对兔毛引起污染，影响经济效益。要经常供给长毛兔充足干净的饮水，尤其是天气高温时，更需要大量地饮水，进行体温调节。毛用兔要单笼饲喂，勤于梳理，以防造成缠结；饲喂时要防止草屑、饲料和灰尘污染被毛。要根据季节等具体情况，合理选用剪毛或拔毛。

研究证明，温度对兔毛影响显著，当环境温度处于 12 ℃～23 ℃时，相对湿度处于 60%～75%时，产毛量较高。优质毛受湿度影响显著，但受温度影响不显著，当在 16 ℃～27 ℃的室温，而湿度为 68%～86%的全年最高值时，一级兔毛量为最低值（51.6），三级兔毛为最高值（31.0）。试验证明，光照可以增加兔毛产量。因此，在饲养管理上除搞好环境卫生、保持安静外，还应增加光照、加强夏季降温，雨季防湿和经常性防病是养好毛用兔的重要措施。

要采用多种措施，提高产毛量，具体方法有：

（1）多养杂交兔。引入的纯种兔，成本较高，饲养条件要求高，数量不可能多，选取少量高产品系的公兔，和当地中系兔杂交，以改良地产品系，杂交的后代生活力强，个体大，生长快，产毛量高而且品质也好。

（2）提高饲料中粗蛋白质含量。在兔毛中，含硫氨基酸占比较多，在毛的化学成分中硫的含量占40%左右。兔毛越细，硫的含量也越高，绒毛越多，含硫氨基酸也越多，多以胱氨酸和半胱氨酸的形式存在。要想多产毛，饲料中蛋白质含量要高。日粮中粗蛋白质应在17%以上，含硫氨基酸不低于0.6%，当饲养管理条件改善以后，产毛量的高低取决于营养的高低。

（3）勤于梳毛。梳毛可以有效地防止缠结，使兔毛干净洁白，富有光泽。梳毛对皮肤是一个良好刺激，能促进皮肤的血液循环，促进毛囊细胞的活动，加速毛的生长，正常情况下，至少每15 d要梳毛一次。

（4）药浴法。用土槿皮100 g、苦参100 g，加水2.5 kg，煎后滤汁去渣，加入硫黄粉100 g、开水5 kg搅匀，洗浴时一只手抓住兔耳，将其放入浴盆中，另一只手由下而上洗刷兔的全身，最后洗刷头部及耳根。注意要在剪毛后10天内选择温暖天气洗浴，切勿使兔受惊，浴前让兔子吃饱。此法可使兔毛产量提高20%以上，并可防治疥螨等病。

（5）去势饲养。公毛兔去势后体内雄性激素降低，性情变安静，个体较大，兔毛长得快，长毛量比不去势多1倍，毛的质量也好。

（6）适时采毛。目前主要有拔毛和剪毛两种方法，法国以拔毛为主，其他国家以剪毛为主。高温地区60 d剪一次，低温地区90 d剪一次，全年可剪4~5次。这样既可保证毛的品质，也可防止毛成熟以后自行脱落造成的损失。

本章小结

　　本章主要包括兔品种简介、兔的繁殖特点和兔的饲养管理三部分内容。在兔品种简介部分，主要介绍了《国家畜禽遗传资源品种名录》列入的兔的地方品种、培育品种和引入品种及配套系的分布、外貌特征与生产性能等。在兔的繁殖特点部分，主要介绍了繁殖规律、繁殖行为与繁育技术，重点介绍了提高繁殖力的措施；根据不同生理时期特点，按种公兔、种母兔、仔兔、幼兔和育成兔进行了生产时期划分，根据生产用途不同，按肉用、皮用和毛用兔进行分类。本章还对兔的饲养管理进行了具体介绍。

本章习题

一、名词解释

1. 妊娠期　　2. 哺乳期　　3. 仔兔　　4. 睡眠期　　5. 开眼期
6. 出巢　　7. 吊乳　　8. 皮用兔　　9. 产活仔数　　10. 断乳仔兔
11. 成活率　　12. 断乳窝重　　13. 泌乳力　　14. 繁殖性能

二、填空题

1. 兔的7个地方品种分别是_____、_____、_____、_____、_____、_____、_____。

2. 力克斯兔在我国又称_____，是皮用兔，毛皮具有_____、_____、_____、_____、_____的特点，是家兔毛皮中最有价值的一类。

3. 仔兔分为_____和_____两个阶段。

4. 根据生产目的的不同将兔分为_____、_____和_____。

5. 家兔的配种方法有3种，_____、_____、_____。

6. 评定公兔的繁殖性能，要看公兔的_____、_____、_____。

7. 母兔分娩预兆、母兔临产前_____天，乳房肿胀，可挤出少量白色较浓的乳汁；在分娩前的_____天便开始叼草做窝；母兔多选择_____分娩。

8. 家兔的妊娠期平均为_____天，妊娠期的长短因_____、_____、_____等情况的不同而异，变动范围为_____天。

9. 仔兔的断奶应以_____日龄为宜。

10. 繁殖性能包括_____和_____两方面。产仔性能用_____、_____和_____来评定，哺育性能用_____、_____和_____等来评定。

三、简答题

1. 简述青紫蓝兔的品种特点。
2. 如何根据兔的生理特点进行生产时期划分？
3. 种公兔的特点及饲养管理重点有哪些？
4. 妊娠期母兔饲养管理注意事项有什么？
5. 当仔兔睡眠期出现吃不到奶的现象时，应采取哪些措施？
6. 仔兔开眼期如何减少仔兔的死亡，提高成活率？
7. 如何提高皮用兔产毛量？
8. 简述母兔发情鉴定方法。
9. 比较自然交配、人工辅助交配和人工授精三种配种方法的优缺点。
10. 提高兔繁殖力的有效措施有哪些？

参 考 文 献

1. John Gadd. 现代养猪生产技术：告诉你猪场盈利的秘诀. 周绪斌，张佳，潘雪男，等，译. 北京：中国农业出版社，2015.

2. Ilias Kyriazakis Colin T. Whittemore. 实用猪生产学. 王爱国，译. 北京：中国农业大学出版社，2014.

3. 金裕龙，张永达，周原奭，等. 猪营养与管理. 金英海，等，译. 北京：中国农业出版社，2013.

4. J. R. Pluske，J. Le Dividich，M. W. A. Verstegen. 断奶仔猪. 谯仕彦，郑春田，管武太，等，译. 北京：中国农业大学出版社，2009.

5. 中国畜牧兽医学会，东北农业大学. 许振英文选. 北京：中国农业出版社，2007.

6. Palmer J. Holden，M. E. Ensminger. 养猪学. 王爱国，译. 7 版. 北京：中国农业大学出版社，2007.

7. WH. Close，DJA Cole. 母猪与公猪的营养. 王若军，译. 北京：中国农业大学出版社，2003.

8. 杨公社. 猪生产学. 中国农业出版社，2002.

9. 加拿大阿尔伯特农业局畜牧处，等. 养猪生产. 刘海良，译. 北京：中国农业出版社，1998.

10. 陈润生. 猪生产学. 北京：中国农业出版社，1995.

11. 许振英. 中国地方猪种种质特性. 杭州：浙江科学技术出版社，1989.

12. 张龙志. 养猪学. 北京：农业出版社，1982.

13. 杨宁. 养禽学. 北京：中国农业出版社，2012.

14. 宁中华. 养禽学. 北京：中国农业大学出版社，2003.

15. 李连任，李童，张永平. 肉鸡标准化规模养殖技术. 北京：中国农业科学技术出版社，2013.

16. 邝荣禄. 蛋鸡高产饲养. 广州：广东科技出版社，1999.

17. 聂志武. 商品蛋鸡生产技术指导. 北京：农业出版社，1993.

18. 刘玉梅，吕琼霞，王玉琴. 土鸡科学养殖技术. 北京：化学工业出版社，2017.

19. 苏一军. 种鸡饲养及孵化关键技术. 北京：中国农业出版社，2012.

20. 尹兆正，李肖梁，李震华. 优质土鸡养殖技术. 北京：中国农业大学出版社，2002.

21. 王根林. 养牛学. 3 版. 北京：中国农业出版社，2014.

22. 陈幼春. 现代肉牛生产. 北京：中国农业出版社，2012.

23. 李建国. 现代奶牛生产. 北京：中国农业大学出版社，2007.

24. 王福兆. 乳牛学. 3 版. 北京：科学技术文献出版社，2004.

25. 王中华. 高产奶牛饲养技术指南. 北京：中国农业大学出版社，2003.

26. 王加启. 肉牛高效益饲养技术. 修订版. 北京：金盾出版社，2008.

27. 秦志锐. 奶牛高效益饲养技术. 北京：金盾出版社，2003.

28. 冯仰廉，张志文，王惠敏. 实用肉牛学. 4 版. 北京：科学出版社，1995.

29. 邱怀主. 牛生产学. 北京：中国农业出版社，1995.

30. 张英杰. 羊生产学. 2 版. 北京：中国农业大学出版社，2015.

31. 赵有璋. 羊生产学. 3 版. 北京：中国农业出版社，2011.

32. 贾志海. 现代养羊生产. 北京：中国农业大学出版社，1999.

33. 李志农. 中国养羊学. 北京：农业出版社，1993.

34. 吕效吾. 养羊学. 2 版. 北京：中国农业出版社，1993.

35. 马兴元. 羊皮制革技术. 北京：化学工业出版社，2005.

36. 赵有璋. 现代中国养羊. 北京：金盾出版社，2005.

37. 张英杰. 规模化生态养羊技术. 北京：中国农业大学出版社，2012.

38. 《中国家畜家禽品种志》编委会，《中国羊品种志》编写组. 中国羊品种志. 上海：上海科学技术出版社，1989.

39. 蒋思文. 畜牧概论. 北京：高等教育出版社，2006.

40. 魏国生. 动物生产概论. 北京：中央广播电视大学出版社，2000.

41. 徐立德，蔡流灵. 养兔法. 3 版. 北京：中国农业出版社，2002.

42. 杨菲菲，熊家军. 现代养兔关键技术精解. 北京：化学工业出版社，2019.

43. 沈幼章，王启明，翟频. 现代养兔实用新技术. 2 版. 北京：中国农业出版社，2006.